An Introduction to The Harmonic Series And Logarithmic Integrals

For High School Students Up To Researchers

Ali Shadhar Olaikhan

Copyright © 2021 by Ali Shadhar Olaikhan.

All rights reserved. No part of this book may be reproduced, distributed, or transmitted in any form or by any means, including photocopying, recording, or other electronic or mechanical methods, without the prior written permission of the publisher, except as provided by United States of America copyright law. For permission requests, e-mail the publisher at harmonicseries2021@gmail.com.

First edition published April 2021

Book cover designed by Islam Farid and Aqil Almosawi

LaTeX class prepared by Elio A. Farina

ISBN 978-1-7367360-0-5 (paperback)

To my parents

Preface

The harmonic series and logarithmic integrals, which are strongly interrelated, are not commonly found in the standard textbooks. Evaluating them can be challenging to new learners, as it requires specific approaches and a good knowledge of special functions such as the gamma function, the polygamma function, the beta function, the polylogarithm function, and various other special functions and constants. It also requires a lot of experience and patience, since it involves plenty of tricks and time-consuming calculations.

The purpose of this book is to introduce the harmonic series in a way suitable for all readers with a good knowledge of calculus, from high school students to researchers. The book is the result of over five years of working on the harmonic series. As I taught myself this topic, I struggled to find the proofs for most of the identities required for evaluating the harmonic series. With the experience gained over years, I managed to prove these identities in detail using only basic definitions and well–known techniques, and without using contour integration or the residue theorem, which require a deep understanding of complex analysis.

I would like to inform the reader that I borrowed a few proofs from some sites, mainly from the Mathematics Stack Exchange site, adding more details and modifying them my own way. Also, most of the text is written in equations, so the reader won't find much unnecessary verbiage in this book.

The book consists of four chapters. Chapter 1 presents some essential series transformations and special functions and shows how these functions are related to each other. It explains the definition and properties of each function and also derives many special values needed for the calculations in chapters 3 and 4.

In chapter 2, the reader will find the derivations of plenty of useful identities: generating functions involving the harmonic number and series expansion of powers of $\arcsin(x)$. Other identities are derived using the beta function, the Cauchy product, Abel's summation, and Fourier series.

Chapter 3 prepares all the integral results required to calculate the harmonic series in chapter 4, including some new results. These were derived using algebraic identities, integral manipulations and the beta function.

Chapter 4 shows how to calculate many types of harmonic series: non-alternating series, alternating series, series with powers of 2 in the denominator, series with powers of $2n+1$ in the denominator, series with rational argument, series with skew harmonic number, series with central binomial coefficient, and many others. Several solutions are presented using two different methods.

At the end of the book, I have provided a table of *Mathematica* commands for approximating or evaluating limits, derivatives, integrals, and series, so that the reader can verify any result of interest throughout the book.

More advanced and challenging problems about the harmonic series may be found on my Mathematics Stack Exchange page, `https://math.stackexchange.com/users/432085/ali-shadhar`. I decided not to include them in the book for the sake of simplicity. To keep up to date with any new identities or results, you can follow my Facebook group, Harmonic Series, `https://www.facebook.com/groups/178723409566339`.

Finally, I would like to express my gratitude to my friend Cornel Ioan Vălean for being a big motivation for me to explore the realm of the harmonic series through his amazing problems and solutions, many of which are included in his book, *(Almost) Impossible Integrals, Sums, and Series*, and for his valuable tips for writing this book. I would also like to thank Elio Arturo and my brother Hasan Shadhar for their help in using LaTeX. I extend my gratitude to my friends, Khalaf Ruhemi, Shivam Sharma, and Hasan Hussein for all the support and encouragement they offered me while writing this book. I also want to thank my parents, to whom I am dedicating this book, for all their support.

Phoenix, Arizona, USA
April 2021

Ali Shadhar Olaikhan

Contents

1 Series Transformations and Special Functions   **1**
- 1.1 Shifting the Sum Index 1
- 1.2 Reversing the Order of the Sum Terms 2
- 1.3 Splitting a Sum Into its Odd and Even Parts 3
- 1.4 Converting the Summand a_{2n} to a_n 4
- 1.5 Converting the Summand a_{2n+1} to a_n 4
- 1.6 Converting the Summand $(-1)^n a_{2n}$ to $i^n a_n$ 5
- 1.7 Converting the Summand $(-1)^n a_{2n+1}$ to $i^n a_n$ 6
- 1.8 Converting a Sum to a Product 6
- 1.9 Double Summation 7
- 1.10 The Logarithm of a Complex Number 8
- 1.11 Gamma Function 10
  - 1.11.1 Definition 10
  - 1.11.2 Functional Equation 10
  - 1.11.3 Stirling's Approximation 11
  - 1.11.4 Expressing the Gamma Function as a Product 12
  - 1.11.5 Euler's Definition as an Infinite Product 13
  - 1.11.6 Euler's Reflection Formula 14
  - 1.11.7 Legendre Duplication Formula 16
- 1.12 Beta Function 17
  - 1.12.1 Definition 17
  - 1.12.2 Trigonometric Integral Representation 18
  - 1.12.3 Improper Integral Representation 18
  - 1.12.4 Powerful Integral Representation 18
- 1.13 Riemann Zeta Function 19
  - 1.13.1 Definition 19
  - 1.13.2 Integral Representation 19
  - 1.13.3 Evaluation of $\zeta(0)$ 20
  - 1.13.4 Evaluation of $\zeta(2)$ 21
  - 1.13.5 Evaluation of $\zeta(2n)$ 22
- 1.14 Dirichlet Eta Function 25
  - 1.14.1 Definition 25

      1.14.2 Integral Representation 26
  1.15 Dirichlet Beta Function 26
      1.15.1 Definition 26
      1.15.2 Integral Representation 27
      1.15.3 Evaluation of $\beta(2a)$ 27
      1.15.4 Evaluation of $\beta(2a+1)$ 29
  1.16 Polylogarithm Function 30
      1.16.1 Definition 30
      1.16.2 Dilogarithm Reflection Formula 34
      1.16.3 Landen's Dilogarithm Identity 35
      1.16.4 Dilogarithm Inversion Formula 36
      1.16.5 Relation Involving Four Dilogarithm Functions 36
      1.16.6 Another Relation Involving Dilogarithm Functions 37
      1.16.7 Landen's Trilogarithm Identity 37
      1.16.8 Polylogarithm Inversion Formula 39
  1.17 Harmonic Number 40
      1.17.1 Definition 40
      1.17.2 Infinite Series Representation 43
  1.18 Skew Harmonic Number 44
      1.18.1 Definition 44
      1.18.2 Infinite Series Representation 46
  1.19 Digamma Function 47
      1.19.1 Definition 47
      1.19.2 Digamma Reflection Formula 47
      1.19.3 Digamma–Harmonic Number Identity 48
  1.20 Polygamma Function 50
      1.20.1 Definition 50
      1.20.2 Series Representation 50
      1.20.3 Integral Representation 51
      1.20.4 Evaluation of $\psi^{(a)}(1)$ 52
      1.20.5 Evaluation of $\psi^{(a)}\left(\frac{1}{2}\right)$ 52
      1.20.6 Evaluation of $\psi^{(2a)}\left(\frac{1}{4}\right)$ 53
      1.20.7 Evaluation of $\psi^{(2a)}\left(\frac{3}{4}\right)$ 53
  1.21 Catalan's Constant 54
  1.22 Euler–Mascheroni Constant 55

2 Generating Functions and Powerful Identities   **57**
  2.1 Generating Functions 58
      2.1.1 $\sum_{n=1}^{\infty} H_n^{(a)} x^n$ 58
      2.1.2 $\sum_{n=1}^{\infty} \frac{H_n}{n} x^n$ 60
      2.1.3 $\sum_{n=1}^{\infty} \frac{H_n}{n^2} x^n$ 60
      2.1.4 $\sum_{n=1}^{\infty} \frac{H_n^{(2)}}{n} x^n$ 61
      2.1.5 $\sum_{n=1}^{\infty} (H_n^2 - H_n^{(2)}) x^n$ 62

Contents

2.1.6	$\sum_{n=1}^{\infty} \frac{H_n^2 - H_n^{(2)}}{n} x^n$	63
2.1.7	$\sum_{n=1}^{\infty} \frac{H_n^2}{n} x^n$	64
2.1.8	$\sum_{n=1}^{\infty} \frac{H_n}{n^3} x^n$	64
2.1.9	$\sum_{n=1}^{\infty} \frac{H_n^{(2)}}{n^2} x^n$	68
2.1.10	$\sum_{n=1}^{\infty} \frac{H_n^{(3)}}{n} x^n$	68
2.1.11	$\sum_{n=1}^{\infty} H_n^3 x^n$	69
2.1.12	$\sum_{n=1}^{\infty} \frac{H_n^2}{n^2} x^n$	69
2.1.13	$\sum_{n=1}^{\infty} H_n H_n^{(2)} x^n$	70
2.1.14	$\sum_{n=1}^{\infty} (H_n^3 - 3 H_n H_n^{(2)} + 2 H_n^{(3)}) x^n$	71
2.1.15	$\sum_{n=1}^{\infty} \frac{H_n H_n^{(2)}}{n} x^n$	71
2.1.16	$\sum_{n=1}^{\infty} \frac{H_n^3}{n} x^n$	73
2.1.17	$\sum_{n=1}^{\infty} (H_n^4 - 6 H_n^2 H_n^{(2)} + 8 H_n H_n^{(3)} + 3 (H_n^{(2)})^2 - 6 H_n^{(4)}) x^n$	73
2.1.18	$\sum_{n=1}^{\infty} \overline{H}_n x^n$	74
2.1.19	$\sum_{n=1}^{\infty} \frac{\overline{H}_n}{n} x^n$	75
2.1.20	$\sum_{n=1}^{\infty} \frac{\overline{H}_n}{n^2} x^n$	76
2.1.21	$\sum_{n=1}^{\infty} H_{\frac{n}{2}} x^n$	79
2.1.22	$\sum_{n=1}^{\infty} \frac{H_{n/2}}{n} x^n$	80
2.1.23	$\sum_{n=1}^{\infty} \frac{H_{n/2}}{n^2} x^n$	81
2.1.24	$\sum_{n=1}^{\infty} \frac{\binom{2n}{n}}{4^n} H_n x^n$	83
2.1.25	$\sum_{n=1}^{\infty} \frac{\binom{2n}{n}}{4^n} \frac{H_n}{n} x^n$	84
2.1.26	$\sum_{n=1}^{\infty} \frac{\binom{2n}{n}}{4^n} \frac{H_n}{n^2} x^n$	85
2.1.27	$\sum_{n=1}^{\infty} \frac{2 H_{2n} - H_n}{n} x^{2n}$	86
2.1.28	$\sum_{n=1}^{\infty} \frac{H_{2n}}{2n+1} x^{2n+1}$	87
2.1.29	$\sum_{n=1}^{\infty} \frac{(-1)^n H_{2n}}{2n+1} x^{2n+1}$	88
2.1.30	$\sum_{n=1}^{\infty} \left(\frac{H_n - H_{2n}}{n} - \frac{1}{2n^2} \right) x^{2n}$	89
2.2	Series Expansion of Powers of $\arcsin(z)$	90
2.2.1	Series Expansion of $\arcsin(z)$	90
2.2.2	Series Expansion of $\frac{\arcsin(z)}{\sqrt{1-z^2}}$	91
2.2.3	Series Expansion of $\arcsin^3(z)$	92
2.2.4	Series Expansion of $\arcsin^4(z)$	93
2.3	Identities by Beta Function	96
2.3.1	Expressing Beta Function as a Product	96
2.3.2	Evaluation of Four Logarithmic Integrals	96
2.4	Identities by Cauchy Product	100
2.4.1	Cauchy Product of Two Power Series	100
2.4.2	Cauchy Product of $-\ln(1-x)\operatorname{Li}_2(x)$	100
2.4.3	Cauchy Product of $\operatorname{Li}_2^2(x)$	101
2.4.4	Cauchy Product of $-\ln(1-x)\operatorname{Li}_3(x)$	102

2.4.5 Cauchy Product of $\text{Li}_2(x)\text{Li}_3(x)$ 103
2.4.6 Cauchy Product of $\text{Li}_3^2(x)$ 104
2.4.7 Cauchy Product of $-\ln(1-x)\text{Li}_4(x)$ 105
2.5 Identities by Abel's Summation 106
2.5.1 Abel's Summation 106
2.5.2 First Application 108
2.5.3 Second Application 109
2.5.4 Third Application 111
2.6 Identities By Fourier Series 113
2.6.1 Fourier Series 113
2.6.2 Fourier Series of Even Function 115
2.6.3 Fourier Series of Odd Function 116
2.6.4 Fourier Series of $\cos(zx)$ 117
2.6.5 Fourier Series of $\sin(zx)$ 118
2.6.6 Fourier Series of $\ln(\sin x)$ 119
2.6.7 Fourier Series of $\ln(\cos x)$ 122
2.6.8 Fourier Series of $\ln(\tan x)$ 123
2.6.9 Series Representation of $\frac{\pi}{\sin(\pi z)}$ 123
2.6.10 Series Representation of $\cot(\pi z)$ 123
2.6.11 Euler's Product Formula of $\sin(\pi z)$ 124
2.6.12 Series Representation of $\sec\left(\frac{\pi}{2}z\right)$ 125
2.6.13 Series Representation of $\sin(x)$ 126
2.6.14 Series Representation of $\tan x \ln(\sin x)$ 126
2.6.15 Series Representation of $\ln^2(2\cos x)$ 127

3 Logarithmic Integrals 129
3.1 Generalized Logarithmic Integrals 129
3.1.1 $\int_0^1 \frac{\ln^a(x)}{1-x}dx$ 129
3.1.2 $\int_0^1 \frac{\ln^a(x)}{1+x}dx$ 130
3.1.3 $\int_0^1 \frac{\ln^a\left(\frac{1-x}{1+x}\right)}{x}dx$ 131
3.1.4 $\int_0^1 \frac{\ln\left(\frac{1-x}{1+x}\right)\ln^{a-1}(x)}{x}dx$ 132
3.1.5 $\int_0^1 \frac{\ln^a(1-x)}{1+x}dx$ 132
3.1.6 $\int_0^{\frac{1}{2}} \frac{\ln^a(x)}{1-x}dx$ 133
3.1.7 $\int_0^1 \frac{\ln^a(1+x)}{x}dx$ 135
3.1.8 $\int_0^1 \frac{\ln^{2a-1}\left(\frac{x}{1-x}\right)}{1+x}dx$ 136
3.1.9 $\int_0^\infty \frac{\ln^a(1+x)}{1+x^2}dx$ 137
3.1.10 $\int_0^1 \frac{\ln^a(1-x)}{1+x^2}dx$ 138
3.1.11 $\int_0^\infty \frac{\ln^{2a}(x)}{1+x^2}dx$ 138
3.1.12 $\int_0^\infty \frac{\text{Li}_a(-x)}{1+x^2}dx$ 140
3.1.13 $\int_0^1 \frac{\text{Li}_{2a+1}(-x)}{1+x^2}dx$ 141

- 3.1.14 $\int_0^1 \frac{\ln^{2a}(x)\ln(1+x)}{1+x^2}\,dx$ 142
- 3.1.15 $\int_0^\infty \frac{\mathrm{Li}_a(-x^2)}{1+x^2}\,dx$ 143
- 3.1.16 $\int_0^1 \frac{\mathrm{Li}_{2a+1}(-x^2)}{1+x^2}\,dx$ 144
- 3.1.17 $\int_0^1 \frac{\ln^{2a}(x)\arctan(x)}{1-x^2}\,dx$ 145
- 3.1.18 $\int_0^\infty \frac{\ln^{2a}(x)\ln(1+x)}{\sqrt{x}(1+x)}\,dx$ 146
- 3.1.19 $\int_0^1 \frac{\ln^{2a}(x)\ln(1+x^2)}{1+x^2}\,dx$ 148
- 3.1.20 $\int_0^1 \frac{\ln^a(x)\ln^a(1-x)}{x(1-x)}\,dx$ 148
- 3.1.21 $\int_0^{\frac{1}{2}} \frac{\ln^a(x)\ln^a(1-x)}{x(1-x)}\,dx$ 149
- 3.1.22 $\int_0^1 \frac{\ln^a(x)\ln(1-x)}{1-x}\,dx$ 150
- 3.1.23 $\int_0^1 \frac{\ln^a(x)\ln(1-x)}{x(1-x)}\,dx$ 150
- 3.1.24 $\int_0^1 \frac{\ln^a(x)\ln(1+x)}{1+x}\,dx$ 151
- 3.1.25 $\int_0^1 \frac{\ln^a(x)\ln(1+x)}{x(1+x)}\,dx$ 151
- 3.1.26 $\int_0^1 \frac{\ln^a(1-x)\ln(1+x)}{x}\,dx$ 152
- 3.1.27 $\int_0^1 \frac{\ln^a(x)\ln\left(\frac{1+x}{2}\right)}{1-x}\,dx$ 152
- 3.1.28 $\int_0^1 \frac{\ln^a(1-x)\mathrm{Li}_2(x)}{x}\,dx$ 153
- 3.1.29 $\int_0^\infty \frac{\ln^{2a-1}(x)\ln(1+x)}{x(1+x)}\,dx$ 154
- 3.1.30 $\int_0^1 \frac{x^{2n}}{1+x}\,dx$ 155
- 3.1.31 $\int_0^1 \frac{x^n}{1+x}\,dx$ 156
- 3.1.32 $\int_0^1 x^{2n-1}\operatorname{arctanh}(x)\,dx$ 157
- 3.1.33 $\int_0^1 x^{n-1}\mathrm{Li}_a(x)\,dx$ 157

3.2 Results of Logarithmic Integrals 159
- 3.2.1 $\int_0^{\frac{\pi}{2}} \sin(2nx)\cot(x)\,dx$ 159
- 3.2.2 $\int_0^{\frac{\pi}{2}} \ln(\sin x)\,dx$ 160
- 3.2.3 $\int_0^{\frac{\pi}{2}} \ln^2(\sin x)\,dx$ 162
- 3.2.4 $\int_0^{\frac{\pi}{2}} \ln(\sin x)\ln(\cos x)\,dx$ 163
- 3.2.5 $\int_0^1 \frac{\ln(x)\ln(1-x)}{x\sqrt{1-x}}\,dx$ 164
- 3.2.6 $\int_0^\infty \frac{\ln^2(x)\ln(1+x^2)}{1+x^2}\,dx$ 166
- 3.2.7 $\int_0^1 \frac{\ln(1-x)\ln(1+x)}{x}\,dx$ 168
- 3.2.8 $\int_0^1 \frac{\ln(x)\ln(1-x)\ln(1+x)}{x}\,dx$ 169
- 3.2.9 $\int_0^1 \frac{\ln(1-x)\ln^2(1+x)}{x}\,dx$ 170
- 3.2.10 $\int_0^1 \frac{\ln^2(1-x)\ln(1+x)}{x}\,dx$ 171
- 3.2.11 $\int_0^1 \frac{\ln^3(1-x)\ln(1+x)}{x}\,dx$ 171
- 3.2.12 $\int_0^1 \frac{\ln(1-x)\ln^3(1+x)}{x}\,dx$ 173
- 3.2.13 $\int_0^1 \frac{\ln^3(1+x)\ln(x)}{x}\,dx$ 173

3.2.14	$\int_0^1 \frac{\ln(x)\ln(1+x)}{1-x}\,dx$	175
3.2.15	$\int_0^1 \frac{\ln(x)\ln(1-x)}{1+x}\,dx$	176
3.2.16	$\int_0^1 \frac{\ln(x)\ln^2(1-x)}{1+x}\,dx$ & $\int_0^1 \frac{\ln^2(x)\ln(1-x)}{1+x}\,dx$	176
3.2.17	$\int_0^1 \frac{\ln^2(1+x)}{1+x^2}\,dx$, $\int_0^1 \frac{\ln(1-x)\ln(1+x)}{1+x^2}\,dx$, & $\int_0^1 \frac{\ln(x)\ln(1+x)}{1+x^2}\,dx$	178
3.2.18	$\int_0^1 \frac{\ln(x)\ln^2(1-x)}{\sqrt{x}(1-x)}\,dx$	180
3.2.19	$\int_0^{\frac{1}{2}} \frac{\ln^2(x)\ln(1-x)}{1-x}\,dx$	181
3.2.20	$\int_0^1 \frac{\ln^2(x)\ln(1+x)}{1+x}\,dx$	182
3.2.21	$\int_{\frac{1}{2}}^1 \frac{\ln^3(1-x)\ln(x)}{x}\,dx$	182
3.2.22	$\int_0^1 \frac{\operatorname{Li}_2(-x)}{1+x^2}\,dx$	184
3.2.23	$\int_0^1 \frac{\ln(x)\arctan x}{1+x}\,dx$	184
3.2.24	$\int_0^1 \frac{\ln^2(x)\arctan x}{x(1+x^2)}\,dx$	185
3.2.25	$\int_0^1 \frac{\operatorname{Li}_2^2(-x)}{x}\,dx$	187
3.2.26	$\int_0^{\frac{1}{2}} \frac{\operatorname{Li}_2^2(-x)}{x}\,dx$	188
3.2.27	$\int_0^1 \frac{\ln^2(1-x)\operatorname{Li}_2(x)}{x}\,dx$	189
3.2.28	$\int_0^1 \frac{\ln^3(1-x)\operatorname{Li}_2(x)}{x}\,dx$	189
3.2.29	$\int_0^1 \frac{\ln^4(1-x)\operatorname{Li}_2(x)}{x}\,dx$	189

4 Harmonic Series   191

4.1 Generalized Harmonic Series ... 191

4.1.1	$\sum_{n=1}^\infty \frac{H_{n/p}}{n^q}$	191
4.1.2	$\sum_{n=1}^\infty \frac{H_n}{n^q}$	192
4.1.3	$\sum_{n=1}^\infty \frac{\overline{H}_n}{n^q}$	196
4.1.4	$\sum_{n=1}^\infty \frac{(-1)^n H_n}{n^{2q}}$	200
4.1.5	$\sum_{n=1}^\infty \frac{(-1)^n \overline{H}_n}{n^{2q}}$	203
4.1.6	$\sum_{n=1}^\infty \frac{H_{n/2}}{n^{2q}}$	204
4.1.7	$\sum_{n=1}^\infty \frac{(-1)^n H_{n/2}}{n^{2q}}$	204
4.1.8	$\sum_{n=1}^\infty \frac{\zeta(q)-H_n^{(q)}}{n}$	205
4.1.9	$\sum_{n=1}^\infty \frac{H_n^{(2)}}{n^{2q+1}}$	207
4.1.10	$\sum_{n=1}^\infty \frac{H_n^{(2q+1)}}{n^2}$	209
4.1.11	$\sum_{n=1}^\infty \frac{H_n^2}{n^{2q+1}}$	210
4.1.12	$\sum_{n=1}^\infty \frac{H_n}{(2n+1)^q}$	212
4.1.13	$\sum_{n=1}^\infty \frac{(-1)^n H_n^{(q)}}{n}$	214
4.1.14	$\sum_{n=1}^\infty \frac{(-1)^n H_n^{(2q+1)}}{2n+1}$	215
4.1.15	$\sum_{n=1}^\infty \frac{(-1)^n H_n}{(2n+1)^{2q+1}}$	216

4.2 Non–Alternating Harmonic Series ... 218

	4.2.1	$\sum_{n=1}^{\infty} \frac{H_n}{n^2}$	218
	4.2.2	$\sum_{n=1}^{\infty} \frac{H_n^{(2)}}{n^2}$	218
	4.2.3	$\sum_{n=1}^{\infty} \frac{H_n^2}{n^2}$	219
	4.2.4	$\sum_{n=1}^{\infty} \frac{H_n H_{2n}}{n^2}$	220
	4.2.5	$\sum_{n=1}^{\infty} \frac{H_n^{(2)}}{n^3}$	222
	4.2.6	$\sum_{n=1}^{\infty} \frac{H_n^{(3)}}{n^2}$	222
	4.2.7	$\sum_{n=1}^{\infty} \frac{H_n^2}{n^3}$	222
	4.2.8	$\sum_{n=1}^{\infty} \frac{H_n H_n^{(2)}}{n^2}$	224
	4.2.9	$\sum_{n=1}^{\infty} \frac{H_n^3}{n^2}$	227
	4.2.10	$\sum_{n=1}^{\infty} \frac{H_n^{(2)}}{n^4}$	227
	4.2.11	$\sum_{n=1}^{\infty} \frac{H_n^2}{n^4}$	228
	4.2.12	$\sum_{n=1}^{\infty} \frac{H_n^{(4)}}{n^2}$	228
	4.2.13	$\sum_{n=1}^{\infty} \frac{(H_n^{(2)})^2}{n^2}$	229
	4.2.14	$\sum_{n=1}^{\infty} \frac{H_n H_n^{(3)}}{n^2}$	229
	4.2.15	$\sum_{n=1}^{\infty} \frac{H_n^2 H_n^{(2)}}{n^2}$	230
	4.2.16	$\sum_{n=1}^{\infty} \frac{H_n^4}{n^2}$	232
	4.2.17	$\sum_{n=1}^{\infty} \frac{H_n H_n^{(2)}}{n^3}$	232
	4.2.18	$\sum_{n=1}^{\infty} \frac{H_n^3}{n^3}$	233
	4.2.19	$\sum_{n=1}^{\infty} \frac{H_n^{(2)}}{n^5}$	234
	4.2.20	$\sum_{n=1}^{\infty} \frac{H_n^2}{n^5}$	235
	4.2.21	$\sum_{n=1}^{\infty} \frac{H_n^{(3)}}{n^4}$	236
	4.2.22	$\sum_{n=1}^{\infty} \frac{H_n^{(4)}}{n^3}$	236
	4.2.23	$\sum_{n=1}^{\infty} \frac{H_n^2 H_n^{(2)}}{n^3}$	237
	4.2.24	$\sum_{n=1}^{\infty} \frac{H_n^{(2)}}{n^7}$	238
4.3	Alternating Harmonic Series		240
	4.3.1	$\sum_{n=1}^{\infty} \frac{(-1)^n H_n}{n}$	240
	4.3.2	$\sum_{n=1}^{\infty} \frac{(-1)^n H_{2n}}{n}$	240
	4.3.3	$\sum_{n=1}^{\infty} \frac{(-1)^n H_n}{n^2}$	241
	4.3.4	$\sum_{n=1}^{\infty} \frac{(-1)^n H_{2n}}{n^2}$	242
	4.3.5	$\sum_{n=1}^{\infty} \frac{(-1)^n H_n^{(2)}}{n}$	242
	4.3.6	$\sum_{n=1}^{\infty} \frac{(-1)^n H_n^{(3)}}{n}$	243
	4.3.7	$\sum_{n=1}^{\infty} \frac{(-1)^n H_n}{n^3}$	243
	4.3.8	$\sum_{n=1}^{\infty} \frac{(-1)^n H_n^{(2)}}{n^2}$	245
	4.3.9	$\sum_{n=1}^{\infty} \frac{(-1)^n H_n^2}{n^2}$	245

4.3.10	$\sum_{n=1}^{\infty} \frac{(-1)^n H_n H_n^{(2)}}{n}$	246
4.3.11	$\sum_{n=1}^{\infty} \frac{(-1)^n H_n^3}{n}$	247
4.3.12	$\sum_{n=1}^{\infty} \frac{(-1)^n H_n}{n^4}$	247
4.3.13	$\sum_{n=1}^{\infty} \frac{(-1)^n H_n^{(2)}}{n^3}$	249
4.3.14	$\sum_{n=1}^{\infty} \frac{(-1)^n H_n^2}{n^3}$	249
4.3.15	$\sum_{n=1}^{\infty} \frac{(-1)^n H_n^{(4)}}{n}$	250
4.3.16	$\sum_{n=1}^{\infty} \frac{(-1)^n H_n^{(3)}}{n^2}$	251
4.3.17	$\sum_{n=1}^{\infty} \frac{(-1)^n H_n H_n^{(2)}}{n^2}$	251
4.3.18	$\sum_{n=1}^{\infty} \frac{(-1)^n H_n^3}{n^2}$	253
4.4	Harmonic Series with Powers of 2 in the Denominator	254
4.4.1	$\sum_{n=1}^{\infty} \frac{H_n}{n 2^n}$	254
4.4.2	$\sum_{n=1}^{\infty} \frac{H_n}{n^2 2^n}$	254
4.4.3	$\sum_{n=1}^{\infty} \frac{H_n^{(2)}}{n 2^n}$	255
4.4.4	$\sum_{n=1}^{\infty} \frac{H_n^2}{n 2^n}$	256
4.4.5	$\sum_{n=1}^{\infty} \frac{H_n}{n^3 2^n}$	256
4.4.6	$\sum_{n=1}^{\infty} \frac{H_n^{(2)}}{n^2 2^n}$	257
4.4.7	$\sum_{n=1}^{\infty} \frac{H_n^2}{n^2 2^n}$	258
4.4.8	$\sum_{n=1}^{\infty} \frac{H_n^{(3)}}{n 2^n}$	258
4.4.9	$\sum_{n=1}^{\infty} \frac{H_n}{n^4 2^n}$	259
4.4.10	$\sum_{n=1}^{\infty} \frac{H_n^{(4)}}{n 2^n}$	260
4.4.11	$\sum_{n=1}^{\infty} \frac{H_n^{(2)}}{n^3 2^n}$	260
4.4.12	$\sum_{n=1}^{\infty} \frac{H_n^{(3)}}{n^2 2^n}$	261
4.4.13	$\sum_{n=1}^{\infty} \frac{H_n^2}{n^3 2^n}$	262
4.4.14	$\sum_{n=1}^{\infty} \frac{H_n H_n^{(2)}}{n^2 2^n}$	264
4.4.15	$\sum_{n=1}^{\infty} \frac{H_n^3}{n^2 2^n}$	267
4.5	Harmonic Series with Powers of $2n+1$ in the denominator	268
4.5.1	$\sum_{n=0}^{\infty} \frac{(-1)^n H_{2n+1}}{2n+1}$	268
4.5.2	$\sum_{n=0}^{\infty} \frac{(-1)^n H_{2n+1}}{(2n+1)^2}$	268
4.5.3	$\sum_{n=0}^{\infty} \frac{(-1)^n H_{2n+1}^{(2)}}{2n+1}$	269
4.5.4	$\sum_{n=1}^{\infty} \frac{H_n}{(2n+1)^2}$	269
4.5.5	$\sum_{n=0}^{\infty} \frac{(-1)^n H_n}{(2n+1)^2}$	270
4.5.6	$\sum_{n=0}^{\infty} \frac{(-1)^n H_n^{(2)}}{2n+1}$	271
4.5.7	$\sum_{n=0}^{\infty} \frac{(-1)^n H_{2n+1}}{(2n+1)^3}$	273
4.5.8	$\sum_{n=0}^{\infty} \frac{(-1)^n H_{2n+1}^{(2)}}{(2n+1)^2}$	274

Contents   xv

4.5.9 $\sum_{n=1}^{\infty} \frac{H_n^{(2)}}{(2n+1)^2}$ 274

4.5.10 $\sum_{n=1}^{\infty} \frac{H_n^2}{(2n+1)^2}$ 277

4.5.11 $\sum_{n=1}^{\infty} \frac{H_n^{(2)}}{(2n+1)^3}$ 277

4.5.12 $\sum_{n=1}^{\infty} \frac{H_n^{(3)}}{(2n+1)^2}$ 278

4.5.13 $\sum_{n=1}^{\infty} \frac{H_n^{(3)}}{(2n+1)^3} + 4 \sum_{n=1}^{\infty} \frac{(-1)^n H_n^{(3)}}{n^3}$ 278

4.6 Skew Harmonic Series 279

4.6.1 $\sum_{n=1}^{\infty} \frac{(-1)^n \overline{H}_n}{n}$ 279

4.6.2 $\sum_{n=1}^{\infty} \frac{\overline{H}_n}{n^3}$ 279

4.6.3 $\sum_{n=1}^{\infty} \frac{(-1)^n \overline{H}_n}{n^3}$ 280

4.6.4 $\sum_{n=1}^{\infty} \frac{(-1)^n \overline{H}_n H_n}{n}$ 281

4.6.5 $\sum_{n=1}^{\infty} \frac{\overline{H}_n H_n}{n^2}$ 282

4.6.6 $\sum_{n=1}^{\infty} \frac{(-1)^n \overline{H}_n H_n}{n^2}$ 283

4.6.7 $\sum_{n=1}^{\infty} \frac{\overline{H}_{2n} H_{2n}}{n^2}$ 286

4.7 Harmonic Series with Rational Argument 287

4.7.1 $\sum_{n=1}^{\infty} \frac{(-1)^n H_{n/2}}{n}$ 287

4.7.2 $\sum_{n=1}^{\infty} \frac{H_{n/2}}{n^2}$ 288

4.7.3 $\sum_{n=1}^{\infty} \frac{(-1)^n H_{n/2}}{n^2}$ 288

4.7.4 $\sum_{n=1}^{\infty} \frac{H_{n/2}}{n^3}$ 289

4.7.5 $\sum_{n=1}^{\infty} \frac{(-1)^n H_{n/2}}{n^3}$ 290

4.7.6 $\sum_{n=1}^{\infty} \frac{H_n H_{n/2}}{n^2}$ 290

4.7.7 $\sum_{n=1}^{\infty} \frac{(-1)^n H_n H_{n/2}}{n^2}$ 291

4.7.8 $\sum_{n=1}^{\infty} \frac{(-1)^n H_{n/2}}{n^4}$ 292

4.8 Harmonic Series with Binomial Coefficient in the Numerator 293

4.8.1 $\sum_{n=1}^{\infty} \frac{\binom{2n}{n}}{4^n} \frac{H_n}{n}$ 293

4.8.2 $\sum_{n=1}^{\infty} \frac{\binom{2n}{n}}{4^n} \frac{(-1)^n H_n}{n}$ 294

4.8.3 $\sum_{n=1}^{\infty} \frac{\binom{2n}{n}}{4^n} \frac{H_n}{n^2}$ 294

4.8.4 $\sum_{n=1}^{\infty} \frac{\binom{2n}{n}}{4^n} \frac{H_n^{(2)}}{n}$ 295

4.8.5 $\sum_{n=1}^{\infty} \frac{\binom{2n}{n}}{4^n} \frac{H_{2n}^{(2)}}{n}$ 296

4.8.6 $\sum_{n=1}^{\infty} \frac{\binom{2n}{n}}{4^n} \frac{H_n^2}{n}$ 297

4.8.7 $\sum_{n=1}^{\infty} \frac{\binom{2n}{n}}{4^n} \frac{H_n^2}{n^2}$ 299

4.9 Harmonic Series with Binomial Coefficient in the Denominator . . . 301

4.9.1 $\sum_{n=1}^{\infty} \frac{4^n}{\binom{2n}{n}} \frac{H_n}{n^2}$ 301

4.9.2 $\sum_{n=1}^{\infty} \frac{4^n}{\binom{2n}{n}} \frac{H_{2n}}{n^2}$ 303

4.9.3 $\sum_{n=1}^{\infty} \frac{4^n}{\binom{2n}{n}} \frac{H_n}{n^3}$ 304

4.9.4 $\sum_{n=1}^{\infty} \frac{4^n}{\binom{2n}{n}} \frac{H_n^{(2)}}{n^2}$ 306

4.9.5 $\sum_{n=1}^{\infty} \frac{4^n}{\binom{2n}{n}} \frac{H_n^2}{n^2}$ 307

4.9.6 $\sum_{n=1}^{\infty} \frac{4^n}{\binom{2n}{n}} \frac{H_{2n}}{n^3}$ 309

Table of Mathematica Commands   **315**

References   **317**

Index   **319**

Notations

$\mathbb{C}$	The set of complex numbers
$\mathbb{R}$	The set of real numbers
$\mathbb{Z}$	The set of integers ($\mathbb{Z} = \{\ldots, -3, -2, -1, 0, 1, 2, 3, \ldots\}$)
$\mathbb{Z}_{\geq 0}$	The set of non-negative integers ($\mathbb{Z}_{\geq 0} = \{0, 1, 2, \ldots\}$)
$\mathbb{Z}_{\leq 0}$	The set of non-positive integers ($\mathbb{Z}_{\leq 0} = \{\ldots, -2, -1, 0\}$)
$\mathbb{Z}^+$	The set of positive integers ($\mathbb{Z}^+ = \{1, 2, 3, \ldots\}$)
$\mathbb{Z}^-$	The set of negative integers ($\mathbb{Z}^- = \{\ldots, -3, -2, -1\}$)
$\Re(z)$	The real part of a complex number z
$\Im(z)$	The imaginary part of a complex number z
$n!$	n factorial $\quad n! = 1 \cdot 2 \cdot 3 \cdots (n-1) \cdot n = \prod_{k=1}^{n} k, \quad n \in \mathbb{Z}^+$
$\binom{a}{b}$	The binomial coefficient $\quad \binom{a}{b} = \frac{\Gamma(a+1)}{\Gamma(b+1)\Gamma(a-b+1)}$
Γ	The Gamma function $\quad \Gamma(z) = \int_0^\infty t^{z-1} e^{-t} dt, \quad \Re(z) > 0$
B	The Beta function $\quad \mathrm{B}(a, b) = \int_0^1 x^{a-1}(1-x)^{b-1} dx, \quad \Re(a) > 0, \Re(b) > 0$
ζ	The Riemann zeta function $\quad \zeta(z) = 1 + \frac{1}{2^z} + \frac{1}{3^z} + \cdots = \sum_{k=1}^{\infty} \frac{1}{k^z}, \quad \Re(z) > 1$
η	The Dirichlet eta function $\quad \eta(z) = 1 - \frac{1}{2^z} + \frac{1}{3^z} - \cdots = \sum_{k=1}^{\infty} \frac{(-1)^{k-1}}{k^z}, \quad \Re(z) > 0$
β	The Dirichlet beta function $\quad \beta(z) = 1 - \frac{1}{3^z} + \frac{1}{5^z} - \cdots = \sum_{k=0}^{\infty} \frac{(-1)^k}{(2k+1)^z}, \quad \Re(z) > 0$
Li_n	The Polylogarithm function $\quad \mathrm{Li}_n(z) = z + \frac{z^2}{2^n} + \frac{z^3}{3^n} + \cdots = \sum_{k=1}^{\infty} \frac{z^k}{k^n}, \quad \|z\| \leq 1$
H_n	The n-th harmonic number $\quad H_n = 1 + \frac{1}{2} + \frac{1}{3} + \cdots + \frac{1}{n} = \sum_{k=1}^{n} \frac{1}{k}, \quad n \in \mathbb{Z}^+$
$H_n^{(a)}$	The n-th generalized harmonic number of order a $\quad H_n^{(a)} = 1 + \frac{1}{2^a} + \frac{1}{3^a} + \cdots + \frac{1}{n^a} = \sum_{k=1}^{n} \frac{1}{k^a}, \quad a, n \in \mathbb{Z}^+$
$\overline{H}_n$	The n-th skew harmonic number $\quad \overline{H}_n = 1 - \frac{1}{2} + \frac{1}{3} - \cdots + \frac{(-1)^{n-1}}{n} = \sum_{k=1}^{n} \frac{(-1)^{k-1}}{k}, \quad n \in \mathbb{Z}^+$

ψ	The Digamma function $\psi(n) = \frac{d}{dn}\ln(\Gamma(n)) = \frac{\Gamma'(n)}{\Gamma(n)}$
$\psi^{(a)}$	The Polygamma function $\psi^{(a)}(n) = \frac{d^a}{dn^a}\psi(n) = \frac{d^{a+1}}{dn^{a+1}}\ln(\Gamma(n))$
ln	The natural logarithm ($\log_e$)
e	The base of the natural logarithm $e = \lim_{n\to\infty}(1+1/n)^n = 2.7182818284590\ldots$
γ	The Euler–Mascheroni constant $\gamma = \lim_{n\to\infty}\left(H_n - \ln(n)\right) = 0.5772156649015\ldots$
G	The Catalan's constant $G = 1 - \frac{1}{3^2} + \frac{1}{5^2} - \cdots = \sum_{k=0}^{\infty}\frac{(-1)^k}{(2k+1)^2} = 0.9159655941772\ldots$

Chapter 1

Series Transformations and Special Functions

1.1 Shifting the Sum Index

$$\sum_{k=m}^{n} a_k = \sum_{k=m+c}^{n+c} a_{k-c}. \qquad (1.1)$$

Proof. The index k in $\sum_{k=m}^{n} a_k$ ranges from m to n:

$$m \leq k \leq n.$$

Replace k by $j - c$,
$$m \leq j - c \leq n.$$
On solving this compound inequality, we get
$$m + c \leq j \leq n + c.$$
This indicates that if we replace the index k by $j - c$, the index j will range from $m + c$ to $n + c$:
$$\sum_{k=m}^{n} a_k = \sum_{j=m+c}^{n+c} a_{j-c}.$$
Replace j by k in the latter equality to finish the proof.

Example 1: Let $a_k = \frac{H_k}{k+1}$ and $m = 0$ then shift the index by -1,

$$\sum_{k=0}^{n} \frac{H_k}{k+1} = \sum_{k=1}^{n+1} \frac{H_{k-1}}{k}.$$

Example 2: Let $a_k = H_k x^{k-1}$ and $m = 3$ then shift the index by $+2$,

$$\sum_{k=3}^{n} H_k x^{k-1} = \sum_{k=1}^{n-2} H_{k+2} x^{k+1}.$$

1.2 Reversing the Order of the Sum Terms

$$\sum_{k=m}^{n} a_k = \sum_{k=m}^{n} a_{n-k+m}. \tag{1.2}$$

Proof. Following the previous proof, we have

$$m \leq k \leq n.$$

Replace k by $n - j + m$,

$$m \leq n + m - j \leq n$$

or

$$m \leq j \leq n.$$

This shows that if we replace the index k by $n - j + m$, the index j will range from m to n as well:

$$\sum_{k=m}^{n} a_k = \sum_{j=m}^{n} a_{n-j+m}.$$

The proof completes on replacing j by k in the latter equality.

This type of transformation reverses the order of the sum terms. To see that, let $m = 1$ and $n = 4$ in (1.2), the LHS sum gives

$$\sum_{k=1}^{4} a_k = a_1 + a_2 + a_3 + a_4,$$

which is equivalent to the RHS sum:

$$\sum_{k=1}^{4} a_{5-k} = a_4 + a_3 + a_2 + a_1,$$

but in reversed order.

Example 1: Put $a_k = \frac{1}{k}$ and $m = 1$,

$$\sum_{k=1}^{n} \frac{1}{k} = \sum_{k=1}^{n} \frac{1}{n-k+1}. \tag{1.3}$$

Example 2: Put $a_k = k^2$ and $m = 3$,

$$\sum_{k=3}^{n} k^2 = \sum_{k=3}^{n} (n-k+3)^2.$$

1.3 Splitting a Sum Into its Odd and Even Parts

$$\sum_{n=1}^{\infty} a_n = \sum_{n=0}^{\infty} a_{2n+1} + \sum_{n=1}^{\infty} a_{2n}. \tag{1.4}$$

Proof.

$$\sum_{n=1}^{\infty} a_n = a_1 + a_2 + a_3 + \cdots$$
$$= (a_1 + a_3 + a_5 + \cdots) + (a_2 + a_4 + a_6 + \cdots)$$
$$= \sum_{n=0}^{\infty} a_{2n+1} + \sum_{n=1}^{\infty} a_{2n},$$

and the proof is complete

Example 1: Put $a_n = \frac{1}{n^2}$,

$$\sum_{n=1}^{\infty} \frac{1}{n^2} = \sum_{n=0}^{\infty} \frac{1}{(2n+1)^2} + \sum_{n=1}^{\infty} \frac{1}{(2n)^2} = \sum_{n=0}^{\infty} \frac{1}{(2n+1)^2} + \frac{1}{4}\sum_{n=1}^{\infty} \frac{1}{n^2}$$

or

$$\sum_{n=1}^{\infty} \frac{1}{n^2} = \frac{4}{3}\sum_{n=0}^{\infty} \frac{1}{(2n+1)^2}.$$

Example 2: Put $a_n = \frac{H_n}{n^3}$,

$$\sum_{n=1}^{\infty} \frac{H_n}{n^3} = \sum_{n=0}^{\infty} \frac{H_{2n+1}}{(2n+1)^3} + \sum_{n=1}^{\infty} \frac{H_{2n}}{(2n)^3}.$$

1.4 Converting the Summand a_{2n} to a_n

$$\sum_{n=1}^{\infty} a_{2n} = \frac{1}{2} \sum_{n=1}^{\infty} a_n + \frac{1}{2} \sum_{n=1}^{\infty} (-1)^n a_n. \tag{1.5}$$

Proof. Starting with the RHS,

$$\sum_{n=1}^{\infty} a_n + \sum_{n=1}^{\infty} (-1)^n a^n = a_1 + a_2 + a_3 + \cdots + (-a_1 + a_2 - a_3 + \cdots)$$

$$= 2a_2 + 2a_4 + 2a_6 + \cdots$$

$$= 2(a_2 + a_4 + a_6 + \cdots) = 2 \sum_{n=1}^{\infty} a_{2n}.$$

The proof finalizes on dividing both sides by 2. Following the same approach, we also find

$$\sum_{n=0}^{\infty} a_{2n} = \frac{1}{2} \sum_{n=0}^{\infty} a_n + \frac{1}{2} \sum_{n=0}^{\infty} (-1)^n a_n. \tag{1.6}$$

Example 1: Let $a_n = \frac{1}{(n+1)^4}$ in (1.5),

$$\sum_{n=1}^{\infty} \frac{1}{(2n+1)^4} = \frac{1}{2} \sum_{n=1}^{\infty} \frac{1}{(n+1)^4} + \frac{1}{2} \sum_{n=1}^{\infty} \frac{(-1)^n}{(n+1)^4}.$$

Example 2: Let $a_n = \frac{H_{n+1}}{(n+3)^3}$ in (1.6),

$$\sum_{n=0}^{\infty} \frac{H_{2n+1}}{(2n+3)^3} = \frac{1}{2} \sum_{n=0}^{\infty} \frac{H_{n+1}}{(n+3)^3} + \frac{1}{2} \sum_{n=0}^{\infty} (-1)^n \frac{H_{n+1}}{(n+3)^3}.$$

1.5 Converting the Summand a_{2n+1} to a_n

$$\sum_{n=0}^{\infty} a_{2n+1} = \frac{1}{2} \sum_{n=1}^{\infty} a_n - \frac{1}{2} \sum_{n=1}^{\infty} (-1)^n a_n. \tag{1.7}$$

Proof.

$$\sum_{n=1}^{\infty} a_n - \sum_{n=1}^{\infty} (-1)^n a^n = a_1 + a_2 + a_3 + \cdots - (-a_1 + a_2 - a_3 + \cdots)$$

$$= 2a_1 + 2a_3 + 2a_5 + \cdots$$

$$= 2(a_1 + a_3 + a_5 + \cdots) = 2\sum_{n=0}^{\infty} a_{2n+1}.$$

Divide both sides by 2 to complete the proof.
Let's shift the index of the LHS sum in (1.7) by -1,

$$\sum_{n=1}^{\infty} a_{2n-1} = \frac{1}{2}\sum_{n=1}^{\infty} a_n - \frac{1}{2}\sum_{n=1}^{\infty} (-1)^n a_n. \tag{1.8}$$

Example 1: Set $a_n = \frac{H_n}{n^3}$ in (1.7),

$$\sum_{n=0}^{\infty} \frac{H_{2n+1}}{(2n+1)^3} = \frac{1}{2}\sum_{n=1}^{\infty} \frac{H_n}{n^3} - \frac{1}{2}\sum_{n=1}^{\infty} (-1)^n \frac{H_n}{n^3}.$$

Example 2: Set $a_n = \frac{1}{n^4}$ in (1.8),

$$\sum_{n=1}^{\infty} \frac{1}{(2n-1)^4} = \frac{1}{2}\sum_{n=1}^{\infty} \frac{1}{n^4} - \frac{1}{2}\sum_{n=1}^{\infty} \frac{(-1)^n}{n^4}.$$

1.6 Converting the Summand $(-1)^n a_{2n}$ to $i^n a_n$

$$\sum_{n=1}^{\infty} (-1)^n a_{2n} = \Re \sum_{n=1}^{\infty} i^n a_n. \tag{1.9}$$

Proof.

$$\sum_{n=1}^{\infty} i^n a_n = i a_1 + i^2 a_2 + i^3 a_3 + i^4 a_4 + i^5 a_5 + i^6 a_6 + \cdots$$

$$= i a_1 - a_2 - i a_3 + a_4 + i a_5 - a_6 + \cdots$$

$$= i(a_1 - a_3 + a_5 - \cdots) + (-a_2 + a_4 - a_6 + \cdots)$$

$$= i\sum_{n=0}^{\infty} (-1)^n a_{2n+1} + \sum_{n=1}^{\infty} (-1)^n a_{2n}, \tag{1.10}$$

and the proof follows on comparing the real parts of both sides.

Example 1: Put $a_n = \frac{x^n}{n^3}$,

$$\sum_{n=1}^{\infty} (-1)^n \frac{x^{2n}}{(2n)^3} = \Re \sum_{n=1}^{\infty} i^n \frac{x^n}{n^3}.$$

Example 2: Put $a_n = \frac{H_{n+1}}{n^2}$,

$$\sum_{n=1}^{\infty}(-1)^n \frac{H_{2n+1}}{(2n)^2} = \Re \sum_{n=1}^{\infty} i^n \frac{H_{n+1}}{n^2}.$$

1.7 Converting the Summand $(-1)^n a_{2n+1}$ to $i^n a_n$

$$\sum_{n=0}^{\infty}(-1)^n a_{2n+1} = \Im \sum_{n=1}^{\infty} i^n a_n. \qquad (1.11)$$

Proof. Compare the imaginary parts of both sides of (1.10).

Example 1: Let $a_n = \frac{1}{n^3}$,

$$\sum_{n=0}^{\infty} \frac{(-1)^n}{(2n+1)^3} = \Im \sum_{n=1}^{\infty} \frac{i^n}{n^3}.$$

Example 2: Let $a_n = \frac{H_n}{(n+1)^2}$,

$$\sum_{n=0}^{\infty}(-1)^n \frac{H_{2n+1}}{(2n+2)^2} = \Im \sum_{n=1}^{\infty} i^n \frac{H_n}{(n+1)^2}.$$

1.8 Converting a Sum to a Product

$$\sum_{n=m}^{r} \ln(a_n) = \ln \prod_{n=m}^{r} a_n. \qquad (1.12)$$

Proof.

$$\sum_{n=m}^{r} \ln(a_n) = \ln(a_m) + \ln(a_{m+1}) + \cdots + \ln(a_r)$$

$$= \ln(a_m \times a_{m+1} \times \cdots \times a_r) = \ln \prod_{n=m}^{r} a_n.$$

Example 1: Let $a_n = n$,

$$\sum_{n=1}^{r} \ln(n) = \ln \prod_{n=1}^{r} n = \ln(1 \times 2 \times 3 \times \cdots \times r) = \ln(r!).$$

Example 2: Let $a_n = e^n$,

$$\ln \prod_{n=1}^{r} e^n = \sum_{n=1}^{r} \ln(e^n) = \sum_{n=1}^{r} n = \frac{r(r+1)}{2}.$$

1.9 Double Summation

$$\sum_{m=1}^{\infty} \sum_{n=1}^{m} a_m b_n = \sum_{n=1}^{\infty} \sum_{m=n}^{\infty} a_m b_n. \qquad (1.13)$$

Proof.

$$\sum_{m=1}^{\infty} \sum_{n=1}^{m} a_m b_n = a_1 \sum_{n=1}^{1} b_n + a_2 \sum_{n=1}^{2} b_n + a_3 \sum_{n=1}^{3} b_n + \cdots$$
$$= a_1(b_1) + a_2(b_1 + b_2) + a_3(b_1 + b_2 + b_3) + \cdots$$
$$= b_1(a_1 + a_2 + \cdots) + b_2(a_2 + a_3 + \cdots) + b_3(a_3 + a_4 + \cdots) + \cdots$$
$$= b_1 \sum_{m=1}^{\infty} a_m + b_2 \sum_{m=2}^{\infty} a_m + b_3 \sum_{m=3}^{\infty} a_m + \cdots$$
$$= \sum_{n=1}^{\infty} b_n \sum_{m=n}^{\infty} a_m = \sum_{n=1}^{\infty} \sum_{m=n}^{\infty} a_m b_n,$$

and the proof is complete. If we follow the same steps above, we also find

$$\sum_{m=1}^{\infty} \sum_{n=1}^{m-1} a_m b_n = \sum_{n=1}^{\infty} \sum_{m=n+1}^{\infty} a_m b_n. \qquad (1.14)$$

Example 1: Let $a_m = p^m$ and $b_n = p^n$,

$$\sum_{m=1}^{\infty} \sum_{n=1}^{m} p^{m+n} = \sum_{n=1}^{\infty} p^n \left(\sum_{m=n}^{\infty} p^m \right)$$

{use the geometric series formula for the inner sum asuming $|p| < 1$}

$$= \sum_{n=1}^{\infty} p^n \left(\frac{p^n}{1-p} \right) = \frac{1}{1-p} \sum_{n=1}^{\infty} (p^2)^n$$

{use the geometric series formula again}

$$= \frac{1}{1-p} \left(\frac{p^2}{1-p^2} \right) = \frac{p^2}{(1-p)(1-p^2)}.$$

Example 2: Let $a_m = x^m$ and $b_n = \overline{H}_n$,

$$\sum_{m=1}^{\infty} \sum_{n=1}^{m} x^m \overline{H}_n = \sum_{n=1}^{\infty} \overline{H}_n \left(\sum_{m=n}^{\infty} x^m \right)$$

{use the geometric series formula for the inner sum asuming $|x| < 1$}

$$= \sum_{n=1}^{\infty} \overline{H}_n \left(\frac{x^n}{1-x} \right) = \frac{1}{1-x} \sum_{n=1}^{\infty} \overline{H}_n x^n$$

{substitute the result from (2.28)}

$$= \frac{1}{1-x} \left(\frac{\ln(1+x)}{1-x} \right) = \frac{\ln(1+x)}{(1-x)^2}.$$

1.10 The Logarithm of a Complex Number

The logarithm of a complex number, $z = x + iy$, is given by

$$\ln(x + iy) = \frac{1}{2} \ln(x^2 + y^2) + i \arctan\left(\frac{y}{x}\right), \quad x > 0. \tag{1.15}$$

Proof. We begin with converting to polar coordinates,

$$x + iy = r\cos(\theta) + ir\sin(\theta)$$
$$= r(\cos(\theta) + i\sin(\theta)).$$

On using Euler's formula:

$$e^{ix} = \cos x + i \sin x, \tag{1.16}$$

which can be proved by expanding $\cos x$, $\sin x$, and e^x in Taylor series, we have

$$x + iy = re^{i\theta}.$$

Take the logarithm of both sides,

$$\ln(x + iy) = \ln\left(re^{i\theta}\right) = \ln(r) + \ln\left(e^{i\theta}\right) = \ln(r) + i\theta.$$

The proof completes on substituting $r = \sqrt{x^2 + y^2}$ and $\theta = \arctan(y/x)$. The constraint $x > 0$ in (1.15) shows that this rule is valid only when the complex number is in the first or fourth quadrant of the complex plane.
In general, for positive x and y, where $x = y \neq 0$ and $y \neq 0$, we have

$$\ln(x + iy) = \frac{1}{2} \ln(x^2 + y^2) + i \arctan\left(\frac{y}{x}\right); \tag{1.17}$$

$$\ln(-x + iy) = \frac{1}{2} \ln(x^2 + y^2) + i \left[\pi - \arctan\left(\frac{y}{x}\right)\right]; \tag{1.18}$$

1.10. The Logarithm of a Complex Number

$$\ln(-x - iy) = \frac{1}{2}\ln(x^2 + y^2) - i\left[\pi - \arctan\left(\frac{y}{x}\right)\right]; \quad (1.19)$$

$$\ln(x - iy) = \frac{1}{2}\ln(x^2 + y^2) - i\arctan\left(\frac{y}{x}\right). \quad (1.20)$$

Note that (1.19) and (1.20) follows from replacing i by $-i$ in (1.18) and (1.17) respectively. To prove (1.18), we sum it with its conjugate,

$$\ln(-x + iy) + \ln(x + iy) = \ln(-x^2 - y^2) = \ln(-1) + \ln(x^2 + y^2)$$

or

$$\ln(-x + iy) = \ln(-1) + \ln(x^2 + y^2) - \ln(x + iy)$$
$$\{\text{substitute } \ln(-1) = i\pi \text{ and recall the result from (1.17)}\}$$
$$= i\pi + \ln(x^2 + y^2) - \frac{1}{2}\ln(x^2 + y^2) - \arctan\left(\frac{y}{x}\right)$$
$$= \frac{1}{2}\ln(x^2 + y^2) + i\left[\pi - \arctan\left(\frac{y}{x}\right)\right],$$

which matches (1.18).

The value $\ln(-1) = i\pi$ follows from using the identity:

$$\ln(-x) = \ln(x) + i\pi, \quad x > 0. \quad (1.21)$$

To show that, set $x = \pi$ in Euler's formula in (1.16),

$$e^{i\pi} = -1,$$

take the log of both sides,

$$i\pi = \ln(-1),$$

add $\ln(x)$ to both sides,

$$\ln(x) + i\pi = \ln(-1) + \ln(x) = \ln(-x).$$

Using the rules from (1.17) to (1.20) we find:

$$\ln(1 + i) = \frac{1}{2}\ln(2) + i\frac{\pi}{4}; \quad (1.22)$$

$$\ln(-1 + i) = \frac{1}{2}\ln(2) + i\frac{3\pi}{4}; \quad (1.23)$$

$$\ln(-1 - i) = \frac{1}{2}\ln(2) - i\frac{3\pi}{4}; \quad (1.24)$$

$$\ln(1 - i) = \frac{1}{2}\ln(2) - i\frac{\pi}{4}; \quad (1.25)$$

$$\ln(i) = i\frac{\pi}{2}; \quad (1.26)$$

$$\ln(-i) = -i\frac{\pi}{2}. \qquad (1.27)$$

1.11 Gamma Function

1.11.1 Definition

The gamma function is defined by

$$\Gamma(z) = \int_0^\infty t^{z-1} e^{-t} dt, \quad \Re(z) > 0. \qquad (1.28)$$

For a different integral form, set $t = -n\ln(x)$ in (1.28),

$$\Gamma(z) = (-1)^{z-1} n^z \int_0^1 x^{n-1} \ln^{z-1}(x) dx, \quad \Re(z) > 0. \qquad (1.29)$$

Divide both sides of (1.29) by $n^z \Gamma(z)$,

$$\frac{1}{n^z} = \frac{(-1)^{z-1}}{\Gamma(z)} \int_0^1 x^{n-1} \ln^{z-1}(x) dx, \quad \Re(z) > 0. \qquad (1.30)$$

On using $\Gamma(z) = (z-1)!$ given in (1.33), we obtain

$$\frac{1}{n^z} = \frac{(-1)^{z-1}}{(z-1)!} \int_0^1 x^{n-1} \ln^{z-1}(x) dx, \quad z \in \mathbb{Z}^+. \qquad (1.31)$$

1.11.2 Functional Equation

One of the key properties of the gamma function is

$$\Gamma(z+1) = z\Gamma(z), \quad z \notin \mathbb{Z}_{\leq 0}. \qquad (1.32)$$

Proof. Replace z by $z+1$ in (1.28),

$$\Gamma(z+1) = \int_0^\infty t^z e^{-t} dt$$

{apply integration by parts (IBP)}

$$= \underbrace{-t^z e^{-t}\Big|_0^\infty}_{0} + z \int_0^\infty t^{z-1} e^{-t} dt$$

$$= z\Gamma(z).$$

1.11. Gamma Function

Note that
$$\Gamma(1) = \int_0^\infty e^{-t} dt = -e^{-t}\Big|_0^\infty = -0 + 1 = 1,$$

and by using $\Gamma(z+1) = z\Gamma(z)$, we see that:

$$\Gamma(2) = 1 \cdot \Gamma(1) = 1 \cdot 1 = 1!$$
$$\Gamma(3) = 2 \cdot \Gamma(2) = 2 \cdot 1! = 2!$$
$$\Gamma(4) = 3 \cdot \Gamma(3) = 3 \cdot 2! = 3!$$
$$\Gamma(5) = 4 \cdot \Gamma(4) = 4 \cdot 3! = 4!.$$

So in general we have
$$\Gamma(z) = (z-1)!, \quad z \in \mathbb{Z}^+. \tag{1.33}$$

1.11.3 Stirling's Approximation

Stirling's approximation is an approximation for factorials:
$$n! \sim \sqrt{2\pi} n^{n+\frac{1}{2}} e^{-n}, \tag{1.34}$$

where the sign $\sim$ means $\lim_{n \to \infty} \dfrac{n!}{\sqrt{2\pi} n^{n+\frac{1}{2}} e^{-n}} = 1.$

The following proof may be found in [7, p. 277–278]:
Proof. Begin with the definition of the gamma function:

$$n! = \Gamma(n+1) = \int_0^\infty t^n e^{-t} dt$$
$$\left\{ \text{let } t = n + x\sqrt{2n} \right\}$$
$$= \sqrt{2} n^{n+\frac{1}{2}} e^{-n} \int_{-\sqrt{\frac{n}{2}}}^\infty e^{-x\sqrt{2n}} \left(1 + x\sqrt{\frac{2}{n}}\right)^n dx$$
$$\left\{ \text{write } \left(1 + x\sqrt{\frac{2}{n}}\right)^n = e^{n \ln\left(1 + x\sqrt{\frac{2}{n}}\right)} \right\}$$
$$= \sqrt{2} n^{n+\frac{1}{2}} e^{-n} \int_{-\sqrt{\frac{n}{2}}}^\infty e^{n \ln\left(1 + x\sqrt{\frac{2}{n}}\right) - x\sqrt{2n}} dx.$$

Divide both sides by $\sqrt{2} n^{n+\frac{1}{2}} e^{-n}$ then let $n \to \infty$, we get

$$\lim_{n \to \infty} \frac{n!}{\sqrt{2} n^{n+\frac{1}{2}} e^{-n}} = \lim_{n \to \infty} \int_{-\sqrt{\frac{n}{2}}}^\infty e^{n \ln\left(1 + x\sqrt{\frac{2}{n}}\right) - x\sqrt{2n}} dx$$

$$= \int_{-\infty}^{\infty} e^{\lim_{n\to\infty}\left[n\ln\left(1+x\sqrt{\frac{2}{n}}\right)-x\sqrt{2n}\right]}dx.$$

To find the remaining limit, let $x\sqrt{\frac{2}{n}} = y$ and so $n = \frac{2x^2}{y^2}$,

$$\lim_{n\to\infty}\left[n\ln\left(1+x\sqrt{\frac{2}{n}}\right) - x\sqrt{2n}\right] = 2x^2 \lim_{y\to 0} \frac{\ln(1+y)-y}{y^2}$$

{apply L'Hôpital's rule, since we have the case $0/0$}

$$= 2x^2 \lim_{y\to 0} \frac{\frac{1}{1+y}-1}{2y} = x^2 \lim_{y\to 0} \frac{-1}{1+y} = -x^2.$$

It follows that

$$\lim_{n\to\infty} \frac{n!}{\sqrt{2}n^{n+\frac{1}{2}}e^{-n}} = \int_{-\infty}^{\infty} e^{-x^2} dx.$$

This integral is called the Gaussian integral, which evaluates to $\sqrt{\pi}$ by using the polar coordinates (see[39]). Thus,

$$\lim_{n\to\infty} \frac{n!}{\sqrt{2}n^{n+\frac{1}{2}}e^{-n}} = \sqrt{\pi}.$$

Divide both sides by $\sqrt{\pi}$ to finish the proof.
To evaluate the Gaussian integral in a different way, split the integral at $x=0$,

$$\int_{-\infty}^{\infty} e^{-x^2} dx = \left(\int_{-\infty}^{0} + \int_{0}^{\infty}\right) e^{-x^2} dx$$

$$= \underbrace{\int_{-\infty}^{0} e^{-x^2} dx}_{x\to -x} + \int_{0}^{\infty} e^{-x^2} dx = \int_{0}^{\infty} e^{-x^2} dx + \int_{0}^{\infty} e^{-x^2} dx$$

$$= 2\int_{0}^{\infty} e^{-x^2} dx \stackrel{x=\sqrt{y}}{=} \int_{0}^{\infty} y^{-\frac{1}{2}} e^{-y} dy = \Gamma\left(\frac{1}{2}\right) \stackrel{\text{use (1.41)}}{=} \sqrt{\pi}.$$

1.11.4 Expressing the Gamma Function as a Product

The gamma function is also expressed as

$$\Gamma(z) = \frac{\Gamma(z+n+1)}{z} \prod_{k=1}^{n} \frac{1}{z+k}, \quad z \notin \mathbb{Z}_{\leq 0}. \tag{1.35}$$

Proof. By the functional equation in (1.32), we have:

$$\Gamma(z+1) = z\Gamma(z);$$

1.11. Gamma Function

$$\Gamma(z+2) = (z+1)\cdot\Gamma(z+1) = (z+1)\cdot z\Gamma(z);$$
$$\Gamma(z+3) = (z+2)\cdot\Gamma(z+2) = (z+2)\cdot(z+1)\cdot z\Gamma(z).$$

This can be generalized to

$$\Gamma(z+n+1) = (z+n)\cdot(z+n-1)\cdot\ldots\cdot(z+1)\cdot z\Gamma(z)$$

or

$$\Gamma(z) = \frac{\Gamma(z+n+1)}{z(z+1)\cdots(z+n)} = \frac{\Gamma(z+n+1)}{z\prod_{k=1}^{n}(z+k)} = \frac{\Gamma(z+n+1)}{z}\prod_{k=1}^{n}\frac{1}{z+k}.$$

1.11.5 Euler's Definition as an Infinite Product

Another form of the gamma function is

$$\Gamma(z) = \frac{1}{z}\prod_{k=1}^{\infty}\frac{\left(1+\frac{1}{k}\right)^{z}}{1+\frac{z}{k}}, \quad z\notin\mathbb{Z}_{\leq 0}. \tag{1.36}$$

Proof. Multiply both sides of (1.35):

$$\Gamma(z) = \frac{\Gamma(z+n+1)}{z}\prod_{k=1}^{n}\frac{1}{z+k}$$

by $\frac{n!n^z}{\Gamma(z+n+1)}$, we obtain

$$\frac{\Gamma(z)n!n^z}{\Gamma(z+n+1)} = \frac{1}{z}\prod_{k=1}^{n}\frac{n!n^z}{z+k}$$

$$\left\{\text{write } n! = \prod_{k=1}^{n}k \text{ then use } \prod_{k=1}^{n}a_k\prod_{k=1}^{n}b_k = \prod_{k=1}^{n}a_kb_k\right\}$$

$$= \frac{1}{z}\prod_{k=1}^{n}\frac{kn^z}{k+z} = \frac{1}{z}\prod_{k=1}^{n}\frac{n^z}{1+\frac{z}{k}}.$$

Take the limit on both sides letting $n\mapsto\infty$,

$$\Gamma(z)\lim_{n\to\infty}\frac{n!n^z}{\Gamma(z+n+1)} = \frac{1}{z}\lim_{n\to\infty}\prod_{k=1}^{n}\frac{n^z}{1+\frac{z}{k}}. \tag{1.37}$$

For the LHS limit, use Stirling's approximation for $n!$ and $\Gamma(z+n+1)$,

$$\lim_{n\to\infty}\frac{n!n^z}{\Gamma(z+n+1)} = \lim_{n\to\infty}\frac{\sqrt{2\pi}n^{n+\frac{1}{2}}e^{-n}n^z}{\sqrt{2\pi}(n+z)^{n+z+\frac{1}{2}}e^{-n-z}}$$

$$= e^z \lim_{n\to\infty} \frac{n^{n+z+\frac{1}{2}}}{(n+z)^{n+z+\frac{1}{2}}}$$

$$= e^z \lim_{n\to\infty} \left(\frac{n}{n+z}\right)^{z+\frac{1}{2}} \left(\frac{n}{n+z}\right)^n$$

$$= e^z \frac{\left(\lim_{n\to\infty} \frac{n}{n+z}\right)^{z+\frac{1}{2}}}{\lim_{n\to\infty} \left(1+\frac{z}{n}\right)^n} = e^z \frac{(1)^{z+\frac{1}{2}}}{e^z} = 1.$$

Since

$$\prod_{k=1}^{n-1} \left(1 + \frac{1}{k}\right)^z = \prod_{k=1}^{n-1} \frac{(k+1)^z}{k^z} = \frac{\prod_{k=1}^{n-1}(k+1)^z}{\prod_{k=1}^{n-1} k^z}$$

$$= \frac{2^z \cdot 3^z \cdots (n-1)^z \cdot n^z}{1^z \cdot 2^z \cdots (n-1)^z} = n^z$$

and since $\prod_{k=1}^{n-1} a_k = \frac{\prod_{k=1}^{n} a_k}{a_n}$, we have

$$n^z = \prod_{k=1}^{n-1} \left(1 + \frac{1}{k}\right)^z = \frac{\prod_{k=1}^{n} \left(1 + \frac{1}{k}\right)^z}{\left(1 + \frac{1}{n}\right)^z}.$$

Substitute this result in the RHS limit,

$$\lim_{n\to\infty} \prod_{k=1}^{n} \frac{n^z}{1 + \frac{z}{k}} = \lim_{n\to\infty} \prod_{k=1}^{n} \frac{\prod_{k=1}^{n}\left(1+\frac{1}{k}\right)^z}{\left(1+\frac{1}{n}\right)^z \left(1+\frac{z}{k}\right)} = \prod_{k=1}^{\infty} \frac{\left(1+\frac{1}{k}\right)^z}{1+\frac{z}{k}}.$$

The proof follows on plugging the two limits in (1.37).

1.11.6 Euler's Reflection Formula

A well-known relationship is Euler's reflection formula:

$$\Gamma(z)\Gamma(1-z) = \frac{\pi}{\sin(\pi z)}, \quad z \notin \mathbb{Z}. \tag{1.38}$$

Proof. Set $a = z$ and $b = 1 - z$ in (1.51):

$$\mathrm{B}(a,b) = \frac{\Gamma(a)\Gamma(b)}{\Gamma(a+b)} = \int_0^\infty \frac{x^{a-1}}{(1+x)^{a+b}}\,\mathrm{d}x,$$

1.11. Gamma Function

we obtain

$$\Gamma(z)\Gamma(1-z) = \int_0^\infty \frac{x^{z-1}}{1+x} dx \qquad (1.39)$$

$$= \left(\int_0^1 + \int_1^\infty\right) \frac{x^{z-1}}{1+x} dx = \int_0^1 \frac{x^{z-1}}{1+x} dx + \underbrace{\int_1^\infty \frac{x^{z-1}}{1+x} dx}_{x \to 1/x}$$

$$= \int_0^1 \frac{x^{z-1}}{1+x} dx + \int_0^1 \frac{x^{-z}}{1+x} dx$$

$$\left\{\text{expand } \frac{1}{1+x} \text{ in series in both integrals}\right\}$$

$$= \int_0^1 x^{z-1} \left(\sum_{n=0}^\infty (-1)^n x^n\right) dx + \int_0^1 x^{-z} \left(\sum_{n=0}^\infty (-1)^n x^n\right) dx$$

{interchange integration and summation}

$$= \sum_{n=0}^\infty (-1)^n \int_0^1 x^{n+z-1} dx + \sum_{n=0}^\infty (-1)^n \int_0^1 x^{n-z} dx$$

$$= \sum_{n=0}^\infty \frac{(-1)^n}{n+z} + \sum_{n=0}^\infty \frac{(-1)^n}{n-z+1}$$

{seperate the first term of the first sum and shift the index of the second}

$$= \frac{1}{z} + \sum_{n=1}^\infty \frac{(-1)^n}{n+z} - \sum_{n=1}^\infty \frac{(-1)^n}{n-z} = \frac{1}{z} - \sum_{n=1}^\infty \frac{2z(-1)^n}{n^2 - z^2}$$

{recall the identity in (2.130)}

$$= \frac{\pi}{\sin(\pi z)}. \qquad (1.40)$$

Moreover, setting $z = 1/2$ in (1.38) yields

$$\Gamma^2\left(\frac{1}{2}\right) = \frac{\pi}{\sin(\frac{\pi}{2})} = \pi$$

or

$$\Gamma\left(\frac{1}{2}\right) = \sqrt{\pi}. \qquad (1.41)$$

Remark: The interchange of integration and summation used in the proof above is justified by Lebesgue's dominated convergence theorem (see [13]):

$$\int_X \sum_{n=1}^\infty f_n(x) dx = \sum_{n=1}^\infty \int_X f_n(x) dx, \qquad (1.42)$$

where X is the integration interval.

This theorem will be frequently used throughout the book where it's applicable. So we are not going to reexplain why the interchange is justified if used again.

More results of the gamma function may be found in [38].

1.11.7 Legendre Duplication Formula

The Legendre duplication formula is given by

$$\Gamma\left(\frac{1}{2}+n\right) = \frac{2\sqrt{\pi}\,\Gamma(2n)}{4^n\Gamma(n)}. \tag{1.43}$$

The following proof may be found in [40]:

Proof. Letting $a = b = n$ in the beta function in (1.47):

$$B(a,b) = \frac{\Gamma(a)\Gamma(b)}{\Gamma(a+b)} = \int_0^1 x^{a-1}(1-x)^{b-1}dx$$

yields

$$\frac{\Gamma^2(n)}{\Gamma(2n)} = \int_0^1 x^{n-1}(1-x)^{n-1}dx \stackrel{x=\frac{1+u}{2}}{=} 2^{1-2n}\int_{-1}^1 (1-u^2)^{n-1}du$$

$$= 2^{1-2n}\left(\int_{-1}^0 + \int_0^1\right)(1-u^2)^{n-1}du$$

$$= 2^{1-2n}\underbrace{\int_{-1}^0 (1-u^2)^{n-1}du}_{u\to -u} + 2^{1-2n}\int_0^1 (1-u^2)^{n-1}du$$

$$= 2^{1-2n}\int_0^1 (1-u^2)^{n-1}du + 2^{1-2n}\int_0^1 (1-u^2)^{n-1}du$$

$$= 2^{1-2n}\int_0^1 2(1-u^2)^{n-1}du \tag{1.44}$$

$$\stackrel{u=\sqrt{x}}{=} 2^{1-2n}\int_0^1 x^{-\frac{1}{2}}(1-x)^{n-1}dx$$

{use the defnition of the beta function in (1.47)}

$$= 2^{1-2n} B\left(\frac{1}{2},n\right)$$

{recall the property of the beta function in (1.48)}

$$= \frac{2\,\Gamma(\frac{1}{2})\Gamma(n)}{4^n\Gamma(\frac{1}{2}+n)}.$$

The proof completes on substituting $\Gamma(1/2) = \sqrt{\pi}$ given in (1.41).

1.12. Beta Function

Further, let's set $u = \cos(x)$ in (1.44),

$$\int_0^{\frac{\pi}{2}} \sin^{2n-1}(x) dx = \frac{4^n \Gamma^2(n)}{4\Gamma(2n)}. \qquad (1.45)$$

By the definition of the binomial coefficient:

$$\binom{a}{b} = \frac{\Gamma(a+1)}{\Gamma(b+1)\Gamma(a-b+1)},$$

we have

$$\binom{2n}{n} = \frac{\Gamma(2n+1)}{\Gamma^2(n+1)}$$

$$\{\text{use } \Gamma(z+1) = z\Gamma(z) \text{ given in (1.32)}\}$$

$$= \frac{2n\Gamma(2n)}{(n\Gamma(n))^2} = \frac{2\Gamma(2n)}{n\Gamma^2(n)}$$

or

$$\frac{\Gamma^2(n)}{\Gamma(2n)} = \frac{2}{\binom{2n}{n} n}.$$

Plug this result in (1.45),

$$\int_0^{\frac{\pi}{2}} \sin^{2n-1}(x) dx = \frac{4^n}{\binom{2n}{n}} \frac{1}{2n}. \qquad (1.46)$$

1.12 Beta Function

1.12.1 Definition

The beta function is defined by

$$B(a,b) = \int_0^1 x^{a-1}(1-x)^{b-1} dx, \quad \Re(a) > 0, \Re(b) > 0. \qquad (1.47)$$

One of the key identities of the beta function is the Beta–Gamma identity:

$$B(a,b) = \frac{\Gamma(a)\Gamma(b)}{\Gamma(a+b)}. \qquad (1.48)$$

The following proof may be found in [42]:
Proof. Using the definition of the gamma function in (1.28), we have

$$\Gamma(a)\Gamma(b) = \left(\int_0^\infty e^{-x} x^a dx\right) \left(\int_0^\infty e^{-y} y^b dy\right)$$

$$\{\text{let } x = zt \text{ and } y = z(1-t)\}$$

$$= \int_0^\infty \int_0^1 e^{-z}(zt)^{a-1}(z(1-t))^{b-1} z \, dt \, dz$$

$$= \left(\int_0^\infty e^{-z} z^{a+b-1} dz\right)\left(\int_0^1 t^{a-1}(1-t)^{b-1} dt\right)$$

$$= (\Gamma(a+b))(B(a,b)),$$

and the proof follows on dividing both sides by $\Gamma(a+b)$.
Another identity of the beta function is the symmetry identity:

$$B(a,b) = B(b,a). \tag{1.49}$$

To prove it, let $1 - x = y$ in (1.47),

$$B(a,b) = \int_0^1 x^{a-1}(1-x)^{b-1} dx = \int_0^1 y^{b-1}(1-y)^{a-1} dy = B(b,a).$$

1.12.2 Trigonometric Integral Representation

A different integral form of the beta function is

$$B(a,b) = 2\int_0^{\frac{\pi}{2}} \cos^{2a-1}(x) \sin^{2b-1}(x) dx, \quad \Re(a) > 0, \Re(b) > 0. \tag{1.50}$$

Proof. Make the change of variable $x = \cos^2(y)$ in (1.47).

1.12.3 Improper Integral Representation

Another form of the beta function is

$$B(a,b) = \int_0^\infty \frac{x^{a-1}}{(1+x)^{a+b}} dx, \quad \Re(a) > 0, \Re(b) > 0. \tag{1.51}$$

Proof: Make the substitution $x = \frac{y}{1+y}$ in (1.47).

1.12.4 Powerful Integral Representation

We also have

$$B(a,b) = \int_0^1 \frac{x^{a-1} + x^{b-1}}{(1+x)^{a+b}} dx, \quad \Re(a) > 0, \Re(b) > 0. \tag{1.52}$$

The following proof may be found in [28, p. 72]:
Proof. Let $x \to 1/x$,

$$\int_0^1 \frac{x^{a-1} + x^{b-1}}{(1+x)^{a+b}} dx = \int_1^\infty \frac{x^{a-1} + x^{b-1}}{(1+x)^{a+b}} dx$$

$$\left\{\text{add } \int_0^1 \frac{x^{a-1} + x^{b-1}}{(1+x)^{a+b}} dx \text{ to both sides then divide by 2}\right\}$$

$$= \frac{1}{2} \int_0^1 \frac{x^{a-1} + x^{b-1}}{(1+x)^{a+b}} dx + \frac{1}{2} \int_1^\infty \frac{x^{a-1} + x^{b-1}}{(1+x)^{a+b}} dx$$

$$= \frac{1}{2} \left(\int_0^1 + \int_1^\infty\right) \frac{x^{a-1} + x^{b-1}}{(1+x)^{a+b}} dx$$

$$= \frac{1}{2} \int_0^\infty \frac{x^{a-1} + x^{b-1}}{(1+x)^{a+b}} dx$$

$$= \frac{1}{2} \int_0^\infty \frac{x^{a-1}}{(1+x)^{a+b}} dx + \frac{1}{2} \int_0^\infty \frac{x^{b-1}}{(1+x)^{a+b}} dx$$

{use the definition of the beta function given in (1.51)}

$$= \frac{1}{2} \mathrm{B}(a,b) + \frac{1}{2} \mathrm{B}(b,a)$$

{use $\mathrm{B}(b,a) = \mathrm{B}(a,b)$ given in (1.49)}

$$= \mathrm{B}(a,b).$$

1.13 Riemann Zeta Function

1.13.1 Definition

The Riemann zeta function is defined by

$$\zeta(z) = 1 + \frac{1}{2^z} + \frac{1}{3^z} + \cdots = \sum_{n=1}^\infty \frac{1}{n^z}, \quad \Re(z) > 1. \tag{1.53}$$

1.13.2 Integral Representation

The integral form of the Riemann zeta function is given by

$$\zeta(z) = \frac{(-1)^{z-1}}{\Gamma(z)} \int_0^1 \frac{\ln^{z-1}(x)}{1-x} dx, \quad \Re(z) > 1. \tag{1.54}$$

Proof: Take the summation for both sides of (1.31):

$$\frac{1}{n^z} = \frac{(-1)^{z-1}}{\Gamma(z)} \int_0^1 x^{n-1} \ln^{z-1}(x) dx$$

over $n \geq 1$, we get

$$\sum_{n=1}^{\infty} \frac{1}{n^z} := \zeta(z) = \frac{(-1)^{z-1}}{\Gamma(z)} \sum_{n=1}^{\infty} \int_0^1 x^{n-1} \ln^{z-1}(x) dx$$

{interchange integration and summation }

$$= \frac{(-1)^{z-1}}{\Gamma(z)} \int_0^1 \ln^{z-1}(x) \left(\sum_{n=1}^{\infty} x^{n-1} \right) dx$$

{use the geometric series formula}

$$= \frac{(-1)^{z-1}}{\Gamma(z)} \int_0^1 \ln^{z-1}(x) \left(\frac{1}{1-x} \right) dx,$$

and the proof is finalized.

1.13.3 Evaluation of $\zeta(0)$

$$\zeta(0) = -\frac{1}{2}. \tag{1.55}$$

The Following solution may be found in [9]:
Solution Let's consider (1.79):

$$\eta(z) = \frac{(-1)^z}{\Gamma(z)} \int_0^1 \frac{\ln^z(x)}{1+x} dx \stackrel{x=e^{-t}}{=} \frac{1}{\Gamma(z)} \int_0^{\infty} \frac{t^{z-1}}{1+e^t} dt.$$

Substitute $\eta(z) = (1 - 2^{1-z})\zeta(z)$ given in (1.75),

$$\zeta(z) = \frac{1}{(1-2^{1-z})\Gamma(z)} \int_0^{\infty} \frac{t^{z-1}}{1+e^t} dt$$

$$\stackrel{\text{IBP}}{=} \frac{1}{(1-2^{1-z})\Gamma(z)} \left[\underbrace{\frac{t^z}{z(1+e^t)} \Big|_0^{\infty}}_{0} + \frac{1}{z} \int_0^{\infty} \frac{t^z e^t}{(1+e^t)^2} dt \right]$$

{write $z\Gamma(z) = \Gamma(z+1)$}

$$= \frac{1}{(1-2^{1-z})\Gamma(z+1)} \int_0^{\infty} \frac{t^z e^t}{(1+e^t)^2} dt.$$

1.13. Riemann Zeta Function

Next, take the limit on both sides and let $z \to 0$,

$$\lim_{z \to 0} \zeta(z) = \zeta(0) = -\int_0^\infty \frac{e^t}{(1+e^t)^2} dt = \frac{1}{1+e^t}\bigg|_0^\infty = -\frac{1}{2}.$$

1.13.4 Evaluation of $\zeta(2)$

$$\zeta(2) = \sum_{n=1}^\infty \frac{1}{n^2} = \frac{\pi^2}{6}. \qquad (1.56)$$

The following solution may be found in [3]:
Solution Squaring both sides of

$$\frac{\pi}{4} = \int_0^1 \frac{dx}{1+x^2},$$

we have

$$\frac{\pi^2}{16} = \left(\int_0^1 \frac{dx}{1+x^2}\right)\left(\int_0^1 \frac{dy}{1+y^2}\right)$$

$$= \int_0^1 \int_0^1 \frac{dy\,dx}{(1+x^2)(1+y^2)}$$

$$\stackrel{t=xy}{=} \int_0^1 \int_0^x \frac{dt\,dx}{x(1+x^2)(1+t^2/x^2)}$$

{change the order of integration}

$$= \int_0^1 \int_t^1 \frac{dx\,dt}{x(1+x^2)(1+t^2/x^2)}$$

$$\stackrel{x=\sqrt{u}}{=} \frac{1}{2}\int_0^1 \left[\int_{t^2}^1 \frac{du}{(1+u)(u+t^2)}\right] dt$$

$$\left\{\text{write } \frac{1}{(1+u)(u+t^2)} = \frac{1}{1-t^2}\left(\frac{1}{u+t^2} - \frac{1}{1+u}\right)\right\}$$

$$= \frac{1}{2}\int_0^1 \frac{1}{1-t^2}\left[\int_{t^2}^1 \frac{du}{u+t^2} - \int_{t^2}^1 \frac{du}{1+u}\right] dt$$

$$= \frac{1}{2}\int_0^1 \frac{1}{1-t^2}\left[\ln(u+t^2) - \ln(1+u)\right]_{u=t^2}^{u=1} dt$$

$$= \frac{1}{2}\int_0^1 \frac{1}{1-t^2}\left[\ln\left(\frac{1+t^2}{2}\right) - \ln\left(\frac{2t^2}{1+t^2}\right)\right] dt$$

$$= \frac{1}{2}\int_0^1 \frac{1}{1-t^2} \ln\left(\frac{(1+t^2)^2}{4t^2}\right) dt$$

$$= \int_0^1 \frac{\ln\left(\frac{1+t^2}{2t}\right)}{1-t^2}dt \stackrel{t=\frac{1-x}{1+x}}{=} \frac{1}{2}\int_0^1 \frac{\ln\left(\frac{1+x^2}{1-x^2}\right)}{x}dx$$

$$\stackrel{x=\sqrt{y}}{=} \frac{1}{4}\int_0^1 \frac{\ln\left(\frac{1+y}{1-y}\right)}{y}dy = \frac{1}{4}\int_0^1 \frac{\ln\left(\frac{1-y^2}{(1-y)^2}\right)}{y}dy$$

$$= \underbrace{\frac{1}{4}\int_0^1 \frac{\ln(1-y^2)}{y}dy}_{y^2 \to y} - \frac{1}{2}\int_0^1 \frac{\ln(1-y)}{y}dy$$

$$= \frac{1}{8}\int_0^1 \frac{\ln(1-y)}{y}dy - \frac{1}{2}\int_0^1 \frac{\ln(1-y)}{y}dy$$

$$= -\frac{3}{8}\int_0^1 \frac{\ln(1-y)}{y}dy$$

{expand $\ln(1-y)$ in series}

$$= -\frac{3}{8}\int_0^1 \frac{1}{y}\left(-\sum_{n=1}^{\infty}\frac{y^n}{n}\right)dy$$

{interchange intergation and summation}

$$= \frac{3}{8}\sum_{n=1}^{\infty}\frac{1}{n}\int_0^1 y^{n-1}dy = \frac{3}{8}\sum_{n=1}^{\infty}\frac{1}{n^2} = \frac{3}{8}\zeta(2).$$

So we have $\frac{\pi^2}{16} = \frac{3}{8}\zeta(2)$ or $\zeta(2) = \frac{\pi^2}{6}$.

1.13.5 Evaluation of $\zeta(2n)$

The following generalization is derived by Rob Johnson (see [14]):

$$\zeta(2n) = -\frac{(-1)^n}{2(2n)!}\pi^{2n} - \sum_{k=1}^{n}(-1)^k\frac{\zeta(2n-2k)\pi^{2k}}{(2k+1)!}, \quad n \in \mathbb{Z}^+. \quad (1.57)$$

Proof. His proof starts with letting

$$f_n = -2\frac{\zeta(2n)}{\pi^{2n}}. \quad (1.58)$$

Multiply both series by x^{2n} then consider the summation over $n \geq 0$,

$$\sum_{n=0}^{\infty} f_n x^{2n} = \sum_{n=0}^{\infty} -2\frac{\zeta(2n)}{\pi^{2n}}x^{2n}$$

{separate the first term then expand $\zeta(2n)$ in series}

1.13. Riemann Zeta Function

$$= -2\zeta(0) - 2\sum_{n=1}^{\infty} \frac{x^{2n}}{\pi^{2n}} \sum_{k=1}^{\infty} \frac{1}{k^{2n}}$$

{write $\zeta(0) = -1/2$ given in (1.55) and change the order of summations}

$$= 1 - 2\sum_{k=1}^{\infty}\left(\sum_{n=1}^{\infty}\left(\frac{x^2}{\pi^2 k^2}\right)^n\right)$$

{use the geometric series formula}

$$= 1 - 2\sum_{k=1}^{\infty} \frac{\frac{x^2}{\pi^2 k^2}}{1 - \frac{x^2}{\pi^2 k^2}} = 1 - 2\sum_{k=1}^{\infty} \frac{x^2}{\pi^2 k^2 - x^2}$$

$$\left\{\text{to get this sum, set } z = \frac{x}{\pi} \text{ in (2.131)}\right\}$$

$$= 1 - 2\left(\frac{1}{2} - \frac{x}{2}\cot x\right).$$

As a result, we have

$$\sum_{n=0}^{\infty} f_n x^{2n} = x \cot x. \tag{1.59}$$

Multiply both sides of (1.59) by $\frac{\sin x}{x}$,

$$\cos x = \frac{\sin x}{x}\sum_{n=0}^{\infty} f_n x^{2n}.$$

Expanding $\cos x$ and $\sin x$ in Taylor series:

$$\cos x = \sum_{n=0}^{\infty} \frac{(-1)^n}{(2n)!}x^{2n}, \quad \sin x = \sum_{n=0}^{\infty} \frac{(-1)^n}{(2n+1)!}x^{2n+1}$$

yields

$$\sum_{n=0}^{\infty} \frac{(-1)^n}{(2n)!}x^{2n} = \sum_{n=0}^{\infty} \frac{(-1)^n}{(2n+1)!}\sum_{n=0}^{\infty} f_n x^{2n}$$

{make use of the Cauchy product in (2.81)}

$$\left\{\text{where } \frac{(-1)^n}{(2n+1)!} = a_n \text{ and } f_n = b_n\right\}$$

$$= \sum_{n=0}^{\infty}\left(\sum_{k=0}^{n} \frac{(-1)^k}{(2k+1)!} f_{n-k}\right) x^{2n}.$$

Separate the first term of the inner sum,

$$\sum_{n=0}^{\infty} \frac{(-1)^n}{(2n)!} x^{2n} = \sum_{n=0}^{\infty} \left(f_n + \sum_{k=1}^{n} (-1)^k \frac{f_{n-k}}{(2k+1)!} \right) x^{2n}. \qquad (1.60)$$

Compare the coefficients of x^{2n} in both sides of (1.60),

$$\frac{(-1)^n}{(2n)!} = f_n + \sum_{k=1}^{n} (-1)^k \frac{f_{n-k}}{(2k+1)!}$$

or

$$f_n = \frac{(-1)^n}{(2n)!} - \sum_{k=1}^{n} (-1)^k \frac{f_{n-k}}{(2k+1)!}. \qquad (1.61)$$

Substitute (1.61) in (1.58),

$$-2\frac{\zeta(2n)}{\pi^{2n}} = \frac{(-1)^n}{(2n)!} + 2\sum_{k=1}^{n}(-1)^k \frac{\zeta(2n-2k)}{(2k+1)!\pi^{2n-2k}},$$

and the proof finishes on multiplying both sides by $-\frac{\pi^{2n}}{2}$.

Examples

$$\zeta(2) = \frac{\pi^2}{6};$$

$$\zeta(4) = \frac{\pi^4}{90};$$

$$\zeta(6) = \frac{\pi^6}{945};$$

$$\zeta(8) = \frac{\pi^8}{9450};$$

$$\zeta(10) = \frac{\pi^{10}}{93555};$$

$$\zeta(12) = \frac{691\pi^{12}}{638512875}.$$

Also note the following relations:

$$\zeta^2(2) = \frac{\pi^4}{36} = \frac{5}{2}\zeta(4); \qquad (1.62)$$

$$\zeta^3(2) = \frac{\pi^6}{216} = \frac{35}{8}\zeta(6); \qquad (1.63)$$

$$\zeta(2)\zeta(4) = \frac{\pi^6}{4500} = \frac{7}{4}\zeta(6); \qquad (1.64)$$

$$\zeta^2(4) = \frac{\pi^8}{8100} = \frac{7}{6}\zeta(8); \tag{1.65}$$

$$\zeta(2)\zeta(6) = \frac{\pi^8}{5670} = \frac{5}{3}\zeta(8); \tag{1.66}$$

$$\zeta(2)\zeta(8) = \frac{\pi^{10}}{56700} = \frac{33}{20}\zeta(10); \tag{1.67}$$

$$\zeta(4)\zeta(6) = \frac{\pi^{10}}{85050} = \frac{11}{10}\zeta(10); \tag{1.68}$$

$$\zeta^6(2) = \frac{\pi^{12}}{46656} = \frac{875875}{44224}\zeta(12); \tag{1.69}$$

$$\zeta^3(4) = \frac{\pi^{12}}{729000} = \frac{7007}{5528}\zeta(12); \tag{1.70}$$

$$\zeta^2(6) = \frac{\pi^{12}}{893025} = \frac{715}{691}\zeta(12); \tag{1.71}$$

$$\zeta(4)\zeta(8) = \frac{\pi^{12}}{850500} = \frac{3003}{2764}\zeta(12); \tag{1.72}$$

$$\zeta(2)\zeta(10) = \frac{\pi^{12}}{561330} = \frac{2275}{1382}\zeta(12). \tag{1.73}$$

1.14 Dirichlet Eta Function

1.14.1 Definition

The Dirichlet eta function is defined by

$$\eta(z) = \sum_{n=1}^{\infty} \frac{(-1)^{n-1}}{n^z}, \quad \Re(z) > 0. \tag{1.74}$$

This function is related to the zeta function. To show that, let $a_n = \frac{1}{n^z}$ in (1.5),

$$2\sum_{n=1}^{\infty} \frac{1}{(2n)^z} = \sum_{n=1}^{\infty} \frac{1}{n^z} + \sum_{n=1}^{\infty} \frac{(-1)^n}{n^z}$$

$$2^{1-z} \sum_{n=1}^{\infty} \frac{1}{n^z} = \sum_{n=1}^{\infty} \frac{1}{n^z} - \sum_{n=1}^{\infty} \frac{(-1)^{n-1}}{n^z}$$

$$2^{1-z}\zeta(z) = \zeta(z) - \eta(z).$$

Rearrange the terms,

$$\eta(z) = (1 - 2^{1-z})\zeta(z). \tag{1.75}$$

Examples

$$\eta(2) = \frac{1}{2}\zeta(2); \qquad (1.76)$$

$$\eta(3) = \frac{3}{4}\zeta(3); \qquad (1.77)$$

$$\eta(4) = \frac{7}{8}\zeta(4). \qquad (1.78)$$

1.14.2 Integral Representation

The integral representation of the v eta function is

$$\eta(z) = \frac{(-1)^{z-1}}{\Gamma(z)} \int_0^1 \frac{\ln^{z-1}(x)}{1+x} dx, \quad \Re(z) > 0. \qquad (1.79)$$

Proof. Multiply both sides of (1.30):

$$\frac{1}{n^z} = \frac{(-1)^{z-1}}{\Gamma(z)} \int_0^1 x^{n-1} \ln^{z-1}(x) dx.$$

by $(-1)^{n-1}$ then consider the summation over $n \geq 1$,

$$\sum_{n=1}^{\infty} \frac{(-1)^{n-1}}{n^z} := \eta(z) = \frac{(-1)^{z-1}}{\Gamma(z)} \sum_{n=1}^{\infty} (-1)^{n-1} \int_0^1 x^{n-1} \ln^{z-1}(x) dx$$

{interchange integration and summation}

$$= \frac{(-1)^{z-1}}{\Gamma(z)} \int_0^1 \ln^{z-1}(x) \left(\sum_{n=1}^{\infty} (-x)^{n-1} \right) dx$$

{use the geometric series formula}

$$= \frac{(-1)^{z-1}}{\Gamma(z)} \int_0^1 \frac{\ln^{z-1}(x)}{1+x} dx.$$

1.15 Dirichlet Beta Function

1.15.1 Definition

The Dirichlet beta function is defined by

$$\beta(z) = \sum_{n=0}^{\infty} \frac{(-1)^n}{(2n+1)^z} = 1 - \frac{1}{3^z} + \frac{1}{5^z} - \cdots, \quad \Re(z) > 0. \qquad (1.80)$$

1.15.2 Integral Representation

The integral form of the Dirichlet beta function is

$$\beta(z) = \frac{(-1)^{z-1}}{\Gamma(z)} \int_0^1 \frac{\ln^{z-1}(x)}{1+x^2} dx, \quad \Re(z) > 0. \tag{1.81}$$

Proof. By (1.30), we have

$$\frac{1}{(2n+1)^z} = \frac{(-1)^{z-1}}{\Gamma(z)} \int_0^1 x^{2n} \ln^{z-1}(x) dx.$$

Multiply both sides by $(-1)^n$ then consider the summation over $n \geq 0$,

$$\sum_{n=0}^{\infty} \frac{(-1)^n}{(2n+1)^z} := \beta(z) = \frac{(-1)^{z-1}}{\Gamma(z)} \sum_{n=0}^{\infty} (-1)^n \int_0^1 x^{2n} \ln^{z-1}(x) dx$$

{interchange integration and summation}

$$= \frac{(-1)^{z-1}}{\Gamma(z)} \int_0^1 \ln^{z-1}(x) \left(\sum_{n=0}^{\infty} (-x^2)^n \right) dx$$

{use the geometric series formula}

$$= \frac{(-1)^{z-1}}{\Gamma(z)} \int_0^1 \frac{\ln^{z-1}(x)}{1+x^2} dx.$$

1.15.3 Evaluation of $\beta(2a)$

For $a \in \mathbb{Z}^+$, we have

$$\beta(2a) = \frac{(-1)^{2a} 2^{1-4a}}{(2a-1)!} \psi^{(2a-1)}\left(\frac{1}{4}\right) - (1 - 2^{-2a})\zeta(2a). \tag{1.82}$$

Proof. Replace z by $2a$ in (1.80),

$$\beta(2a) = \sum_{n=0}^{\infty} \frac{(-1)^n}{(2n+1)^{2a}}$$

$$\left\{ \text{use } \sum_{n=0}^{\infty} (-1)^n a_n = 2 \sum_{n=0}^{\infty} a_{2n} - \sum_{n=0}^{\infty} a_n \text{ given in (1.6)} \right\}$$

$$= 2 \sum_{n=0}^{\infty} \frac{1}{(4n+1)^{2a}} - \sum_{n=0}^{\infty} \frac{1}{(2n+1)^{2a}}. \tag{1.83}$$

Evaluation of the first sum:

$$\sum_{n=0}^{\infty} \frac{1}{(4n+1)^{2a}} = \frac{1}{4^{2a}} \sum_{n=0}^{\infty} \frac{1}{(n+1/4)^{2a}}$$

{make use of the definition in (1.177)}

$$= \frac{(-1)^{2a} 2^{-4a}}{(2a-1)!} \psi^{(2a-1)}\left(\frac{1}{4}\right). \tag{1.84}$$

Evaluation of the second sum: Set $a_n = \frac{1}{(n+1)^a}$ in (1.6),

$$\sum_{n=0}^{\infty} \frac{1}{(2n+1)^a} = \frac{1}{2} \sum_{n=0}^{\infty} \frac{1}{(n+1)^a} + \frac{1}{2} \sum_{n=0}^{\infty} \frac{(-1)^n}{(n+1)^a}$$

{shift the index n by -1 in both series on the RHS}

$$= \frac{1}{2} \sum_{n=1}^{\infty} \frac{1}{n^a} + \frac{1}{2} \sum_{n=1}^{\infty} \frac{(-1)^{n-1}}{n^a}$$

$$= \frac{1}{2}\zeta(a) + \frac{1}{2}\eta(a)$$

{substitute $\eta(a) = (1-2^{1-a})\zeta(a)$ given in (1.75)}

$$= (1-2^{-a})\zeta(a).$$

Thus, we have

$$\sum_{n=0}^{\infty} \frac{1}{(2n+1)^a} = (1-2^{-a})\zeta(a). \tag{1.85}$$

Replace a by $2a$ in (1.85),

$$\sum_{n=0}^{\infty} \frac{1}{(2n+1)^{2a}} = (1-2^{-2a})\zeta(2a). \tag{1.86}$$

The proof completes on plugging (1.84) and (1.86) in (1.83).

Examples

$$\beta(2) = \sum_{n=0}^{\infty} \frac{(-1)^n}{(2n+1)^2} = -\int_0^1 \frac{\ln(x)}{1+x^2} dx = \frac{\psi^{(1)}\left(\frac{1}{4}\right)}{48} - \frac{3}{4}\zeta(2); \tag{1.87}$$

$$\beta(4) = \sum_{n=0}^{\infty} \frac{(-1)^n}{(2n+1)^4} = -\frac{1}{6} \int_0^1 \frac{\ln^3(x)}{1+x^2} dx = \frac{\psi^{(3)}\left(\frac{1}{4}\right)}{768} - \frac{15}{16}\zeta(4); \tag{1.88}$$

$$\beta(6) = \sum_{n=0}^{\infty} \frac{(-1)^n}{(2n+1)^6} = -\frac{1}{120} \int_0^1 \frac{\ln^5(x)}{1+x^2} dx = \frac{\psi^{(5)}\left(\frac{1}{4}\right)}{245760} - \frac{63}{64}\zeta(6); \tag{1.89}$$

$$\beta(8) = \sum_{n=0}^{\infty} \frac{(-1)^n}{(2n+1)^8} = -\frac{1}{5040} \int_0^1 \frac{\ln^7(x)}{1+x^2} dx = \frac{\psi^{(7)}\left(\frac{1}{4}\right)}{165150720} - \frac{255}{256}\zeta(8); \tag{1.90}$$

$$\beta(10) = \sum_{n=0}^{\infty} \frac{(-1)^n}{(2n+1)^{10}} = -\frac{1}{362880} \int_0^1 \frac{\ln^9(x)}{1+x^2} dx$$

$$= \frac{\psi^{(9)}\left(\frac{1}{4}\right)}{190253629440} - \frac{1023}{1024}\zeta(10). \tag{1.91}$$

1.15.4 Evaluation of $\beta(2a+1)$

For $a \in \mathbb{Z}_{\geq 0}$, we have

$$\beta(2a+1) = \frac{4^{-a-1}\pi}{(2a)!} \lim_{s \to \frac{1}{2}} \frac{d^{2a}}{ds^{2a}} \csc(\pi s). \tag{1.92}$$

Proof. Replace z by $2a+1$ in (1.81) then write $\Gamma(2a+1) = (2a)!$,

$$\beta(2a+1) = \frac{1}{(2a)!} \int_0^1 \frac{\ln^{2a}(x)}{1+x^2} dx = \frac{1}{(2a)!} \left(\int_0^\infty - \int_1^\infty \right) \frac{\ln^{2a}(x)}{1+x^2} dx$$

$$= \frac{1}{(2a)!} \int_0^\infty \frac{\ln^{2a}(x)}{1+x^2} dx - \frac{1}{(2a)!} \underbrace{\int_1^\infty \frac{\ln^{2a}(x)}{1+x^2} dx}_{x \to 1/x}$$

$$= \frac{1}{(2a)!} \int_0^\infty \frac{\ln^{2a}(x)}{1+x^2} dx - \frac{1}{(2a)!} \int_0^1 \frac{\ln^{2a}(x)}{1+x^2} dx$$

$$\left\{ \text{add } \beta(2a+1) := \frac{1}{(2a)!} \int_0^1 \frac{\ln^{2a}(x)}{1+x^2} dx \text{ to both sides then divide by } 2 \right\}$$

$$= \frac{1}{2(2a)!} \int_0^\infty \frac{\ln^{2a}(x)}{1+x^2} dx$$

$$\{\text{recall the result from } (3.53)\}$$

$$= \frac{4^{-a-1}}{(2a)!} \lim_{s \to \frac{1}{2}} \frac{d^{2a}}{ds^{2a}} [\pi \csc(\pi s)].$$

Examples

$$\beta(1) = \sum_{n=0}^{\infty} \frac{(-1)^n}{2n+1} = \int_0^1 \frac{1}{1+x^2} dx = \frac{\pi}{4}; \tag{1.93}$$

$$\beta(3) = \sum_{n=0}^{\infty} \frac{(-1)^n}{(2n+1)^3} = \frac{1}{2} \int_0^1 \frac{\ln^2(x)}{1+x^2} dx = \frac{\pi^3}{32}; \tag{1.94}$$

$$\beta(5) = \sum_{n=0}^{\infty} \frac{(-1)^n}{(2n+1)^5} = \frac{1}{24} \int_0^1 \frac{\ln^4(x)}{1+x^2} dx = \frac{5\pi^5}{1536}; \qquad (1.95)$$

$$\beta(7) = \sum_{n=0}^{\infty} \frac{(-1)^n}{(2n+1)^7} = \frac{1}{720} \int_0^1 \frac{\ln^6(x)}{1+x^2} dx = \frac{16\pi^7}{184320}; \qquad (1.96)$$

$$\beta(9) = \sum_{n=0}^{\infty} \frac{(-1)^n}{(2n+1)^9} = \frac{1}{40320} \int_0^1 \frac{\ln^8(x)}{1+x^2} dx = \frac{277\pi^9}{8257536}. \qquad (1.97)$$

1.16 Polylogarithm Function

1.16.1 Definition

The polylogarithm function of order a is defined by

$$\mathrm{Li}_a(z) = \sum_{n=1}^{\infty} \frac{z^n}{n^a} = z + \frac{z^2}{2^a} + \frac{z^3}{3^a} + \cdots, \quad |z| \le 1, \qquad (1.98)$$

where $|z| = \sqrt{x^2 + y^2}$ is the modulus of the complex number, $z = x + iy$.

Let's discuss the case $a = 1$:

$$\mathrm{Li}_1(z) = \sum_{n=1}^{\infty} \frac{z^n}{n} = -\ln(1-z). \qquad (1.99)$$

This function diverges when $|z| = 1$ and converges to $-\ln(2)$ when $z = -1$, and so the case $a = 1$ is valid when $z = -1$, but invalid when $|z| = 1$. Actually the range of a can be extended to the whole complex plane. To keep it simple, we will consider only the case $a \in \mathbb{Z}^+$, since that is all we need for later calculations.
Note that

$$\mathrm{Li}_a(1) = \sum_{n=1}^{\infty} \frac{(1)^n}{n^a} = \sum_{n=1}^{\infty} \frac{1}{n^a} = \zeta(a) \qquad (1.100)$$

and

$$\mathrm{Li}_a(-1) = \sum_{n=1}^{\infty} \frac{(-1)^n}{n^a} = -\eta(a) = (2^{1-a} - 1)\zeta(a). \qquad (1.101)$$

Examples

$$\mathrm{Li}_2(-1) = -\frac{1}{2}\zeta(2); \qquad (1.102)$$

$$\mathrm{Li}_3(-1) = -\frac{3}{4}\zeta(3); \qquad (1.103)$$

1.16. Polylogarithm Function

$$\text{Li}_4(-1) = -\frac{7}{8}\zeta(4); \tag{1.104}$$

$$\text{Li}_5(-1) = -\frac{15}{16}\zeta(5); \tag{1.105}$$

$$\text{Li}_6(-1) = -\frac{31}{32}\zeta(6). \tag{1.106}$$

It's also valid to set $z = i$ in (1.98), since $|i| = 1$ assuming $a = 2, 3, 4, \cdots$,

$$\text{Li}_a(i) = \sum_{n=1}^{\infty} \frac{i^n}{n^a}$$

$$\left\{ \text{use } \sum_{n=1}^{\infty} f(n) = \sum_{n=0}^{\infty} f(2n+1) + \sum_{n=1}^{\infty} f(2n) \text{ given in (1.4)} \right\}$$

$$= \sum_{n=0}^{\infty} \frac{i^{2n+1}}{(2n+1)^a} + \sum_{n=1}^{\infty} \frac{i^{2n}}{(2n)^a}$$

$$= i \sum_{n=0}^{\infty} \frac{(-1)^n}{(2n+1)^a} + 2^{-a} \sum_{n=1}^{\infty} \frac{(-1)^n}{n^a}$$

{use the definitions in (1.80) and (1.74)}

$$= i\beta(a) - 2^{-a}\eta(a)$$

{write $\eta(a) = (1 - 2^{1-a})\zeta(a)$ given in (1.75)}

$$= i\beta(a) + (2^{1-2a} - 2^{-a})\zeta(a).$$

Thus,

$$\text{Li}_a(i) = (2^{1-2a} - 2^{-a})\zeta(a) + i\beta(a). \tag{1.107}$$

Examples

$$\text{Li}_2(i) = -\frac{1}{8}\zeta(2) + i\beta(2) = -\frac{1}{8}\zeta(2) + iG; \tag{1.108}$$

$$\text{Li}_3(i) = -\frac{3}{32}\zeta(3) + i\beta(3) = -\frac{3}{32}\zeta(3) + i\frac{\pi^3}{32}; \tag{1.109}$$

$$\text{Li}_4(i) = -\frac{7}{128}\zeta(4) + i\beta(4). \tag{1.110}$$

In the calculations above, we used $\beta(2) = G$ and $\beta(3) = \frac{\pi^3}{32}$ given in (1.206) and (1.94) respectively.

To write the polylogarithm function in integral form, multiply both sides of (1.31):

$$\frac{1}{n^a} = \frac{(-1)^{a-1}}{(a-1)!} \int_0^1 t^{n-1} \ln^{a-1}(t) dt$$

by z^n then take the summation over ≥ 1,

$$\sum_{n=1}^{\infty} \frac{z^n}{n^a} := \text{Li}_a(z) = \frac{(-1)^{a-1}}{(a-1)!} \sum_{n=1}^{\infty} \int_0^1 z^n t^{n-1} \ln^{a-1}(t) dt$$

{switch integration and summation}

$$= \frac{(-1)^{a-1}}{(a-1)!} \int_0^1 \frac{\ln^{a-1}(t)}{t} \left(\sum_{n=1}^{\infty} (zt)^n \right) dt$$

{use the geometric series formula}

$$= \frac{(-1)^{a-1}}{(a-1)!} \int_0^1 \frac{\ln^{a-1}(t)}{t} \left(\frac{zt}{1-zt} \right) dt = \frac{(-1)^{a-1}}{(a-1)!} \int_0^1 \frac{z \ln^{a-1}(t)}{1-zt} dt.$$

Therefore,

$$\text{Li}_a(z) = \frac{(-1)^{a-1}}{(a-1)!} \int_0^1 \frac{z \ln^{a-1}(t)}{1-zt} dt. \tag{1.111}$$

This integral form extends the range of z to the whole complex plane except the real line for $x > 1$. In other words, $z \notin (1, \infty)$. Note that $a \neq 1$ when $z = 1$, since we will have $\int_0^1 \frac{1}{1-t} dt$, which is a divergent integral.

Let's replace z by $\frac{z}{z-1}$ in (1.111),

$$\text{Li}_a\left(\frac{z}{z-1}\right) = \frac{(-1)^a}{(a-1)!} \int_0^1 \frac{z \ln^{a-1}(t)}{1-z+zt} dt. \tag{1.112}$$

Like the integral in (1.111), this integral also extends the range of z to the whole complex plane except the real line for $x > 1$ but notice here $z \neq 1$, since $\text{Li}_a\left(\frac{z}{z-1}\right)$ is undefined for this value deducing that $z \notin [1, \infty)$.

Both of (1.111) and (1.112) can be found in [28, p. 4].

For a different integral form, we begin with

$$\frac{z^n}{n} = \int_0^z t^{n-1} dt.$$

Divide both sides by n^{a-1} then consider the summation over $n \geq 1$,

$$\sum_{n=1}^{\infty} \frac{z^n}{n^a} := \text{Li}_a(z) = \sum_{n=1}^{\infty} \frac{1}{n^{a-1}} \int_0^z t^{n-1} dt$$

{interchange integration and summation}

$$= \int_0^z \frac{1}{t} \left(\sum_{n=1}^{\infty} \frac{t^n}{n^{a-1}} \right) dt$$

{recall the definition in (1.98)}

1.16. Polylogarithm Function

$$= \int_0^z \frac{\mathrm{Li}_{a-1}(t)}{t}\,dt.$$

Thus,

$$\mathrm{Li}_a(z) = \int_0^z \frac{\mathrm{Li}_{a-1}(t)}{t}\,dt. \tag{1.113}$$

This integral form also extends the range of z to the whole complex plane. Note that $a \neq 1$ when $z = 1$, since we will have $\int_0^1 \frac{1}{t}\,dt$, which is a divergent integral.
If we start with the integral representation in (1.111) for both $\mathrm{Li}_a(z)$ and $\mathrm{Li}_a(-z)$, we find

$$\mathrm{Li}_a(z) + \mathrm{Li}_a(-z) = \frac{(-1)^{a-1}}{(a-1)!} \int_0^1 \ln^{a-1}(t)\left(\frac{z}{1-zt} - \frac{z}{1+zt}\right)dt$$

$$= \frac{(-1)^{a-1}}{(a-1)!}\int_0^1 \ln^{a-1}(t)\left(\frac{2tz^2}{1-z^2 t^2}\right)dt$$

$$\stackrel{t=\sqrt{y}}{=} 2^{1-a}\frac{(-1)^{a-1}}{(a-1)!}\int_0^1 \frac{z^2 \ln^{a-1}(y)}{1-z^2 y}\,dy$$

{to get this integral, replace z by z^2 in (1.111)}

$$= 2^{1-a}\,\mathrm{Li}_a(z^2).$$

Then, we have

$$\mathrm{Li}_a(z) + \mathrm{Li}_a(-z) = 2^{1-a}\,\mathrm{Li}_a(z^2). \tag{1.114}$$

This relation extends the range of z to the whole complex plane.
For a different approach assuming $|z| \leq 1$, put $a_n = \frac{z^n}{n^a}$ in (1.5):

$$2\sum_{n=1}^\infty a_{2n} = \sum_{n=1}^\infty a_n + \sum_{n=1}^\infty (-1)^n a_n,$$

we get

$$2\sum_{n=1}^\infty \frac{z^{2n}}{(2n)^a} = \sum_{n=1}^\infty \frac{z^n}{n^a} + \sum_{n=1}^\infty \frac{(-z)^n}{n^a}$$

$$2^{1-a}\sum_{n=1}^\infty \frac{(z^2)^n}{n^a} = \sum_{n=1}^\infty \frac{z^n}{n^a} + \sum_{n=1}^\infty \frac{(-z)^n}{n^a}$$

$$2^{1-a}\,\mathrm{Li}_a(z^2) = \mathrm{Li}_a(z) + \mathrm{Li}_a(-z).$$

Examples

$$\mathrm{Li}_2(z) + \mathrm{Li}_2(-z) = \frac{1}{2}\mathrm{Li}_2(z^2); \tag{1.115}$$

$$\mathrm{Li}_3(z) + \mathrm{Li}_3(-z) = \frac{1}{4}\mathrm{Li}_3(z^2); \tag{1.116}$$

$$\operatorname{Li}_4(z) + \operatorname{Li}_4(-z) = \frac{1}{8} \operatorname{Li}_4(z^2). \tag{1.117}$$

Let's differentiate both sides of (1.98) with respect to z,

$$\frac{\partial}{\partial z} \operatorname{Li}_a(z) = \frac{\partial}{\partial z} \sum_{n=1}^{\infty} \frac{z^n}{n^a} = \sum_{n=1}^{\infty} \frac{nz^{n-1}}{n^a} = \frac{1}{z} \sum_{n=1}^{\infty} \frac{z^n}{n^{a-1}} = \frac{\operatorname{Li}_{a-1}(z)}{z}.$$

Therefore,

$$\frac{\partial}{\partial z} \operatorname{Li}_a(z) = \frac{\operatorname{Li}_{a-1}(z)}{z}. \tag{1.118}$$

1.16.2 Dilogarithm Reflection Formula

For $z \in \mathbb{C}$, the following formula holds:

$$\operatorname{Li}_2(z) + \operatorname{Li}_2(1-z) = \zeta(2) - \ln(z)\ln(1-z). \tag{1.119}$$

Proof. Differentiate $\ln(z)\ln(1-z)$ then integrate,

$$\ln(z)\ln(1-z) = \int d(\ln(z)\ln(1-z))$$
$$= \int \left(-\frac{\ln(z)}{1-z} + \frac{\ln(1-z)}{z} \right) dz$$
$$= -\operatorname{Li}_2(1-z) - \operatorname{Li}_2(z) + c.$$

To find c, take the limit on both sides and let $z \to 0$,

$$\lim_{z \to 0} \ln(z)\ln(1-z) = -\operatorname{Li}_2(1) - \operatorname{Li}_2(0) + c.$$

Since $\lim_{z \to 0} \ln(z)\ln(1-z) = 0$, we have $c = \operatorname{Li}_2(1) = \zeta(2)$ and the proof is complete. To show the limit is 0, we write

$$\lim_{z \to 0} \ln(z)\ln(1-z) = \left(\lim_{z \to 0} z \ln(z) \right) \left(\lim_{z \to 0} \frac{\ln(1-z)}{z} \right),$$

where, by using L'Hôpital's rule, the first limit is 0 and the second limit is -1. If we put $z = 1/2$ in (1.119), we obtain

$$\operatorname{Li}_2\left(\frac{1}{2}\right) + \operatorname{Li}_2\left(\frac{1}{2}\right) = \zeta(2) - \ln^2(2)$$

or

$$\operatorname{Li}_2\left(\frac{1}{2}\right) = \frac{1}{2}\zeta(2) - \frac{1}{2}\ln^2(2). \tag{1.120}$$

Furthermore, set $z = i$ in (1.119),

$$\text{Li}_2(i) + \text{Li}_2(1-i) = \zeta(2) - \ln(i)\ln(1-i). \tag{1.121}$$

Substitute the values from (1.26), (1.25), and (1.108) in (1.121),

$$\text{Li}_2(1-i) = \frac{3}{8}\zeta(2) - \left(\frac{\pi}{4}\ln(2) + G\right)i. \tag{1.122}$$

Replacing i by $-i$ in (1.122) yields

$$\text{Li}_2(1+i) = \frac{3}{8}\zeta(2) + \left(\frac{\pi}{4}\ln(2) + G\right)i. \tag{1.123}$$

1.16.3 Landen's Dilogarithm Identity

For $z \in \mathbb{C}$, $z \neq 0$, the following identity holds:

$$\text{Li}_2(1-z) + \text{Li}_2\left(\frac{z-1}{z}\right) = -\frac{1}{2}\ln^2(z). \tag{1.124}$$

Proof. Differentiate $\text{Li}_2\left(\frac{z-1}{z}\right)$ then integrate,

$$\text{Li}_2\left(\frac{z-1}{z}\right) = \int d\left(\text{Li}_2\left(\frac{z-1}{z}\right)\right)$$

$$\left\{\text{employ } \frac{\partial}{\partial z}\text{Li}_a(z) = \frac{\text{Li}_{a-1}(z)}{z} \text{ given in (1.118)}\right\}$$

$$= \int \frac{\ln(z)}{z(1-z)}dz = -\int \frac{\ln(z)}{z}dz - \int \frac{\ln(z)}{1-z}dz$$

$$= -\frac{1}{2}\ln^2(z) - \text{Li}_2(1-z) + c.$$

The proof finishes on extracting $c = 0$ by putting $z = 1$.
Let's set $z = 1-i$ in (1.124),

$$\text{Li}_2(i) + \text{Li}_2\left(\frac{1-i}{2}\right) = -\frac{1}{2}\ln^2(1-i).$$

Substitute the values from (1.108), (1.26), and (1.25),

$$\text{Li}_2\left(\frac{1-i}{2}\right) = \frac{5}{16}\zeta(2) - \frac{1}{8}\ln^2(2) - \left(G - \frac{\pi}{8}\ln(2)\right)i. \tag{1.125}$$

Replace i by $-i$,

$$\text{Li}_2\left(\frac{1+i}{2}\right) = \frac{5}{16}\zeta(2) - \frac{1}{8}\ln^2(2) + \left(G - \frac{\pi}{8}\ln(2)\right)i. \tag{1.126}$$

This result can again be found by setting $z = -1 + i$ in (1.127).

1.16.4 Dilogarithm Inversion Formula

For $z \in \mathbb{C}$, $z \neq 0$, the following identity holds:

$$\operatorname{Li}_2(-z) + \operatorname{Li}_2\left(-\frac{1}{z}\right) = -\frac{\ln^2(z)}{2} + 2\operatorname{Li}_2(-1). \qquad (1.127)$$

Proof.

$$\operatorname{Li}_2\left(-\frac{1}{z}\right) = \int d\left(\operatorname{Li}_2\left(-\frac{1}{z}\right)\right) = \int \frac{\ln\left(\frac{1+z}{z}\right)}{z} dz$$

$$= \int \frac{\ln(1+z)}{z} dz - \int \frac{\ln(z)}{z} dz = -\operatorname{Li}_2(-z) - \frac{1}{2}\ln^2(z) + c.$$

To find the constant c, set $z = 1$,

$$\operatorname{Li}_2(-1) = -\operatorname{Li}_2(-1) - \frac{1}{2}\ln^2(1) + c$$

or

$$c = 2\operatorname{Li}_2(-1),$$

and we are done with the proof.

1.16.5 Relation Involving Four Dilogarithm Functions

For $z \in \mathbb{C}$, $z \neq -1$, the following identity holds:

$$\operatorname{Li}_2\left(\frac{2z}{1+z}\right) - \operatorname{Li}_2\left(\frac{z}{1+z}\right) + \operatorname{Li}_2\left(\frac{1+z}{2}\right)$$
$$= \operatorname{Li}_2(z) + \operatorname{Li}_2\left(\frac{1}{2}\right) + \ln(2)\ln(1+z). \qquad (1.128)$$

Proof. Let

$$f(z) = \operatorname{Li}_2\left(\frac{2z}{1+z}\right) - \operatorname{Li}_2\left(\frac{z}{1+z}\right) + \operatorname{Li}_2\left(\frac{1+z}{2}\right),$$

we have

$$f(z) = \int d f(z) = \int \left(\frac{\ln(2)}{1+z} - \frac{\ln(1-z)}{z}\right) dz$$
$$= \ln(2)\ln(1+z) + \operatorname{Li}_2(z) + c.$$

1.16. Polylogarithm Function

Setting $z = 0$ gives $c = \text{Li}_2(\frac{1}{2})$ and the proof is finalized.

1.16.6 Another Relation Involving Dilogarithm Functions

For $z \in \mathbb{C}$, $z \neq -1$, the following identity holds:

$$\text{Li}_2\left(\frac{2z}{1+z}\right) - \text{Li}_2\left(\frac{z}{1+z}\right) - \text{Li}_2\left(\frac{1-z}{2}\right) - \text{Li}_2(z) + \text{Li}_2\left(\frac{1}{2}\right)$$
$$= \ln(1-z)\ln\left(\frac{1+z}{2}\right). \qquad (1.129)$$

Proof. Let

$$f(z) = \text{Li}_2\left(\frac{2z}{1+z}\right) - \text{Li}_2\left(\frac{z}{1+z}\right) - \text{Li}_2\left(\frac{1-z}{2}\right) - \text{Li}_2(z) + \text{Li}_2\left(\frac{1}{2}\right),$$

we have

$$f(z) = \int df(z) = \int \left(\frac{\ln(1-z)}{1+z} - \frac{\ln(1+z)}{1-z} + \frac{\ln(2)}{1-z}\right) dz$$
$$= \int \left(\frac{\ln(1-z)}{1+z} - \frac{\ln(1+z)}{1-z}\right) dz + \int \frac{\ln(2)}{1-z} dz$$
$$= \int d(\ln(1-z)\ln(1+z)) - \ln(2)\ln(1-z)$$
$$= \ln(1-z)\ln(1+z) - \ln(2)\ln(1-z)$$
$$= \ln(1-z)\ln\left(\frac{1+z}{2}\right) + c.$$

The proof completes on extracting $c = 0$ by setting $z = 0$.

1.16.7 Landen's Trilogarithm Identity

For $z \in \mathbb{C}$, $z \neq 0$, the following identity holds:

$$\text{Li}_3(z) + \text{Li}_3(1-z) + \text{Li}_3\left(\frac{z-1}{z}\right) = \zeta(3) + \frac{1}{6}\ln^3(z) + \zeta(2)\ln(z)$$
$$- \frac{1}{2}\ln^2(z)\ln(1-z). \qquad (1.130)$$

Proof.

$$\text{Li}_3\left(\frac{z-1}{z}\right) = \int d\left(\text{Li}_3\left(\frac{z-1}{z}\right)\right) = \int -\frac{\text{Li}_2\left(\frac{z-1}{z}\right)}{z(1-z)} dz$$

{make use of Landen's dilogarithm identity in (1.124)}

$$= \int \left(\frac{\operatorname{Li}_2(1-z)}{z(1-z)} + \frac{\ln^2(z)}{2z(1-z)} \right) dz$$

$$= \int \left(\frac{\operatorname{Li}_2(1-z)}{z} + \frac{\operatorname{Li}_2(1-z)}{1-z} + \frac{1}{2}\frac{\ln^2(z)}{z} + \frac{1}{2}\frac{\ln^2(z)}{1-z} \right) dz$$

$$= \underbrace{\int \frac{\operatorname{Li}_2(1-z)}{x} dz}_{\text{IBP}} - \operatorname{Li}_3(1-z) + \frac{1}{6}\ln^3(z) + \frac{1}{2}\int \frac{\ln^2(z)}{1-z} dz$$

$$= \ln(z)\operatorname{Li}_2(1-z) - \operatorname{Li}_3(1-z) + \frac{1}{6}\ln^3(z) - \frac{1}{2}\int \frac{\ln^2(z)}{1-z} dz.$$

For the remaining integral, force integration by parts twice,

$$\int \frac{\ln^2(z)}{1-z} dz = -\ln(1-z)\ln^2(z) + 2\int \frac{\ln(1-z)\ln(z)}{z} dz$$

$$= -\ln(1-z)\ln^2(z) - 2\operatorname{Li}_2(z)\ln(z) + 2\int \frac{\operatorname{Li}_2(z)}{z} dz$$

$$= -\ln(1-z)\ln^2(z) - 2\operatorname{Li}_2(z)\ln(z) + 2\operatorname{Li}_3(z). \tag{1.131}$$

Plug this integral back in,

$$\operatorname{Li}_3\left(\frac{z-1}{z}\right) = \ln(z)[\operatorname{Li}_2(1-z) + \operatorname{Li}_2(z)] + \frac{1}{2}\ln(1-z)\ln^2(z) + \frac{1}{6}\ln^3(z)$$
$$- \operatorname{Li}_3(1-z) - \operatorname{Li}_3(z)$$

{make use of (1.119) for the first term}

$$= \zeta(2)\ln(z) - \frac{1}{2}\ln(1-z)\ln^2(z) + \frac{1}{6}\ln^3(z) - \operatorname{Li}_3(1-z) - \operatorname{Li}_3(z) + c,$$

and the proof follows on extracting $c = \zeta(3)$ by setting $z = 1$.

Setting $z = 1/2$ in (1.130) yields

$$\operatorname{Li}_3\left(\frac{1}{2}\right) + \operatorname{Li}_3\left(\frac{1}{2}\right) + \operatorname{Li}_3(-1) = \zeta(3) - \frac{1}{6}\ln^3(2) - \zeta(2)\ln(2) + \frac{1}{2}\ln^3(2).$$

Substitute $\operatorname{Li}_3(-1) = -\frac{3}{4}\zeta(3)$ given in (1.103),

$$\operatorname{Li}_3\left(\frac{1}{2}\right) = \frac{7}{8}\zeta(3) - \frac{1}{2}\ln(2)\zeta(2) + \frac{1}{6}\ln^3(2). \tag{1.132}$$

For another result, set $z = i$ in (1.130) then consider the real parts of both sides,

$$\Re\left\{ \operatorname{Li}_3(i) + \operatorname{Li}_3(1-i) + \operatorname{Li}_3\left(\frac{i-1}{i}\right) \right\}$$

$$= \zeta(3) + \Re\left\{\frac{1}{6}\ln^3(i) + \zeta(2)\ln(i) - \frac{1}{2}\ln^2(i)\ln(1-i)\right\}.$$

Since $\operatorname{Li}_3\left(\frac{i-1}{i}\right) = \operatorname{Li}_3(1+i)$ and $\Re\operatorname{Li}_3(1-i) = \Re\operatorname{Li}_3(1+i)$, we have

$$\Re\left\{\operatorname{Li}_3(i) + 2\operatorname{Li}_3(1+i)\right\}$$
$$= \zeta(3) + \Re\left\{\frac{1}{6}\ln^3(i) + \zeta(2)\ln(i) - \frac{1}{2}\ln^2(i)\ln(1-i)\right\}.$$

Collect the results from (1.109), (1.26), and (1.25),

$$\Re\operatorname{Li}_3(1+i) = \frac{3}{16}\ln(2)\zeta(2) + \frac{35}{64}\zeta(3) = \Re\operatorname{Li}_3(1-i). \quad (1.133)$$

1.16.8 Polylogarithm Inversion Formula

For $z \in \mathbb{C}$, $z \neq 0$, the following two identities hold:

$$\operatorname{Li}_{2a}(-z) + \operatorname{Li}_{2a}\left(-\frac{1}{z}\right) = 2\sum_{n=1}^{a}\operatorname{Li}_{2n}(-1)\frac{\ln^{2a-2n}(z)}{(2a-2n)!} - \frac{\ln^{2a}(z)}{(2a)!}; \quad (1.134)$$

$$\operatorname{Li}_{2a+1}(-z) - \operatorname{Li}_{2a+1}\left(-\frac{1}{z}\right) = 2\sum_{n=1}^{a}\operatorname{Li}_{2n}(-1)\frac{\ln^{2a-2n+1}(z)}{(2a-2n+1)!} - \frac{\ln^{2a+1}(z)}{(2a+1)!}.$$
$$(1.135)$$

Proof. Divide both sides of (1.127) by z then integrate from $z = 1$ to z,

$$\operatorname{Li}_3(-z) - \operatorname{Li}_3\left(-\frac{1}{z}\right) = -\frac{\ln^3(z)}{2\cdot 3} + 2\operatorname{Li}_2(-1)\ln(z). \quad (1.136)$$

Repeat the same process,

$$\operatorname{Li}_4(-z) + \operatorname{Li}_4\left(-\frac{1}{z}\right) = -\frac{\ln^4(z)}{2\cdot 3\cdot 4} + 2\operatorname{Li}_2(-1)\frac{\ln^2(z)}{2} + 2\operatorname{Li}_4(-1), \quad (1.137)$$

again,

$$\operatorname{Li}_5(-z) - \operatorname{Li}_5\left(-\frac{1}{z}\right) = -\frac{\ln^5(z)}{2\cdot 3\cdot 4\cdot 5} + 2\operatorname{Li}_2(-1)\frac{\ln^3(z)}{2\cdot 3} + 2\operatorname{Li}_4(-1)\ln(z).$$
$$(1.138)$$

This can be generalized to (1.134) and (1.135) and the proof is finished. Let's put $z = -1 + i$ in (1.136) then consider the real parts of both sides,

$$\Re\left\{\operatorname{Li}_3(1-i) - \operatorname{Li}_3\left(\frac{1+i}{2}\right)\right\} = \Re\left\{-\zeta(2)\ln(-1+i) - \frac{1}{6}\ln^3(-1+i)\right\}.$$

Substitute the values from (1.23) and (1.133),

$$\Re\operatorname{Li}_3\left(\frac{1+i}{2}\right) = \frac{\ln^3(2)}{48} - \frac{\ln(2)}{32}\zeta(2) + \frac{35}{64}\zeta(3) = \Re\operatorname{Li}_3\left(\frac{1-i}{2}\right). \quad (1.139)$$

For more values, let $z = -2$ in (1.127), (1.136), (1.137), and (1.138) using $\ln(-2) = \ln(2) + i\pi$, which follows from (1.21), we obtain:

$$\operatorname{Li}_2(2) = \frac{3}{2}\zeta(2) - \pi\ln(2)i\,; \quad (1.140)$$

$$\operatorname{Li}_3(2) = \frac{7}{8}\zeta(3) + \frac{3}{2}\ln(2)\zeta(2) - \frac{\pi}{2}\ln^2(2)i\,; \quad (1.141)$$

$$\operatorname{Li}_4(2) = -\operatorname{Li}_4\left(\frac{1}{2}\right) + 2\zeta(4) + \ln^2(2)\zeta(2) - \frac{1}{24}\ln^4(2) - \frac{\pi}{6}\ln^3(2)i\,; \quad (1.142)$$

$$\operatorname{Li}_5(2) = \operatorname{Li}_5\left(\frac{1}{2}\right) + 2\ln(2)\zeta(4) + \frac{1}{3}\ln^3(2)\zeta(2) - \frac{1}{120}\ln^5(2) - \frac{\pi}{24}\ln^4(2)i. \quad (1.143)$$

The values of $\operatorname{Li}_2(\frac{1}{2})$ and $\operatorname{Li}_3(\frac{1}{2})$, given in (1.120) and (1.132), were used in (1.140) and (1.141).

For more results of polylogarithm functions, check [16].

1.17 Harmonic Number

1.17.1 Definition

The n-th generalized harmonic number of order a is defined by

$$H_n^{(a)} = \sum_{k=1}^{n}\frac{1}{k^a} = 1 + \frac{1}{2^a} + \frac{1}{3^a} + \cdots + \frac{1}{n^a}, \quad n, a \in \mathbb{Z}^+. \quad (1.144)$$

One of the properties of the harmonic number is

$$H_n^{(a)} - H_{n-1}^{(a)} = \frac{1}{n^a}. \quad (1.145)$$

To show that, subtract the following two harmonic numbers:

$$H_n^{(a)} = 1 + \frac{1}{2^a} + \frac{1}{3^a} + \cdots + \frac{1}{(n-1)^a} + \frac{1}{n^a},$$

$$H_{n-1}^{(a)} = 1 + \frac{1}{2^a} + \frac{1}{3^a} + \cdots + \frac{1}{(n-1)^a}.$$

1.17. Harmonic Number

With $a = 1$ in (1.144) and (1.145), we have

$$H_n^{(1)} = H_n = \sum_{k=1}^{n} \frac{1}{k} = 1 + \frac{1}{2} + \frac{1}{3} + \cdots + \frac{1}{n}, \qquad (1.146)$$

$$H_n - H_{n-1} = \frac{1}{n}. \qquad (1.147)$$

Another property is

$$H_{2n}^{(a)} - 2^{-a} H_n^{(a)} = \sum_{k=1}^{n} \frac{1}{(2k-1)^a}. \qquad (1.148)$$

To show that, begin with the RHS:

$$\sum_{k=1}^{n} \frac{1}{(2k-1)^a} = 1 + \frac{1}{3^a} + \frac{1}{5^a} + \cdots + \frac{1}{(2n-1)^a}$$

$$\left\{ \text{add and subtract } \frac{1}{2^a} + \frac{1}{4^a} + \frac{1}{6^a} + \cdots + \frac{1}{(2n)^a} \right\}$$

$$= 1 + \frac{1}{2^a} + \frac{1}{3^a} + \cdots + \frac{1}{(2n)^a} - \left(\frac{1}{2^a} + \frac{1}{4^a} + \frac{1}{6^a} + \cdots + \frac{1}{(2n)^a} \right)$$

$$= 1 + \frac{1}{2^a} + \frac{1}{3^a} + \cdots + \frac{1}{(2n)^a} - \frac{1}{2^a}\left(1 + \frac{1}{2^a} + \frac{1}{3^a} \cdots + \frac{1}{n^a}\right)$$

$$= \sum_{k=1}^{2n} \frac{1}{k^a} - \frac{1}{2^a} \sum_{k=1}^{n} \frac{1}{k^a} = H_{2n}^{(a)} - 2^{-a} H_n^{(a)}.$$

Further, if we let

$$f_n = H_{2n}^{(a)} - 2^{-a} H_n^{(a)} = \sum_{k=1}^{n} \frac{1}{(2k-1)^a}$$

and so

$$f_{n+1} = H_{2n+2}^{(a)} - 2^{-a} H_{n+1}^{(a)} = \sum_{k=1}^{n+1} \frac{1}{(2k-1)^a},$$

we have

$$f_{n+1} - f_n = \sum_{k=1}^{n+1} \frac{1}{(2k-1)^a} - \sum_{k=1}^{n} \frac{1}{(2k-1)^a}$$

$$\left\{ \text{use } \sum_{k=1}^{n+1} f(k) = \sum_{k=1}^{n} f(k) + f(n+1) \text{ for the first sum} \right\}$$

$$= \sum_{k=1}^{n} \frac{1}{(2k-1)^a} + \frac{1}{(2n+1)^a} - \sum_{k=1}^{n} \frac{1}{(2k-1)^a} = \frac{1}{(2n+1)^a}.$$

Thus, with $f_n = H_{2n}^{(a)} - 2^{-a} H_n^{(a)}$, we have

$$f_{n+1} - f_n = \frac{1}{(2n+1)^a}. \tag{1.149}$$

To write $H_n^{(a)}$ in integral form, take the summation for both sides of (1.31):

$$\frac{1}{k^a} = \frac{(-1)^{a-1}}{(a-1)!} \int_0^1 x^{k-1} \ln^{a-1}(x) \, dx$$

from $k = 1$ to n,

$$\sum_{k=1}^{n} \frac{1}{k^a} := H_n^{(a)} = \frac{(-1)^{a-1}}{(a-1)!} \sum_{n=1}^{\infty} \int_0^1 \frac{\ln^{a-1}(x)}{1-x} \, dx$$

{switch integration and summation}

$$= \frac{(-1)^{a-1}}{(a-1)!} \int_0^1 \ln^{a-1}(x) \left(\sum_{k=1}^{n} x^{k-1} \right) dx$$

{use the geometric series}

$$= \frac{(-1)^{a-1}}{(a-1)!} \int_0^1 \ln^{a-1}(x) \left(\frac{1-x^n}{1-x} \right) dx.$$

Therefore,

$$H_n^{(a)} = \frac{(-1)^{a-1}}{(a-1)!} \int_0^1 \frac{\ln^{a-1}(x)(1-x^n)}{1-x} \, dx. \tag{1.150}$$

This integral representation extends the range of n to the whole complex plane where $\Re(n) > -1$. Note that setting $a = 1$ in (1.150) gives

$$H_n = \int_0^1 \frac{1-x^n}{1-x} \, dx, \quad \Re(n) > -1. \tag{1.151}$$

Let's break up the integrand in (1.150),

$$H_n^{(a)} = \frac{(-1)^{a-1}}{(a-1)!} \int_0^1 \frac{\ln^{a-1}(x)}{1-x} \, dx - \frac{(-1)^{a-1}}{(a-1)!} \int_0^1 \frac{x^n \ln^{a-1}(x)}{1-x} \, dx$$

{substitute the result from (3.1) for the first integral}

$$= \zeta(a) - \frac{(-1)^{a-1}}{(a-1)!} \int_0^1 \frac{x^n \ln^{a-1}(x)}{1-x} \, dx. \tag{1.152}$$

1.17. Harmonic Number

Reorder the terms,

$$\int_0^1 \frac{x^n \ln^{a-1}(x)}{1-x} dx = (-1)^{a-1}(a-1)! \left(\zeta(a) - H_n^{(a)}\right). \quad (1.153)$$

1.17.2 Infinite Series Representation

Another form of $H_n^{(a)}$ is

$$H_n^{(a)} = \sum_{k=1}^{\infty} \left(\frac{1}{k^a} - \frac{1}{(k+n)^a}\right), \quad n \notin \mathbb{Z}^-. \quad (1.154)$$

Proof. Start with recalling (1.150)

$$H_n^{(a)} = \frac{(-1)^{a-1}}{(a-1)!} \int_0^1 \frac{\ln^{a-1}(x)(1-x^n)}{1-x} dx$$

$$\left\{\text{expand } \frac{1}{1-x} \text{ in series}\right\}$$

$$= \frac{(-1)^{a-1}}{(a-1)!} \int_0^1 \ln^{a-1}(x)(1-x^n) \left(\sum_{k=1}^{\infty} x^{k-1}\right) dx$$

$$\{\text{switch integration and summation}\}$$

$$= \frac{(-1)^{a-1}}{(a-1)!} \sum_{k=1}^{\infty} \int_0^1 \ln^{a-1}(x)(x^{k-1} - x^{k+n-1}) dx$$

$$\{\text{make use of the result in (1.31)}\}$$

$$= \sum_{k=1}^{\infty} \left(\frac{1}{k^a} - \frac{1}{(k+n)^a}\right).$$

Setting $a = 1$ in (1.154) gives

$$H_n = \sum_{k=1}^{\infty} \left(\frac{1}{k} - \frac{1}{k+n}\right) = \sum_{k=1}^{\infty} \frac{n}{k(k+n)}. \quad (1.155)$$

To find the derivative of the harmonic number, rewrite (1.154) as

$$\sum_{k=1}^{\infty} \frac{1}{(k+n)^a} = \zeta(a) - H_n^{(a)}. \quad (1.156)$$

Next, differentiate both sides of (1.154) with respect to n,

$$\frac{\partial}{\partial n} H_n^{(a)} = 0 + \sum_{k=1}^{\infty} \frac{a}{(k+n)^{a+1}}.$$

Employ the result in (1.156) for the latter sum,

$$\frac{\partial}{\partial n} H_n^{(a)} = a \left(\zeta(a+1) - H_n^{(a+1)} \right). \tag{1.157}$$

Moreover, bring back (1.155)

$$H_n = \sum_{k=1}^{\infty} \left(\frac{1}{k} - \frac{1}{k+n} \right) = \lim_{r \to \infty} \sum_{k=1}^{r} \left(\frac{1}{k} - \frac{1}{k+n} \right)$$

and so

$$H_m = \lim_{r \to \infty} \sum_{k=1}^{r} \left(\frac{1}{k} - \frac{1}{k+m} \right).$$

Subtracting the two harmonic numbers gives

$$H_n - H_m = \lim_{r \to \infty} \sum_{k=1}^{r} \left(\frac{1}{k+m} - \frac{1}{k+n} \right) = \sum_{k=1}^{\infty} \left(\frac{1}{k+m} - \frac{1}{k+n} \right). \tag{1.158}$$

The reason we inserted the limit in the calculations above is to avoid the divergence of $\sum_{k=1}^{\infty} \frac{1}{k}$. Using the definition in (1.154), we also see that

$$H_n^{(a)} - H_m^{(a)} = \sum_{k=1}^{\infty} \left(\frac{1}{(k+m)^a} - \frac{1}{(k+n)^a} \right). \tag{1.159}$$

1.18 Skew Harmonic Number

1.18.1 Definition

The n-th skew harmonic number is defined by

$$\overline{H}_n = \sum_{k=1}^{n} \frac{(-1)^{k-1}}{k} = 1 - \frac{1}{2} + \frac{1}{3} - \cdots + \frac{(-1)^{n-1}}{n}, \quad n \in \mathbb{Z}^+. \tag{1.160}$$

One of the key properties of the skew harmonic number is

$$\overline{H}_n - \overline{H}_{n-1} = \frac{(-1)^{n-1}}{n}. \tag{1.161}$$

1.18. Skew Harmonic Number

To prove that, write (1.160) as

$$\overline{H}_n = 1 - \frac{1}{2} + \frac{1}{3} - \cdots + \frac{(-1)^n}{n-1} + \frac{(-1)^{n-1}}{n}.$$

Replace n by $n-1$,

$$\overline{H}_{n-1} = 1 - \frac{1}{2} + \frac{1}{3} - \cdots + \frac{(-1)^n}{n-1}.$$

Subtracting them yields (1.161).

Another property is

$$\overline{H}_{2n} = H_{2n} - H_n. \tag{1.162}$$

To show that, we begin with the definition of $\overline{H}_{2n}$:

$$\overline{H}_{2n} = \sum_{k=1}^{2n} \frac{(-1)^{k-1}}{k} = 1 - \frac{1}{2} + \frac{1}{3} - \cdots + \frac{1}{2n-1} - \frac{1}{2n}$$

$$\{\text{split the terms into odd and even}\}$$

$$= 1 + \frac{1}{3} + \frac{1}{5} + \cdots + \frac{1}{2n-1} - \left(\frac{1}{2} + \frac{1}{4} + \frac{1}{6} + \cdots + \frac{1}{2n}\right)$$

$$\left\{\text{add and subtract } \frac{1}{2} + \frac{1}{4} + \frac{1}{6} + \cdots + \frac{1}{2n}\right\}$$

$$= 1 + \frac{1}{2} + \frac{1}{3} + \cdots + \frac{1}{2n-1} + \frac{1}{2n} - 2\left(\frac{1}{2} + \frac{1}{4} + \frac{1}{6} + \cdots + \frac{1}{2n}\right)$$

$$= 1 + \frac{1}{2} + \frac{1}{3} + \cdots + \frac{1}{2n-1} + \frac{1}{2n} - \left(1 + \frac{1}{2} + \frac{1}{3} + \cdots + \frac{1}{n}\right)$$

$$= \sum_{k=1}^{2n} \frac{1}{k} - \sum_{k=1}^{n} \frac{1}{k} = H_{2n} - H_n.$$

A similar property is

$$\overline{H}_{2n+1} = H_{2n+1} - H_n, \tag{1.163}$$

which can be proved by using the definition of $\overline{H}_{2n+1}$:

$$\overline{H}_{2n+1} = \sum_{k=1}^{2n+1} \frac{(-1)^{k-1}}{k}$$

$$\left\{\text{use } \sum_{k=1}^{n+1} f(k) = \sum_{k=1}^{n} f(k) + f(n+1)\right\}$$

$$= \sum_{k=1}^{2n} \frac{(-1)^{k-1}}{k} + \frac{1}{2n+1} = \overline{H}_{2n} + \frac{1}{2n+1}$$

$$\{\text{substitute (1.162)}\}$$

$$= H_{2n} - H_n + \frac{1}{2n+1}$$

$$\left\{\text{use } H_{2n} + \frac{1}{2n+1} = H_{2n+1}\right\}$$

$$= H_{2n+1} - H_n.$$

The n-th skew harmonic number can be written in integral form:

$$\overline{H}_n = \sum_{k=1}^{n} \frac{(-1)^{k-1}}{k} = \sum_{k=1}^{n}(-1)^{k-1}\int_0^1 x^{k-1}\mathrm{d}x$$

$$\{\text{switch integration and summation}\}$$

$$= \int_0^1 \left(\sum_{k=1}^{n}(-x)^{k-1}\right)\mathrm{d}x$$

$$\{\text{use the geometric series formula}\}$$

$$= \int_0^1 \frac{1-(-x)^n}{1+x}\mathrm{d}x = \int_0^1 \frac{\mathrm{d}x}{1+x} - \int_0^1 \frac{(-x)^n}{1+x}\mathrm{d}x$$

$$= \ln(2) - \int_0^1 \frac{(-x)^n}{1+x}\mathrm{d}x.$$

Therefore,

$$\overline{H}_n = \ln(2) - \int_0^1 \frac{(-x)^n}{1+x}\mathrm{d}x. \qquad (1.164)$$

Like the integral in (1.151), this integral also extends the range of n to the whole complex plane where $\Re(n) > -1$.

1.18.2 Infinite Series Representation

Another form of the n-th skew harmonic number is

$$\overline{H}_n = \ln(2) + \sum_{k=1}^{\infty} \frac{(-1)^{k+n}}{k+n}, \quad n \notin \mathbb{Z}^-. \qquad (1.165)$$

Proof. Begin with (1.164)

$$\overline{H}_n = \ln(2) - \int_0^1 \frac{(-x)^n}{1+x}\mathrm{d}x$$

$$\left\{\text{expand } \frac{1}{1+x} \text{ in series}\right\}$$

$$= \ln(2) - \int_0^1 (-x)^n \sum_{k=1}^{\infty} (-x)^{k-1} \mathrm{d}x$$

$$\{\text{interchange integration and summation}\}$$

$$= \ln(2) - \sum_{k=1}^{\infty} (-1)^{k+n-1} \int_0^1 x^{k+n-1} \mathrm{d}x$$

$$= \ln(2) + \sum_{k=1}^{\infty} \frac{(-1)^{k+n}}{k+n},$$

and the proof is complete. Let's multiply both sides of (1.165) by $(-1)^n$,

$$\sum_{k=1}^{\infty} \frac{(-1)^k}{k+n} = (-1)^n \left[\overline{H}_n - \ln(2)\right]. \tag{1.166}$$

1.19 Digamma Function

1.19.1 Definition

The Digamma function is defined as

$$\psi(n) = \frac{d}{dn} \ln(\Gamma(n)) = \frac{\Gamma'(n)}{\Gamma(n)}. \tag{1.167}$$

1.19.2 Digamma Reflection Formula

One of the key properties of the digamma function is

$$\psi(n) - \psi(1-n) = -\pi \cot(\pi n), \quad n \notin \mathbb{Z}. \tag{1.168}$$

Proof. Take the logarithm of both sides of Euler's reflection formula in (1.38):

$$\Gamma(n)\Gamma(1-n) = \pi \csc(\pi n), \quad n \notin \mathbb{Z},$$

we obtain

$$\ln(\Gamma(n)) + \ln(\Gamma(1-n)) = \ln(\pi) + \ln(\csc(\pi n)).$$

Next, differentiate both sides using $\frac{d}{dn} \ln(\Gamma(n)) = \psi(n)$ given in (1.167),

$$\psi(n) - \psi(1-n) = -\frac{\pi \csc(\pi n) \cot(\pi n)}{\csc(\pi n)} = -\pi \cot(\pi n).$$

1.19.3 Digamma–Harmonic Number Identity

The relation between the digamma function and the n-th harmonic number is

$$\psi(n+1) = H_n - \gamma, \quad n \notin \mathbb{Z}^-. \tag{1.169}$$

Proof. Multiply both sides of (1.36):

$$\Gamma(n) = \frac{1}{n} \prod_{k=1}^{\infty} \frac{\left(1+\frac{1}{k}\right)^n}{\left(1+\frac{n}{k}\right)}, \quad n \notin \mathbb{Z}_{\leq 0}$$

by n then use $n\Gamma(n) = \Gamma(n+1)$ given in (1.32),

$$\Gamma(n+1) = \prod_{k=1}^{\infty} \frac{\left(1+\frac{1}{k}\right)^n}{\left(1+\frac{n}{k}\right)}, \quad n \notin \mathbb{Z}^-.$$

Take the logarithm of both sides,

$$\ln[\Gamma(n+1)] = \ln \prod_{k=1}^{\infty} \frac{\left(1+\frac{1}{k}\right)^n}{\left(1+\frac{n}{k}\right)}$$

$$\left\{ \text{use } \ln \prod_{k=1}^{\infty} a_k = \sum_{k=1}^{\infty} \ln(a_k) \text{ given in (1.12)} \right\}$$

$$= \sum_{k=1}^{\infty} \ln \left(\frac{\left(1+\frac{1}{k}\right)^n}{\left(1+\frac{n}{k}\right)} \right)$$

or

$$\ln[\Gamma(n+1)] = \sum_{k=1}^{\infty} \left(n \ln\left(\frac{k+1}{k}\right) - \ln\left(\frac{k+n}{k}\right) \right).$$

Differentiate both sides with respect to n using $\frac{d}{dn} \ln(\Gamma(n+1)) = \psi(n+1)$,

$$\psi(n+1) = \sum_{k=1}^{\infty} \left(\ln\left(\frac{k+1}{k}\right) - \frac{1}{k+n} \right).$$

Add and subtract $\frac{1}{k}$ in the RHS then insert the limit, we arrive at

$$\psi(n+1) = \lim_{m \to \infty} \sum_{k=1}^{m} \left(\ln\left(\frac{k+1}{k}\right) - \frac{1}{k+n} + \frac{1}{k} - \frac{1}{k} \right)$$

{rearrange the terms}

$$= \lim_{m \to \infty} \left[\sum_{k=1}^{m} \ln\left(\frac{k+1}{k}\right) - \sum_{k=1}^{m} \frac{1}{k} \right] + \lim_{m \to \infty} \sum_{k=1}^{m} \left(\frac{1}{k} - \frac{1}{k+n} \right)$$

1.19. Digamma Function

$$= \lim_{m\to\infty}\left[\sum_{k=1}^{m}\ln\left(\frac{k+1}{k}\right) - \sum_{k=1}^{m}\frac{1}{k}\right] + \sum_{k=1}^{\infty}\left(\frac{1}{k} - \frac{1}{k+n}\right)$$

$$\left\{\text{use } \sum_{k=1}^{m}\frac{1}{k} = H_m \text{ and } \sum_{k=1}^{\infty}\left(\frac{1}{k} - \frac{1}{k+n}\right) = H_n \text{ given in (1.146) and (1.155)}\right\}$$

$$= \lim_{m\to\infty}\left[\sum_{k=1}^{m}\ln\left(\frac{k+1}{k}\right) - H_m\right] + H_n.$$

The remaining sum can be evaluated using the telescoping series:

$$\sum_{k=1}^{m}\ln\left(\frac{k+1}{k}\right) = \sum_{k=1}^{m}(\ln(k+1) - \ln(k))$$
$$= (\ln(2) - \ln(1)) + (\ln(3) - \ln(2)) + \cdots + (\ln(m) - \ln(m-1))$$
$$+ (\ln(m+1) - \ln(m)).$$

Notice that all terms cancel out but $\ln(m+1)$:

$$\sum_{k=1}^{m}\ln\left(\frac{k+1}{k}\right) = \ln(m+1).$$

Substitute this sum back, we have

$$\psi(n+1) = \lim_{m\to\infty}[\ln(m+1) - H_m] + H_n$$
$$\{\text{let } m+1 = p\}$$
$$= \lim_{p\to\infty}[\ln(p) - H_{p-1}] + H_n$$
$$\left\{\text{write } H_{p-1} = H_p - \frac{1}{p} \text{ given in (1.147)}\right\}$$
$$= -\lim_{p\to\infty}[H_p - \ln(p)] + \lim_{p\to\infty}\frac{1}{p} + H_n$$
$$\{\text{the first limit is the Euler–Mascheroni constant defined in (1.209)}\}$$
$$= -\gamma + 0 + H_n,$$

and the proof is finalized.

Let's set $n = 0$ in (1.169),
$$\psi(1) = -\gamma. \tag{1.170}$$

Now set $n = -1/2$ in (1.169),

$$\psi\left(\frac{1}{2}\right) + \gamma = H_{-\frac{1}{2}} = \int_0^1 \frac{1 - x^{-\frac{1}{2}}}{1-x}dx$$

$$\stackrel{\sqrt{x}=y}{=} -2\int_0^1 \frac{dy}{1+y} = -2\ln(2). \qquad (1.171)$$

Combining (1.170) and (1.171) yields

$$\psi\left(\frac{1}{2}\right) - \psi(1) = -2\ln(2). \qquad (1.172)$$

Moreover, we have

$$\psi(n+1) - \psi(n) = \frac{1}{n}. \qquad (1.173)$$

To show that, make use of the identity in (1.169),

$$\begin{aligned}\psi(n+1) - \psi(n) &= H_n - \gamma - (H_{n-1} - \gamma) \\ &= H_n - H_{n-1} \\ &\{\text{recall the relation in (1.147)}\} \\ &= \frac{1}{n}.\end{aligned}$$

1.20 Polygamma Function

1.20.1 Definition

The Polygamma function is defined as

$$\psi^{(a)}(n) = \frac{d^a}{dn^a}\psi(n) = \frac{d^{a+1}}{dn^{a+1}}\ln(\Gamma(n)). \qquad (1.174)$$

Observe that

$$\psi^{(0)}(n) = \psi(n).$$

1.20.2 Series Representation

Another series form of the polygamma function is

$$\psi^{(a)}(n+1) = \sum_{k=1}^{\infty} \frac{(-1)^{a+1}a!}{(k+n)^{a+1}}, \quad n \notin \mathbb{Z}^-. \qquad (1.175)$$

Proof. Differentiate both sides of (1.169):

$$\psi(n+1) = H_n - \gamma = \sum_{k=1}^{\infty}\left(\frac{1}{k} - \frac{1}{k+n}\right) - \gamma$$

1.20. Polygamma Function

a times with respect to n,

$$\frac{d^a}{dn^a}\psi(n+1) = \psi^{(a)}(n+1) = \frac{d^a}{dn^a}\sum_{k=1}^{\infty}\left(\frac{1}{k} - \frac{1}{k+n}\right) - 0$$

$$= \sum_{k=1}^{\infty}\frac{(-1)^{a+1}a!}{(k+n)^{a+1}}.$$

Replacing n by $n-1$ in (1.175) gives

$$\psi^{(a)}(n) = \sum_{k=1}^{\infty}\frac{(-1)^{a+1}a!}{(k+n-1)^{a+1}}. \tag{1.176}$$

Shift the index by $+1$,

$$\psi^{(a)}(n) = \sum_{k=0}^{\infty}\frac{(-1)^{a+1}a!}{(k+n)^{a+1}}, \quad n \notin \mathbb{Z}_{\leq 0}. \tag{1.177}$$

1.20.3 Integral Representation

Another form of the polygamma function is

$$\psi^{(a)}(n+1) = -\int_0^1 \frac{x^n \ln^a(x)}{1-x}dx, \quad n \notin \mathbb{Z}^-. \tag{1.178}$$

Proof. Differentiating both sides of (1.169):

$$\psi(n+1) = H_n - \gamma = \int_0^1 \frac{1-x^n}{1-x}dx - \gamma$$

a times with respect to n,

$$\psi^{(a)}(n+1) = \frac{d^a}{dn^a}\int_0^1 \frac{1-x^n}{1-x}dx - 0$$

{use differentiation under the integral sign theorem given in (2.78)}

$$= \int_0^1 \frac{\partial^a}{\partial n^a}\frac{1-x^n}{1-x}dx = -\int_0^1 \frac{x^n \ln^a(x)}{1-x}dx.$$

Moreover, if we compare (1.178) and (1.153), we deduce that

$$\psi^{(a)}(n+1) = (-1)^a a!\left[H_n^{(a+1)} - \zeta(a+1)\right]. \tag{1.179}$$

1.20.4 Evaluation of $\psi^{(a)}(1)$

For $a \in \mathbb{Z}^+$, we have

$$\psi^{(a)}(1) = (-1)^{a-1} a! \zeta(a+1). \tag{1.180}$$

Proof. Put $n = 0$ in (1.175),

$$\psi^{(a)}(1) = \sum_{k=1}^{\infty} \frac{(-1)^{a-1} a!}{k^{a+1}} = (-1)^{a-1} a! \zeta(a+1).$$

Examples

$$\psi^{(1)}(1) = \zeta(2); \tag{1.181}$$

$$\psi^{(2)}(1) = -2\zeta(3); \tag{1.182}$$

$$\psi^{(3)}(1) = 6\zeta(4); \tag{1.183}$$

$$\psi^{(4)}(1) = -24\zeta(5); \tag{1.184}$$

$$\psi^{(5)}(1) = 120\zeta(6). \tag{1.185}$$

1.20.5 Evaluation of $\psi^{(a)}\left(\frac{1}{2}\right)$

For $a \in \mathbb{Z}^+$, we have

$$\psi^{(a)}\left(\frac{1}{2}\right) = (-1)^{a-1} a! (2^{a+1} - 1) \zeta(a+1). \tag{1.186}$$

Proof. Put $n = 1/2$ in (1.177),

$$\psi^{(a)}\left(\frac{1}{2}\right) = \sum_{k=0}^{\infty} \frac{(-1)^{a+1} a!}{(k+1/2)^{a+1}}$$

$$= (-1)^{a-1} a! 2^{a+1} \sum_{k=0}^{\infty} \frac{1}{(2k+1)^{a+1}}.$$

This sum is given in (1.85) and the proof is finished.

Examples

$$\psi^{(1)}\left(\frac{1}{2}\right) = 3\zeta(2); \tag{1.187}$$

$$\psi^{(2)}\left(\frac{1}{2}\right) = -14\zeta(3); \tag{1.188}$$

$$\psi^{(3)}\left(\frac{1}{2}\right) = 90\zeta(4); \tag{1.189}$$

$$\psi^{(4)}\left(\frac{1}{2}\right) = -744\zeta(5); \tag{1.190}$$

$$\psi^{(5)}\left(\frac{1}{2}\right) = 7560\zeta(6). \tag{1.191}$$

1.20.6 Evaluation of $\psi^{(2a)}\left(\frac{1}{4}\right)$

For $a \in \mathbb{Z}^+$, we have

$$\psi^{(2a)}\left(\frac{1}{4}\right) = (2^{2a} - 2^{1+4a})(2a)!\zeta(2a+1) - 2^{2a-1}\pi \lim_{s \to \frac{1}{2}} \frac{d^{2a}}{ds^{2a}}[\csc(\pi s)]. \tag{1.192}$$

Proof. Replace $2a$ by $2a+1$ in (1.82),

$$\beta(2a+1) = -\frac{2^{-1-4a}}{(2a)!}\psi^{(2a)}\left(\frac{1}{4}\right) - (1 - 2^{-1-2a})\zeta(2a+1). \tag{1.193}$$

Combine (1.92) and (1.193) to finish the proof.

Examples

$$\psi^{(2)}\left(\frac{1}{4}\right) = -56\zeta(3) - 2\pi^3; \tag{1.194}$$

$$\psi^{(4)}\left(\frac{1}{4}\right) = -11904\zeta(5) - 40\pi^5; \tag{1.195}$$

$$\psi^{(6)}\left(\frac{1}{4}\right) = -5852160\zeta(7) - 1952\pi^7; \tag{1.196}$$

$$\psi^{(8)}\left(\frac{1}{4}\right) = -5274501120\zeta(9) - 177280\pi^9; \tag{1.197}$$

$$\psi^{(10)}\left(\frac{1}{4}\right) = -7606429286400\zeta(11) - 25866752\pi^{11}. \tag{1.198}$$

1.20.7 Evaluation of $\psi^{(2a)}\left(\frac{3}{4}\right)$

For $a \in \mathbb{Z}^+$, we have

$$\psi^{(2a)}\left(\frac{3}{4}\right) = \psi^{(2a)}\left(\frac{1}{4}\right) + \lim_{n \to \frac{1}{4}} \frac{d^{2a}}{dn^{2a}}[\pi \cot(\pi n)]. \tag{1.199}$$

Proof. Differentiate both sides of (1.168):

$$\psi(n) - \psi(1-n) = -\pi \cot(\pi n)$$

$2a$ times with respect to n,

$$\psi^{(2a)}(n) - \psi^{(2a)}(1-n) = -\frac{d^{2a}}{dn^{2a}}[\pi \cot(\pi n)].$$

The proof follows on taking the limit on both sides and letting $n \to 1/4$.

Examples

$$\psi^{(2)}\left(\frac{3}{4}\right) = \psi^{(2)}\left(\frac{1}{4}\right) + 4\pi^3; \tag{1.200}$$

$$\psi^{(4)}\left(\frac{3}{4}\right) = \psi^{(4)}\left(\frac{1}{4}\right) + 80\pi^5; \tag{1.201}$$

$$\psi^{(6)}\left(\frac{3}{4}\right) = \psi^{(6)}\left(\frac{1}{4}\right) + 3904\pi^7; \tag{1.202}$$

$$\psi^{(8)}\left(\frac{3}{4}\right) = \psi^{(8)}\left(\frac{1}{4}\right) + 354560\pi^9; \tag{1.203}$$

$$\psi^{(10)}\left(\frac{3}{4}\right) = \psi^{(10)}\left(\frac{1}{4}\right) + 354560\pi^{11}. \tag{1.204}$$

1.21 Catalan's Constant

Catalan's constant, denoted by G, is defined as

$$G = \sum_{n=0}^{\infty} \frac{(-1)^n}{(2n+1)^2} = 1 - \frac{1}{3^2} + \frac{1}{5^2} - \cdots . \tag{1.205}$$

The Catalan's constant is a special case of the Dirichlet beta function in (1.80):

$$\beta(z) = \sum_{n=0}^{\infty} \frac{(-1)^n}{(2n+1)^z},$$

$$G = \beta(2). \tag{1.206}$$

In (1.87), we also see that

$$G = -\int_0^1 \frac{\ln(x)}{1+x^2} dx \tag{1.207}$$

and

$$G = \frac{\psi^{(1)}\left(\frac{1}{4}\right)}{48} - \frac{3}{4}\zeta(2). \tag{1.208}$$

For more integral and series representations of the Catalan's constant, check [36].

1.22 Euler–Mascheroni Constant

The Euler–Mascheroni constant is defined as

$$\gamma = \lim_{n \to \infty} \left(H_n - \ln(n) \right). \tag{1.209}$$

The Euler–Mascheroni constant, denoted by γ, is defined as the area bounded by the two functions, $y = 1/x$ and $y = 1/\lfloor x \rfloor$, where $\lfloor x \rfloor$ is the floor function, over the interval $x \in [1, \infty)$. To get the form in (1.209), we calculate the bounded area over the interval $x \in [1, n]$ then we let integer $n \to \infty$:

$$\gamma = \lim_{n \to \infty} \left(\int_1^n \frac{dx}{\lfloor x \rfloor} - \int_1^n \frac{dx}{x} \right)$$

$$\left\{ \text{note that } \int_1^n \frac{dx}{\lfloor x \rfloor} = 1 + \frac{1}{2} + \frac{1}{3} + \cdots + \frac{1}{n-1} = H_{n-1} \right\}$$

$$= \lim_{n \to \infty} \left(H_{n-1} - \int_1^n \frac{dx}{x} \right)$$

$$\left\{ \text{we have } H_{n-1} = H_n - \frac{1}{n} \text{ and } \int_1^n \frac{dx}{x} = \ln(n) \right\}$$

$$= \lim_{n \to \infty} \left(H_n - \frac{1}{n} - \ln(n) \right)$$

$$= \lim_{n \to \infty} \left(H_n - \ln(n) \right) - \lim_{n \to \infty} \frac{1}{n}$$

$$= \lim_{n \to \infty} \left(H_n - \ln(n) \right) - 0.$$

For more representations of the Euler–Mascheroni constant, see [37].

Chapter 2

Generating Functions and Powerful Identities

Before we start deriving the generating functions, we need to prove the following series identity:

$$\sum_{n=1}^{\infty} a_n x^n = \frac{1}{1-x} \sum_{n=1}^{\infty} (a_n - a_{n-1}) x^n, \quad a_0 = 0. \tag{2.1}$$

Proof. We begin with the fact that

$$1 = \frac{1}{1-x} - \frac{x}{1-x}.$$

Multiply through by $a_n x^n$ then take the summation over $n \geq 1$,

$$\sum_{n=1}^{\infty} a_n x^n = \frac{1}{1-x} \sum_{n=1}^{\infty} a_n x^n - \frac{1}{1-x} \sum_{n=1}^{\infty} a_n x^{n+1}$$

{let the index n of the second sum start from 0, since $a_0 = 0$}

$$= \frac{1}{1-x} \sum_{n=1}^{\infty} a_n x^n - \frac{1}{1-x} \sum_{n=0}^{\infty} a_n x^{n+1}$$

{shift the index n of the second sum by -1}

$$= \frac{1}{1-x} \sum_{n=1}^{\infty} a_n x^n - \frac{1}{1-x} \sum_{n=1}^{\infty} a_{n-1} x^n$$

$$= \frac{1}{1-x} \sum_{n=1}^{\infty} (a_n - a_{n-1}) x^n,$$

and the proof is finalized.

2.1 Generating Functions

2.1.1 $\sum_{n=1}^{\infty} H_n^{(a)} x^n$

For $|x| < 1$, the following identity holds:

$$\sum_{n=1}^{\infty} H_n^{(a)} x^n = \frac{\operatorname{Li}_a(x)}{1 - x}. \tag{2.2}$$

Proof. Since $H_0^{(a)} = 0$, it's valid to set $a_n = H_n^{(a)}$ in (2.1),

$$\sum_{n=1}^{\infty} H_n^{(a)} x^n = \frac{1}{1-x} \sum_{n=1}^{\infty} \left(H_n^{(a)} - H_{n-1}^{(a)} \right) x^n$$

$$\left\{ \text{write } H_n^{(a)} - H_{n-1}^{(a)} = \frac{1}{n^a} \text{ given in (1.145)} \right\}$$

$$= \frac{1}{1-x} \sum_{n=1}^{\infty} \frac{x^n}{n^a} = \frac{\operatorname{Li}_a(x)}{1-x},$$

and the proof is complete.

Let the index n in (2.2) start from 0, since $H_0^{(a)} = 0$,

$$\frac{\operatorname{Li}_a(x)}{1-x} = \sum_{n=0}^{\infty} H_n^{(a)} x^n = \sum_{n=1}^{\infty} H_{n-1}^{(a)} x^{n-1}. \tag{2.3}$$

The last step follows from shifting the index n by -1.
For a different proof, see [28, pp. 348–349].
If we set $a = 1$ in (2.2) and (2.3) using

$$\operatorname{Li}_1(x) = \sum_{n=1}^{\infty} \frac{x^n}{n^1} = -\ln(1 - x),$$

we have

$$\sum_{n=1}^{\infty} H_n x^n = -\frac{\ln(1-x)}{1-x}, \quad |x| < 1, \tag{2.4}$$

$$\sum_{n=1}^{\infty} H_{n-1} x^{n-1} = -\frac{\ln(1-x)}{1-x}, \quad |x| < 1. \tag{2.5}$$

2.1. Generating Functions

Let's integrate both sides of (2.5) from $x = 0$ to x,

$$\frac{1}{2}\ln^2(1-x) = \int_0^x \sum_{n=1}^\infty H_{n-1} x^{n-1} dx$$

{interchange integration and summation}

$$= \sum_{n=1}^\infty H_{n-1} \int_0^x x^{n-1} dx = \sum_{n=1}^\infty H_{n-1} \frac{x^n}{n}.$$

Therefore,

$$\ln^2(1-x) = 2\sum_{n=1}^\infty \frac{H_{n-1}}{n} x^n, \quad |x| \leq 1, x \neq 1. \tag{2.6}$$

The latter identity can be proved using the Cauchy product, as follows:

$$\ln^2(1-x) = (-\ln(1-x))(-\ln(1-x))$$

{expand both logs in series}

$$= \left(\sum_{n=1}^\infty \frac{x^n}{n}\right)\left(\sum_{n=1}^\infty \frac{x^n}{n}\right)$$

$$\left\{\text{apply (2.80) where } a_n = \frac{1}{n} \text{ and } b_n = \frac{1}{n}\right\}$$

$$= \sum_{n=1}^\infty x^{n+1} \left(\sum_{k=1}^n \frac{1}{k} \cdot \frac{1}{n-k+1}\right)$$

$$\left\{\text{write } \frac{1}{k} \cdot \frac{1}{n-k+1} = \frac{1}{n+1}\left(\frac{1}{k} + \frac{1}{n-k+1}\right)\right\}$$

$$= \sum_{n=1}^\infty x^{n+1} \cdot \frac{1}{n+1} \left(\sum_{k=1}^n \frac{1}{k} + \sum_{k=1}^n \frac{1}{n-k+1}\right)$$

$$\left\{\text{use } \sum_{k=1}^n \frac{1}{n-k+1} = \sum_{k=1}^n \frac{1}{k} \text{ given in (1.3)}\right\}$$

$$= \sum_{n=1}^\infty x^{n+1} \cdot \frac{1}{n+1} \left(2 \sum_{k=1}^n \frac{1}{k}\right)$$

$$\left\{\text{use } \sum_{k=1}^n \frac{1}{k} = H_n \text{ defined in (1.146)}\right\}$$

$$= 2\sum_{n=1}^\infty \frac{H_n}{n+1} x^{n+1}$$

{let the index n start from 0, since $H_0 = 0$}

$$= 2\sum_{n=0}^{\infty} \frac{H_n}{n+1} x^{n+1}$$

{shift the index n by -1}

$$= 2\sum_{n=1}^{\infty} \frac{H_{n-1}}{n} x^n.$$

2.1.2 $\sum_{n=1}^{\infty} \frac{H_n}{n} x^n$

For $|x| \le 1, x \ne 1$, the following identity holds:

$$\sum_{n=1}^{\infty} \frac{H_n}{n} x^n = \operatorname{Li}_2(x) + \frac{1}{2}\ln^2(1-x). \tag{2.7}$$

Proof. In (2.6), substitute $H_{n-1} = H_n - \frac{1}{n}$ given in (1.147),

$$\ln^2(1-x) = 2\sum_{n=1}^{\infty} \frac{H_n - \frac{1}{n}}{n} x^n = 2\sum_{n=1}^{\infty} \frac{H_n}{n} x^n - 2\sum_{n=1}^{\infty} \frac{x^n}{n^2}$$

$$= 2\sum_{n=1}^{\infty} \frac{H_n}{n} x^n - 2\operatorname{Li}_2(x).$$

The proof follows on adding $2\operatorname{Li}_2(x)$ to both sides then dividing by 2.

2.1.3 $\sum_{n=1}^{\infty} \frac{H_n}{n^2} x^n$

For $|x| \le 1$, the following identity holds:

$$\sum_{n=1}^{\infty} \frac{H_n}{n^2} x^n = \operatorname{Li}_3(x) - \operatorname{Li}_3(1-x) + \ln(1-x)\operatorname{Li}_2(1-x)$$

$$+ \frac{1}{2}\ln(x)\ln^2(1-x) + \zeta(3). \tag{2.8}$$

Proof. Divide both sides of (2.7) by x then integrate,

$$\int \frac{1}{x} \sum_{n=1}^{\infty} \frac{H_n}{n} x^n \, dx = \int \frac{\operatorname{Li}_2(x)}{x} dx + \frac{1}{2}\int \frac{\ln^2(1-x)}{x} dx$$

$$= \operatorname{Li}_3(x) + \frac{1}{2}\int \frac{\ln^2(1-x)}{x} dx.$$

2.1. Generating Functions

Since

$$\int \frac{1}{x}\sum_{n=1}^{\infty}\frac{H_n}{n}x^n \, dx = \sum_{n=1}^{\infty}\frac{H_n}{n}\int x^{n-1}\,dx = \sum_{n=1}^{\infty}\frac{H_n}{n}\frac{x^n}{n},$$

we have

$$\sum_{n=1}^{\infty}\frac{H_n}{n^2}x^n = \operatorname{Li}_3(x) + \frac{1}{2}\int \frac{\ln^2(1-x)}{x}\,dx.$$

For the remaining integral, forcing integration by parts twice yields

$$\int \frac{\ln^2(1-x)}{x}\,dx = \ln(x)\ln^2(1-x) + 2\int \frac{\ln(x)\ln(1-x)}{1-x}\,dx$$

$$= \ln(x)\ln^2(1-x) + 2\left(\ln(1-x)\operatorname{Li}_2(1-x) + \int \frac{\operatorname{Li}_2(1-x)}{1-x}\,dx\right)$$

$$= \ln(x)\ln^2(1-x) + 2\ln(1-x)\operatorname{Li}_2(1-x) - 2\operatorname{Li}_3(1-x). \qquad (2.9)$$

Substitute this integral back and add the constant of integration,

$$\sum_{n=1}^{\infty}\frac{H_n}{n^2}x^n = \operatorname{Li}_3(x) - \operatorname{Li}_3(1-x) + \ln(1-x)\operatorname{Li}_2(1-x) + \frac{1}{2}\ln(x)\ln^2(1-x) + c.$$

Set $x = 0$,

$$0 = -\zeta(3) + c \Longrightarrow c = \zeta(3).$$

Plugging in the value of the constant completes the proof.

2.1.4 $\sum_{n=1}^{\infty}\frac{H_n^{(2)}}{n}x^n$

For $|x| \leq 1$, $x \neq 1$, the following identity holds:

$$\sum_{n=1}^{\infty}\frac{H_n^{(2)}}{n}x^n = \operatorname{Li}_3(x) + 2\operatorname{Li}_3(1-x) - \ln(1-x)\operatorname{Li}_2(1-x)$$

$$-\zeta(2)\ln(1-x) - 2\zeta(3). \qquad (2.10)$$

Proof. Set $a = 2$ in (2.2),

$$\sum_{n=1}^{\infty}H_n^{(2)}x^n = \frac{\operatorname{Li}_2(x)}{1-x}.$$

Divide both sides by x then integrate using

$$\int \frac{1}{x}\sum_{n=1}^{\infty}H_n^{(2)}x^n\,dx = \sum_{n=1}^{\infty}H_n^{(2)}\int x^{n-1}\,dx = \sum_{n=1}^{\infty}H_n^{(2)}\frac{x^n}{n},$$

we have

$$\sum_{n=1}^{\infty} \frac{H_n^{(2)}}{n} x^n = \int \frac{\operatorname{Li}_2(x)}{x(1-x)} \mathrm{d}x = \int \frac{\operatorname{Li}_2(x)}{x} \mathrm{d}x + \underbrace{\int \frac{\operatorname{Li}_2(x)}{1-x} \mathrm{d}x}_{\text{IBP}}$$

$$= \operatorname{Li}_3(x) - \ln(1-x) \operatorname{Li}_2(x) - \int \frac{\ln^2(1-x)}{x} \mathrm{d}x$$

{substitute the result from (2.9)}

$$= \operatorname{Li}_3(x) + 2\operatorname{Li}_3(1-x) - \ln(1-x)[\operatorname{Li}_2(x) + \ln(x)\ln(1-x)]$$
$$- 2\ln(1-x)\operatorname{Li}_2(1-x) + c$$

{make use of the reflection formula (1.124) for the second term}

$$= \operatorname{Li}_3(x) + 2\operatorname{Li}_3(1-x) - \ln(1-x)\operatorname{Li}_2(1-x) - \zeta(2)\ln(1-x) + c.$$

Put $x = 0$,

$$0 = 2\zeta(3) + c \implies c = -2\zeta(3),$$

and the proof is finalized.
For a different method, substitute the result from (2.8) in (2.82).

2.1.5 $\sum_{n=1}^{\infty} (H_n^2 - H_n^{(2)}) x^n$

For $|x| < 1$, the following identity holds:

$$\sum_{n=1}^{\infty} (H_n^2 - H_n^{(2)}) x^n = \frac{\ln^2(1-x)}{1-x}. \qquad (2.11)$$

Proof. Set $a_n = H_n^2 - H_n^{(2)}$ in (2.1),

$$\sum_{n=1}^{\infty} (H_n^2 - H_n^{(2)}) x^n = \frac{1}{1-x} \sum_{n=1}^{\infty} \left((H_n^2 - H_n^{(2)}) - (H_{n-1}^2 - H_{n-1}^{(2)}) \right) x^n$$

$$\left\{ \text{write } H_{n-1}^2 = \left(H_n - \frac{1}{n}\right)^2 \text{ and } H_{n-1}^{(2)} = H_n^{(2)} - \frac{1}{n^2} \right\}$$

$$= \frac{2}{1-x} \sum_{n=1}^{\infty} \left(H_n - \frac{1}{n}\right) \frac{x^n}{n} = \frac{2}{1-x} \sum_{n=1}^{\infty} \frac{H_{n-1}}{n} x^n$$

{substitute the result from (2.6)}

$$= \frac{2}{1-x} \left(\frac{1}{2} \ln^2(1-x)\right) = \frac{\ln^2(1-x)}{1-x},$$

and the proof is finished.

2.1. Generating Functions

Further, let the index in (2.11) start from 0, since $H_n^2 - H_n^{(2)} = 0$,

$$\frac{\ln^2(1-x)}{1-x} = \sum_{n=0}^{\infty}(H_n^2 - H_n^{(2)})x^n$$

{shift the index by -1}

$$= \sum_{n=1}^{\infty}(H_{n-1}^2 - H_{n-1}^{(2)})x^{n-1}$$

$$= \sum_{n=1}^{\infty}\left(\left(H_n - \frac{1}{n}\right)^2 - H_n^{(2)} + \frac{1}{n^2}\right)x^{n-1}.$$

Expand and simplify, we obtain

$$\frac{\ln^2(1-x)}{1-x} = \sum_{n=1}^{\infty}\left(H_n^2 - H_n^{(2)} - \frac{2H_n}{n} + \frac{2}{n^2}\right)x^{n-1}. \qquad (2.12)$$

Check [28, p. 355] for an alternative proof.

2.1.6 $\sum_{n=1}^{\infty}\frac{H_n^2-H_n^{(2)}}{n}x^n$

For $|x| \leq 1, x \neq 1$, the following identity holds:

$$\sum_{n=1}^{\infty}(H_n^2 - H_n^{(2)})\frac{x^n}{n} = 2\ln(1-x)\operatorname{Li}_2(1-x) - 2\operatorname{Li}_3(1-x)$$

$$+ \ln(x)\ln^2(1-x) - \frac{1}{3}\ln^3(1-x) + 2\zeta(3). \qquad (2.13)$$

Proof. Divide both sides of (2.11) by x then integrate using $\int x^{n-1}\mathrm{d}x = \frac{x^n}{n}$,

$$\sum_{n=1}^{\infty}(H_n^2 - H_n^{(2)})\frac{x^n}{n} = \int\frac{\ln^2(1-x)}{x(1-x)}\mathrm{d}x$$

$$= \int\frac{\ln^2(1-x)}{x}\mathrm{d}x + \int\frac{\ln^2(1-x)}{1-x}\mathrm{d}x$$

{substitute the result of the first integral from (2.9)}

$$= \ln(x)\ln^2(1-x) + 2\ln(1-x)\operatorname{Li}_2(1-x) - 2\operatorname{Li}_3(1-x)$$

$$- \frac{1}{3}\ln^3(1-x) + c.$$

On setting $x = 0$, we get $c = 2\zeta(3)$ and the proof is finalized.

2.1.7 $\sum_{n=1}^{\infty} \frac{H_n^2}{n} x^n$

For $|x| \leq 1, x \neq 1$, the following identity holds:

$$\sum_{n=1}^{\infty} \frac{H_n^2}{n} x^n = \operatorname{Li}_3(x) - \ln(1-x)\operatorname{Li}_2(x) - \frac{1}{3}\ln^3(1-x). \qquad (2.14)$$

Proof. The proof follows on combining the results from (2.10) and (2.13). Check [28, p. 349–350] for another approach.

2.1.8 $\sum_{n=1}^{\infty} \frac{H_n}{n^3} x^n$

For $|x| \leq 1, x \neq 1$, the following identity holds:

$$\sum_{n=1}^{\infty} \frac{H_n}{n^3} x^n = \operatorname{Li}_4\left(\frac{x}{x-1}\right) - \operatorname{Li}_4(1-x) + 2\operatorname{Li}_4(x) - \ln(1-x)\operatorname{Li}_3(1-x)$$

$$+\zeta(3)\ln(1-x) + \frac{1}{2}\zeta(2)\ln^2(1-x) - \frac{1}{6}\ln(x)\ln^3(1-x) + \frac{1}{24}\ln^4(1-x) + \zeta(4). \qquad (2.15)$$

Proof. Replace z by $1-x$ in (1.130),

$$\operatorname{Li}_3(1-x) + \operatorname{Li}_3(x) + \operatorname{Li}_3\left(\frac{x}{x-1}\right)$$

$$= \zeta(3) + \frac{1}{6}\ln^3(1-x) + \zeta(2)\ln(1-x) - \frac{1}{2}\ln^2(1-x)\ln(x).$$

Divide both sides by $x(1-x)$ then integrate,

$$\underbrace{\int \frac{\operatorname{Li}_3(1-x)}{x(1-x)}\,\mathrm{d}x}_{I_1} + \underbrace{\int \frac{\operatorname{Li}_3(x)}{x(1-x)}\,\mathrm{d}x}_{I_2} + \underbrace{\int \frac{\operatorname{Li}_3\left(\frac{x}{x-1}\right)}{x(1-x)}\,\mathrm{d}x}_{I_3}$$

$$= \zeta(3)\underbrace{\int \frac{\mathrm{d}x}{x(1-x)}}_{I_4} + \frac{1}{6}\underbrace{\int \frac{\ln^3(1-x)}{x(1-x)}\,\mathrm{d}x}_{I_5} + \zeta(2)\underbrace{\int \frac{\ln(1-x)}{x(1-x)}\,\mathrm{d}x}_{I_6}$$

$$-\frac{1}{2}\underbrace{\int \frac{\ln^2(1-x)\ln(x)}{x(1-x)}\,\mathrm{d}x}_{I_7}.$$

2.1. Generating Functions

Evaluation of I_1:

$$I_1 = \int \frac{\operatorname{Li}_3(1-x)}{x(1-x)} dx = \underbrace{\int \frac{\operatorname{Li}_3(1-x)}{x} dx}_{\text{IBP}} + \int \frac{\operatorname{Li}_3(1-x)}{1-x} dx$$

$$= \ln(x)\operatorname{Li}_3(1-x) + \int \frac{\ln(x)\operatorname{Li}_2(1-x)}{1-x} dx - \operatorname{Li}_4(1-x)$$

$$= \ln(x)\operatorname{Li}_3(1-x) + \frac{1}{2}\operatorname{Li}_2^2(1-x) - \operatorname{Li}_4(1-x).$$

Evaluation of I_2:

$$I_2 = \int \frac{\operatorname{Li}_3(x)}{x(1-x)} dx = \int \frac{\operatorname{Li}_3(x)}{x} dx + \underbrace{\int \frac{\operatorname{Li}_3(x)}{1-x} dx}_{\text{IBP}}$$

$$= \operatorname{Li}_4(x) - \ln(1-x)\operatorname{Li}_3(x) + \int \frac{\ln(1-x)\operatorname{Li}_2(x)}{x} dx$$

$$= \operatorname{Li}_4(x) - \ln(1-x)\operatorname{Li}_3(x) - \frac{1}{2}\operatorname{Li}_2^2(x).$$

Evaluation of I_3: Substitute $\frac{x}{x-1} = y$,

$$I_3 = \int \frac{\operatorname{Li}_3\left(\frac{x}{x-1}\right)}{x(1-x)} dx = \int \frac{\operatorname{Li}_3(y)}{y} dy = \operatorname{Li}_4(y) = \operatorname{Li}_4\left(\frac{x}{x-1}\right).$$

Evaluation of I_4:

$$I_4 = \int \frac{dx}{x(1-x)} = \int \frac{dx}{x} + \int \frac{dx}{1-x} = \ln(x) - \ln(1-x).$$

Evaluation of I_5:

$$I_5 = \int \frac{\ln^3(1-x)}{x(1-x)} dx = \int \frac{\ln^3(1-x)}{x} dx + \int \frac{\ln^3(1-x)}{1-x} dx$$

$$= \int \frac{\ln^3(1-x)}{x} dx - \frac{1}{4}\ln^4(1-x).$$

Evaluation of I_6:

$$I_6 = \int \frac{\ln(1-x)}{x(1-x)} dx = \int \frac{\ln(1-x)}{x} dx + \int \frac{\ln(1-x)}{1-x} dx$$

$$= -\operatorname{Li}_2(x) - \frac{1}{2}\ln^2(1-x)$$

{replace z by $1-x$ in Landen's formula in (1.124)}

$$= \operatorname{Li}_2\left(\frac{x}{x-1}\right).$$

Evaluation of I_7:

$$I_7 = \int \frac{\ln^2(1-x)\ln(x)}{x(1-x)}dx$$

$$= \underbrace{\int \frac{\ln^2(1-x)\ln(x)}{1-x}dx}_{I'_7} + \underbrace{\int \frac{\ln^2(1-x)\ln(x)}{x}dx}_{I''_7}.$$

Integrate I'_7 by parts,

$$I'_7 = \int \frac{\ln^2(1-x)\ln(x)}{1-x}dx = -\frac{1}{3}\ln^3(1-x)\ln(x) + \frac{1}{3}\int \frac{\ln^3(1-x)}{x}dx.$$

For I''_7, expand $\ln^2(1-x)$ in series given in (2.6),

$$I''_7 = \int \frac{\ln^2(1-x)\ln(x)}{x}dx = 2\sum_{n=1}^{\infty}\frac{H_{n-1}}{n}\int x^{n-1}\ln(x)dx$$

$$\stackrel{\text{IBP}}{=} 2\sum_{n=1}^{\infty}\frac{H_n - \frac{1}{n}}{n}\left(\frac{\ln(x)}{n}x^n - \frac{x^n}{n^2}\right)$$

$$= 2\ln(x)\sum_{n=1}^{\infty}\frac{H_n}{n^2}x^n - 2\sum_{n=1}^{\infty}\frac{H_n}{n^3}x^n - 2\ln(x)\operatorname{Li}_3(x) + 2\operatorname{Li}_4(x)$$

$$\{\text{substitute the result from (2.8)}\}$$

$$= 2\operatorname{Li}_4(x) - 2\ln(x)\operatorname{Li}_3(1-x) + 2\ln(x)\ln(1-x)\operatorname{Li}_2(1-x)$$

$$+ \ln^2(x)\ln^2(1-x) + 2\zeta(3)\ln(x) - 2\sum_{n=1}^{\infty}\frac{H_n}{n^3}x^n.$$

Combining the results of I'_7 and I''_7,

$$I_7 = 2\operatorname{Li}_4(x) - \frac{1}{3}\ln^3(1-x)\ln(x) - 2\ln(x)\operatorname{Li}_3(1-x) + \ln^2(x)\ln^2(1-x)$$

$$+ 2\ln(x)\ln(1-x)\operatorname{Li}_2(1-x) + 2\zeta(3)\ln(x)$$

$$- 2\sum_{n=1}^{\infty}\frac{H_n}{n^3}x^n + \frac{1}{3}\int \frac{\ln^3(1-x)}{x}dx.$$

2.1. Generating Functions

By collecting all integrals, the integral $\int \frac{\ln^3(1-x)}{x}\,dx$ nicely cancels out,

$$\sum_{n=1}^{\infty} \frac{H_n}{n^3} x^n = \operatorname{Li}_4\left(\frac{x}{x-1}\right) - \operatorname{Li}_4(1-x) + 2\operatorname{Li}_4(x) - \ln(1-x)\operatorname{Li}_3(1-x)$$
$$+ \frac{1}{24}\ln^4(1-x) - \frac{1}{6}\ln(x)\ln^3(1-x) + \zeta(3)\ln(1-x)$$
$$+ \frac{1}{2}\operatorname{Li}_2^2(1-x) + \ln(x)\ln(1-x)\operatorname{Li}_2(1-x) + \frac{1}{2}\ln^2(x)\ln^2(1-x)$$
$$- \frac{1}{2}\operatorname{Li}_2^2(x) - \zeta(2)\operatorname{Li}_2\left(\frac{x}{x-1}\right).$$

The last two lines can be further simplified:

$$\frac{1}{2}\operatorname{Li}_2^2(1-x) + \ln(x)\ln(1-x)\operatorname{Li}_2(1-x) + \frac{1}{2}\ln^2(x)\ln^2(1-x)$$
$$- \frac{1}{2}\operatorname{Li}_2^2(x) - \zeta(2)\operatorname{Li}_2\left(\frac{x}{x-1}\right)$$
$$= \frac{1}{2}\left[\operatorname{Li}_2(1-x) + \ln(x)\ln(1-x)\right]^2 - \frac{1}{2}\operatorname{Li}_2^2(x) - \zeta(2)\operatorname{Li}_2\left(\frac{x}{x-1}\right)$$

{use the dilogarithm reflection formula (1.119) for the first term}

$$= \frac{1}{2}\left[\zeta(2) - \operatorname{Li}_2(x)\right]^2 - \frac{1}{2}\operatorname{Li}_2^2(x) - \zeta(2)\operatorname{Li}_2\left(\frac{x}{x-1}\right)$$
$$= \frac{5}{4}\zeta(4) - \zeta(2)\operatorname{Li}_2(x) - \zeta(2)\operatorname{Li}_2\left(\frac{x}{x-1}\right)$$
$$= \frac{5}{4}\zeta(4) - \zeta(2)\left[\operatorname{Li}_2(x) + \operatorname{Li}_2\left(\frac{x}{x-1}\right)\right]$$

{make use of Landen's dilogarithm identity (1.124)}

$$= \frac{5}{4}\zeta(4) - \zeta(2)\left[-\frac{1}{2}\ln^2(1-x)\right]$$
$$= \frac{5}{4}\zeta(4) + \frac{1}{2}\zeta(2)\ln^2(1-x).$$

Thus,

$$\sum_{n=1}^{\infty} \frac{H_n}{n^3} x^n = \operatorname{Li}_4\left(\frac{x}{x-1}\right) - \operatorname{Li}_4(1-x) + 2\operatorname{Li}_4(x) - \ln(1-x)\operatorname{Li}_3(1-x)$$
$$+ \frac{1}{24}\ln^4(1-x) - \frac{1}{6}\ln(x)\ln^3(1-x) + \zeta(3)\ln(1-x)$$
$$+ \frac{5}{4}\zeta(4) + \frac{1}{2}\zeta(2)\ln^2(1-x) + c.$$

Set $x = 0$, we get $c = -\frac{1}{4}\zeta(4)$ and this finalizes the proof.

2.1.9 $\sum_{n=1}^{\infty} \frac{H_n^{(2)}}{n^2} x^n$

For $|x| \leq 1, x \neq 1$, the following identity holds:

$$\sum_{n=1}^{\infty} \frac{H_n^{(2)}}{n^2} x^n = -2\operatorname{Li}_4\left(\frac{x}{x-1}\right) + 2\operatorname{Li}_4(1-x) - \operatorname{Li}_4(x) + \frac{1}{2}\operatorname{Li}_2^2(x)$$
$$+ 2\ln(1-x)\operatorname{Li}_3(1-x) - \frac{1}{12}\ln^4(1-x) - \zeta(2)\ln^2(1-x)$$
$$- 2\zeta(3)\ln(1-x) + \frac{1}{3}\ln(x)\ln^3(1-x) - 2\zeta(4). \qquad (2.16)$$

Proof. Substitute the result from (2.15) in (2.83).

2.1.10 $\sum_{n=1}^{\infty} \frac{H_n^{(3)}}{n} x^n$

For $|x| \leq 1, x \neq 1$, the following identity holds:

$$\sum_{n=1}^{\infty} \frac{H_n^{(3)}}{n} x^n = \operatorname{Li}_4(x) - \ln(1-x)\operatorname{Li}_3(x) - \frac{1}{2}\operatorname{Li}_2^2(x). \qquad (2.17)$$

Proof. Set $a = 3$ in (2.2),

$$\sum_{n=1}^{\infty} H_n^{(3)} x^n = \frac{\operatorname{Li}_3(x)}{1-x}.$$

Divide both sides by x then integrate using $\int x^{n-1}\mathrm{d}x = \frac{x^n}{n}$,

$$\sum_{n=1}^{\infty} \frac{H_n^{(3)}}{n} x^n = \int \frac{\operatorname{Li}_3(x)}{x(1-x)} \mathrm{d}x$$
$$= \int \frac{\operatorname{Li}_3(x)}{x}\mathrm{d}x + \underbrace{\int \frac{\operatorname{Li}_3(x)}{1-x}\mathrm{d}x}_{\text{IBP}}$$
$$= \operatorname{Li}_4(x) - \ln(1-x)\operatorname{Li}_3(x) + \int \frac{\ln(1-x)\operatorname{Li}_2(x)}{x}\mathrm{d}x$$
$$= \operatorname{Li}_4(x) - \ln(1-x)\operatorname{Li}_3(x) - \frac{1}{2}\operatorname{Li}_2^2(x) + c.$$

The proof completes on extracting $c = 0$ by setting $x = 0$.

2.1. Generating Functions

2.1.11 $\sum_{n=1}^{\infty} H_n^3 x^n$

For $|x| < 1$, the following identity holds:

$$\sum_{n=1}^{\infty} H_n^3 x^n = \frac{1}{1-x} \bigg[\mathrm{Li}_3(x) + 3\,\mathrm{Li}_3(1-x) + \frac{3}{2} \ln(x) \ln^2(1-x)$$
$$-3\zeta(2) \ln(1-x) - \ln^3(1-x) - 3\zeta(3) \bigg]. \qquad (2.18)$$

Proof. Set $a_n = H_n^3$ in (2.1),

$$\sum_{n=1}^{\infty} H_n^3 x^n = \frac{1}{1-x} \sum_{n=1}^{\infty} (H_n^3 - H_{n-1}^3) x^n$$

$$= \frac{1}{1-x} \sum_{n=1}^{\infty} \left(H_n^3 - \left(H_n - \frac{1}{n} \right)^3 \right) x^n$$

$$= \frac{1}{1-x} \sum_{n=1}^{\infty} \left(\frac{3H_n^2}{n} - \frac{3H_n}{n^2} + \frac{1}{n^3} \right) x^n$$

$$= \frac{1}{1-x} \left[3 \sum_{n=1}^{\infty} \frac{H_n^2}{n} x^n - 3 \sum_{n=1}^{\infty} \frac{H_n}{n^2} x^n + \sum_{n=1}^{\infty} \frac{x^n}{n^3} \right].$$

Gathering the results from (2.14) and (2.8) ends the proof.
A different method may be found in [28, p. 352–354].

2.1.12 $\sum_{n=1}^{\infty} \frac{H_n^2}{n^2} x^n$

For $|x| \leq 1$, the following identity holds:

$$\sum_{n=1}^{\infty} \frac{H_n^2}{n^2} x^n = \mathrm{Li}_4(x) - 2\,\mathrm{Li}_4(1-x) + 2\ln(1-x)\,\mathrm{Li}_3(1-x) + \frac{1}{2} \mathrm{Li}_2^2(x)$$
$$- \ln^2(1-x)\,\mathrm{Li}_2(1-x) - \frac{1}{3} \ln(x) \ln^3(1-x) + 2\zeta(4). \qquad (2.19)$$

Proof. Divide both sides of (2.14):

$$\sum_{n=1}^{\infty} \frac{H_n^2}{n} x^n = \mathrm{Li}_3(x) - \ln(1-x)\,\mathrm{Li}_2(x) - \frac{1}{3} \ln^3(1-x)$$

by x then integrate using $\int x^{n-1}\mathrm{d}x = \frac{x^n}{n}$,

$$\sum_{n=1}^{\infty} \frac{H_n^2}{n^2}x^n = \operatorname{Li}_4(x) + \frac{1}{2}\operatorname{Li}_2^2(x) - \frac{1}{3}\int \frac{\ln^3(1-x)}{x}\mathrm{d}x.$$

For the remaining integral, set $1-x=y$ then expand $\frac{1}{1-y}$ in series,

$$\int \frac{\ln^3(1-x)}{x}\mathrm{d}x = -\int \frac{\ln^3(y)}{1-y}\mathrm{d}y = -\sum_{n=1}^{\infty}\int y^{n-1}\ln^3(y)\mathrm{d}y$$

$$\stackrel{\text{IBP}}{=} -\sum_{n=1}^{\infty}\left(\ln^3(y)\frac{y^n}{n} - 3\ln^2(y)\frac{y^n}{n^2} + 6\ln(y)\frac{y^n}{n^3} - 6\frac{y^n}{n^4}\right)$$

$$= \ln^3(y)\ln(1-y) + 3\ln^2(y)\operatorname{Li}_2(y) - 6\ln(y)\operatorname{Li}_3(y) + 6\operatorname{Li}_4(y)$$

$$\{\text{substitute } y = 1-x \text{ back}\}$$

$$= \ln^3(1-x)\ln(x) + 3\ln^2(1-x)\operatorname{Li}_2(1-x) - 6\ln(1-x)\operatorname{Li}_3(1-x)$$

$$+ 6\operatorname{Li}_4(1-x). \tag{2.20}$$

On plugging in this integral, we arrive at

$$\sum_{n=1}^{\infty}\frac{H_n^2}{n^2}x^n = \operatorname{Li}_4(x) + \frac{1}{2}\operatorname{Li}_2^2(x) - \frac{1}{3}\ln^3(1-x)\ln(x) - \ln^2(1-x)\operatorname{Li}_2(1-x)$$

$$+ 2\ln(1-x)\operatorname{Li}_3(1-x) - 2\operatorname{Li}_4(1-x) + c.$$

The proof follows on extracting $c = 2\zeta(4)$ by setting $x = 0$.

2.1.13 $\sum_{n=1}^{\infty} H_n H_n^{(2)} x^n$

For $|x| < 1$, the following identity holds:

$$\sum_{n=1}^{\infty} H_n H_n^{(2)} x^n = \frac{1}{1-x}\bigg[\operatorname{Li}_3(x) + \operatorname{Li}_3(1-x) + \frac{1}{2}\ln(x)\ln^2(1-x)$$

$$- \zeta(2)\ln(1-x) - \zeta(3)\bigg]. \tag{2.21}$$

Proof. Set $a_n = H_n H_n^{(2)}$ in (2.1),

$$\sum_{n=1}^{\infty} H_n H_n^{(2)} x^n = \frac{1}{1-x}\sum_{n=1}^{\infty}\left(H_n H_n^{(2)} - H_{n-1}H_{n-1}^{(2)}\right)x^n$$

$$= \frac{1}{1-x}\sum_{n=1}^{\infty}\left(H_n H_n^{(2)} - \left(H_n - \frac{1}{n}\right)\left(H_n^{(2)} - \frac{1}{n^2}\right)\right)x^n$$

2.1. Generating Functions

$$= \frac{1}{1-x} \sum_{n=1}^{\infty} \left(\frac{H_n}{n^2} + \frac{H_n^{(2)}}{n} - \frac{1}{n^3} \right) x^n$$

$$= \frac{1}{1-x} \sum_{n=1}^{\infty} \frac{H_n}{n^2} x^n + \frac{1}{1-x} \sum_{n=1}^{\infty} \frac{H_n^{(2)}}{n} x^n - \frac{\operatorname{Li}_3(x)}{1-x}.$$

Collect the results from (2.8) and (2.10) to complete the proof.
Another approach may be found in [28, pp. 350–552].

2.1.14 $\sum_{n=1}^{\infty} (H_n^3 - 3H_n H_n^{(2)} + 2H_n^{(3)}) x^n$

For $|x| < 1$, the following identity holds:

$$\sum_{n=1}^{\infty} \left(H_n^3 - 3H_n H_n^{(2)} + 2H_n^{(3)} \right) x^n = -\frac{\ln^3(1-x)}{1-x}. \tag{2.22}$$

Proof. Set $a_n = H_n^3 - 3H_n H_n^{(2)} + 2H_n^{(3)}$ in (2.1),

$$\sum_{n=1}^{\infty} \left(H_n^3 - 3H_n H_n^{(2)} + 2H_n^{(3)} \right) x^n$$

$$= \frac{1}{1-x} \sum_{n=1}^{\infty} \left[H_n^3 - 3H_n H_n^{(2)} + 2H_n^{(3)} - H_{n-1}^3 + 3H_{n-1} H_{n-1}^{(2)} - 2H_{n-1}^{(3)} \right] x^n$$

$$= \frac{1}{1-x} \sum_{n=1}^{\infty} \left[3 \left(\frac{H_n^2 - H_n^{(2)}}{n} \right) - 6 \frac{H_n^{(2)}}{n} + \frac{6}{n^3} \right] x^n$$

$$= \frac{1}{1-x} \cdot 3 \sum_{n=1}^{\infty} \left(H_n^2 - H_n^{(2)} \right) \frac{x^n}{n} - \frac{1}{1-x} \cdot 6 \sum_{n=1}^{\infty} \frac{H_n}{n^2} x^n + \frac{6 \operatorname{Li}_3(x)}{1-x},$$

and the proof ends on collecting the results from (2.13) and (2.8).

2.1.15 $\sum_{n=1}^{\infty} \frac{H_n H_n^{(2)}}{n} x^n$

For $|x| \leq 1, x \neq 1$, the following identity holds:

$$\sum_{n=1}^{\infty} \frac{H_n H_n^{(2)}}{n} x^n = -\operatorname{Li}_4 \left(\frac{x}{x-1} \right) + \operatorname{Li}_4(1-x) - \ln(1-x) \operatorname{Li}_3(1-x)$$

$$+ \frac{1}{2} \ln^2(1-x) \operatorname{Li}_2(1-x) + \frac{1}{6} \ln(x) \ln^3(1-x) - \frac{1}{24} \ln^4(1-x) - \zeta(4). \tag{2.23}$$

Proof. Multiply both sides of (2.72):

$$\int_0^1 x^{n-1} \ln^3(1-x) dx = -\frac{H_n^3 + 3H_n H_n^{(2)} + 2H_n^{(3)}}{n}.$$

by $-y^n$ then take the summation over $n \geq 1$,

$$\sum_{n=1}^\infty \frac{H_n^3 + 3H_n H_n^{(2)} + 2H_n^{(3)}}{n} y^n = -\int_0^1 \frac{\ln^3(1-x)}{x} \left(\sum_{n=1}^\infty (xy)^n\right) dx$$

{use the geometric series formula}

$$= -\int_0^1 \frac{\ln^3(1-x)}{x} \left(\frac{xy}{1-xy}\right) dx$$

$$= -\int_0^1 \frac{y \ln^3(1-x)}{1-xy} dx \stackrel{1-x=t}{=} -\int_0^1 \frac{y \ln^3(t)}{1-y+yt} dt$$

{make use of (1.112) for the latter integral}

$$= 6 \operatorname{Li}_4\left(\frac{y}{y-1}\right).$$

Therefore,

$$\sum_{n=1}^\infty \frac{H_n^3 + 3H_n H_n^{(2)} + 2H_n^{(3)}}{n} y^n = -6 \operatorname{Li}_4\left(\frac{y}{y-1}\right). \qquad (2.24)$$

To establish another relation, divide both sides of (2.22):

$$\sum_{n=1}^\infty \left(H_n^3 - 3H_n H_n^{(2)} + 2H_n^{(3)}\right) x^n = -\frac{\ln^3(1-x)}{1-x}$$

by x then integrate from $x = 0$ to y using $\int_0^y x^{n-1} dx = \frac{y^n}{n}$,

$$\sum_{n=1}^\infty \frac{H_n^3 - 3H_n H_n^{(2)} + 2H_n^{(3)}}{n} y^n = -\int_0^y \frac{\ln^3(1-x)}{x(1-x)} dx$$

$$= -\int_0^y \frac{\ln^3(1-x)}{x} dx - \int_0^y \frac{\ln^3(1-x)}{1-x} dx.$$

The first integral is calculated in (2.20) and the second integral is $\frac{1}{4}\ln^4(1-y)$. Thus,

$$\sum_{n=1}^\infty \frac{H_n^3 - 3H_n H_n^{(2)} + 2H_n^{(3)}}{n} y^n = -\ln^3(1-y)\ln(y) - 3\ln^2(1-y)\operatorname{Li}_2(1-y)$$

$$+ 6\ln(1-y)\operatorname{Li}_3(1-y) - 6\operatorname{Li}_4(1-y) + \frac{1}{4}\ln^4(1-y) + 6\zeta(4). \qquad (2.25)$$

2.1. Generating Functions

The proof finalizes on combining (2.24) and (2.25) then dividing by 6.

2.1.16 $\sum_{n=1}^{\infty} \frac{H_n^3}{n} x^n$

For $|x| \leq 1, x \neq 1$, the following identity holds:

$$\sum_{n=1}^{\infty} \frac{H_n^3}{n} x^n = -3\operatorname{Li}_4\left(\frac{x}{x-1}\right) - 3\operatorname{Li}_4(1-x) - 2\operatorname{Li}_4(x) + \operatorname{Li}_2^2(x)$$

$$+ 3\ln(1-x)\operatorname{Li}_3(1-x) + 2\ln(1-x)\operatorname{Li}_3(x) + \frac{1}{8}\ln^4(1-x)$$

$$- \frac{3}{2}\ln^2(1-x)\operatorname{Li}_2(1-x) - \frac{1}{2}\ln(x)\ln^3(1-x) + 3\zeta(4). \qquad (2.26)$$

Proof. Combine (2.24) and (2.25) then divide by 2,

$$\sum_{n=1}^{\infty} \frac{H_n^3}{n} x^n = -3\operatorname{Li}_4\left(\frac{x}{x-1}\right) - \frac{1}{2}\ln^3(1-y)\ln(x) - \frac{3}{2}\ln^2(1-x)\operatorname{Li}_2(1-x)$$

$$+ 3\ln(1-x)\operatorname{Li}_3(1-x) - 3\operatorname{Li}_4(1-x) + \frac{1}{8}\ln^4(1-x) + 3\zeta(4) - 2\sum_{n=1}^{\infty} \frac{H_n^{(3)}}{n} x^n.$$

Substitute the result from (2.17) to finalize the proof.

2.1.17 $\sum_{n=1}^{\infty}(H_n^4 - 6H_n^2 H_n^{(2)} + 8H_n H_n^{(3)} + 3(H_n^{(2)})^2 - 6H_n^{(4)})x^n$

For $|x| < 1$, the following identity holds:

$$\sum_{n=1}^{\infty}\left(H_n^4 - 6H_n^2 H_n^{(2)} + 8H_n H_n^{(3)} + 3\left(H_n^{(2)}\right)^2 - 6H_n^{(4)}\right)x^n = \frac{\ln^4(1-x)}{1-x}.$$
$$(2.27)$$

Proof. Put $a_n = H_n^4 - 6H_n^2 H_n^{(2)} + 8H_n H_n^{(3)} + 3\left(H_n^{(2)}\right)^2 - 6H_n^{(4)}$ in (2.1),

$$\sum_{n=1}^{\infty}\left(H_n^4 - 6H_n^2 H_n^{(2)} + 8H_n H_n^{(3)} + 3\left(H_n^{(2)}\right)^2 - 6H_n^{(4)}\right)x^n$$

$$= \frac{1}{1-x}\sum_{n=1}^{\infty}\Big[(H_n^4 - H_{n-1}^4) - 6\left(H_n^2 H_n^{(2)} - H_{n-1}^2 H_{n-1}^{(2)}\right)$$

$$+ 8\left(H_n H_n^{(3)} - H_{n-1} H_{n-1}^{(3)}\right) + 3\left(\left(H_n^{(2)}\right)^2 - \left(H_{n-1}^{(2)}\right)^2\right)$$

$$- 6\left(H_n^{(4)} - H_{n-1}^{(4)}\right)\Big]x^n$$

$$= \frac{1}{1-x}\left[6\underbrace{\sum_{n=1}^{\infty}\left(\frac{4H_n}{n^3}+\frac{2H_n^{(2)}}{n^2}-\frac{6}{n^4}\right)x^n}_{S_1}\right.$$

$$\left.+4\underbrace{\sum_{n=1}^{\infty}\left(\frac{H_n^3}{n}-\frac{3H_nH_n^{(2)}}{n}+\frac{2H_n^{(3)}}{n}-\frac{3H_n^2}{n^2}+\frac{3}{n^4}\right)x^n}_{S_2}\right].$$

The sum S_1 is the Cauchy product of $\operatorname{Li}_2^2(x)$ given in (2.83). For S_2, by collecting the results from (2.14), (2.18), and (2.21), we have

$$\sum_{n=1}^{\infty}\left(H_n^3-3H_nH_n^{(2)}+2H_n^{(3)}-\frac{3H_n^2}{n}+\frac{3}{n^3}\right)x^n$$
$$=-\frac{x\ln^3(1-x)}{1-x}+3\ln(1-x)\operatorname{Li}_2(x).$$

Divide both sides of the latter identity by x then integrate using $\int x^{n-1}dx=\frac{x^n}{n}$,

$$\sum_{n=1}^{\infty}\left(\frac{H_n^3}{n}-\frac{3H_nH_n^{(2)}}{n}+\frac{2H_n^{(3)}}{n}-\frac{3H_n^2}{n^2}+\frac{3}{n^4}\right)x^n:=S_2$$
$$=-\int\frac{\ln^3(1-x)}{1-x}dx+3\int\frac{\ln(1-x)\operatorname{Li}_2(x)}{x}dx$$
$$=\frac{1}{4}\ln^4(1-x)-\frac{3}{2}\operatorname{Li}_2^2(x)+c.$$

Setting $x=0$ gives $c=0$. Collect S_1 and S_2 to complete the proof. For another proof, check [28, p. 355].

2.1.18 $\sum_{n=1}^{\infty}\overline{H}_n x^n$

For $|x|<1$, the following identity holds:

$$\sum_{n=1}^{\infty}\overline{H}_n x^n=\frac{\ln(1+x)}{1-x}. \qquad (2.28)$$

Proof.

$$\frac{\ln(1+x)}{1-x}=(\ln(1+x))\left(\frac{1}{1-x}\right)$$

2.1. Generating Functions

$$= \left(\sum_{n=1}^{\infty} \frac{(-1)^{n-1}}{n} x^n\right) \left(\sum_{n=1}^{\infty} x^{n-1}\right) = \frac{1}{x}\left(\sum_{n=1}^{\infty} \frac{(-1)^{n-1}}{n} x^n\right) \left(\sum_{n=1}^{\infty} 1 x^n\right)$$

$$\left\{\text{apply (2.80) with } a_n = \frac{(-1)^{n-1}}{n} \text{ and } b_n = 1 = n^0\right\}$$

$$= \frac{1}{x}\sum_{n=1}^{\infty} x^{n+1} \left(\sum_{k=1}^{n} \frac{(-1)^{k-1}}{k}(n-k+1)^0\right) = \sum_{n=1}^{\infty} x^n \left(\sum_{k=1}^{n} \frac{(-1)^{k-1}}{k}\right)$$

$$\left\{\text{use } \sum_{k=1}^{n} \frac{(-1)^{k-1}}{k} = \overline{H}_n \text{ defined in (1.160)}\right\}$$

$$= \sum_{n=1}^{\infty} \overline{H}_n x^n.$$

2.1.19 $\sum_{n=1}^{\infty} \frac{\overline{H}_n}{n} x^n$

For $|x| \leq 1, x \neq 1$, the following identity holds:

$$\sum_{n=1}^{\infty} \frac{\overline{H}_n}{n} x^n = \text{Li}_2\left(\frac{1-x}{2}\right) - \text{Li}_2(-x) - \ln(2)\ln(1-x) - \text{Li}_2\left(\frac{1}{2}\right). \quad (2.29)$$

The following proof may be found in [8, p. 4]:
Proof. Divide both sides of (2.28):

$$\sum_{n=1}^{\infty} \overline{H}_n x^n = \frac{\ln(1+x)}{1-x}$$

by x then integrate using $\int x^{n-1} dx = \frac{x^n}{n}$,

$$\sum_{n=1}^{\infty} \frac{\overline{H}_n}{n} x^n = \int \frac{\ln(1+x)}{x(1-x)} dx = \int \frac{\ln(1+x)}{x} dx + \int \frac{\ln(1+x)}{1-x} dx$$

$$\left\{\text{write } \ln(1+x) = \ln\left(\frac{1+x}{2}\right) + \ln(2) \text{ in the second integral}\right\}$$

$$= \int \frac{\ln(1+x)}{x} dx - \int \frac{\ln\left(\frac{1+x}{2}\right)}{1-x} dx + \int \frac{\ln(2)}{1-x} dx$$

$$= -\text{Li}_2(-x) - \int d\left(\text{Li}_2\left(\frac{1-x}{2}\right)\right) - \ln(2)\ln(1-x)$$

$$= -\text{Li}_2(-x) - \text{Li}_2\left(\frac{1-x}{2}\right) - \ln(2)\ln(1-x) + c.$$

The proof finishes on extracting $c = \text{Li}_2\left(\frac{1}{2}\right)$ by setting $x = 0$.

2.1.20 $\sum_{n=1}^{\infty} \frac{\overline{H}_n}{n^2} x^n$

For $|x| \leq 1, x \neq -1$, the following identity holds:

$$\sum_{n=1}^{\infty} \frac{\overline{H}_n}{n^2} x^n = \text{Li}_3\left(\frac{2x}{1+x}\right) - \text{Li}_3\left(\frac{x}{1+x}\right) - \text{Li}_3\left(\frac{1+x}{2}\right) - \text{Li}_3(-x)$$
$$- \text{Li}_3(x) + \text{Li}_3\left(\frac{1}{2}\right) + \ln(1+x)\left[\text{Li}_2(x) + \text{Li}_2\left(\frac{1}{2}\right) + \frac{1}{2}\ln(2)\ln(1+x)\right]. \tag{2.30}$$

Proof. Divide both sides of (2.29) by x then integrate using $\int x^{n-1} dx = \frac{x^n}{n}$,

$$\sum_{n=1}^{\infty} \frac{\overline{H}_n}{n^2} x^n = \underbrace{\int \frac{\text{Li}_2\left(\frac{1-x}{2}\right) - \text{Li}_2\left(\frac{1}{2}\right)}{x} dx}_{\text{IBP}}$$

$$- \int \frac{\text{Li}_2(-x)}{x} dx - \ln(2) \int \frac{\ln(1-x)}{x} dx$$

$$= \ln(x)\left(\text{Li}_2\left(\frac{1-x}{2}\right) - \text{Li}_2\left(\frac{1}{2}\right)\right) - \int \frac{\ln(x)\ln(1+x)}{1-x} dx$$

$$+ \ln(2) \int \frac{\ln(x)}{1-x} dx - \int \frac{\text{Li}_2(-x)}{x} dx - \ln(2) \int \frac{\ln(1-x)}{x} dx$$

$$= \ln(x)\left(\text{Li}_2\left(\frac{1-x}{2}\right) - \text{Li}_2\left(\frac{1}{2}\right)\right) - \int \frac{\ln(x)\ln(1+x)}{1-x} dx$$

$$+ \ln(2)\text{Li}_2(1-x) - \text{Li}_3(-x) + \ln(2)\text{Li}_2(x). \tag{2.31}$$

For the remaining integral, set $a = \ln(x)$ and $b = \ln(1+x)$ in the algebraic identity:

$$2ab = a^2 + b^2 - (a-b)^2,$$

$$2\ln(x)\ln(1+x) = \ln^2(x) + \ln^2(1+x) - \ln^2\left(\frac{x}{1+x}\right).$$

Divide both sides by $1-x$ then integrate,

$$2\int \frac{\ln(x)\ln(1+x)}{1-x} dx = \underbrace{\int \frac{\ln^2(x)}{1-x} dx}_{I_1} + \underbrace{\int \frac{\ln^2(1+x)}{1-x} dx}_{I_2} - \underbrace{\int \frac{\ln^2\left(\frac{x}{1+x}\right)}{1-x} dx}_{I_3}.$$

2.1. Generating Functions

For I_1, expand $\frac{1}{1-x}$ in series,

$$\int \frac{\ln^2(x)}{1-x}\,dx = \sum_{n=1}^{\infty} \int x^{n-1} \ln^2(x)\,dx$$

$$\stackrel{\text{IBP}}{=} \sum_{n=1}^{\infty} \left(\ln^2(x)\frac{x^n}{n} - 2\ln(x)\frac{x^n}{n^2} + 2\frac{x^n}{n^3} \right)$$

$$= -\ln^2(x)\ln(1-x) - 2\ln(x)\operatorname{Li}_2(x) + 2\operatorname{Li}_3(x). \tag{2.32}$$

For I_2, substitute $1 + x = y$,

$$\int \frac{\ln^2(1+x)}{1-x}\,dx = \int \frac{\ln^2(y)}{2-y}\,dy$$

$$\left\{ \text{expand } \frac{1}{2-y} \text{ in Taylor series as } \sum_{n=1}^{\infty} \frac{y^{n-1}}{2^n} \right\}$$

$$= \sum_{n=1}^{\infty} \frac{1}{2^n} \int y^{n-1} \ln^2(y)\,dy$$

$$= \sum_{n=1}^{\infty} \frac{1}{2^n} \left(\ln^2(y)\frac{y^n}{n} - 2\ln(y)\frac{y^n}{n^2} + 2\frac{y^n}{n^3} \right)$$

$$= -\ln^2(y)\ln\left(1 - \frac{y}{2}\right) - 2\ln(y)\operatorname{Li}_2\left(\frac{y}{2}\right) + 2\operatorname{Li}_3\left(\frac{y}{2}\right)$$

$$\{\text{substitute } y = 1 + x \text{ back}\}$$

$$= -\ln^2(1+x)\ln\left(\frac{1-x}{2}\right) - 2\ln(1+x)\operatorname{Li}_2\left(\frac{1+x}{2}\right) + 2\operatorname{Li}_3\left(\frac{1+x}{2}\right).$$

For I_3, substitute $\frac{x}{1+x} = t$,

$$\int \frac{\ln^2\left(\frac{x}{1+x}\right)}{1-x}\,dx = \int \frac{\ln^2(t)}{(1-t)(1-2t)}\,dt = 2\int \frac{\ln^2(t)}{1-2t}\,dt - \int \frac{\ln^2(t)}{1-t}\,dt$$

$$= -\ln^2(t)\ln(1-2t) - 2\ln(t)\operatorname{Li}_2(2t) + 2\operatorname{Li}_3(2t)$$
$$+ \ln^2(t)\ln(1-t) + 2\ln(t)\operatorname{Li}_2(t) - 2\operatorname{Li}_3(t)$$

$$= -\ln^2(t)\ln\left(\frac{1-2t}{1-t}\right) - 2\ln(t)(\operatorname{Li}_2(2t) - \operatorname{Li}_2(t)) + 2\operatorname{Li}_3(2t) - 2\operatorname{Li}_3(t)$$

$$\left\{ \text{substitute } t = \frac{x}{1+x} \text{ back} \right\}$$

$$= 2\operatorname{Li}_3\left(\frac{2x}{1+x}\right) - 2\operatorname{Li}_3\left(\frac{x}{1+x}\right) - \ln^2\left(\frac{x}{1+x}\right)\ln(1-x)$$
$$- 2\ln\left(\frac{x}{1+x}\right)\left(\operatorname{Li}_2\left(\frac{2x}{1+x}\right) - \operatorname{Li}_2\left(\frac{x}{1+x}\right)\right).$$

Gather the three integrals then divide by 2,

$$\int \frac{\ln(x)\ln(1+x)}{1-x}dx = \operatorname{Li}_3\left(\frac{x}{1+x}\right) - \operatorname{Li}_3\left(\frac{2x}{1+x}\right) + \operatorname{Li}_3\left(\frac{1+x}{2}\right)$$
$$+ \operatorname{Li}_3(x) + \ln\left(\frac{x}{1+x}\right)\left(\operatorname{Li}_2\left(\frac{2x}{1+x}\right) - \operatorname{Li}_2\left(\frac{x}{1+x}\right)\right)$$
$$- \ln(1+x)\operatorname{Li}_2\left(\frac{1+x}{2}\right) - \ln(x)\operatorname{Li}_2(x) - \frac{1}{2}\ln^2(x)\ln(1-x)$$
$$- \frac{1}{2}\ln^2(1+x)\ln\left(\frac{1-x}{2}\right) + \frac{1}{2}\ln^2\left(\frac{x}{1+x}\right)\ln(1-x).$$

Substitute this integral in (2.31) then factor $\ln(1+x)$, $\ln(x)$, and $\ln(2)$ out,

$$\sum_{n=1}^{\infty}\frac{\overline{H}_n}{n^2}x^n = \operatorname{Li}_3\left(\frac{2x}{1+x}\right) - \operatorname{Li}_3\left(\frac{x}{1+x}\right) - \operatorname{Li}_3\left(\frac{1+x}{2}\right) - \operatorname{Li}_3(-x)$$
$$- \operatorname{Li}_3(x) + \ln(1+x)\left[\operatorname{Li}_2\left(\frac{2x}{1+x}\right) - \operatorname{Li}_2\left(\frac{x}{1+x}\right) + \operatorname{Li}_2\left(\frac{1+x}{2}\right)\right]$$
$$- \ln(x)\left[\operatorname{Li}_2\left(\frac{2x}{1+x}\right) - \operatorname{Li}_2\left(\frac{x}{1+x}\right) - \operatorname{Li}_2\left(\frac{1-x}{2}\right) - \operatorname{Li}_2(x)\right.$$
$$\left. + \operatorname{Li}_2\left(\frac{1}{2}\right)\right] + \ln(2)[\operatorname{Li}_2(x) + \operatorname{Li}_2(1-x)] + \frac{1}{2}\ln^2(1+x)\ln\left(\frac{1-x}{2}\right)$$
$$- \frac{1}{2}\ln^2\left(\frac{x}{1+x}\right)\ln(1-x) + \frac{1}{2}\ln^2(x)\ln(1-x) + C$$

{substitute the relations from (1.128), (1.129), and (1.119) }

$$= \operatorname{Li}_3\left(\frac{2x}{1+x}\right) - \operatorname{Li}_3\left(\frac{x}{1+x}\right) - \operatorname{Li}_3\left(\frac{1+x}{2}\right) - \operatorname{Li}_3(-x)$$
$$- \operatorname{Li}_3(x) + \ln(1+x)\left[\operatorname{Li}_2(x) + \operatorname{Li}_2\left(\frac{1}{2}\right) + \ln(2)\ln(1+x)\right]$$
$$- \ln(x)\left[\ln(1-x)\ln(1+x) - \ln(2)\ln(1-x)\right]$$
$$+ \ln(2)[\zeta(2) - \ln(x)\ln(1-x)] + \frac{1}{2}\ln^2(1+x)\ln\left(\frac{1-x}{2}\right)$$
$$- \frac{1}{2}\ln^2\left(\frac{x}{1+x}\right)\ln(1-x) + \frac{1}{2}\ln^2(x)\ln(1-x) + C.$$

To extract the constant c, put $x = 0$,

$$c = \operatorname{Li}_3\left(\frac{1}{2}\right) - \ln(2)\zeta(2).$$

2.1. Generating Functions

Therefore,

$$\sum_{n=1}^{\infty} \frac{\overline{H}_n}{n^2} x^n = \text{Li}_3\left(\frac{2x}{1+x}\right) - \text{Li}_3\left(\frac{x}{1+x}\right) - \text{Li}_3\left(\frac{1+x}{2}\right) - \text{Li}_3(-x)$$

$$- \text{Li}_3(x) + \text{Li}_3\left(\frac{1}{2}\right) + \ln(1+x)\left[\text{Li}_2(x) + \text{Li}_2\left(\frac{1}{2}\right) + \ln(2)\ln(1+x)\right]$$

$$- \ln(x)\left[\ln(1-x)\ln(1+x) - \ln(2)\ln(1-x)\right]$$

$$+ \ln(2)[\zeta(2) - \ln(x)\ln(1-x)] + \frac{1}{2}\ln^2(1+x)\ln\left(\frac{1-x}{2}\right)$$

$$- \frac{1}{2}\ln^2\left(\frac{x}{1+x}\right)\ln(1-x) + \frac{1}{2}\ln^2(x)\ln(1-x) - \ln(2)\zeta(2).$$

The proof completes on simplifying the last three lines to $-\frac{1}{2}\ln(2)\ln^2(1+x)$. A different proof may be found in [8, p. 9].

2.1.21 $\sum_{n=1}^{\infty} H_{\frac{n}{2}} x^n$

The following identity is derived by Wolfgang Hintze (see [12]):

$$\sum_{n=1}^{\infty} H_{\frac{n}{2}} x^n = -\frac{2\ln(2)x}{1-x^2} - \frac{2\ln(1-x)}{1-x^2}, \quad |x| < 1. \qquad (2.33)$$

Proof. His proof starts with considering the integral form of the harmonic number,

$$\sum_{n=1}^{\infty} H_{\frac{n}{2}} x^n = \sum_{n=1}^{\infty} \left(\int_0^1 \frac{1-y^{\frac{n}{2}}}{1-y} dy\right) x^n = \int_0^1 \frac{1}{1-y}\left(\sum_{n=1}^{\infty} x^n - (x\sqrt{y})^n\right) dy$$

$$= \int_0^1 \frac{1}{1-y}\left(\frac{x}{1-x} - \frac{x\sqrt{y}}{1-x\sqrt{y}}\right) dy \stackrel{\sqrt{y}=u}{=} \int_0^1 \frac{2u}{1-u^2}\left(\frac{x}{1-x} - \frac{xu}{1-xu}\right) du.$$

Let's calculate this integral indefinitely:

$$\int \frac{2u}{1-u^2}\left(\frac{x}{1-x} - \frac{xu}{1-xu}\right) du$$

$$= \frac{x}{1-x}\int \frac{2u}{1-u^2} du - \int \frac{2xu^2}{(1-xu)(1-u^2)} du$$

$$\left\{\text{write } \frac{2xu^2}{(1-xu)(1-u^2)} = \frac{x}{(1-x)(1-u)} + \frac{x}{(1+x)(1+u)}\right\}$$

$$\left\{-\frac{2x}{(1-x^2)(1-xu)} \text{ in the second integral}\right\}$$

$$= -\frac{x\ln(1-u^2)}{1-x} - \frac{x}{1-x}\int\frac{du}{1-u} - \frac{x}{1+x}\int\frac{du}{1+u} + \frac{2x}{1-x^2}\int\frac{du}{1-xu}$$

$$= -\frac{x\ln(1-u^2)}{1-x} + \frac{x\ln(1-u)}{1-x} - \frac{x\ln(1+u)}{1+x} - \frac{2\ln(1-xu)}{1-x^2}$$

$$= -\frac{x\ln(1+u)}{1-x} - \frac{x\ln(1+u)}{1+x} - \frac{2\ln(1-xu)}{1-x^2}$$

$$= -\frac{2x\ln(1+u)}{1-x^2} - \frac{2\ln(1-xu)}{1-x^2}.$$

Thus, we have

$$\sum_{n=1}^{\infty} H_{\frac{n}{2}} x^n = \int_0^1 \frac{2u}{1-u^2}\left(\frac{x}{1-x} - \frac{xu}{1-xu}\right) du$$

$$= -\frac{2x\ln(1+u)}{1-x^2} - \frac{2\ln(1-xu)}{1-x^2}\bigg|_{u=0}^{u=1} = -\frac{2\ln(2)x}{1-x^2} - \frac{2\ln(1-x)}{1-x^2}.$$

2.1.22 $\sum_{n=1}^{\infty} \frac{H_{\frac{n}{2}}}{n} x^n$

The following identity is also derived by Wolfgang Hintze (see [12]):

$$\sum_{n=1}^{\infty} \frac{H_{\frac{n}{2}}}{n} x^n = \operatorname{Li}_2\left(\frac{1-x}{2}\right) - \operatorname{Li}_2\left(\frac{1}{2}\right) + 2\operatorname{Li}_2(x) + \frac{1}{2}\ln^2(1-x)$$

$$+ \ln(1+x)\ln\left(\frac{1-x}{2}\right), \quad |x| \leq 1, x \neq 1. \tag{2.34}$$

Proof. His approach begins with dividing both sides of (2.33):

$$\sum_{n=1}^{\infty} H_{\frac{n}{2}} x^n = -\frac{2\ln(2)x}{1-x^2} - \frac{2\ln(1-x)}{1-x^2}$$

by x then integrating using $\int x^{n-1} dx = \frac{x^n}{n}$,

$$\sum_{n=1}^{\infty} \frac{H_{\frac{n}{2}}}{n} x^n = -2\ln(2)\int\frac{dx}{1-x^2} - \int\frac{2\ln(1-x)}{x(1-x^2)} dx$$

$$= \ln(2)\int -\frac{2\,dx}{1-x^2} - 2\int\frac{\ln(1-x)}{x} dx + \int\frac{\ln(1-x)}{1+x} dx - \int\frac{\ln(1-x)}{1-x} dx$$

$$= \ln(2)\ln\left(\frac{1-x}{1+x}\right) + 2\operatorname{Li}_2(x) + \int\frac{\ln(1-x)}{1+x} dx + \frac{1}{2}\ln^2(1-x).$$

2.1. Generating Functions

For the remaining integral, apply integration by parts,

$$\int \frac{\ln(1-x)}{1+x}\,dx = \ln(1+x)\ln(1-x) + \int \frac{\ln(1+x)}{1-x}\,dx$$

$$\left\{ \text{write } \ln(1+x) = \ln\left(\frac{1+x}{2}\right) + \ln(2) \right\}$$

$$= \ln(1+x)\ln(1-x) + \int \frac{\ln\left(\frac{1+x}{2}\right)}{1-x}\,dx + \int \frac{\ln(2)}{1-x}\,dx$$

$$= \ln(1+x)\ln(1-x) + \text{Li}_2\left(\frac{1-x}{2}\right) - \ln(2)\ln(1-x)$$

$$= \text{Li}_2\left(\frac{1-x}{2}\right) + \ln(1+x)\ln\left(\frac{1-x}{2}\right).$$

Plug this integral back in,

$$\sum_{n=1}^{\infty} \frac{H_{\frac{n}{2}}}{n} x^n = \text{Li}_2\left(\frac{1-x}{2}\right) + 2\,\text{Li}_2(x) + \frac{1}{2}\ln^2(1-x)$$

$$+ \ln(1+x)\ln\left(\frac{1-x}{2}\right) + c,$$

and the proof follows on extracting $c = -\text{Li}_2(\frac{1}{2})$ by setting $x = 0$.

2.1.23 $\sum_{n=1}^{\infty} \frac{H_{\frac{n}{2}}}{n^2} x^n$

For $|x| \leq 1$, $x \neq -1$, the following identity holds:

$$\sum_{n=1}^{\infty} \frac{H_{\frac{n}{2}}}{n^2} x^n = \text{Li}_3\left(\frac{2x}{1+x}\right) - \text{Li}_3\left(\frac{x}{1+x}\right) - \text{Li}_3\left(\frac{1+x}{2}\right) + \text{Li}_3\left(\frac{1}{2}\right)$$

$$+ \ln(1+x)\left[\text{Li}_2\left(\frac{1}{1+x}\right) + \text{Li}_2(x) + \text{Li}_2\left(\frac{1}{2}\right) - \frac{1}{2}\ln(1+x)\ln\left(\frac{x}{2}\right)\right]$$

$$- \frac{1}{2}\text{Li}_3(1-x^2) + \frac{1}{2}\ln(1-x^2)\text{Li}_2(1-x^2) + \ln(2)[\text{Li}_2(-x) - \text{Li}_2(x)]$$

$$+ \text{Li}_3(x) + \frac{1}{3}\ln^3(1+x) + \frac{1}{2}\ln(x)\ln^2(1-x^2) - \frac{1}{2}\zeta(3) + \text{Li}_3\left(\frac{1}{1+x}\right). \quad (2.35)$$

Proof. Bring back (2.34)

$$\sum_{n=1}^{\infty} \frac{H_{\frac{n}{2}}}{n} x^n = \text{Li}_2\left(\frac{1-x}{2}\right) - \text{Li}_2\left(\frac{1}{2}\right) + 2\,\text{Li}_2(x) - \ln(2)\ln(1+x)$$

$$+\frac{1}{2}\ln^2(1-x) + \ln(1+x)\ln(1-x)$$

$$\left\{\text{use } \frac{1}{2}\ln^2(1-x) + \ln(1+x)\ln(1-x) = \frac{1}{2}\ln^2(1-x^2) - \frac{1}{2}\ln^2(1+x)\right\}$$

$$= \operatorname{Li}_2\left(\frac{1-x}{2}\right) - \operatorname{Li}_2\left(\frac{1}{2}\right) + 2\operatorname{Li}_2(x) - \ln(2)\ln(1+x)$$

$$+ \frac{1}{2}\ln^2(1-x^2) - \frac{1}{2}\ln^2(1+x).$$

Combine this identity and (2.29) then replace x by y,

$$\sum_{n=1}^{\infty} \frac{H_{\frac{n}{2}}}{n} y^n - \sum_{n=1}^{\infty} \frac{\overline{H}_n}{n} y^n = 2\operatorname{Li}_2(y) + \operatorname{Li}_2(-y) + \frac{1}{2}\ln^2(1-y^2)$$

$$- \frac{1}{2}\ln^2(1+y) + \ln(2)\ln\left(\frac{1-y}{1+y}\right). \tag{2.36}$$

Divide both sides by y then integrate from $y = 0$ to x using $\int_0^x y^{n-1} dy = \frac{x^n}{n}$,

$$\sum_{n=1}^{\infty} \frac{H_{\frac{n}{2}}}{n^2} x^n - \sum_{n=1}^{\infty} \frac{\overline{H}_n}{n^2} x^n$$

$$= 2\operatorname{Li}_3(x) + \operatorname{Li}_3(-x) + \frac{1}{2}\underbrace{\int_0^x \frac{\ln^2(1-y^2)}{y} dy}_{I_1} - \frac{1}{2}\underbrace{\int_0^x \frac{\ln^2(1+y)}{y} dy}_{I_2}$$

$$+ \ln(2)[\operatorname{Li}_2(-x) - \operatorname{Li}_2(x)]. \tag{2.37}$$

For I_1, substitute $1 - y^2 = t$,

$$I_1 = \int_0^x \frac{\ln^2(1-y^2)}{y} dy = \frac{1}{2}\int_{1-x^2}^1 \frac{\ln^2(t)}{1-t} dt$$

$$\{\text{recall the result from (2.32)}\}$$

$$= \frac{1}{2}\bigg[-\ln^2(t)\ln(1-t) - 2\ln(t)\operatorname{Li}_2(t) + 2\operatorname{Li}_3(t)\bigg]_{1-x^2}^1$$

$$= \zeta(3) + \ln(x)\ln^2(1-x^2) + \ln(1-x^2)\operatorname{Li}_2(1-x^2) - \operatorname{Li}_3(1-x^2).$$

For I_2, substitute $\frac{1}{1+y} = t$,

$$I_2 = \int_0^x \frac{\ln^2(1+y)}{y} dy = \int_{\frac{1}{1+x}}^1 \frac{\ln^2(t)}{t(1-t)} dt = \int_{\frac{1}{1+x}}^1 \frac{\ln^2(t)}{t} dt + \int_{\frac{1}{1+x}}^1 \frac{\ln^2(t)}{1-t} dt$$

$$\{\text{recall the result from (2.32) for the second integral}\}$$

2.1. Generating Functions

$$= \frac{1}{3}\ln^3(t) - \ln^2(t)\ln(1-t) - 2\ln(t)\operatorname{Li}_2(t) + 2\operatorname{Li}_3(t)\Big|_{\frac{1}{1+x}}^{1}$$

$$= 2\zeta(3) - 2\operatorname{Li}_3\left(\frac{1}{1+x}\right) - 2\ln(1+x)\operatorname{Li}_2\left(\frac{1}{1+x}\right)$$

$$+ \ln(x)\ln^2(1+x) - \frac{2}{3}\ln^3(1+x).$$

Plug in the results of I_1 and I_2 along with the result from (2.30) in (2.37), the proof is finalized.

2.1.24 $\sum_{n=1}^{\infty} \frac{\binom{2n}{n}}{4^n} H_n x^n$

For $|x| < 1$, the following identity holds:

$$\sum_{n=1}^{\infty} \frac{\binom{2n}{n}}{4^n} H_n x^n = \frac{2}{\sqrt{1-x}} \ln\left(\frac{1+\sqrt{1-x}}{2\sqrt{1-x}}\right). \qquad (2.38)$$

The following proof may be found in [1, p. 5]:

Proof. Using $H_n = \int_0^1 \frac{1-y^n}{1-y}\,dy$, we have

$$\sum_{n=1}^{\infty} \frac{\binom{2n}{n}}{4^n} H_n x^n = \sum_{n=1}^{\infty} \frac{1}{4^n}\binom{2n}{n}\left(\int_0^1 \frac{1-y^n}{1-y}\,dy\right) x^n$$

$$= \int_0^1 \frac{1}{1-y}\left(\sum_{n=1}^{\infty} \frac{\binom{2n}{n}}{4^n} x^n - \sum_{n=1}^{\infty} \frac{\binom{2n}{n}}{4^n} (xy)^n\right) dy$$

{recall Taylor series for the two sums}

$$= \int_0^1 \frac{1}{1-y}\left(\frac{1}{\sqrt{1-x}} - \frac{1}{\sqrt{1-xy}}\right) dy.$$

Let's find both integrals indefinitely starting with the first one:

$$\int \frac{1}{(1-y)\sqrt{1-x}}\,dy = -\frac{\ln(1-y)}{\sqrt{1-x}}.$$

For the second integral, make the change of variable $\sqrt{1-xy} = t$,

$$\int \frac{1}{(1-y)\sqrt{1-xy}}\,dy = 2\int \frac{dt}{1-x-t^2} = \frac{2}{\sqrt{1-x}}\operatorname{arctanh}\left(\frac{t}{\sqrt{1-x}}\right)$$

{substitute $t = \sqrt{1-xy}$ back}

$$= \frac{2}{\sqrt{1-x}}\operatorname{arctanh}\left(\frac{\sqrt{1-xy}}{\sqrt{1-x}}\right)$$

$$\left\{\text{use } 2\operatorname{arctanh} z = \ln\left(\frac{1+z}{1-z}\right)\right\}$$

$$= \frac{1}{\sqrt{1-x}} \ln\left(\frac{\sqrt{1-x}+\sqrt{1-xy}}{\sqrt{1-x}-\sqrt{1-xy}}\right)$$

$$\left\{\text{multiply the argument of the log by } \frac{\sqrt{1-x}+\sqrt{1-xy}}{\sqrt{1-x}+\sqrt{1-xy}}\right\}$$

$$= \frac{1}{\sqrt{1-x}} \ln\left(\frac{(\sqrt{1-x}+\sqrt{1-xy})^2}{-x(1-y)}\right).$$

Combine the two integrals,

$$\sum_{n=1}^{\infty} \frac{\binom{2n}{n}}{4^n} H_n x^n = \int_0^1 \frac{1}{1-y}\left(\frac{1}{\sqrt{1-x}} - \frac{1}{\sqrt{1-xy}}\right) dy$$

$$= \left[-\frac{\ln(1-y)}{\sqrt{1-x}} - \frac{1}{\sqrt{1-x}}\ln\left(\frac{(\sqrt{1-x}+\sqrt{1-xy})^2}{-x(1-y)}\right)\right]_{y=0}^{y=1}$$

$$= -\frac{1}{\sqrt{1-x}}\left[\ln\left(\frac{(\sqrt{1-x}+\sqrt{1-xy})^2}{-x}\right)\right]_{y=0}^{y=1}$$

$$= -\frac{1}{\sqrt{1-x}}\left[\ln\left(\frac{(2\sqrt{1-x})^2}{-x}\right) - \ln\left(\frac{(1+\sqrt{1-x})^2}{-x}\right)\right]$$

$$= -\frac{1}{\sqrt{1-x}} \ln\left(\frac{2\sqrt{1-x}}{1+\sqrt{1-x}}\right)^2 = \frac{2}{\sqrt{1-x}} \ln\left(\frac{1+\sqrt{1-x}}{2\sqrt{1-x}}\right).$$

2.1.25 $\sum_{n=1}^{\infty} \frac{\binom{2n}{n}}{4^n} \frac{H_n}{n} x^n$

For $|x| \leq 1$, the following identity holds:

$$\sum_{n=1}^{\infty} \frac{\binom{2n}{n}}{4^n} \frac{H_n}{n} x^n = 2\operatorname{Li}_2\left(\frac{1-\sqrt{1-x}}{1+\sqrt{1-x}}\right). \tag{2.39}$$

Proof. Divide both sides of (2.38) by x then integrate using $\int x^{n-1} dx = \frac{x^n}{n}$,

$$\sum_{n=1}^{\infty} \frac{\binom{2n}{n}}{4^n} \frac{H_n}{n} x^n = \int \frac{2}{x\sqrt{1-x}} \ln\left(\frac{1+\sqrt{1-x}}{2\sqrt{1-x}}\right) dx$$

$$\stackrel{\sqrt{1-x}=y}{=} -4\int \frac{\ln\left(\frac{1+y}{2y}\right)}{1-y^2} dy \stackrel{y=\frac{1-t}{1+t}}{=} -2\int \frac{\ln(1-t)}{t} dt$$

$$= 2\operatorname{Li}_2(t) = 2\operatorname{Li}_2\left(\frac{1-y}{1+y}\right) = 2\operatorname{Li}_2\left(\frac{1-\sqrt{1-x}}{1+\sqrt{1-x}}\right) + c.$$

2.1. Generating Functions

Setting $x = 0$ gives $c = 0$ and the proof is completed.

2.1.26 $\sum_{n=1}^{\infty} \frac{\binom{2n}{n} H_n}{4^n n^2} x^n$

For $|x| \leq 1, x \neq -1$, the following identity holds:

$$\sum_{n=1}^{\infty} \frac{\binom{2n}{n} H_n}{4^n n^2} x^n = -4 \ln\left(1 + \sqrt{\frac{2x}{1+x}}\right) \operatorname{Li}_2\left(\sqrt{\frac{2x}{1+x}}\right)$$

$$+ 2\operatorname{Li}_3\left(\sqrt{\frac{2x}{1+x}}\right) - 4 \int_0^{\sqrt{\frac{2x}{1+x}}} \frac{\ln(1-t)\ln(1+t)}{t} dt. \qquad (2.40)$$

Proof. Divide both sides of (2.39) by x then integrate from $x = 0$ to y using $\int_0^y x^{n-1} dx = \frac{y^n}{n}$,

$$\sum_{n=1}^{\infty} \frac{\binom{2n}{n} H_n}{4^n n^2} y^n = 2 \int_0^y \frac{\operatorname{Li}_2\left(\frac{1-\sqrt{1-x}}{1+\sqrt{1-x}}\right)}{x} dx$$

$$\stackrel{\sqrt{1-x}=u}{=} -4 \int_1^{\sqrt{1-y}} \frac{u \operatorname{Li}_2\left(\frac{1-u}{1+u}\right)}{1-u^2} du$$

$$\stackrel{\frac{1-u}{1+u}=t}{=} 2 \int_0^{\sqrt{\frac{2y}{1+y}}} \frac{(1-t)\operatorname{Li}_2(t)}{t(1+t)} dt$$

$$\left\{\text{write } \frac{1-t}{t(1+t)} = \frac{1}{t} - \frac{2}{1+t}\right\}$$

$$= 2 \int_0^{\sqrt{\frac{2y}{1+y}}} \frac{\operatorname{Li}_2(t)}{t} dt - 4 \underbrace{\int_0^{\sqrt{\frac{2y}{1+y}}} \frac{\operatorname{Li}_2(t)}{1+t} dt}_{\text{IBP}}$$

$$= 2 \operatorname{Li}_3(t) \Big|_0^{\sqrt{\frac{2y}{1+y}}} - 4 \ln(1+t) \operatorname{Li}_2(t) \Big|_0^{\sqrt{\frac{2y}{1+y}}}$$

$$- 4 \int_0^{\sqrt{\frac{2y}{1+y}}} \frac{\ln(1-t)\ln(1+t)}{t} dt$$

$$= 2 \operatorname{Li}_3\left(\sqrt{\frac{2y}{1+y}}\right) - 4 \ln\left(1 + \sqrt{\frac{2y}{1+y}}\right) \operatorname{Li}_2\left(\sqrt{\frac{2y}{1+y}}\right)$$

$$- 4 \int_0^{\sqrt{\frac{2y}{1+y}}} \frac{\ln(1-t)\ln(1+t)}{t} dt.$$

The proof follows on replacing y by x.

2.1.27 $\sum_{n=1}^{\infty} \frac{2H_{2n}-H_n}{n} x^{2n}$

For $|x| < 1$, the following identity holds:

$$\sum_{n=1}^{\infty} \frac{2H_{2n} - H_n}{n} x^{2n} = 2\operatorname{arctanh}^2(x). \qquad (2.41)$$

Proof. We begin with

$$\operatorname{arctanh}(x) = -\frac{1}{2} \ln\left(\frac{1-x}{1+x}\right).$$

Squaring both sides,

$$\operatorname{arctanh}^2(x) = \frac{1}{4} \ln^2\left(\frac{1-x}{1+x}\right)$$

$$\left\{\text{use the algebraic identity } \frac{1}{4}(a-b)^2 = \frac{1}{2}a^2 + \frac{1}{2}b^2 - \frac{1}{4}(a+b)^2\right\}$$

$$\{\text{with } a = \ln(1-x) \text{ and } b = \ln(1+x)\}$$

$$= \frac{1}{2}\ln^2(1-x) + \frac{1}{2}\ln^2(1+x) - \frac{1}{4}\ln^2(1-x^2)$$

$$\{\text{expand all squared logs in series given in (2.6)}\}$$

$$= \sum_{n=1}^{\infty} \frac{H_{n-1}}{n} x^n + \sum_{n=1}^{\infty} (-1)^n \frac{H_{n-1}}{n} x^n - \frac{1}{2} \sum_{n=1}^{\infty} \frac{H_{n-1}}{n} x^{2n}$$

$$\left\{\text{use } \sum_{n=1}^{\infty} a_n + \sum_{n=1}^{\infty} (-1)^n a_n = 2 \sum_{n=1}^{\infty} a_{2n} \text{ given in (1.5) for the first two sums}\right\}$$

$$= 2 \sum_{n=1}^{\infty} \frac{H_{2n-1}}{2n} x^{2n} - \frac{1}{2} \sum_{n=1}^{\infty} \frac{H_{n-1}}{n} x^{2n}$$

$$= 2 \sum_{n=1}^{\infty} \frac{H_{2n} - \frac{1}{2n}}{2n} x^{2n} - \frac{1}{2} \sum_{n=1}^{\infty} \frac{H_n - \frac{1}{n}}{n} x^{2n} = \frac{1}{2} \sum_{n=1}^{\infty} \frac{2H_{2n} - H_n}{n} x^{2n},$$

and the proof is finalized.

If we replace x by ix in (2.41) then use $\operatorname{arctanh}^2(ix) = -\arctan^2(x)$, we get

$$\sum_{n=1}^{\infty} (-1)^n \frac{2H_{2n} - H_n}{n} x^{2n} = -2\arctan^2(x), \quad |x| \leq 1. \qquad (2.42)$$

2.1. Generating Functions

Furthermore, by differentiating (2.41) and (2.42) with respect to x, we find

$$\sum_{n=1}^{\infty}(2H_{2n} - H_n)x^{2n-1} = \frac{2\operatorname{arctanh}(x)}{1-x^2}, \qquad (2.43)$$

$$\sum_{n=1}^{\infty}(-1)^n(2H_{2n} - H_n)x^{2n-1} = -\frac{2\arctan(x)}{1+x^2}. \qquad (2.44)$$

2.1.28 $\sum_{n=1}^{\infty} \frac{H_{2n}}{2n+1} x^{2n+1}$

For $|x| < 1$, the following identity holds:

$$\sum_{n=1}^{\infty} \frac{H_{2n}}{2n+1} x^{2n+1} = -\frac{1}{2}\operatorname{arctanh}(x)\ln(1-x^2). \qquad (2.45)$$

Proof.

$$\operatorname{arctanh}(x)\ln(1-x^2) = \frac{1}{2}\{\ln(1+x) - \ln(1-x)\}\{\ln(1+x) + \ln(1-x)\}$$

$$= \frac{1}{2}\ln^2(1+x) - \frac{1}{2}\ln^2(1-x)$$

{expand both squared logs in series given in (2.6)}

$$= \sum_{n=1}^{\infty}(-1)^n \frac{H_{n-1}}{n}x^n - \sum_{n=1}^{\infty}\frac{H_{n-1}}{n}x^n$$

$$\left\{\text{use } \sum_{n=1}^{\infty}(-1)^n a_n - \sum_{n=1}^{\infty} a_n = -2\sum_{n=0}^{\infty} a_{2n+1} \text{ given in (1.7)}\right\}$$

$$= -2\sum_{n=0}^{\infty}\frac{H_{2n}}{2n+1}x^{2n+1}$$

{let the index start from 1, since $H_0 = 0$}

$$= -2\sum_{n=1}^{\infty}\frac{H_{2n}}{2n+1}x^{2n+1},$$

and the proof is finished.
Let's differentiate both sides of (2.45) with respect to x,

$$\sum_{n=1}^{\infty} H_{2n}x^{2n} = \frac{x\operatorname{arctanh}(x)}{1-x^2} - \frac{\ln(1-x^2)}{2(1-x^2)}.$$

2.1.29 $\sum_{n=1}^{\infty} \frac{(-1)^n H_{2n}}{2n+1} x^{2n+1}$

For $|x| \leq 1$, the following identity holds:

$$\sum_{n=1}^{\infty} \frac{(-1)^n H_{2n}}{2n+1} x^{2n+1} = -\frac{1}{2} \arctan(x) \ln(1+x^2). \qquad (2.46)$$

Proof. Since $-1 = i^2$, we have

$$2 \sum_{n=1}^{\infty} (-1)^n t^{2n} H_{2n} = 2 \sum_{n=1}^{\infty} (i)^{2n} t^{2n} H_{2n}$$

$$\left\{ \text{use } 2 \sum_{n=1}^{\infty} a_{2n} = \sum_{n=1}^{\infty} a_n + \sum_{n=1}^{\infty} (-1)^n a_n \text{ given in } (1.5) \right\}$$

$$= \sum_{n=1}^{\infty} (it)^n H_n + \sum_{n=1}^{\infty} (-it)^n H_n$$

{make use of the generating function in (2.4)}

$$= -\frac{\ln(1-it)}{1-it} - \frac{\ln(1+it)}{1+it}$$

$$= -\frac{\ln(1-it) + \ln(1+it) + it(\ln(1-it) - \ln(1+it))}{1+t^2}$$

$$= -\frac{\ln(1+t^2) + it(-2i \arctan t)}{1+t^2}$$

$$= -\frac{\ln(1+t^2)}{1+t^2} - \frac{2t \arctan t}{1+t^2}.$$

Therefore,

$$2 \sum_{n=1}^{\infty} (-1)^n t^{2n} H_{2n} = -\frac{\ln(1+t^2)}{1+t^2} - \frac{2t \arctan t}{1+t^2}.$$

Integrate both sides from $t = 0$ to x using $\int_0^x t^{2n} dt = \frac{x^{2n+1}}{2n+1}$,

$$2 \sum_{n=1}^{\infty} \frac{(-1)^n H_{2n}}{2n+1} x^{2n+1} = -\int_0^x \left(\frac{\ln(1+t^2)}{1+t^2} + \frac{2t \arctan t}{1+t^2} \right) dt$$

$$= -\int_0^x d(\ln(1+t^2) \arctan t)$$

$$= -\ln(1+t^2) \arctan t \Big|_0^x = -\ln(1+x^2) \arctan x.$$

Divide both sides by 2 to finish the proof.
For a different proof, replace x by ix in (2.45) then use $\operatorname{arctanh}(ix) = i \arctan(x)$.

2.1. Generating Functions

2.1.30 $\sum_{n=1}^{\infty} \left(\frac{H_n - H_{2n}}{n} - \frac{1}{2n^2} \right) x^{2n}$

For $|x| < 1$, the following identity holds:

$$\sum_{n=1}^{\infty} \left(\frac{H_n - H_{2n}}{n} - \frac{1}{2n^2} \right) x^{2n} = \ln(1-x) \ln(1+x). \qquad (2.47)$$

Proof (i). Put $a = \ln(1-x)$ and $b = \ln(1+x)$ in the algebraic identity:

$$ab = \frac{1}{4}(a+b)^2 - \frac{1}{4}(a-b)^2,$$

we have

$$\ln(1-x)\ln(1+x) = \frac{1}{4}\ln^2(1-x^2) - \frac{1}{4}\ln^2\left(\frac{1-x}{1+x}\right)$$

$$= \frac{1}{4}\ln^2(1-x^2) - \operatorname{arctanh}^2(x)$$

{expand the first squared log in series given in (2.6)}
{and substitute the result of $\operatorname{arctanh}^2(x)$ given in (2.41)}

$$= \frac{1}{2}\sum_{n=1}^{\infty} \frac{H_{n-1}}{n} x^{2n} - \frac{1}{2}\sum_{n=1}^{\infty} \frac{2H_{2n} - H_n}{n} x^{2n}$$

$$= \frac{1}{2}\sum_{n=1}^{\infty} \frac{H_n - \frac{1}{n}}{n} x^{2n} - \frac{1}{2}\sum_{n=1}^{\infty} \frac{2H_{2n} - H_n}{n} x^{2n}$$

$$= \sum_{n=1}^{\infty} \left(\frac{H_n - H_{2n}}{n} - \frac{1}{2n^2} \right) x^{2n}.$$

Proof (ii). Replace y by $-y$ in (2.28):

$$\frac{\ln(1+y)}{1-y} = \sum_{n=1}^{\infty} \overline{H}_n y^n,$$

we get

$$\frac{\ln(1-y)}{1+y} = \sum_{n=1}^{\infty} (-1)^n \overline{H}_n y^n.$$

Subtract the two generating functions,

$$\frac{\ln(1-y)}{1+y} - \frac{\ln(1+y)}{1-y} = \sum_{n=1}^{\infty} (-1)^n \overline{H}_n y^n - \sum_{n=1}^{\infty} \overline{H}_n y^n.$$

Integrate both sides from $y = 0$ to x using:

$$\int_0^x \left(\frac{\ln(1-y)}{1+y} - \frac{\ln(1+y)}{1-y} \right) dy = \ln(1-x)\ln(1+x),$$

we have

$$\ln(1-x)\ln(1+x) = \sum_{n=1}^{\infty} \frac{(-1)^n \overline{H}_n x^{n+1}}{n+1} - \sum_{n=1}^{\infty} \frac{\overline{H}_n x^{n+1}}{n+1}$$

$$\left\{ \text{use } \sum_{n=1}^{\infty} (-1)^n a_n - \sum_{n=1}^{\infty} a_n = -2 \sum_{n=1}^{\infty} a_{2n-1} \text{ given in (1.8)} \right\}$$

$$= -2 \sum_{n=1}^{\infty} \frac{\overline{H}_{2n-1}}{2n} x^{2n}$$

$$\left\{ \text{use } \overline{H}_{n-1} = \overline{H}_n + \frac{(-1)^n}{n} \text{ given in (1.161)} \right\}$$

$$= - \sum_{n=1}^{\infty} \frac{\overline{H}_{2n} + \frac{1}{2n}}{n} x^{2n},$$

and the proof follows on using $\overline{H}_{2n} = H_{2n} - H_n$ given in (1.162). For a different proof, see [28, p. 334]. $\blacksquare$

2.2 Series Expansion of Powers of $\arcsin(z)$

2.2.1 Series Expansion of $\arcsin(z)$

For $|z| \leq 1$, the following identity holds:

$$\arcsin(z) = \sum_{n=0}^{\infty} \frac{\binom{2n}{n}}{4^n} \frac{z^{2n+1}}{2n+1}. \tag{2.48}$$

Proof. Differentiate $\arcsin(z)$ then integrate,

$$\arcsin(z) = \int d(\arcsin(z)) = \int \frac{1}{\sqrt{1-z^2}} dz$$

$$\left\{ \text{expand } \frac{1}{\sqrt{1-z^2}} \text{ in Taylor series as } \sum_{n=0}^{\infty} \frac{\binom{2n}{n}}{4^n} z^{2n} \right\}$$

$$= \int \left(\sum_{n=0}^{\infty} \frac{\binom{2n}{n}}{4^n} z^{2n} \right) dz = \sum_{n=0}^{\infty} \frac{\binom{2n}{n}}{4^n} \left(\int z^{2n} dz \right)$$

$$= \sum_{n=0}^{\infty} \frac{\binom{2n}{n}}{4^n} \frac{z^{2n+1}}{2n+1} + c.$$

Extracting $c = 0$ by setting $z = 0$ completes the proof.

2.2.2 Series Expansion of $\frac{\arcsin(z)}{\sqrt{1-z^2}}$

For $|z| < 1$, the following identity holds:

$$\frac{\arcsin(z)}{\sqrt{1-z^2}} = \frac{1}{2} \sum_{n=1}^{\infty} \frac{4^n}{\binom{2n}{n}} \frac{z^{2n-1}}{n}. \qquad (2.49)$$

The following proof may be found in [41]:

Proof. Multiply both sides of (1.46):

$$\int_0^{\frac{\pi}{2}} \sin^{2n-1}(x) \mathrm{d}x = \frac{4^n}{\binom{2n}{n}} \frac{1}{2n}$$

by z^{2n-1} then take the summation over $n \geq 1$,

$$\frac{1}{2} \sum_{n=1}^{\infty} \frac{4^n}{\binom{2n}{n}} \frac{z^{2n-1}}{n} = \int_0^{\frac{\pi}{2}} \frac{1}{z \sin(x)} \left(\sum_{n=1}^{\infty} (z^2 \sin^2(x))^n \right) \mathrm{d}x$$

{employ the geometric series formula}

$$= \int_0^{\frac{\pi}{2}} \frac{1}{z \sin(x)} \left(\frac{z^2 \sin^2(x)}{1 - z^2 \sin^2(x)} \right) \mathrm{d}x$$

$$= \int_0^{\frac{\pi}{2}} \frac{z \sin(x)}{1 - z^2 + z^2 \cos^2(x)} \mathrm{d}x$$

$$= -\frac{1}{\sqrt{1-z^2}} \arctan\left(\frac{z \cos(x)}{\sqrt{1-z^2}} \right) \Bigg|_{x=0}^{x=\frac{\pi}{2}}$$

$$= \frac{1}{\sqrt{1-z^2}} \arctan\left(\frac{z}{\sqrt{1-z^2}} \right) = \frac{\arcsin(z)}{\sqrt{1-z^2}}.$$

To justify the last step, differentiate $\arctan\left(\frac{z}{\sqrt{1-z^2}}\right)$ then integrate back.
If we integrate both sides of (2.49) from $z = 0$ to z, we get

$$\arcsin^2(z) = \frac{1}{2} \sum_{n=1}^{\infty} \frac{4^n}{\binom{2n}{n}} \frac{z^{2n}}{n^2}, \quad |z| \leq 1. \qquad (2.50)$$

2.2.3 Series Expansion of $\arcsin^3(z)$

For $|z| \leq 1$, the following equality holds:

$$\arcsin^3(z) = 6 \sum_{n=0}^{\infty} \frac{\binom{2n}{n}}{4^n} \left(H_{2n}^{(2)} - \frac{1}{4} H_n^{(2)} \right) \frac{z^{2n+1}}{2n+1}. \qquad (2.51)$$

The following proof may be found in [41]:

Proof. Let $\arcsin(z) = x$ in (2.48):

$$\arcsin(z) = \sum_{n=0}^{\infty} \frac{\binom{2n}{n}}{4^n} \frac{z^{2n+1}}{2n+1}$$

and write

$$\binom{2n}{n} = \frac{(2n)!}{n!^2} = \frac{(2n)!^2}{n!^2 (2n)!},$$

we have

$$x = \sum_{n=0}^{\infty} \frac{(2n)!^2}{4^n n!^2} \frac{\sin^{2n+1}(x)}{(2n+1)!} = \sum_{n=0}^{\infty} b_n^2 f_n(x), \qquad (2.52)$$

where

$$f_n(x) = \frac{\sin^{2n+1}(x)}{(2n+1)!}, \quad b_n = \frac{(2n)!}{2^n n!}.$$

Note that

$$f_n''(x) = f_n(x) - (2n+1)^2 f_n(x), \qquad (2.53)$$
$$b_{n+1} = (2n+1) b_n. \qquad (2.54)$$

In light of (2.52), write

$$x^3 = \sum_{n=0}^{\infty} a_n b_n^2 f_n(x). \qquad (2.55)$$

Assuming $a_0 = 0$ allows the index n to start from 1,

$$x^3 = \sum_{n=1}^{\infty} a_n b_n^2 f_n(x). \qquad (2.56)$$

Differentiate both sides of (2.56) with respect to x twice then divide by 6,

$$x = \frac{1}{6} \sum_{n=1}^{\infty} a_n b_n^2 f_n''(x)$$

{substitute the result of $f_n''(x)$ given in (2.53)}

2.2. Series Expansion of Powers of arcsin(z)

$$= \frac{1}{6}\sum_{n=1}^{\infty} a_n b_n^2 f_{n-1}(x) - \frac{1}{6}\sum_{n=1}^{\infty}(2n+1)^2 a_n b_n^2 f_n(x)$$

{shift the index n by $+1$ in the first sum}
{and let n start from 0 in the second sum, since we assumed $a_0 = 0$}

$$= \frac{1}{6}\sum_{n=0}^{\infty} a_{n+1} b_{n+1}^2 f_n(x) - \frac{1}{6}\sum_{n=0}^{\infty}(2n+1)^2 a_n b_n^2 f_n(x)$$

{substitute b_{n+1} given in (2.54) in the first sum}

$$= \frac{1}{6}\sum_{n=0}^{\infty}(2n+1)^2 a_{n+1} b_n^2 f_n(x) - \frac{1}{6}\sum_{n=0}^{\infty}(2n+1)^2 a_n b_n^2 f_n(x)$$

$$= \sum_{n=0}^{\infty} \frac{(2n+1)^2 [a_{n+1} - a_n]}{6} b_n^2 f_n(x). \tag{2.57}$$

By comparing the series in (2.52) and (2.57), we see that

$$1 = \frac{(2n+1)^2 [a_{n+1} - a_n]}{6}$$

or

$$a_{n+1} - a_n = \frac{6}{(2n+1)^2}.$$

Employing the generalization in (1.149), we find

$$a_n = 6\left(H_{2n}^{(2)} - \frac{1}{4}H_n^{(2)}\right). \tag{2.58}$$

Notice that a_n in (2.58) meets our assumption ($a_0 = 0$), since $H_0^{(2)} = 0$.
Substitute (2.58) in (2.55),

$$x^3 = 6\sum_{n=0}^{\infty}\left(H_{2n}^{(2)} - \frac{1}{4}H_n^{(2)}\right) b_n^2 f_n(x).$$

Finally, substitute $f_n(x)$ and b_n back and let $x = \arcsin(z)$ to finish the proof.

2.2.4 Series Expansion of $\arcsin^4(z)$

For $|z| \leq 1$, the following identity holds:

$$\arcsin^4(z) = \frac{3}{2}\sum_{n=1}^{\infty} \frac{4^n}{\binom{2n}{n}} \frac{H_{n-1}^{(2)} z^{2n}}{n^2}. \tag{2.59}$$

The following proof may be found in [41]:

Proof. Set $\arcsin(z) = x$ in (2.50):

$$\arcsin^2(z) = \frac{1}{2} \sum_{n=1}^{\infty} \frac{4^n}{\binom{2n}{n}} \frac{z^{2n}}{n^2},$$

we get

$$x^2 = \frac{1}{2} \sum_{n=1}^{\infty} \frac{4^n}{\binom{2n}{n}} \frac{\sin^{2n}(x)}{n^2}.$$

Since

$$\binom{2n}{n} = \frac{(2n)!}{(n!)^2} = \frac{(2n)!}{(n(n-1)!)^2} = \frac{(2n)!}{n^2(n-1)!^2},$$

we have

$$x^2 = \frac{1}{2} \sum_{n=1}^{\infty} (2^n(n-1)!)^2 \frac{\sin^{2n}(x)}{(2n)!} = \frac{1}{2} \sum_{n=1}^{\infty} b_n^2 f_n(x), \tag{2.60}$$

where

$$f_n(x) = \frac{\sin^{2n}(x)}{(2n)!}, \quad b_n = 2^n(n-1)!.$$

Note that

$$f_n''(x) = f_{n-1}(x) - (2n)^2 f_n(x), \tag{2.61}$$

$$b_{n+1} = 2n b_n. \tag{2.62}$$

In light of (2.60), write

$$x^4 = \frac{1}{2} \sum_{n=1}^{\infty} a_n b_n^2 f_n(x). \tag{2.63}$$

Assuming $a_1 = 0$ allows the index n to start from 2,

$$x^4 = \frac{1}{2} \sum_{n=2}^{\infty} a_n b_n^2 f_n(x). \tag{2.64}$$

Differentiating both sides of (2.64) twice with respect to x then dividing by 12,

$$x^2 = \frac{1}{24} \sum_{n=2}^{\infty} a_n b_n^2 f_n''(x)$$

{substitute the result of $f_n''(x)$ from (2.61)}

$$= \frac{1}{24} \sum_{n=2}^{\infty} a_n b_n^2 f_{n-1}(x) - \frac{1}{24} \sum_{n=2}^{\infty} a_n (2n)^2 b_n^2 f_n(x)$$

{shift the index n of the first sum by $+1$ }
{and let n start from 1 in the second sum, since we assumed $a_1 = 0$}

2.2. Series Expansion of Powers of arcsin(z)

$$= \frac{1}{24}\sum_{n=1}^{\infty} a_{n+1} b_{n+1}^2 f_n(x) - \frac{1}{24}\sum_{n=1}^{\infty} a_n (2n)^2 b_n^2 f_n(x)$$

{substitute b_{n+1} given in (2.62) in the first sum}

$$\frac{1}{24}\sum_{n=1}^{\infty}(2n)^2 a_{n+1} b_n^2 f_n(x) - \frac{1}{24}\sum_{n=1}^{\infty}(2n)^2 a_n b_n^2 f_n(x)$$

$$= \frac{1}{2}\sum_{n=1}^{\infty} \frac{(2n)^2[a_{n+1}-a_n]}{12} b_n^2 f_n(x). \qquad (2.65)$$

By comparing the coefficients of $f_n(x)$ in (2.60) and (2.65), we see that

$$1 = \frac{(2n)^2[a_{n+1}-a_n]}{12}$$

or

$$a_{n+1} - a_n = \frac{3}{n^2}.$$

Using (1.145), we find

$$a_n = 3H_{n-1}^{(2)}. \qquad (2.66)$$

Notice that a_n in (2.66) meets our assumption ($a_1 = 0$).
Substitute (2.66) in (2.63), we obtain

$$x^4 = \frac{3}{2}\sum_{n=1}^{\infty} H_{n-1}^{(2)} b_n^2 f_n(x).$$

Plugging $f_n(x)$ and b_n back in and letting $x = \arcsin(z)$ completes the proof.
By differentiating both sides of (2.51) and (2.59), we obtain

$$\frac{\arcsin^2(z)}{\sqrt{1-z^2}} = 2\sum_{n=1}^{\infty} \frac{\binom{2n}{n}}{4^n}\left(H_{2n}^{(2)} - \frac{1}{4}H_n^{(2)}\right) z^{2n} \quad |z|<1 \qquad (2.67)$$

and

$$\frac{\arcsin^3(z)}{\sqrt{1-z^2}} = \frac{3}{4}\sum_{n=1}^{\infty} \frac{4^n\, H_{n-1}^{(2)} z^{2n-1}}{\binom{2n}{n} n}. \quad |z|<1. \qquad (2.68)$$

2.3 Identities by Beta Function

2.3.1 Expressing Beta Function as a Product

For $n \in \mathbb{Z}^+$, the following identity holds:

$$\mathrm{B}(m,n) = \Gamma(n) \prod_{k=0}^{n-1} \frac{1}{k+m}. \tag{2.69}$$

Proof. Multiply both sides of (1.35):

$$\Gamma(z) = \frac{\Gamma(z+n+1)}{z} \prod_{k=1}^{n} \frac{1}{z+k}$$

by $\frac{z}{\Gamma(z+n+1)}$ and use $\Gamma(z+1) = z\Gamma(z)$, we obtain

$$\frac{\Gamma(z+1)}{\Gamma(z+n+1)} = \prod_{k=1}^{n} \frac{1}{z+k}.$$

Next, replace z by $m-1$ then multiply both sides by $\Gamma(n)$,

$$\frac{\Gamma(m)\Gamma(n)}{\Gamma(m+n)} := \mathrm{B}(m,n) = \Gamma(n) \prod_{k=1}^{n} \frac{1}{k+m-1} = \Gamma(n) \prod_{k=0}^{n-1} \frac{1}{k+m},$$

where the last form follows from shifting the index k by $+1$.

2.3.2 Evaluation of Four Logarithmic Integrals

For $n \in \mathbb{Z}^+$, the following identities hold:

$$\int_0^1 x^{n-1} \ln(1-x) \mathrm{d}x = -\frac{H_n}{n}; \tag{2.70}$$

$$\int_0^1 x^{n-1} \ln^2(1-x) \mathrm{d}x = \frac{H_n^2 + H_n^{(2)}}{n}; \tag{2.71}$$

$$\int_0^1 x^{n-1} \ln^3(1-x) \mathrm{d}x = -\frac{H_n^3 + 3H_n H_n^{(2)} + 2H_n^{(3)}}{n}; \tag{2.72}$$

$$\int_0^1 x^{n-1} \ln^4(1-x) \mathrm{d}x = \frac{H_n^4 + 6H_n^2 H_n^{(2)} + 8H_n H_n^{(3)} + 3(H_n^{(2)})^2 + 6H_n^{(4)}}{n}. \tag{2.73}$$

The following proof may be found in [10, p. 157]:

2.3. Identities by Beta Function

Proof. Take the logarithm of both sides of (2.69), we have

$$\ln B(m,n) = \ln \Gamma(n) + \ln \prod_{k=0}^{n-1} \frac{1}{k+m}$$

$$\left\{ \text{use } \ln \prod a_n = \sum \ln(a_n) \text{ given in (1.12)} \right\}$$

$$= \ln \Gamma(n) - \sum_{k=0}^{n-1} \ln(k+m).$$

Differentiate both sides with respect to m,

$$\frac{\frac{\partial}{\partial m} B(m,n)}{B(m,n)} = -\sum_{k=0}^{n-1} \frac{1}{k+m}$$

or

$$\frac{\partial}{\partial m} B(m,n) = -B(n,m) \sum_{k=0}^{n-1} \frac{1}{k+m}. \tag{2.74}$$

Differentiate both sides of the latter identity with respect to m,

$$\frac{\partial^2}{\partial m^2} B(m,n) = -\frac{\partial}{\partial m} B(m,n) \sum_{k=0}^{n-1} \frac{1}{k+m} + B(m,n) \sum_{k=0}^{n-1} \frac{1}{(k+m)^2}.$$

Substitute the result of $\frac{\partial}{\partial m} B(n,m)$ from (2.74),

$$\frac{\partial^2}{\partial m^2} B(m,n) = B(n,m) \left[\left(\sum_{k=0}^{n-1} \frac{1}{k+m} \right)^2 + \sum_{k=0}^{n-1} \frac{1}{(k+m)^2} \right]. \tag{2.75}$$

Differentiate (2.75) twice with respect to m,

$$\frac{\partial^3}{\partial m^3} B(m,n) = -B(m,n) \left[\left(\sum_{k=0}^{n-1} \frac{1}{k+m} \right)^3 + 3 \left(\sum_{k=0}^{n-1} \frac{1}{k+m} \right) \right.$$

$$\left. \left(\sum_{k=0}^{n-1} \frac{1}{(k+m)^2} \right) + 2 \sum_{k=0}^{n-1} \frac{1}{(k+m)^3} \right], \tag{2.76}$$

$$\frac{\partial^4}{\partial m^4} B(m,n) = B(m,n) \left[\left(\sum_{k=0}^{n-1} \frac{1}{k+m} \right)^4 + 6 \left(\sum_{k=0}^{n-1} \frac{1}{(k+m)^2} \right) \right.$$

$$\left. \left(\sum_{k=0}^{n-1} \frac{1}{k+m} \right)^2 + 8 \left(\sum_{k=0}^{n-1} \frac{1}{k+m} \right) \left(\sum_{k=0}^{n-1} \frac{1}{(k+m)^3} \right) \right.$$

$$+3\left(\sum_{k=0}^{n-1}\frac{1}{(k+m)^2}\right)+6\sum_{k=0}^{n-1}\frac{1}{(k+m)^4}\right]. \tag{2.77}$$

Now set $m=1$ in (2.74), (2.75), (2.76), and (2.77) using:

$$B(1,n)=\frac{\Gamma(1)\Gamma(n)}{\Gamma(n+1)}=\frac{\Gamma(n)\Gamma(1)}{n\Gamma(n)}=\frac{1}{n}$$

and

$$\sum_{k=0}^{n-1}\frac{1}{(k+1)^a}=\sum_{k=1}^{n}\frac{1}{k^a}=H_n^{(a)},$$

we get

$$\left[\frac{\partial}{\partial m}B(m,n)\right]_{m=1}=-\frac{H_n}{n};$$

$$\left[\frac{\partial^2}{\partial m^2}B(m,n)\right]_{m=1}=\frac{H_n^2+H_n^{(2)}}{n};$$

$$\left[\frac{\partial^3}{\partial m^3}B(m,n)\right]_{m=1}=-\frac{H_n^3+3H_nH_n^{(2)}+2H_n^{(3)}}{n};$$

$$\left[\frac{\partial^4}{\partial m^4}B(m,n)\right]_{m=1}=\frac{H_n^4+6H_n^2H_n^{(2)}+8H_nH_n^{(3)}+2(H_n^{(2)})^2+6H_n^{(4)}}{n}.$$

On the other hand, by using the definition of the beta function:

$$B(m,n)=\int_0^1 x^{m-1}(1-x)^{n-1}dx \stackrel{1-x\to x}{=} \int_0^1 x^{n-1}(1-x)^{m-1}dx,$$

we have

$$\left[\frac{\partial}{\partial m}B(m,n)\right]_{m=1}=\left[\frac{\partial}{\partial m}\int_0^1 x^{n-1}(1-x)^{m-1}dx\right]_{m=1}.$$

A special case of Leibniz's integral rule (see [43]) is differentiation under the integral sign theorem:

$$\frac{d}{dm}\int_a^b f(x,m)dx=\int_a^b \frac{\partial}{\partial m}f(x,m)dx. \tag{2.78}$$

Since the beta function has three variables (m,n,x), using (2.78), we have

$$\frac{\partial}{\partial m}\int_a^b B(x,m,n)dx=\int_a^b \frac{\partial}{\partial m}B(x,m,n)dx. \tag{2.79}$$

2.3. Identities by Beta Function

Using this rule, we reach

$$\left[\frac{\partial}{\partial m}\mathrm{B}(m,n)\right]_{m=1} = \left[\int_0^1 \frac{\partial}{\partial m} x^{n-1}(1-x)^{m-1}\mathrm{d}x\right]_{m=1}$$

$$= \left[\int_0^1 x^{n-1}\ln(1-x)(1-x)^{m-1}\mathrm{d}x\right]_{m=1}$$

$$= \int_0^1 x^{n-1}\ln(1-x)\mathrm{d}x;$$

$$\left[\frac{\partial^2}{\partial m^2}\mathrm{B}(m,n)\right]_{m=1} = \left[\int_0^1 \frac{\partial^2}{\partial m^2} x^{n-1}(1-x)^{m-1}\mathrm{d}x\right]_{m=1}$$

$$= \left[\int_0^1 x^{n-1}\ln^2(1-x)(1-x)^{m-1}\mathrm{d}x\right]_{m=1}$$

$$= \int_0^1 x^{n-1}\ln^2(1-x)\mathrm{d}x;$$

$$\left[\frac{\partial^3}{\partial m^3}\mathrm{B}(m,n)\right]_{m=1} = \left[\int_0^1 \frac{\partial^3}{\partial m^3} x^{n-1}(1-x)^{m-1}\mathrm{d}x\right]_{m=1}$$

$$= \left[\int_0^1 x^{n-1}\ln^3(1-x)(1-x)^{m-1}\mathrm{d}x\right]_{m=1}$$

$$= \int_0^1 x^{n-1}\ln^3(1-x)\mathrm{d}x;$$

$$\left[\frac{\partial^4}{\partial m^4}\mathrm{B}(m,n)\right]_{m=1} = \left[\int_0^1 \frac{\partial^4}{\partial m^4} x^{n-1}(1-x)^{m-1}\mathrm{d}x\right]_{m=1}$$

$$= \left[\int_0^1 x^{n-1}\ln^4(1-x)(1-x)^{m-1}\mathrm{d}x\right]_{m=1}$$

$$= \int_0^1 x^{n-1}\ln^4(1-x)\mathrm{d}x,$$

and the proof follows on comparing the last eight results.
A different proof, with no use of the beta function or the gamma function, may be found in [28, pp. 59–62].

2.4 Identities by Cauchy Product

2.4.1 Cauchy Product of Two Power Series

Let $\sum_{n=1}^{\infty} a_n x^n$ and $\sum_{n=1}^{\infty} b_n x^n$ be two power series. The Cauchy product of these two series is given by

$$\left(\sum_{n=1}^{\infty} a_n x^n\right)\left(\sum_{n=1}^{\infty} b_n x^n\right) = \sum_{n=1}^{\infty} x^{n+1} \left(\sum_{k=1}^{n} a_k b_{n-k+1}\right). \qquad (2.80)$$

Proof.

$$\left(\sum_{n=1}^{\infty} a_n x^n\right)\left(\sum_{n=1}^{\infty} b_n x^n\right)$$
$$= (a_1 x + a_2 x^2 + a_3 x^3 + \cdots)(b_1 x + b_2 x^2 + b_3 x^3 + \cdots)$$
$$= x^2 (a_1 b_1) + x^3 (a_1 b_2 + a_2 b_1) + x^4 (a_1 b_3 + a_2 b_2 + a_3 b_1) + \cdots$$
$$= x^2 \left(\sum_{k=1}^{1} a_k b_{2-k}\right) + x^3 \left(\sum_{k=1}^{2} a_k b_{3-k}\right) + x^4 \left(\sum_{k=1}^{3} a_k b_{4-k}\right) + \cdots$$
$$= \sum_{n=1}^{\infty} x^{n+1} \left(\sum_{k=1}^{n} a_k b_{n-k+1}\right).$$

Following the steps above also gives

$$\left(\sum_{n=0}^{\infty} a_n x^n\right)\left(\sum_{n=0}^{\infty} b_n x^n\right) = \sum_{n=0}^{\infty} x^n \left(\sum_{k=0}^{n} a_k b_{n-k}\right). \qquad (2.81)$$

2.4.2 Cauchy Product of $-\ln(1-x)\operatorname{Li}_2(x)$

For $|x| \leq 1, x \neq 1$, the following identity holds

$$-\ln(1-x)\operatorname{Li}_2(x) = 2\sum_{n=1}^{\infty} \frac{H_n}{n^2} x^n + \sum_{n=1}^{\infty} \frac{H_n^{(2)}}{n} x^n - 3\operatorname{Li}_3(x). \qquad (2.82)$$

Proof. We follow the same approach as in [28, p. 516]:
Expand $\operatorname{Li}_2(x)$ and $\ln(1-x)$ in series,

$$(\operatorname{Li}_2(x))(-\ln(1-x)) = \left(\sum_{n=1}^{\infty} \frac{x^n}{n^2}\right)\left(\sum_{n=1}^{\infty} \frac{x^n}{n}\right)$$

2.4. Identities by Cauchy Product

$$\left\{\text{employ the Cauchy product in (2.80) where } a_n = \frac{1}{n^2} \text{ and } b_n = \frac{1}{n}\right\}$$

$$= \sum_{n=1}^{\infty} x^{n+1} \left(\sum_{k=1}^{n} \frac{1}{k^2(n-k+1)}\right)$$

{use the partial fraction decomposition for the inner sum}

$$= \sum_{n=1}^{\infty} x^{n+1} \left(\sum_{k=1}^{n} \frac{1}{(n+1)k^2} + \frac{1}{(n+1)^2 k} + \frac{1}{(n+1)^2(n-k+1)}\right)$$

$$\left\{\text{use } \sum_{k=1}^{n} \frac{1}{k^2} = H_n^{(2)} \text{ and } \sum_{k=1}^{n} \frac{1}{n-k+1} = \sum_{k=1}^{n} \frac{1}{k} = H_n \text{ given in (1.3)}\right\}$$

$$= \sum_{n=1}^{\infty} x^{n+1} \left(\frac{H_n^{(2)}}{(n+1)} + \frac{2H_n}{(n+1)^2}\right)$$

{let the index n start from 0, since $H_0^{(2)} = H_0 = 0$}

$$= \sum_{n=0}^{\infty} x^{n+1} \left(\frac{H_n^{(2)}}{n+1} + \frac{2H_n}{(n+1)^2}\right)$$

{shift the index n by -1}

$$= \sum_{n=1}^{\infty} x^n \left(\frac{H_{n-1}^{(2)}}{n} + \frac{2H_{n-1}}{n^2}\right)$$

$$= \sum_{n=1}^{\infty} x^n \left(\frac{H_n^{(2)} - \frac{1}{n^2}}{n} + \frac{2H_n - \frac{2}{n}}{n^2}\right)$$

$$= \sum_{n=1}^{\infty} \frac{H_n^{(2)}}{n} x^n + 2\sum_{n=1}^{\infty} \frac{H_n}{n^2} x^n - 3\sum_{n=1}^{\infty} \frac{x^n}{n^3}$$

$$= \sum_{n=1}^{\infty} \frac{H_n^{(2)}}{n} x^n + 2\sum_{n=1}^{\infty} \frac{H_n}{n^2} x^n - 3\operatorname{Li}_3(x).$$

2.4.3 Cauchy Product of $\operatorname{Li}_2^2(x)$

For $|x| \leq 1$, the following identity holds

$$\operatorname{Li}_2^2(x) = 4\sum_{n=1}^{\infty} \frac{H_n}{n^3} x^n + 2\sum_{n=1}^{\infty} \frac{H_n^{(2)}}{n^2} x^n - 6\operatorname{Li}_4(x). \qquad (2.83)$$

Proof. Divide both sides of (2.82):

$$-\ln(1-x)\operatorname{Li}_2(x) = 2\sum_{n=1}^{\infty}\frac{H_n}{n^2}x^n + \sum_{n=1}^{\infty}\frac{H_n^{(2)}}{n}x^n - 3\operatorname{Li}_3(x)$$

by x then integrate using $\int x^{n-1}dx = \frac{x^n}{n}$,

$$2\sum_{n=1}^{\infty}\frac{H_n}{n^3}x^n + \sum_{n=1}^{\infty}\frac{H_n^{(2)}}{n^2}x^n - 3\operatorname{Li}_4(x)$$

$$= \int \frac{-\ln(1-x)\operatorname{Li}_2(x)}{x}dx = \frac{1}{2}\operatorname{Li}_2^2(x) + c.$$

The proof finishes on extracting $c = 0$ by setting $x = 0$.

2.4.4 Cauchy Product of $-\ln(1-x)\operatorname{Li}_3(x)$

For $|x| \leq 1, x \neq 1$, the following identity holds

$$-\ln(1-x)\operatorname{Li}_3(x) = 2\sum_{n=1}^{\infty}\frac{H_n}{n^3}x^n + \sum_{n=1}^{\infty}\frac{H_n^{(2)}}{n^2}x^n + \sum_{n=1}^{\infty}\frac{H_n^{(3)}}{n}x^n - 4\operatorname{Li}_4(x).$$
(2.84)

Proof.

$$(\operatorname{Li}_3(x))(-\ln(1-x)) = \left(\sum_{n=1}^{\infty}\frac{x^n}{n^3}\right)\left(\sum_{n=1}^{\infty}\frac{x^n}{n}\right)$$

$$\left\{\text{employ (2.80) where } a_n = \frac{1}{n^3} \text{ and } b_n = \frac{1}{n}\right\}$$

$$= \sum_{n=1}^{\infty}x^{n+1}\left(\sum_{k=1}^{n}\frac{1}{k^3(n-k+1)}\right)$$

{make use of the partial fraction decomposition for the inner sum}

$$= \sum_{n=1}^{\infty}x^{n+1}\left(\sum_{k=1}^{n}\frac{1}{(n+1)k^3} + \frac{1}{(n+1)^2k^2} + \frac{1}{(n+1)^3k}\right.$$

$$\left. + \frac{1}{(n+1)^3(n-k+1)}\right)$$

$$= \sum_{n=1}^{\infty}x^{n+1}\left(\frac{H_n^{(3)}}{n+1} + \frac{H_n^{(2)}}{(n+1)^2} + \frac{2H_n}{(n+1)^3}\right)$$

$$\left\{\text{let the index } n \text{ start from 0, since } H_0^{(3)} = H_0^{(2)} = H_0 = 0\right\}$$

2.4. Identities by Cauchy Product

$$= \sum_{n=0}^{\infty} x^{n+1} \left(\frac{H_n^{(3)}}{n+1} + \frac{H_n^{(2)}}{(n+1)^2} + \frac{2H_n}{(n+1)^3} \right)$$

{shift the index n by -1}

$$= \sum_{n=1}^{\infty} x^n \left(\frac{H_{n-1}^{(3)}}{n} + \frac{H_{n-1}^{(2)}}{n^2} + \frac{2H_{n-1}}{n^3} \right)$$

$$= \sum_{n=1}^{\infty} x^n \left(\frac{H_n^{(3)} - \frac{1}{n^3}}{n} + \frac{H_n^{(2)} - \frac{1}{n^2}}{n} + 2\frac{H_n - \frac{1}{n}}{n^2} \right)$$

$$= \sum_{n=1}^{\infty} \frac{H_n^{(3)}}{n} x^n + \sum_{n=1}^{\infty} \frac{H_n^{(2)}}{n^2} x^n + 2 \sum_{n=1}^{\infty} \frac{H_n}{n^3} x^n - 4 \sum_{n=1}^{\infty} \frac{x^n}{n^4}$$

$$= \sum_{n=1}^{\infty} \frac{H_n^{(3)}}{n} x^n + \sum_{n=1}^{\infty} \frac{H_n^{(2)}}{n^2} x^n + 2 \sum_{n=1}^{\infty} \frac{H_n}{n^3} x^n - 4\operatorname{Li}_4(x).$$

2.4.5 Cauchy Product of $\operatorname{Li}_2(x)\operatorname{Li}_3(x)$

For $|x| \le 1$, the following identity holds

$$\operatorname{Li}_2(x)\operatorname{Li}_3(x) = 6\sum_{n=1}^{\infty} \frac{H_n}{n^4} x^n + 3\sum_{n=1}^{\infty} \frac{H_n^{(2)}}{n^3} x^n + \sum_{n=1}^{\infty} \frac{H_n^{(3)}}{n^2} x^n - 10\operatorname{Li}_5(x). \tag{2.85}$$

Proof (i).

$$\operatorname{Li}_3(x)\operatorname{Li}_2(x) = \left(\sum_{n=1}^{\infty} \frac{x^n}{n^3} \right) \left(\sum_{n=1}^{\infty} \frac{x^n}{n^2} \right)$$

$$= \sum_{n=1}^{\infty} x^{n+1} \left(\sum_{k=1}^{n} \frac{1}{k^3 (n-k+1)^2} \right)$$

$$= \sum_{n=1}^{\infty} x^{n+1} \left(\sum_{k=1}^{n} \frac{1}{(n+1)^2 k^3} + \frac{2}{(n+1)^3 k^2} + \frac{1}{(n+1)^3 (n-k+1)^2} \right.$$

$$\left. + \frac{3}{(n+1)^4 k} + \frac{3}{(n+1)^4 (n-k+1)} \right)$$

$$= \sum_{n=1}^{\infty} x^{n+1} \left(\frac{H_n^{(3)}}{(n+1)^2} + 3\frac{H_n^{(2)}}{(n+1)^3} + 6\frac{H_n}{(n+1)^4} \right)$$

$$= \sum_{n=1}^{\infty} x^n \left(\frac{H_{n-1}^{(3)}}{n^2} + 3\frac{H_{n-1}^{(2)}}{n^3} + 6\frac{H_{n-1}}{n^4} \right)$$

$$= \sum_{n=1}^{\infty} x^n \left(\frac{H_n^{(3)} - \frac{1}{n^3}}{n^2} + 3\frac{H_n^{(2)} - \frac{1}{n^2}}{n^3} + 6\frac{H_n - \frac{1}{n}}{n^4} \right)$$

$$= \sum_{n=1}^{\infty} \frac{H_n^{(3)}}{n^2} x^n + 3 \sum_{n=1}^{\infty} \frac{H_n^{(2)}}{n^3} x^n + 6 \sum_{n=1}^{\infty} \frac{H_n}{n^4} x^n - 10 \sum_{n=1}^{\infty} \frac{x^n}{n^5}$$

$$= 6 \sum_{n=1}^{\infty} \frac{H_n}{n^4} x^n + 3 \sum_{n=1}^{\infty} \frac{H_n^{(2)}}{n^3} x^n + \sum_{n=1}^{\infty} \frac{H_n^{(3)}}{n^2} x^n - 10 \operatorname{Li}_5(x).$$

Proof (ii).

$$\operatorname{Li}_2(x) \operatorname{Li}_3(x) = \int d(\operatorname{Li}_2(x) \operatorname{Li}_3(x))$$

$$= \int \frac{1}{x} \left(\operatorname{Li}_2^2(x) - \ln(1-x) \operatorname{Li}_3(x) \right) dx$$

{substitute the results from (2.83) and (2.84)}

$$= \int \frac{1}{x} \left(6 \sum_{n=1}^{\infty} \frac{H_n}{n^3} x^n + 3 \sum_{n=1}^{\infty} \frac{H_n^{(2)}}{n^2} x^n + \sum_{n=1}^{\infty} \frac{H_n^{(3)}}{n} x^n - 10 \operatorname{Li}_4(x) \right) dx$$

$$\left\{ \text{interchange integration and summation then use } \int x^{n-1} dx = \frac{x^n}{n} \right\}$$

$$= 6 \sum_{n=1}^{\infty} \frac{H_n}{n^4} x^n + 3 \sum_{n=1}^{\infty} \frac{H_n^{(2)}}{n^3} x^n + \sum_{n=1}^{\infty} \frac{H_n^{(3)}}{n^2} - 10 \operatorname{Li}_5(x) + c.$$

The proof finalizes on finding $c = 0$.

2.4.6 Cauchy Product of $\operatorname{Li}_3^2(x)$

For $|x| \leq 1$, the following identity holds

$$\operatorname{Li}_3^2(x) = 12 \sum_{n=1}^{\infty} \frac{H_n}{n^5} x^n + 6 \sum_{n=1}^{\infty} \frac{H_n^{(2)}}{n^4} x^n + 2 \sum_{n=1}^{\infty} \frac{H_n^{(3)}}{n^3} x^n - 20 \operatorname{Li}_6(x). \quad (2.86)$$

Proof. Divide both sides of (2.85):

$$\operatorname{Li}_2(x) \operatorname{Li}_3(x) = 6 \sum_{n=1}^{\infty} \frac{H_n}{n^4} x^n + 3 \sum_{n=1}^{\infty} \frac{H_n^{(2)}}{n^3} x^n + \sum_{n=1}^{\infty} \frac{H_n^{(3)}}{n^2} x^n - 10 \operatorname{Li}_5(x)$$

by x then integrate,

$$6 \sum_{n=1}^{\infty} \frac{H_n}{n^5} x^n + 3 \sum_{n=1}^{\infty} \frac{H_n^{(2)}}{n^4} x^n + \sum_{n=1}^{\infty} \frac{H_n^{(3)}}{n^3} x^n - 10 \operatorname{Li}_6(x)$$

2.4. Identities by Cauchy Product

$$= \int \frac{\operatorname{Li}_2(x)\operatorname{Li}_3(x)}{x}dx = \frac{1}{2}\operatorname{Li}_3^2(x) + c,$$

and the proof follows as $c = 0$.

2.4.7 Cauchy Product of $-\ln(1-x)\operatorname{Li}_4(x)$

For $|x| \leq 1, x \neq 1$, the following identity holds

$$-\ln(1-x)\operatorname{Li}_4(x) = 2\sum_{n=1}^{\infty}\frac{H_n}{n^4}x^n + \sum_{n=1}^{\infty}\frac{H_n^{(2)}}{n^3}x^n + \sum_{n=1}^{\infty}\frac{H_n^{(3)}}{n^2}x^n$$

$$+ \sum_{n=1}^{\infty}\frac{H_n^{(4)}}{n}x^n - 5\operatorname{Li}_5(x). \qquad (2.87)$$

The following proof may be found in [28, p. 516]:
Proof.

$$(\operatorname{Li}_4(x))(-\ln(1-x)) = \left(\sum_{n=1}^{\infty}\frac{x^n}{n^4}\right)\left(\sum_{n=1}^{\infty}\frac{x^n}{n}\right)$$

$$= \sum_{n=1}^{\infty}x^{n+1}\left(\sum_{k=1}^{n}\frac{1}{k^4(n-k+1)}\right)$$

$$= \sum_{n=1}^{\infty}x^{n+1}\left(\frac{H_n^{(4)}}{n+1} + \frac{H_n^{(3)}}{(n+1)^2} + \frac{H_n^{(2)}}{(n+1)^3} + 2\frac{H_n}{(n+1)^4}\right)$$

$$= \sum_{n=1}^{\infty}x^n\left(\frac{H_{n-1}^{(4)}}{n} + \frac{H_{n-1}^{(3)}}{n^2} + \frac{H_{n-1}^{(2)}}{n^3} + 2\frac{H_{n-1}}{n^4}\right)$$

$$= \sum_{n=1}^{\infty}x^n\left(\frac{H_n^{(4)} - \frac{1}{n^4}}{n} + \frac{H_n^{(3)} - \frac{1}{n^3}}{n^2} + \frac{H_n^{(2)} - \frac{1}{n^2}}{n^3} + 2\frac{H_n - \frac{1}{n}}{n^4}\right)$$

$$= \sum_{n=1}^{\infty}x^n\left(\frac{H_n^{(4)}}{n} + \frac{H_n^{(3)}}{n^2} + \frac{H_n^{(2)}}{n^3} + 2\frac{H_n}{n^4} - \frac{5}{n^5}\right)$$

$$= 2\sum_{n=1}^{\infty}\frac{H_n}{n^4}x^n + \sum_{n=1}^{\infty}\frac{H_n^{(2)}}{n^3}x^n + \sum_{n=1}^{\infty}\frac{H_n^{(3)}}{n^2}x^n + \sum_{n=1}^{\infty}\frac{H_n^{(4)}}{n}x^n - 5\operatorname{Li}_5(x),$$

and we are done with the proof.
Applying the Cauchy product, we also find, for $|x| \leq 1$, the following identities:

$$\operatorname{Li}_2(x)\operatorname{Li}_4(x) = 8\sum_{n=1}^{\infty}\frac{H_n}{n^5}x^n + 4\sum_{n=1}^{\infty}\frac{H_n^{(2)}}{n^4}x^n + 2\sum_{n=1}^{\infty}\frac{H_n^{(3)}}{n^3}x^n$$

$$+ \sum_{n=1}^{\infty} \frac{H_n^{(4)}}{n^2} x^n - 15 \operatorname{Li}_6(x); \tag{2.88}$$

$$\operatorname{Li}_3(x) \operatorname{Li}_4(x) = 20 \sum_{n=1}^{\infty} \frac{H_n}{n^6} x^n + 10 \sum_{n=1}^{\infty} \frac{H_n^{(2)}}{n^5} x^n + 4 \sum_{n=1}^{\infty} \frac{H_n^{(3)}}{n^4} x^n$$

$$+ \sum_{n=1}^{\infty} \frac{H_n^{(4)}}{n^3} x^n - 35 \operatorname{Li}_7(x); \tag{2.89}$$

$$\operatorname{Li}_4^2(x) = 40 \sum_{n=1}^{\infty} \frac{H_n}{n^7} x^n + 20 \sum_{n=1}^{\infty} \frac{H_n^{(2)}}{n^6} x^n + 8 \sum_{n=1}^{\infty} \frac{H_n^{(3)}}{n^5} x^n$$

$$+ 2 \sum_{n=1}^{\infty} \frac{H_n^{(4)}}{n^4} x^n - 70 \operatorname{Li}_8(x). \tag{2.90}$$

Note that (2.90) follows from dividing both sides of (2.89) by x then integrating.

2.5 Identities by Abel's Summation

2.5.1 Abel's Summation

Given two finite sums $\sum_{k=1}^{n} a_k$ and $\sum_{k=1}^{n} b_k$, define $A_n = \sum_{i=1}^{n} a_i$. Then

$$\sum_{k=m}^{n} a_k b_k = A_n b_n + A_m b_{m-1} - \sum_{k=m}^{n-1} A_k (b_{k+1} - b_k). \tag{2.91}$$

Proof. By the given sum, $A_n = \sum_{i=1}^{n} a_i$, one can write

$$A_k = \sum_{i=1}^{k} a_i = a_1 + a_2 + \ldots + a_{k-1} + a_k$$

and so

$$A_{k-1} = \sum_{i=1}^{k-1} a_i = a_1 + a_2 + \ldots + a_{k-1}.$$

Subtracting the two sums yields

$$A_k - A_{k-1} = a_k. \tag{2.92}$$

Multiply both sides of (2.92) by b_k then take the summation from $k = m$ to n,

$$\sum_{k=m}^{n} a_k b_k = \sum_{k=m}^{n} (A_k - A_{k-1}) b_k$$

2.5. Identities by Abel's Summation

$$= \sum_{k=m}^{n} A_k b_k - \sum_{k=m}^{n} A_{k-1} b_k.$$

For the first sum, use the fact that $\sum_{k=m}^{n} f(k) = f(n) + \sum_{k=m}^{n-1} f(k)$,

$$\sum_{k=m}^{n} A_k b_k = A_n b_n + \sum_{k=m}^{n-1} A_k b_k,$$

and for the second sum, use $\sum_{k=m}^{n} f(k) = f(m) + \sum_{k=m+1}^{n} f(k)$,

$$\sum_{k=m}^{n} A_{k-1} b_k = A_{m-1} b_m + \sum_{k=m+1}^{n} A_{k-1} b_k$$

{shift the index k by $+1$}

$$= A_{m-1} b_m + \sum_{k=m}^{n-1} A_k b_{k+1}.$$

Combining the two sums, we obtain

$$\sum_{k=m}^{n} a_k b_k = A_n b_n + A_{m-1} b_m + \sum_{k=m}^{n-1} A_k b_k - \sum_{k=m}^{n-1} A_k b_{k+1}$$

$$= A_n b_n + A_{m-1} b_m - \sum_{k=m}^{n-1} A_k (b_{k+1} - b_k),$$

and the proof is finished.

For the two cases $m = 0$ and $m = 1$, we have $A_{m-1} = 0$. So, (2.91) becomes:

$$\sum_{k=0}^{n} a_k b_k = A_n b_n - \sum_{k=0}^{n-1} A_k (b_{k+1} - b_k), \qquad (2.93)$$

$$\sum_{k=1}^{n} a_k b_k = A_n b_n - \sum_{k=1}^{n-1} A_k (b_{k+1} - b_k). \qquad (2.94)$$

Also note that the index k in the RHS of (2.94) can start from 0, since $A_0 = 0$. Thus,

$$\sum_{k=1}^{n} a_k b_k = A_n b_n - \sum_{k=0}^{n-1} A_k (b_{k+1} - b_k), \quad A_n = \sum_{i=1}^{n} a_i. \qquad (2.95)$$

You may find in [6, Theorem 2.20, p. 55] a proof for a similar formula:

$$\sum_{k=m}^{n} a_k b_k = A_n b_{n+1} + A_{m-1} b_m - \sum_{k=m}^{n} A_k \left(b_{k+1} - b_k \right).$$

2.5.2 First Application

For integers $p, q \geq 2$, the following identity holds:

$$\sum_{k=1}^{\infty} \frac{H_k^{(p)}}{k^q} + \sum_{k=1}^{\infty} \frac{H_k^{(q)}}{k^p} = \zeta(p)\zeta(q) + \zeta(p+q). \tag{2.96}$$

Proof. Let $a_k = \frac{1}{k^q}$ and $b_k = H_k^{(p)}$ in (2.95),

$$\sum_{k=1}^{n} \frac{H_k^{(p)}}{k^q} = \left(\sum_{i=1}^{n} \frac{1}{i^q} \right) H_n^{(p)} - \sum_{k=0}^{n-1} \left(\sum_{i=1}^{k} \frac{1}{i^q} \right) \left(H_{k+1}^{(p)} - H_k^{(p)} \right)$$

$$\left\{ \text{use } H_{k+1}^{(p)} = H_k^{(p)} + \frac{1}{(k+1)^p} \text{ given in (1.145)} \right\}$$

$$= H_n^{(q)} H_n^{(p)} - \sum_{k=0}^{n-1} \left(H_k^{(q)} \right) \left(\frac{1}{(k+1)^p} \right)$$

$$\{\text{shift the index } k \text{ by } -1\}$$

$$= H_n^{(q)} H_n^{(p)} - \sum_{k=1}^{n} \frac{H_{k-1}^{(q)}}{k^p}$$

$$= H_n^{(q)} H_n^{(p)} - \sum_{k=1}^{n} \frac{H_k^{(q)} - \frac{1}{k^q}}{k^p}$$

$$= H_n^{(q)} H_n^{(p)} - \sum_{k=1}^{n} \left(\frac{H_k^{(q)}}{k^p} - \frac{1}{k^{p+q}} \right)$$

$$= H_n^{(q)} H_n^{(p)} + \zeta(q+p) - \sum_{k=1}^{n} \frac{H_k^{(q)}}{k^p}.$$

Reorganize the terms, we have

$$\sum_{k=1}^{n} \frac{H_k^{(p)}}{k^q} + \sum_{k=1}^{n} \frac{H_k^{(q)}}{k^p} = H_n^{(q)} H_n^{(p)} + \zeta(q+p).$$

2.5. Identities by Abel's Summation

Next, take the limit on both sides letting $n \to \infty$,

$$\sum_{k=1}^{\infty} \frac{H_k^{(p)}}{k^q} + \sum_{k=1}^{\infty} \frac{H_k^{(q)}}{k^p} = \lim_{n \to \infty} \left\{ H_n^{(q)} H_n^{(p)} + \zeta(q+p) \right\},$$

and the proof follows on using

$$\lim_{n \to \infty} H_n^{(q)} = \lim_{n \to \infty} \sum_{k=1}^{n} \frac{1}{k^p} = \sum_{k=1}^{\infty} \frac{1}{k^p} = \zeta(p).$$

For a different approach, see [28, p. 358].

Setting $q = p$ in (2.96) yields

$$\sum_{k=1}^{\infty} \frac{H_k^{(p)}}{k^p} = \frac{\zeta^2(p) + \zeta(2p)}{2}. \tag{2.97}$$

Examples

$$\sum_{k=1}^{\infty} \frac{H_k^{(2)}}{k^2} = \frac{\zeta^2(2) + \zeta(4)}{2} = \frac{7}{4} \zeta(4); \tag{2.98}$$

$$\sum_{k=1}^{\infty} \frac{H_k^{(3)}}{k^3} = \frac{\zeta^2(3) + \zeta(6)}{2}; \tag{2.99}$$

$$\sum_{k=1}^{\infty} \frac{H_k^{(4)}}{k^4} = \frac{\zeta^2(4) + \zeta(8)}{2} = \frac{13}{12} \zeta(8), \tag{2.100}$$

where we used $\zeta^2(2) = \frac{5}{2}\zeta(4)$ and $\zeta^2(4) = \frac{7}{6}\zeta(8)$ given in (1.62) and (1.65).

2.5.3 Second Application

For integer $p \geq 2$, the following identity holds:

$$\sum_{k=1}^{\infty} \frac{\left(H_k^{(p)}\right)^2}{k^p} - \sum_{k=1}^{\infty} \frac{H_k^{(p)}}{k^{2p}} = \frac{\zeta^3(p) - \zeta(3p)}{3}. \tag{2.101}$$

Proof. Let $a_k = \frac{1}{k^p}$ and $b_k = \left(H_k^{(p)}\right)^2$ in (2.95),

$$\sum_{k=1}^{n} \frac{\left(H_k^{(p)}\right)^2}{k^p} = \left(\sum_{i=1}^{n} \frac{1}{i^p}\right) \left(H_n^{(p)}\right)^2 - \sum_{k=0}^{n-1} \left(\sum_{i=1}^{k} \frac{1}{i^p}\right) \left(\left(H_{k+1}^{(p)}\right)^2 - \left(H_k^{(p)}\right)^2\right)$$

$$\left\{\text{use } H_{k+1}^{(p)} = H_k^{(p)} + \frac{1}{(k+1)^p} \text{ given in (1.145)}\right\}$$

$$= H_n^{(p)} \left(H_n^{(p)}\right)^2 - \sum_{k=0}^{n-1} H_k^{(p)} \left(\frac{2H_k^{(p)}}{(k+1)^p} + \frac{1}{(k+1)^{2p}}\right)$$

$$\{\text{shift the index } k \text{ by } -1\}$$

$$= \left(H_n^{(p)}\right)^3 - \sum_{k=1}^{n} H_{k-1}^{(p)} \left(\frac{2H_{k-1}^{(p)}}{k^p} + \frac{1}{k^{2p}}\right)$$

$$= \left(H_n^{(p)}\right)^3 - \sum_{k=1}^{n} \left(H_k^{(p)} - \frac{1}{k^p}\right) \left(\frac{2H_k^{(p)} - \frac{2}{k^p}}{k^p} + \frac{1}{k^{2p}}\right)$$

$$= \left(H_n^{(p)}\right)^3 - 2\sum_{k=1}^{n} \frac{\left(H_k^{(p)}\right)^2}{k^p} + 3\sum_{k=1}^{n} \frac{H_k^{(p)}}{k^{2p}} - H_n^{(3p)}.$$

Rearranging the terms,

$$3\sum_{k=1}^{n} \frac{\left(H_k^{(p)}\right)^2}{k^p} - 3\sum_{k=1}^{n} \frac{H_k^{(p)}}{k^{2p}} = \left(H_n^{(p)}\right)^3 - H_n^{(3p)}.$$

Take the limit on both sides letting $n \to \infty$,

$$3\sum_{k=1}^{\infty} \frac{\left(H_k^{(p)}\right)^2}{k^p} - 3\sum_{k=1}^{\infty} \frac{H_k^{(p)}}{k^{2p}} = \lim_{n\to\infty}\left\{\left(H_n^{(p)}\right)^3 - H_n^{(3p)}\right\},$$

and the proof completes on using $\lim_{n\to\infty} H_n^{(3p)} = \zeta(3p)$.

Another approach may be found in [28, p. 359].

Examples

$$\sum_{k=1}^{\infty} \frac{\left(H_k^{(2)}\right)^2}{k^2} - \sum_{k=1}^{\infty} \frac{H_k^{(2)}}{k^4} = \frac{\zeta^3(2) - \zeta(6)}{3} = \frac{9}{8}\zeta(6); \qquad (2.102)$$

$$\sum_{k=1}^{\infty} \frac{\left(H_k^{(3)}\right)^2}{k^3} - \sum_{k=1}^{\infty} \frac{H_k^{(3)}}{k^6} = \frac{\zeta^3(3) - \zeta(9)}{3}; \qquad (2.103)$$

$$\sum_{k=1}^{\infty} \frac{\left(H_k^{(4)}\right)^2}{k^4} - \sum_{k=1}^{\infty} \frac{H_k^{(4)}}{k^8} = \frac{\zeta^3(4) - \zeta(12)}{3} = \frac{493}{5528}\zeta(12), \qquad (2.104)$$

2.5. Identities by Abel's Summation

where we used $\zeta^3(2) = \frac{35}{8}\zeta(6)$ and $\zeta^3(4) = \frac{7007}{5528}\zeta(12)$ given in (1.63) and (1.70) respectively.

2.5.4 Third Application

$$\sum_{k=1}^{\infty} \frac{H_k^{(q)}}{(2k+1)^p} = (1 - 2^{-p})\zeta(q)\zeta(p) + (2^{-p} - 2^{q-1}) \sum_{k=1}^{\infty} \frac{H_k^{(p)}}{k^q}$$

$$- 2^{q-1} \sum_{n=1}^{\infty} \frac{(-1)^k H_k^{(p)}}{k^q}. \qquad (2.105)$$

Proof. We follow the same technique as in [31]:
Let $a_k = \frac{1}{(2k-1)^p}$ and $b_k = H_k^{(q)} - \zeta(q)$ in (2.95),

$$\sum_{k=1}^{n} \frac{H_k^{(q)} - \zeta(q)}{(2k-1)^p}$$

$$= (H_n^{(q)} - \zeta(q)) \sum_{i=1}^{n} \frac{1}{(2i-1)^p} - \sum_{k=0}^{n-1} \left(\sum_{i=1}^{k} \frac{1}{(2i-1)^p} \right) \left(H_{k+1}^{(q)} - H_k^{(q)} \right).$$

Let $n \to \infty$ and write $\lim_{n \to \infty} H_n^{(q)} = \zeta(q)$,

$$\sum_{k=1}^{\infty} \frac{H_k^{(q)} - \zeta(q)}{(2k-1)^p} = 0 - \sum_{k=0}^{\infty} \left(\sum_{i=1}^{k} \frac{1}{(2i-1)^p} \right) \left(H_{k+1}^{(q)} - H_k^{(q)} \right)$$

$$\left\{ \text{use } \sum_{i=1}^{k} \frac{1}{(2i-1)^p} = H_{2k}^{(p)} - 2^{-p} H_k^{(p)} \text{ given in (1.148)} \right\}$$

$$\left\{ \text{and } H_{k+1}^{(q)} - H_k^{(q)} = \frac{1}{(k+1)^q} \right\}$$

$$= 2^{-p} \sum_{k=0}^{\infty} \frac{H_k^{(p)}}{(k+1)^q} - \sum_{k=0}^{\infty} \frac{H_{2k}^{(p)}}{(k+1)^q}$$

{shift both indexes by -1}

$$= 2^{-p} \sum_{k=1}^{\infty} \frac{H_{k-1}^{(p)}}{k^q} - \sum_{k=1}^{\infty} \frac{H_{2k-2}^{(p)}}{k^q}$$

$$= 2^{-p} \sum_{k=1}^{\infty} \frac{H_k^{(p)} - \frac{1}{k^p}}{k^q} - \sum_{k=1}^{\infty} \frac{H_{2k}^{(p)} - \frac{1}{(2k)^p} - \frac{1}{(2k-1)^p}}{k^q}$$

$$= 2^{-p} \sum_{k=1}^{\infty} \frac{H_k^{(p)}}{k^q} - \sum_{k=1}^{\infty} \frac{H_{2k}^{(p)}}{k^q} + \sum_{k=1}^{\infty} \frac{1}{k^q(2k-1)^p}$$

{use (1.5) for the second sum}

$$= 2^{-p} \sum_{k=1}^{\infty} \frac{H_k^{(p)}}{n^q} - 2^{q-1} \sum_{k=1}^{\infty} \frac{H_k^{(p)}}{k^q} - 2^{q-1} \sum_{k=1}^{\infty} \frac{(-1)^k H_k^{(p)}}{k^q} + \sum_{k=1}^{\infty} \frac{1}{k^q(2k-1)^p}$$

$$= (2^{-p} - 2^{q-1}) \sum_{k=1}^{\infty} \frac{H_k^{(p)}}{k^q} - 2^{q-1} \sum_{k=1}^{\infty} \frac{(-1)^k H_k^{(p)}}{k^q} + \sum_{k=1}^{\infty} \frac{1}{k^q(2k-1)^p}. \quad (2.106)$$

On the other hand,

$$\sum_{k=1}^{\infty} \frac{H_k^{(q)} - \zeta(q)}{(2k-1)^p} = \sum_{k=1}^{\infty} \frac{H_k^{(q)}}{(2k-1)^p} - \zeta(q) \sum_{k=1}^{\infty} \frac{1}{(2k-1)^p}$$

{seperate the first term of the first sum}

$$= 1 + \sum_{k=2}^{\infty} \frac{H_k^{(q)}}{(2k-1)^p} - \zeta(q) \sum_{k=1}^{\infty} \frac{1}{(2k-1)^p}$$

{shift both indexes by +1}

$$= 1 + \sum_{k=1}^{\infty} \frac{H_{k+1}^{(q)}}{(2k+1)^p} - \zeta(q) \sum_{k=0}^{\infty} \frac{1}{(2k+1)^p}$$

$$= 1 + \sum_{k=1}^{\infty} \frac{H_k^{(q)} + \frac{1}{(k+1)^q}}{(2k+1)^p} - \zeta(q) \sum_{k=0}^{\infty} \frac{1}{(2k+1)^p}$$

$$= 1 + \sum_{k=1}^{\infty} \frac{H_k^{(q)}}{(2k+1)^p} + \sum_{k=1}^{\infty} \frac{1}{(k+1)^q(2k+1)^p} - \zeta(q) \sum_{k=0}^{\infty} \frac{1}{(2k+1)^p}$$

{shift the index of the second sum by −1}

$$= 1 + \sum_{k=1}^{\infty} \frac{H_k^{(q)}}{(2k+1)^p} + \sum_{k=2}^{\infty} \frac{1}{k^q(2k-1)^p} - \zeta(q) \sum_{k=0}^{\infty} \frac{1}{(2k+1)^p}$$

$$\left\{ \text{use the fact that } \sum_{k=1}^{\infty} \frac{1}{k^q(2k-1)^p} = 1 + \sum_{k=2}^{\infty} \frac{1}{k^q(2k-1)^p} \right\}$$

{and recall the result of the latter sum from (1.85)}

$$= \sum_{k=1}^{\infty} \frac{H_k^{(q)}}{(2k+1)^p} + \sum_{k=1}^{\infty} \frac{1}{k^q(2k-1)^p} - \zeta(q)(1 - 2^{-p})\zeta(p). \quad (2.107)$$

Combining (2.106) and (2.107) completes the proof.

2.6 Identities By Fourier Series

2.6.1 Fourier Series

Let $f(x)$ be a function with a period of $2p$ and integrable on the interval $[-p, p]$. Then its Fourier series is given by

$$f(x) = a_0 + \sum_{n=1}^{\infty} a_n \cos\left(\frac{n\pi x}{p}\right) + \sum_{n=1}^{\infty} b_n \sin\left(\frac{n\pi x}{p}\right), \qquad (2.108)$$

where

$$a_0 = \frac{1}{2\pi} \int_{-p}^{p} f(x) dx,$$

$$a_n = \frac{1}{\pi} \int_{-p}^{p} f(x) \cos\left(\frac{n\pi x}{p}\right) dx, \quad b_n = \frac{1}{\pi} \int_{-p}^{p} f(x) \sin\left(\frac{n\pi x}{p}\right) dx.$$

Proof. Suppose $f\left(\frac{py}{\pi}\right)$ is a 2π-periodic function and expand it in cosine and sine series,

$$f\left(\frac{py}{\pi}\right) = \sum_{n=0}^{\infty} A_n \cos(ny) + \sum_{n=0}^{\infty} B_n \sin(ny),$$

where A_n and B_n are the coefficients of the two series. Separate the first term of both series and use $\cos(0) = 1$ and $\sin(0) = 0$,

$$f\left(\frac{py}{\pi}\right) = A_0 + \sum_{n=1}^{\infty} A_n \cos(ny) + \sum_{n=1}^{\infty} B_n \sin(ny). \qquad (2.109)$$

To find A_0, integrate both sides of (2.109) from $y = -\pi$ to π,

$$\int_{-\pi}^{\pi} f\left(\frac{py}{\pi}\right) dy = \int_{-\pi}^{\pi} A_0 dy + \int_{-\pi}^{\pi} \sum_{n=1}^{\infty} A_n \cos(ny) dy + \int_{-\pi}^{\pi} \sum_{n=1}^{\infty} B_n \sin(ny) dy$$

{interchange integration and summation}

$$= A_0 y \Big|_{-\pi}^{\pi} + \sum_{n=1}^{\infty} A_n \int_{-\pi}^{\pi} \cos(ny) dy + \sum_{n=1}^{\infty} B_n \int_{-\pi}^{\pi} \sin(ny) dy.$$

Since

$$\int_{-a}^{a} f(x) dx = \begin{cases} 2 \int_{0}^{a} f(x) dx & \text{if } f(x) \text{ is even function } (f(-x) = f(x)), \\ 0 & \text{if } f(x) \text{ is odd function } (f(-x) = -f(x)) \end{cases} \qquad (2.110)$$

and since $\cos(ny)$ is an even function and $\sin(ny)$ is an odd function, we have

$$\int_{-\pi}^{\pi} f\left(\frac{py}{\pi}\right) dy = 2\pi A_0 + 2\sum_{n=1}^{\infty} A_n \int_0^{\pi} \cos(ny) dy$$

$$= 2\pi A_0 + 2\sum_{n=1}^{\infty} A_n \frac{\sin(ny)}{n}\bigg|_0^{\pi} = 2\pi A_0 + 0.$$

Divide both sides by 2π,

$$A_0 = \frac{1}{2\pi} \int_{-\pi}^{\pi} f\left(\frac{py}{\pi}\right) dy. \tag{2.111}$$

To find A_n, multiply both sides of (2.109) by $\cos(ny)$ then integrate from $y = -\pi$ to π,

$$\int_{-\pi}^{\pi} f\left(\frac{py}{\pi}\right) \cos(ny) dy$$

$$= \int_{-\pi}^{\pi} A_0 \cos(ny) dy + \sum_{n=1}^{\infty} A_n \int_{-\pi}^{\pi} \cos^2(ny) dy + \sum_{n=1}^{\infty} B_n \int_{-\pi}^{\pi} \sin(ny) \cos(ny) dy$$

{the last integral is 0, since the integrand is an odd function}

$$= A_0 \frac{\sin(ny)}{n}\bigg|_{-\pi}^{\pi} + \sum_{n=1}^{\infty} A_n \frac{2ny + \sin(2ny)}{4n}\bigg|_{-\pi}^{\pi}$$

$$= \frac{2A_0 \sin(n\pi)}{n} + \sum_{n=1}^{\infty} A_n \left(\frac{\sin(2n\pi)}{2n} + \pi\right)$$

{write $\sin(n\pi) = \sin(2n\pi) = 0$, since n is an integer}

$$= 0 + \pi \sum_{n=1}^{\infty} A_n.$$

Divide both sides by π,

$$A_n = \frac{1}{\pi} \int_{-\pi}^{\pi} f\left(\frac{py}{\pi}\right) \cos(ny) dy. \tag{2.112}$$

To find B_n, multiply both sides of (2.109) by $\sin(ny)$ then integrate from $x = -\pi$ to π,

$$\int_{-\pi}^{\pi} f\left(\frac{py}{\pi}\right) \sin(ny) dy$$

$$= \int_{-\pi}^{\pi} A_0 \sin(ny) dy + \sum_{n=1}^{\infty} A_n \int_{-\pi}^{\pi} \cos(ny) \sin(ny) dy + \sum_{n=1}^{\infty} B_n \int_{-\pi}^{\pi} \sin^2(ny) dy$$

2.6. Identities By Fourier Series

{the first two integrals are 0, since their integrand is an odd function}

$$= \sum_{n=1}^{\infty} B_n \frac{2ny - \sin(2ny)}{4n} \bigg|_{-\pi}^{\pi} = \sum_{n=1}^{\infty} B_n \left(\pi - \frac{\sin(2n\pi)}{2n}\right) = \pi \sum_{n=1}^{\infty} B_n,$$

where we used $\sin(2n\pi) = 0$ for integer n. Divide both sides by π,

$$B_n = \frac{1}{\pi} \int_{-\pi}^{\pi} f\left(\frac{py}{\pi}\right) \sin(ny) dy. \tag{2.113}$$

Plugging the results from (2.111), (2.112), and (2.113) in (2.109) yields

$$f\left(\frac{py}{\pi}\right) = \frac{1}{2\pi} \int_{-\pi}^{\pi} f\left(\frac{py}{\pi}\right) dy + \sum_{n=1}^{\infty} \left(\frac{1}{\pi} \int_{-\pi}^{\pi} f\left(\frac{py}{\pi}\right) \cos(ny) dy\right) \cos(ny)$$

$$+ \sum_{n=1}^{\infty} \left(\frac{1}{\pi} \int_{-\pi}^{\pi} f\left(\frac{py}{\pi}\right) \sin(ny) dy\right) \sin(ny). \tag{2.114}$$

Substitute $\frac{py}{\pi} = x$ in (2.114),

$$f(x) = \underbrace{\frac{1}{2p} \int_{-p}^{p} f(x) dx}_{a_o} + \sum_{n=1}^{\infty} \underbrace{\left(\frac{1}{p} \int_{-p}^{p} f(x) \cos\left(\frac{n\pi x}{p}\right) dx\right)}_{a_n} \cos\left(\frac{n\pi x}{p}\right)$$

$$+ \sum_{n=1}^{\infty} \underbrace{\left(\frac{1}{p} \int_{-p}^{p} f(x) \sin\left(\frac{n\pi x}{p}\right) dx\right)}_{b_n} \sin\left(\frac{n\pi x}{p}\right)$$

$$= a_0 + \sum_{n=1}^{\infty} a_n \cos\left(\frac{n\pi x}{p}\right) + \sum_{n=1}^{\infty} b_n \sin\left(\frac{n\pi x}{p}\right).$$

Since we assumed $f\left(\frac{py}{\pi}\right)$ has a period of 2π and so $f\left(\frac{py}{\pi}\right) = f\left(\frac{p}{\pi}(y + 2\pi)\right) = f\left(\frac{py}{\pi} + 2p\right)$, and since we substituted $\frac{py}{\pi} = x$, we have $f(x) = f(x + 2p)$, which indicates that $f(x)$ has a period of $2p$ and the proof is finished.

2.6.2 Fourier Series of Even Function

Let $f(x)$ be an even function with a period of $2p$ and integrable on the interval $[-p, p]$. Then its Fourier series is given by

$$f(x) = a_0 + \sum_{n=1}^{\infty} a_n \cos\left(\frac{n\pi x}{p}\right), \tag{2.115}$$

(continued)

where

$$a_0 = \frac{1}{\pi}\int_0^p f(x)\mathrm{d}x, \quad a_n = \frac{2}{\pi}\int_0^p f(x)\cos\left(\frac{n\pi x}{p}\right)\mathrm{d}x.$$

Proof. Let's recall the definitions of a_0, a_n, and b_n in (2.108):

$$a_0 = \frac{1}{2\pi}\int_{-p}^p f(x)\mathrm{d}x$$

{the integrand is an even function}

$$= \frac{1}{\pi}\int_0^p f(x)\mathrm{d}x.$$

$$a_n = \frac{1}{\pi}\int_{-p}^p f(x)\cos\left(\frac{n\pi x}{p}\right)\mathrm{d}x$$

{the integrand is an even function}

$$= \frac{2}{\pi}\int_0^p f(x)\cos\left(\frac{n\pi x}{p}\right)\mathrm{d}x.$$

$$b_n = \frac{1}{\pi}\int_{-p}^p f(x)\sin\left(\frac{n\pi x}{p}\right)\mathrm{d}x$$

{the integrand is an odd function}

$$= 0.$$

The proof follows on plugging $a_0, a_n,$ and b_n in (2.108).

2.6.3 Fourier Series of Odd Function

Let $f(x)$ be an odd function with a period of $2p$ and integrable on the interval $[-p, p]$. Then its Fourier series is given by

$$f(x) = \sum_{n=1}^{\infty} b_n \sin\left(\frac{n\pi x}{p}\right), \qquad (2.116)$$

where

$$b_n = \frac{2}{\pi}\int_0^p f(x)\sin\left(\frac{n\pi x}{p}\right)\mathrm{d}x.$$

Proof. We follow the previous approach:

2.6. Identities By Fourier Series

$$a_0 = \frac{1}{2\pi} \int_{-p}^{p} f(x)\mathrm{d}x$$

{the integrand is an odd function}

$$= 0.$$

$$a_n = \frac{1}{\pi} \int_{-p}^{p} f(x) \cos\left(\frac{n\pi x}{p}\right) \mathrm{d}x$$

{the integrand is an odd function}

$$= 0.$$

$$b_n = \frac{1}{\pi} \int_{-p}^{p} f(x) \sin\left(\frac{n\pi x}{p}\right) \mathrm{d}x$$

{the integrand is an even function}

$$= \frac{2}{\pi} \int_{0}^{p} f(x) \sin\left(\frac{n\pi x}{p}\right) \mathrm{d}x,$$

and the proof completes on plugging $a_0, a_n,$ and b_n in (2.108).

2.6.4 Fourier Series of $\cos(zx)$

The following identity holds:

$$\cos(zx) = \frac{2z \sin(\pi z)}{\pi} \left[\frac{1}{2z^2} - \sum_{n=1}^{\infty} \frac{(-1)^n \cos(nx)}{n^2 - z^2} \right], \quad z \notin \mathbb{Z}. \quad (2.117)$$

Proof. Since $\cos(zx)$ is an even function, we recall (2.115)

$$f(x) = a_0 + \sum_{n=1}^{\infty} a_n \cos\left(\frac{n\pi x}{p}\right),$$

where

$$a_0 = \frac{1}{\pi} \int_{0}^{p} f(x)\mathrm{d}x, \quad a_n = \frac{2}{\pi} \int_{0}^{p} f(x) \cos\left(\frac{n\pi x}{p}\right) \mathrm{d}x.$$

Since $\cos(zx) = \cos(zx + 2\pi)$, which indicates that the period of the function is 2π and so $p = \pi$, its Fourier expansion is given by

$$\cos(zx) = a_0 + \sum_{n=1}^{\infty} a_n \cos(nx). \quad (2.118)$$

Let's find a_0 and a_n:

$$a_0 = \frac{1}{\pi}\int_0^\pi \cos(zx)\,\mathrm{d}x = \frac{\sin(\pi z)}{\pi z}.$$

$$a_n = \frac{2}{\pi}\int_0^\pi \cos(zx)\cos(nx)\,\mathrm{d}x$$

{make use of $2\cos(x)\cos(y) = \cos(x-y) + \cos(x+y)$}

$$= \frac{1}{\pi}\int_0^\pi [\cos((z-n)x) + \cos((z+n)x)]\,\mathrm{d}x$$

$$= \frac{1}{\pi}\left[\frac{\sin((z-n)x)}{z-n} + \frac{\sin((z+n)x)}{z+n}\right]_0^\pi$$

$$= \frac{1}{\pi}\left[\frac{\sin((z-n)\pi)}{z-n} + \frac{\sin((z+n)\pi)}{z+n}\right]$$

{use $\sin(x \pm y) = \sin(x)\cos(y) \pm \cos(x)\sin(y)$}

$$= \frac{2}{\pi}\left(\frac{n\cos(\pi z)\sin(\pi n) - z\sin(\pi z)\cos(\pi n)}{n^2 - z^2}\right)$$

{write $\cos(n\pi) = (-1)^n$ and $\sin(n\pi) = 0$, since n is an integer}

$$= -\frac{2(-1)^n z \sin(\pi z)}{\pi(n^2 - z^2)}.$$

Substituting the results of a_0 and a_n in (2.118) completes the proof.

2.6.5 Fourier Series of $\sin(zx)$

The following equality holds:

$$\sin(zx) = -\frac{2\sin(\pi z)}{\pi}\sum_{n=1}^\infty \frac{(-1)^n n \sin(nx)}{n^2 - z^2}, \quad z \notin \mathbb{Z}. \qquad (2.119)$$

Proof. Since $\sin(zx)$ is an odd function, we recollect (2.116)

$$f(x) = \sum_{n=1}^\infty b_n \sin\left(\frac{n\pi x}{p}\right), \quad b_n = \frac{2}{\pi}\int_0^p f(x)\sin\left(\frac{n\pi x}{p}\right)\mathrm{d}x.$$

Since $\sin(zx) = \sin(zx + 2\pi)$, which indicates that the period of the function is 2π and so $p = \pi$, its Fourier expansion is given by

$$\sin(zx) = \sum_{n=1}^\infty b_n \sin(nx). \qquad (2.120)$$

Let's find b_n:

$$b_n = \frac{2}{\pi}\int_0^\pi \sin(zx)\sin(nx)\,\mathrm{d}x$$

{make use of $2\sin(x)\sin(y) = \cos(x-y) - \cos(x+y)$}

$$= \frac{1}{\pi}\int_0^\pi [\cos((z-n)x) - \cos((z+n)x)]\,\mathrm{d}x$$

$$= \frac{1}{\pi}\left[\frac{\sin((z-n)x)}{z-n} - \frac{\sin((z+n)x)}{z+n}\right]_0^\pi$$

$$= \frac{1}{\pi}\left[\frac{\sin((z-n)\pi)}{z-n} - \frac{\sin((z+n)\pi)}{z+n}\right]$$

{use $\sin(x \pm y) = \sin(x)\cos(y) \pm \cos(x)\sin(y)$}

$$= \frac{2}{\pi}\left(\frac{z\cos(\pi z)\sin(\pi n) - n\sin(\pi z)\cos(\pi n)}{n^2 - z^2}\right)$$

{write $\cos(n\pi) = (-1)^n$ and $\sin(n\pi) = 0$ for integer n}

$$= -\frac{2(-1)^n n \sin(\pi z)}{\pi(n^2 - z^2)}.$$

Plugging b_n in (2.120) yields the proof.

2.6.6 Fourier Series of $\ln(\sin x)$

For $0 < x < \pi$, we have

$$\ln(\sin x) = -\ln(2) - \sum_{n=1}^\infty \frac{\cos(2nx)}{n}. \qquad (2.121)$$

Proof (i). Since $\ln|\sin x|$ is an even function and has a period of π as $\ln|\sin x| = \ln|\sin(x+\pi)|$ and so $p = \pi/2$. Thus, based on (2.115), its Fourier expansion is given by

$$\ln|\sin x| = a_0 + \sum_{n=1}^\infty a_n \cos(2nx), \qquad (2.122)$$

where

$$a_0 = \frac{2}{\pi}\int_0^{\pi/2} \ln|\sin x|\,\mathrm{d}x, \quad a_n = \frac{4}{\pi}\int_0^{\pi/2} \ln|\sin x|\cos(2nx)\,\mathrm{d}x.$$

We have

$$a_0 = \frac{2}{\pi}\int_0^{\pi/2} \ln|\sin x|\,\mathrm{d}x$$

{note that $\ln|\sin x| = \ln(\sin x)$ for $0 < x < \pi$}

$$= \frac{2}{\pi}\int_0^{\frac{\pi}{2}} \ln(\sin x)\,dx$$

{this integral is given in (3.107)}

$$= \frac{2}{\pi}\left(-\frac{\pi}{2}\ln(2)\right) = -\ln(2)$$

and

$$a_n = \frac{4}{\pi}\int_0^{\frac{\pi}{2}} \ln|\sin x|\cos(2nx)\,dx = \frac{4}{\pi}\int_0^{\frac{\pi}{2}} \ln(\sin x)\cos(2nx)\,dx$$

$$\stackrel{\text{IBP}}{=} \underbrace{\frac{4}{2\pi n}\sin(2nx)\ln(\sin x)\Big|_0^{\frac{\pi}{2}}}_{0} - \frac{1}{2n}\int_0^{\frac{\pi}{2}} \sin(2nx)\cot(x)\,dx$$

{the latter integral is given in (3.106)}

$$= -\frac{1}{2n}\left(\frac{\pi}{2}\right) = -\frac{\pi}{4n}.$$

Plug a_0 and a_n in (2.122),

$$\ln|\sin x| = -\ln(2) - \sum_{n=1}^{\infty}\frac{\cos(2nx)}{n}.$$

The proof follows on noticing that $\ln|\sin x| = \ln(\sin x)$ for $0 < x < \pi$.

Proof (ii). By considering the real parts of Euler's formula in (1.16), we have

$$\cos(x) = \Re e^{ix}.$$

Therefore,

$$\sum_{n=1}^{\infty}\frac{\cos(2nx)}{n} = \Re\sum_{n=1}^{\infty}\frac{e^{2inx}}{n} = \Re\sum_{n=1}^{\infty}\frac{(e^{2ix})^n}{n}$$

$$= -\Re\ln\left(1 - e^{2ix}\right)$$

{write $e^{2ix} = \cos(2x) + i\sin(2x)$}

$$= -\Re\ln\left(1 - \cos(2x) - i\sin(2x)\right)$$

{use $\ln(x+iy) = \frac{1}{2}\ln(x^2+y^2) + i\arctan\left(\frac{y}{x}\right), x > 0$ given in (1.15)}

{since $1 - \cos(2x) > 0$ for $0 < x < \pi$}

$$= -\Re\left\{\frac{1}{2}\ln[(1-\cos(2x))^2 + \sin^2(2x)] + i\arctan\left(\frac{-\sin(2x)}{1-\cos(2x)}\right)\right\}$$

2.6. Identities By Fourier Series

$$\{\text{use } 1 - \cos(2x) = 2\sin^2 x \text{ and } \sin(2x) = 2\sin x \cos x\}$$

$$= -\Re\left\{\frac{1}{2}\ln[4\sin^4 x + 4\sin^2 x \cos^2 x] + i\arctan\left(\frac{-2\sin x \cos x}{2\sin^2 x}\right)\right\}$$

$$= -\Re\left\{\frac{1}{2}\ln[4\sin^2 x(\sin^2 x + \cos^2 x)] + i\arctan(-\cot x)\right\}$$

$$\left\{\text{note that } \arctan(-\cot x) = \arctan\left(-\tan\left(\frac{\pi}{2} - x\right)\right) = -\left(\frac{\pi}{2} - x\right)\right\}$$

$$= -\Re\left\{\frac{1}{2}\ln(2\sin x)^2 - i\left(\frac{\pi}{2} - x\right)\right\}$$

$$= \Re\left\{-\ln(2\sin x) + i\left(\frac{\pi}{2} - x\right)\right\} \tag{2.123}$$

$$= -\ln(2\sin x) = -\ln(2) - \ln(\sin x),$$

and the proof is complete.

Further, by considering the imaginary parts in (2.123), we see that

$$\frac{\pi}{2} - x = \Im \sum_{n=1}^{\infty} \frac{e^{2inx}}{n} = \sum_{n=1}^{\infty} \frac{\sin(2nx)}{n}.$$

Replace x by $x/2$

$$\sum_{n=1}^{\infty} \frac{\sin(nx)}{n} = \frac{\pi}{2} - \frac{x}{2}. \tag{2.124}$$

The latter identity is very useful. To show that, integrate both sides,

$$-\sum_{n=1}^{\infty} \frac{\cos(nx)}{n^2} = \frac{\pi}{2}x - \frac{x^2}{4} + c.$$

To find the constant c, set $x = 0$,

$$c = -\sum_{n=1}^{\infty} \frac{1}{n^2} = -\zeta(2) = -\frac{\pi^2}{6}.$$

Therefore,

$$\sum_{n=1}^{\infty} \frac{\cos(nx)}{n^2} = \frac{x^2}{4} - \frac{\pi}{2}x + \frac{\pi^2}{6}, \quad 0 \le x \le 2\pi. \tag{2.125}$$

Integrating the latter identity from $x = 0$ to x gives

$$\sum_{n=1}^{\infty} \frac{\sin(nx)}{n^3} = \frac{x^3}{12} - \frac{\pi}{4}x^2 + \frac{\pi^2}{6}x, \quad 0 \le x \le 2\pi, \tag{2.126}$$

and so on.

2.6.7 Fourier Series of $\ln(\cos x)$

For $|x| < \frac{\pi}{2}$, we have

$$\ln(\cos x) = -\ln(2) - \sum_{n=1}^{\infty} \frac{(-1)^n \cos(2nx)}{n}. \qquad (2.127)$$

Proof (i). Let $x = \frac{\pi}{2} - y$ in (2.121),

$$\ln\left(\sin\left(\frac{\pi}{2} - y\right)\right) = -\ln(2) - \sum_{n=1}^{\infty} \frac{\cos(\pi n - 2ny)}{n}.$$

Use $\sin(\frac{\pi}{2} - y) = \cos y$ and $\cos(a-b) = \cos(a)\cos(b) + \sin(a)\sin(b)$,

$$\ln(\cos y) = -\ln(2) - \sum_{n=1}^{\infty} \frac{\cos(\pi n)\cos(2ny) + \sin(\pi n)\sin(2ny)}{n}.$$

The proof follows on using $\cos(\pi n) = (-1)^n$ and $\sin(\pi n) = 0$ for integer n.

Proof (ii).

$$\sum_{n=1}^{\infty} \frac{(-1)^n \cos(2nx)}{n} = \Re \sum_{n=1}^{\infty} \frac{(-1)^n e^{2inx}}{n} = \Re \sum_{n=1}^{\infty} \frac{(-e^{2ix})^n}{n}$$

$$= -\Re \ln\left(1 + e^{2ix}\right) = -\Re \ln\left(1 + \cos(2x) + i\sin(2x)\right)$$

$$\left\{\text{use } \ln(x + iy) = \frac{1}{2}\ln(x^2 + y^2) + i\arctan\left(\frac{y}{x}\right), x > 0 \text{ given in (1.15)}\right\}$$

$$\{\text{since } 1 + \cos(2x) > 0 \text{ for } |x| < \pi/2\}$$

$$= -\Re \left\{\frac{1}{2}\ln[(1 + \cos(2x))^2 + \sin^2(2x)] + i\arctan\left(\frac{\sin(2x)}{1 + \cos(2x)}\right)\right\}$$

$$\{\text{use } 1 + \cos(2x) = 2\cos^2 x \text{ and } \sin(2x) = 2\sin x \cos x\}$$

$$= -\Re \left\{\frac{1}{2}\ln[4\cos^4 x + 4\sin^2 x \cos^2 x] + i\arctan\left(\frac{2\sin x \cos x}{2\cos^2 x}\right)\right\}$$

$$= -\Re \left\{\frac{1}{2}\ln[4\cos^2 x(\cos^2 x + \sin^2 x)] + i\arctan(\tan x)\right\}$$

$$= -\Re \left\{\frac{1}{2}\ln(2\cos x)^2 + ix\right\}$$

$$= \Re \left\{-\ln(2\cos x) - ix\right\} \qquad (2.128)$$

$$= -\ln(2\cos x) = -\ln(2) - \ln(\cos x).$$

2.6.8 Fourier Series of $\ln(\tan x)$

For $0 < x < \frac{\pi}{2}$, we have

$$\ln(\tan x) = -2 \sum_{n=0}^{\infty} \frac{\cos((4n+2)x)}{2n+1}. \qquad (2.129)$$

Proof. Set $a_n = \frac{\cos(2nx)}{n}$ in (1.7):

$$2\sum_{n=0}^{\infty} a_{2n+1} = \sum_{n=1}^{\infty} a_n - \sum_{n=1}^{\infty} (-1)^n a_n,$$

we have

$$2\sum_{n=0}^{\infty} \frac{\cos(4n+2)x)}{2n+1} = \sum_{n=1}^{\infty} \frac{\cos(2nx)}{n} - \sum_{n=1}^{\infty} \frac{(-1)^n \cos(2nx)}{n}$$

$$\{\text{collect the results from (2.121) and (2.127)}\}$$

$$= -\ln(2) - \ln(\sin x) - (-\ln(2) - \ln(\cos x))$$

$$= -\ln(\sin x) + \ln(\cos x)$$

$$= -\ln\left(\frac{\sin x}{\cos x}\right) = -\ln(\tan x).$$

2.6.9 Series Representation of $\frac{\pi}{\sin(\pi z)}$

The following equality holds:

$$\frac{\pi}{\sin(\pi z)} = \frac{1}{z} - \sum_{n=1}^{\infty} \frac{2z(-1)^n}{n^2 - z^2}, \quad z \notin \mathbb{Z}. \qquad (2.130)$$

Proof. Set $x = 0$ in (2.117).

2.6.10 Series Representation of $\cot(\pi z)$

The following equality holds:

$$\sum_{n=1}^{\infty} \frac{1}{n^2 - z^2} = \frac{1}{2z^2} - \frac{\pi}{2z} \cot(\pi z), \quad z \notin \mathbb{Z}. \qquad (2.131)$$

Proof. Set $x = \pi$ in (2.117) and use $\cos(\pi n) = (-1)^n$ for integer n.

Moreover, if we replace z by iz in (2.131) and use $\cot(iz) = -i\coth(z)$, we obtain

$$\sum_{n=1}^{\infty} \frac{1}{n^2 + z^2} = -\frac{1}{2z^2} + \frac{\pi}{2z}\coth(\pi z), \quad z \neq \mathbb{Z}. \tag{2.132}$$

2.6.11 Euler's Product Formula of $\sin(\pi z)$

The following identity holds:

$$\frac{\pi z}{\sin(\pi z)} = \prod_{n=1}^{\infty} \left(\frac{n^2 - z^2}{n^2}\right)^{-1}, \quad z \notin \mathbb{Z}. \tag{2.133}$$

Proof. Multiply both sides of (2.131):

$$\sum_{n=1}^{\infty} \frac{1}{n^2 - z^2} = \frac{1}{2z^2} - \frac{\pi}{2z}\cot(\pi z)$$

by $2z$ then integrate from $z = 0$ to x,

$$\sum_{n=1}^{\infty} \int_0^x \frac{2z}{n^2 - z^2}\,dz = \int_0^x \left(\frac{1}{z} - \pi\cot(\pi z)\right) dz.$$

The LHS: Since

$$\int_0^x \frac{2z}{n^2 - z^2}\,dz = \int_0^x \frac{n^2}{n^2 - z^2}\frac{2z}{n^2}\,dz = -\ln\left(\frac{n^2 - z^2}{n^2}\right)\bigg|_0^x = \ln\left(\frac{n^2 - x^2}{n^2}\right)^{-1},$$

we have

$$\sum_{n=1}^{\infty} \int_0^x \frac{2z}{n^2 - z^2}\,dz = \sum_{n=1}^{\infty} \ln\left(\frac{n^2 - x^2}{n^2}\right)^{-1} = \ln\prod_{n=1}^{\infty}\left(\frac{n^2 - x^2}{n^2}\right)^{-1},$$

where the last step follows from using (1.12).

The RHS:

$$\int_0^x \left(\frac{1}{z} - \pi\cot(\pi z)\right) dz = \ln(z) - \ln\sin(\pi z)\bigg|_0^x$$

$$= \ln\left(\frac{z}{\sin(\pi z)}\right)\bigg|_0^x = \ln\left(\frac{x}{\sin(\pi x)}\right) - \lim_{z \to 0}\ln\left(\frac{z}{\sin(\pi z)}\right)$$

$$\left\{\text{use } \lim_{z \to 0} \frac{z}{\sin(\pi z)} = \frac{1}{\pi}\right\}$$

2.6. Identities By Fourier Series

$$= \ln\left(\frac{x}{\sin(\pi x)}\right) + \ln(\pi) = \ln\left(\frac{\pi x}{\sin(\pi x)}\right).$$

Equating the two sides,

$$\ln \prod_{n=1}^{\infty} \left(\frac{n^2 - x^2}{n^2}\right)^{-1} = \ln\left(\frac{\pi x}{\sin(\pi x)}\right).$$

Exponentiating both sides with base e then replacing x by z completes the proof. If we replace z by iz in (2.133) and use $\sin(iz) = -i\sinh(z)$, we obtain

$$\frac{\pi z}{\sinh(\pi z)} = -\prod_{n=1}^{\infty} \left(\frac{n^2 + z^2}{n^2}\right)^{-1}, \quad z \in \mathbb{C}. \tag{2.134}$$

2.6.12 Series Representation of $\sec\left(\frac{\pi}{2}z\right)$

The following equality holds:

$$\sec\left(\frac{\pi}{2}z\right) = \frac{4}{\pi} \cdot \Im \sum_{n=1}^{\infty} \frac{n\, i^n}{n^2 - z^2}, \quad z \notin \mathbb{Z}. \tag{2.135}$$

Proof. Set $x = \pi/2$ in (2.119), we obtain

$$\frac{\sin\left(\frac{\pi}{2}z\right)}{\sin(\pi z)} = -\frac{2}{\pi} \sum_{n=1}^{\infty} \frac{(-1)^n n \sin\left(\frac{\pi}{2}n\right)}{n^2 - z^2}.$$

The LHS:

$$\frac{\sin\left(\frac{\pi}{2}z\right)}{\sin(\pi z)} = \frac{\sin\left(\frac{\pi}{2}z\right)}{2\sin\left(\frac{\pi}{2}z\right)\cos\left(\frac{\pi}{2}z\right)} = \frac{1}{2\cos\left(\frac{\pi}{2}z\right)} = \frac{1}{2}\sec\left(\frac{\pi}{2}z\right).$$

The RHS: Since

$$\sum_{n=1}^{\infty} a_n \sin\left(\frac{\pi}{2}n\right) = a_1(1) + a_2(0) + a_3(-1) + a_4(0) + \cdots$$

$$= a_1 - a_3 + a_5 - \cdots$$

$$= \sum_{n=0}^{\infty} (-1)^n a_{2n+1} = \Im \sum_{n=1}^{\infty} i^n a_n,$$

where the last result follows from (1.11), we have

$$\sum_{n=1}^{\infty} \frac{(-1)^n n \sin\left(\frac{\pi}{2}n\right)}{n^2 - z^2} = \Im \sum_{n=1}^{\infty} \frac{n(-i)^n}{n^2 - z^2} = -\Im \sum_{n=1}^{\infty} \frac{n\, i^n}{n^2 - z^2}.$$

In the last step, we used
$$\Im(x-iy) = -\Im(x+iy).$$
The proof finalizes on equating the two sides.
If we replace z by iz then use $\sec(iz) = \operatorname{sech}(z)$, we conclude

$$\operatorname{sech}\left(\frac{\pi}{2}z\right) = \frac{4}{\pi} \cdot \Im \sum_{n=1}^{\infty} \frac{n\, i^n}{n^2+z^2}, \quad z \in \mathbb{Z}. \tag{2.136}$$

2.6.13 Series Representation of $\sin(x)$

For $|x| < \frac{\pi}{2}$, the following equality holds:

$$\sin(x) = -\frac{8}{\pi} \sum_{n=1}^{\infty} \frac{(-1)^n n \sin(2nx)}{4n^2-1}. \tag{2.137}$$

Proof. The proof follows from (2.119) on setting $z = 1/2$ then replacing x by $2x$.

2.6.14 Series Representation of $\tan x \ln(\sin x)$

For $0 < x < \pi$, we have

$$\tan x \ln(\sin x) = -\sum_{n=1}^{\infty} \left(\int_0^1 \frac{1-t}{1+t} t^{n-1}\, dt\right) \sin(2nx). \tag{2.138}$$

The following proof may be found in [28, p. 243]:
Proof. By the definition of $\tanh(x)$, we have

$$\int_0^\infty \tanh(y) e^{-2ny}\, dy = \int_0^\infty \frac{1-e^{-2y}}{1+e^{-2y}} e^{-2ny}\, dy \stackrel{e^{-2y}=t}{=} \frac{1}{2}\int_0^1 \frac{1-t}{1+t} t^{n-1}\, dt.$$

Multiply both sides by $2\sin(2x)$ then take the summation over $n \geq 1$,

$$\sum_{n=1}^{\infty}\left(\int_0^1 \frac{1-t}{1+t} t^{n-1}\, dt\right)\sin(2nx)$$

$$= 2\int_0^\infty \tanh(y)\left(\sum_{n=1}^{\infty} \sin(2nx) e^{-2ny}\right) dy$$

$$= 2\int_0^\infty \tanh(y)\left(\Im \sum_{n=1}^{\infty} e^{2inx} e^{-2ny}\right) dy$$

2.6. Identities By Fourier Series

$$= 2\int_0^\infty \tanh(y)\left(\Im\sum_{n=1}^\infty \left(e^{2ix-2y}\right)^n\right)dy$$

$$= 2\int_0^\infty \tanh(y)\left(\Im\frac{e^{2ix-2y}}{1-e^{2ix-2y}}\right)dy$$

$$= 2\int_0^\infty \tanh(y)\left(\frac{1}{2}\frac{\sin(2x)}{\cosh(2y)-\cos(2x)}\right)dy$$

$$= \sin(2x)\int_0^\infty \frac{\sinh(y)}{\cosh(y)(2\cosh^2(y)-1-\cos(2x))}dy$$

$$\{\text{set }\cosh(y)=1/t\}$$

$$= \sin(2x)\int_0^1 \frac{t}{2-(1+\cos(2x))t^2}dt$$

$$\{\text{use }1+\cos(2x)=2\cos^2(x)\}$$

$$= \frac{1}{2}\sin(2x)\int_0^1 \frac{t}{1-\cos^2(x)t^2}dt$$

$$= \frac{1}{2}\sin(2x)\left[-\frac{\ln(1-\cos^2(x)t^2)}{2\cos^2 x}\right]_{t=0}^{t=1}$$

$$= -\frac{1}{2}\cdot 2\sin x\cos x\frac{\ln(\sin x)}{\cos^2 x} = -\tan x\ln(\sin x).$$

Note that the value $x = \pi/2$ is included in the domain of $\tan x\ln(\sin x)$, since $\lim_{x\to 0}\tan x\ln(\sin x) = 0$ by L'Hôpital's rule.

Further, by letting $x \to \frac{\pi}{2}-x$ in (2.138) and using $\sin(\frac{\pi}{2}-x) = \cos(x)$, $\tan(\frac{\pi}{2}-x) = \cot(x)$, and $\sin(2n(\frac{\pi}{2}-x)) = -(-1)^n\sin(2nx)$ for integer n, we get

$$\sum_{n=1}^\infty (-1)^n\left(\int_0^1 \frac{1-t}{1+t}t^{n-1}dt\right)\sin(2nx) = \cot x\ln(\cos x), \quad |x| < \frac{\pi}{2}. \quad (2.139)$$

Also note the fact $\lim_{x\to 0}\cot x\ln(\cos x) = 0$ justifies why the value $x = 0$ is included in the domain of the function.

2.6.15 Series Representation of $\ln^2(2\cos x)$

For $|x| < \frac{\pi}{2}$, we have

$$\ln^2(2\cos x) = x^2 + 2\sum_{n=1}^\infty (-1)^n\frac{H_{n-1}}{n}\cos(2nx). \quad (2.140)$$

Proof. Since $\cos x = \Re e^{ix}$, we have

$$\sum_{n=1}^{\infty} (-1)^n \frac{H_{n-1}}{n} \cos(2nx) = \Re \sum_{n=1}^{\infty} (-1)^n \frac{H_{n-1}}{n} e^{2inx}$$

$$= \Re \sum_{n=1}^{\infty} \frac{H_{n-1}}{n} (-e^{2ix})^n$$

{replace x by $-e^{2ix}$ in the generating function in (2.6)}

$$= \frac{1}{2} \Re \ln^2(1 + e^{2ix})$$

{recall the result of $\ln(1 + e^{2ix})$ from (2.128)}

$$= \frac{1}{2} \Re \left[\ln(2\cos x) + ix\right]^2$$

$$= \frac{1}{2} \Re \left[\ln^2(2\cos x) + 2ix \ln(2\cos x) - x^2\right]$$

$$= \frac{1}{2} \ln^2(2\cos x) - \frac{x^2}{2},$$

and the proof is completed.
If we replace x by $\frac{\pi}{2} - x$ in (2.140) using $\cos(\frac{\pi}{2} - x) = \sin(x)$ and $(\cos(2n(\frac{\pi}{2} - x))) = (-1)^n \cos(2nx)$ for integer n, we have

$$\ln^2(2\sin x) = \left(\frac{\pi}{2} - x\right)^2 + 2 \sum_{n=1}^{\infty} \frac{H_{n-1}}{n} \cos(2nx), \quad 0 < x < \pi. \qquad (2.141)$$

Chapter 3

Logarithmic Integrals

3.1 Generalized Logarithmic Integrals

3.1.1 $\int_0^1 \frac{\ln^a(x)}{1-x}dx$

For $a \in \mathbb{Z}^+$, the following identity holds:

$$\int_0^1 \frac{\ln^a(x)}{1-x}dx = (-1)^a a!\zeta(a+1). \tag{3.1}$$

Proof. Expand $\frac{1}{1-x}$ in series then interchange integration and summation,

$$\int_0^1 \frac{\ln^a(x)}{1-x}dx = \sum_{n=1}^\infty \int_0^1 x^{n-1}\ln^a(x)dx$$

{make use of (1.31)}

$$= (-1)^a a! \sum_{n=1}^\infty \frac{1}{n^{a+1}} = (-1)^a a!\zeta(a+1).$$

Examples

$$\int_0^1 \frac{\ln(x)}{1-x}dx = -\zeta(2); \tag{3.2}$$

$$\int_0^1 \frac{\ln^2(x)}{1-x}dx = 2\zeta(3); \tag{3.3}$$

$$\int_0^1 \frac{\ln^3(x)}{1-x}dx = -6\zeta(4); \tag{3.4}$$

$$\int_0^1 \frac{\ln^4(x)}{1-x}\,dx = 24\zeta(5); \tag{3.5}$$

$$\int_0^1 \frac{\ln^5(x)}{1-x}\,dx = -120\zeta(6). \tag{3.6}$$

3.1.2 $\int_0^1 \frac{\ln^a(x)}{1+x}\,dx$

For $a \in \mathbb{Z}^+$, the following identity holds:

$$\int_0^1 \frac{\ln^a(x)}{1+x}\,dx = (-1)^a a!(1-2^{-a})\zeta(a+1). \tag{3.7}$$

Proof. Multiply both sides of $\frac{1}{1+x} = \frac{1}{1-x} - \frac{2x}{1-x^2}$ by $\ln^a(x)$ then integrate,

$$\int_0^1 \frac{\ln^a(x)}{1+x}\,dx = \int_0^1 \frac{\ln^a(x)}{1-x}\,dx - \underbrace{\int_0^1 \frac{2x\ln^a(x)}{1-x^2}\,dx}_{x^2 \to x}$$

$$= \int_0^1 \frac{\ln^a(x)}{1-x}\,dx - 2^{-a}\int_0^1 \frac{\ln^a(x)}{1-x}\,dx$$

$$= (1-2^{-a})\int_0^1 \frac{\ln^a(x)}{1-x}\,dx$$

{recall the result from (3.1)}

$$= (-1)^a a!(1-2^{-a})\zeta(a+1),$$

and the proof is finalized.

Examples

$$\int_0^1 \frac{\ln(x)}{1+x}\,dx = -\frac{1}{2}\zeta(2); \tag{3.8}$$

$$\int_0^1 \frac{\ln^2(x)}{1+x}\,dx = \frac{3}{2}\zeta(3); \tag{3.9}$$

$$\int_0^1 \frac{\ln^3(x)}{1+x}\,dx = -\frac{21}{4}\zeta(4); \tag{3.10}$$

$$\int_0^1 \frac{\ln^4(x)}{1+x}\,dx = \frac{45}{2}\zeta(5); \tag{3.11}$$

$$\int_0^1 \frac{\ln^5(x)}{1+x}\,dx = -\frac{465}{4}\zeta(6). \tag{3.12}$$

3.1.3 $\int_0^1 \frac{\ln^a\left(\frac{1-x}{1+x}\right)}{x}\,dx$

For $a \in \mathbb{Z}^+$, the following identity holds:

$$\int_0^1 \frac{\ln^a\left(\frac{1-x}{1+x}\right)}{x}\,dx = (-1)^a a!(2 - 2^{-a})\zeta(a+1). \tag{3.13}$$

Proof. By making the substitution $\frac{1-x}{1+x} = y$,

$$\int_0^1 \frac{\ln^a\left(\frac{1-x}{1+x}\right)}{x}\,dx = 2\int_0^1 \frac{\ln^a(y)}{1-y^2}\,dy \tag{3.14}$$

$$\left\{\text{write } \frac{1}{1-y^2} = \frac{1}{1-y} - \frac{y}{1-y^2}\right\}$$

$$= 2\int_0^1 \frac{\ln^a(y)}{1-y}\,dy - 2\underbrace{\int_0^1 \frac{y\ln^a(y)}{1-y^2}\,dy}_{y^2 \to y}$$

$$= 2\int_0^1 \frac{\ln^a(y)}{1-y}\,dy - 2^{-a}\int_0^1 \frac{\ln^a(y)}{1-y}\,dy$$

$$= (2 - 2^{-a})\int_0^1 \frac{\ln^a(y)}{1-y}\,dy$$

{make use of (3.1)}

$$= (2 - 2^{-a})(-1)^a a!\zeta(a+1).$$

Examples

$$\int_0^1 \frac{\ln\left(\frac{1-x}{1+x}\right)}{x}\,dx = -\frac{3}{2}\zeta(2); \tag{3.15}$$

$$\int_0^1 \frac{\ln^2\left(\frac{1-x}{1+x}\right)}{x}\,dx = \frac{7}{2}\zeta(3); \tag{3.16}$$

$$\int_0^1 \frac{\ln^3\left(\frac{1-x}{1+x}\right)}{x}\,dx = -\frac{45}{4}\zeta(4); \tag{3.17}$$

$$\int_0^1 \frac{\ln^4\left(\frac{1-x}{1+x}\right)}{x}\,dx = \frac{93}{2}\zeta(5); \tag{3.18}$$

$$\int_0^1 \frac{\ln^5\left(\frac{1-x}{1+x}\right)}{x}\,dx = -\frac{945}{4}\zeta(6). \tag{3.19}$$

3.1.4 $\int_0^1 \frac{\ln\left(\frac{1-x}{1+x}\right)\ln^{a-1}(x)}{x}\,dx$

For $a \in \mathbb{Z}^+$, the following identity holds:

$$\int_0^1 \frac{\ln\left(\frac{1-x}{1+x}\right)\ln^{a-1}(x)}{x}\,dx = (-1)^a(a-1)(2-2^{-a})\zeta(a+1). \qquad (3.20)$$

Proof. Start with applying integration by parts,

$$\int_0^1 \frac{\ln\left(\frac{1-x}{1+x}\right)\ln^{a-1}(x)}{x}\,dx = \underbrace{\frac{\ln^a(x)}{a}\ln\left(\frac{1-x}{1+x}\right)\bigg|_0^1}_{0} + \frac{2}{a}\int_0^1 \frac{\ln^a(x)}{1-x^2}\,dx$$

$$= \frac{2}{a}\int_0^1 \frac{\ln^a(x)}{1-x^2}\,dx.$$

The latter integral appeared in (3.14). Collecting its result gives the proof.

Examples

$$\int_0^1 \frac{\ln\left(\frac{1-x}{1+x}\right)}{x}\,dx = -\frac{3}{2}\zeta(2); \qquad (3.21)$$

$$\int_0^1 \frac{\ln\left(\frac{1-x}{1+x}\right)\ln(x)}{x}\,dx = \frac{7}{4}\zeta(3); \qquad (3.22)$$

$$\int_0^1 \frac{\ln\left(\frac{1-x}{1+x}\right)\ln^2(x)}{x}\,dx = -\frac{15}{4}\zeta(4); \qquad (3.23)$$

$$\int_0^1 \frac{\ln\left(\frac{1-x}{1+x}\right)\ln^3(x)}{x}\,dx = \frac{93}{8}\zeta(5); \qquad (3.24)$$

$$\int_0^1 \frac{\ln\left(\frac{1-x}{1+x}\right)\ln^4(x)}{x}\,dx = -\frac{189}{4}\zeta(6). \qquad (3.25)$$

3.1.5 $\int_0^1 \frac{\ln^a(1-x)}{1+x}\,dx$

For $a \in \mathbb{Z}^+$, the following identity holds:

$$\int_0^1 \frac{\ln^a(1-x)}{1+x}\,dx = (-1)^a a!\operatorname{Li}_{a+1}\left(\frac{1}{2}\right). \qquad (3.26)$$

3.1. Generalized Logarithmic Integrals

Proof. We begin with the change of variable $1 - x = t$,

$$\int_0^1 \frac{\ln^a(1-x)}{1+x}\,dx = \int_0^1 \frac{\ln^a(t)}{2-t}\,dt$$

$$\left\{\text{expand } \frac{1}{2-t} \text{ in series as } \sum_{n=1}^\infty \frac{t^{n-1}}{2^n} \text{ then swab integration and summation}\right\}$$

$$= \sum_{n=1}^\infty \frac{1}{2^n} \int_0^1 t^{n-1} \ln^a(t)\,dt$$

$$\{\text{make use of (1.31)}\}$$

$$= (-1)^a a! \sum_{n=1}^\infty \frac{1}{2^n n^{a+1}} = (-1)^a a!\, \mathrm{Li}_{a+1}\left(\frac{1}{2}\right).$$

Examples

$$\int_0^1 \frac{\ln(1-x)}{1+x}\,dx = -\mathrm{Li}_2\left(\frac{1}{2}\right) = -\frac{1}{2}\zeta(2) + \frac{1}{2}\ln^2(2); \quad (3.27)$$

$$\int_0^1 \frac{\ln^2(1-x)}{1+x}\,dx = 2\,\mathrm{Li}_3\left(\frac{1}{2}\right) = \frac{7}{4}\zeta(3) - \ln(2)\zeta(2) + \frac{1}{3}\ln^3(2); \quad (3.28)$$

$$\int_0^1 \frac{\ln^3(1-x)}{1+x}\,dx = -6\,\mathrm{Li}_4\left(\frac{1}{2}\right); \quad (3.29)$$

$$\int_0^1 \frac{\ln^4(1-x)}{1+x}\,dx = 24\,\mathrm{Li}_5\left(\frac{1}{2}\right). \quad (3.30)$$

In (3.27) and (3.28), we used:

$$\mathrm{Li}_2\left(\frac{1}{2}\right) = \frac{1}{2}\zeta(2) - \frac{1}{2}\ln^2(2),$$

$$\mathrm{Li}_3\left(\frac{1}{2}\right) = \frac{7}{8}\zeta(3) - \frac{1}{2}\ln(2)\zeta(2) + \frac{1}{6}\ln^3(2),$$

which are given in (1.120) and (1.132) respectively.

3.1.6 $\int_0^{\frac{1}{2}} \frac{\ln^a(x)}{1-x}\,dx$

For $a \in \mathbb{Z}^+$, the following identity holds:

$$\int_0^{\frac{1}{2}} \frac{\ln^a(x)}{1-x}\,dx = (-1)^a \sum_{k=0}^a k!\binom{a}{k} \ln^{a-k}(2)\,\mathrm{Li}_{k+1}\left(\frac{1}{2}\right). \quad (3.31)$$

The following proof may be found in [2, p. 4]:

Proof. Substituting $x = \frac{y}{2}$,

$$\int_0^{\frac{1}{2}} \frac{\ln^a(x)}{1-x}dx = \int_0^1 \frac{[\ln(y) - \ln(2)]^a}{2-y}dy$$

$$\left\{\text{use the binomial theorem } (x-y)^a = \sum_{k=0}^a \binom{a}{k}(-y)^{a-k}x^k\right\}$$

$$= \sum_{k=0}^a \binom{a}{k}(-\ln(2))^{a-k}\left(\int_0^1 \frac{\ln^k(y)}{2-y}dy\right)$$

$$\left\{\text{expand } \frac{1}{2-y} \text{ in series then swab integration and summation}\right\}$$

$$= \sum_{k=0}^n \binom{a}{k}(-\ln(2))^{a-k}\left(\sum_{i=1}^\infty \frac{1}{2^i}\int_0^1 y^{i-1}\ln^k(y)dy\right)$$

{make use of (1.31) for the integral}

$$= \sum_{k=0}^a \binom{a}{k}(-\ln(2))^{a-k}\left((-1)^k k! \sum_{i=1}^\infty \frac{1}{2^i i^{k+1}}\right)$$

$$= (-1)^a \sum_{k=0}^a k!\binom{a}{k}\ln^{a-k}(2)\operatorname{Li}_{k+1}\left(\frac{1}{2}\right).$$

Examples

$$\int_0^{\frac{1}{2}} \frac{\ln(x)}{1-x}dx = -\ln(2)\operatorname{Li}_1\left(\frac{1}{2}\right) - \operatorname{Li}_2\left(\frac{1}{2}\right)$$
$$= -\frac{1}{2}\zeta(2) - \frac{1}{2}\ln^2(2); \tag{3.32}$$

$$\int_0^{\frac{1}{2}} \frac{\ln^2(x)}{1-x}dx = \ln^2(2)\operatorname{Li}_1\left(\frac{1}{2}\right) + 2\ln(2)\operatorname{Li}_2\left(\frac{1}{2}\right) + 2\operatorname{Li}_3\left(\frac{1}{2}\right)$$
$$= \frac{7}{4}\zeta(3) + \frac{1}{3}\ln^3(2); \tag{3.33}$$

$$\int_0^{\frac{1}{2}} \frac{\ln^3(x)}{1-x}dx = -\ln^3(2)\operatorname{Li}_1\left(\frac{1}{2}\right) - 3\ln^2(2)\operatorname{Li}_2\left(\frac{1}{2}\right) - 6\ln(2)\operatorname{Li}_3\left(\frac{1}{2}\right)$$
$$-6\operatorname{Li}_4\left(\frac{1}{2}\right)$$
$$= \frac{3}{2}\ln^2(2)\zeta(2) - \frac{21}{4}\ln(2)\zeta(3) - \frac{1}{2}\ln^4(2) - 6\operatorname{Li}_4\left(\frac{1}{2}\right); \tag{3.34}$$

$$\int_0^{\frac{1}{2}} \frac{\ln^4(x)}{1-x}dx = \ln^4(2)\operatorname{Li}_1\left(\frac{1}{2}\right) + 4\ln^3(2)\operatorname{Li}_2\left(\frac{1}{2}\right) + 12\ln^2(2)\operatorname{Li}_3\left(\frac{1}{2}\right)$$

$$+ 24\ln(2)\operatorname{Li}_4\left(\frac{1}{2}\right) + 24\operatorname{Li}_5\left(\frac{1}{2}\right)$$
$$= \frac{21}{2}\ln^2(2)\zeta(3) - 4\ln^3(2)\zeta(2) + \ln^5(2) + 24\ln(2)\operatorname{Li}_4\left(\frac{1}{2}\right)$$
$$+ 24\operatorname{Li}_5\left(\frac{1}{2}\right). \tag{3.35}$$

In the calculations above, we used the value $\operatorname{Li}_1\left(\frac{1}{2}\right) = \ln(2)$, which follows from (1.99) on setting $z = 1/2$.

3.1.7 $\int_0^1 \frac{\ln^a(1+x)}{x}\,dx$

For $a \in \mathbb{Z}^+$, the following identity holds:

$$\int_0^1 \frac{\ln^a(1+x)}{x}\,dx = \frac{\ln^{a+1}(2)}{a+1} + a!\zeta(a+1) - \sum_{k=0}^{a} k!\binom{a}{k}\ln^{a-k}(2)\operatorname{Li}_{k+1}\left(\frac{1}{2}\right). \tag{3.36}$$

The following proof may be found in [2, p. 4]:
Proof. Putting $\frac{1}{1+x} = y$,

$$\int_0^1 \frac{\ln^a(1+x)}{x}\,dx = (-1)^a \int_{\frac{1}{2}}^1 \frac{\ln^a(y)}{y(1-y)}\,dy$$
$$= (-1)^a \int_{\frac{1}{2}}^1 \frac{\ln^a(y)}{y}\,dy + (-1)^a \underbrace{\int_{\frac{1}{2}}^1 \frac{\ln^a(y)}{1-y}\,dy}_{\int_0^1 - \int_0^{1/2}}$$
$$= (-1)^a\left[(-1)^a\frac{\ln^{a+1}(2)}{a+1}\right] + (-1)^a \int_0^1 \frac{\ln^a(y)}{1-y}\,dy - (-1)^a \int_0^{\frac{1}{2}} \frac{\ln^a(y)}{1-y}\,dy$$
{recall the result from (3.1) for the first integral}
$$= \frac{\ln^{a+1}(2)}{a+1} + a!\zeta(a+1) - (-1)^a \int_0^{\frac{1}{2}} \frac{\ln^a(y)}{1-y}\,dy,$$

and the proof follows on substituting the result from (3.31).

Examples

$$\int_0^1 \frac{\ln(1+x)}{x}\,dx = \frac{1}{2}\zeta(2); \tag{3.37}$$

$$\int_0^1 \frac{\ln^2(1+x)}{x}\,dx = \frac{1}{4}\zeta(3); \tag{3.38}$$

$$\int_0^1 \frac{\ln^3(1+x)}{x}dx = 6\zeta(4) - \frac{21}{4}\ln(2)\zeta(3) + \frac{3}{2}\ln^2(2)\zeta(2) - \frac{1}{4}\ln^4(2)$$
$$-6\operatorname{Li}_4\left(\frac{1}{2}\right); \qquad (3.39)$$

$$\int_0^1 \frac{\ln^4(1+x)}{x}dx = 24\zeta(5) - \frac{21}{2}\ln^2(2)\zeta(3) + 4\ln^3(2)\zeta(2) - \frac{4}{5}\ln^5(2)$$
$$-24\ln(2)\operatorname{Li}_4\left(\frac{1}{2}\right) - 24\operatorname{Li}_5\left(\frac{1}{2}\right). \qquad (3.40)$$

3.1.8 $\int_0^1 \frac{\ln^{2a-1}\left(\frac{x}{1-x}\right)}{1+x}dx$

For $a \in \mathbb{Z}^+$, the following identity holds:

$$\int_0^1 \frac{\ln^{2a-1}\left(\frac{x}{1-x}\right)}{1+x}dx = (2a-1)!\left[2\eta(2a) - \frac{\ln^{2a}(2)}{(2a)!} - 2\sum_{n=1}^a \eta(2n)\frac{\ln^{2a-2n}(2)}{(2a-2n)!}\right] \qquad (3.41)$$

Proof. Start with the change of variable $\frac{x}{1-x} = y$,

$$\int_0^1 \frac{\ln^{2a-1}\left(\frac{x}{1-x}\right)}{1+x}dx = \int_0^\infty \frac{\ln^{2a-1}(y)}{(1+y)(1+2y)}dy$$
$$= \int_0^1 \frac{\ln^{2a-1}(y)}{(1+y)(1+2y)}dy + \underbrace{\int_1^\infty \frac{\ln^{2a-1}(y)}{(1+y)(1+2y)}dy}_{y\to 1/y}$$
$$= \int_0^1 \frac{\ln^{2a-1}(y)}{(1+y)(1+2y)}dy - \int_0^1 \frac{\ln^{2a-1}(y)}{(1+y)(2+y)}dy$$
{decompose both integrands}
$$= \int_0^1 \frac{2\ln^{2a-1}(y)}{1+2y}dy + \int_0^1 \frac{\frac{1}{2}\ln^{2a-1}(y)}{1+\frac{1}{2}y}dy - 2\int_0^1 \frac{\ln^{2a-1}(y)}{1+y}dy$$
{make use of (1.111) for the first two integrals}
{and make use of (1.79) for the last integral}
$$= (2a-1)!\left(\operatorname{Li}_{2a}(-2) + \operatorname{Li}_{2a}\left(-\frac{1}{2}\right)\right) + 2(2a-1)!\eta(2a).$$

Set $z = 2$ in (1.134) then write $\operatorname{Li}_{2n}(-1) = -\eta(2n)$ to complete the proof.

Examples

$$\int_0^1 \frac{\ln^3(\frac{x}{1-x})}{1+x} dx = -3\ln^2(2)\zeta(2) - \frac{1}{4}\ln^4(2); \qquad (3.42)$$

$$\int_0^1 \frac{\ln^5(\frac{x}{1-x})}{1+x} dx = -105\ln^2(2)\zeta(4) - 5\ln^4(2)\zeta(2) - \frac{1}{6}\ln^6(2); \qquad (3.43)$$

$$\int_0^1 \frac{\ln^7(\frac{x}{1-x})}{1+x} dx = -\frac{9765}{2}\ln^2(2)\zeta(6) - \frac{735}{2}\ln^4(2)\zeta(4) - 7\ln^6(2)\zeta(2) - \frac{\ln^8(2)}{8}. \qquad (3.44)$$

3.1.9 $\int_0^\infty \frac{\ln^a(1+x)}{1+x^2} dx$

For $a \in \mathbb{Z}^+$, the following identity holds:

$$\int_0^\infty \frac{\ln^a(1+x)}{1+x^2} dx = a!\,\Im\{\text{Li}_{a+1}(1+i)\}. \qquad (3.45)$$

The following proof may be found in [30]:

Proof. Let $x = 1/y$,

$$\int_0^\infty \frac{\ln^a(1+x)}{1+x^2} dx = \int_0^\infty \frac{\ln^a\left(\frac{1+y}{y}\right)}{1+y^2} dy$$

$$\stackrel{\frac{y}{1+y}=x}{=} (-1)^a \int_0^1 \frac{\ln^a(x)}{x^2+(1-x)^2} dx$$

$$\left\{\text{write } \frac{1}{x^2+(1-x)^2} = \Im\frac{1+i}{1-(1+i)x}\right\}$$

$$= (-1)^a \Im \int_0^1 \frac{(1+i)\ln^a(x)}{1-(1+i)x} dx.$$

The proof follows on replacing z by $1+i$ in (1.111).

Examples

$$\int_0^\infty \frac{\ln(1+x)}{1+x^2} dx = \Im\{\text{Li}_2(1+i)\}; \qquad (3.46)$$

$$\int_0^\infty \frac{\ln^2(1+x)}{1+x^2} dx = 2\,\Im\{\text{Li}_3(1+i)\}; \qquad (3.47)$$

$$\int_0^\infty \frac{\ln^3(1+x)}{1+x^2} dx = 6\,\Im\{\text{Li}_4(1+i)\}. \qquad (3.48)$$

3.1.10 $\int_0^1 \frac{\ln^a(1-x)}{1+x^2}\,dx$

For $a \in \mathbb{Z}^+$, the following identity holds:

$$\int_0^1 \frac{\ln^a(1-x)}{1+x^2}\,dx = (-1)^a a!\, \mathfrak{J}\left\{\operatorname{Li}_{a+1}\left(\frac{1+i}{2}\right)\right\}. \tag{3.49}$$

Proof.

$$\int_0^1 \frac{\ln^a(1-x)}{1+x^2}\,dx \stackrel{1-x=y}{=} \int_0^1 \frac{\ln^a(y)}{1+(1-y)^2}\,dy$$

$$\left\{\text{notice that } \frac{1}{1+(1-y)^2} = \mathfrak{J}\frac{i}{1+i-iy}\right\}$$

$$= \mathfrak{J}\int_0^1 \frac{i\ln^a(y)}{1+i-iy}\,dy$$

$\{$ to get this inegral, set $z = -i$ in (1.112)$\}$

$$= (-1)^a a!\, \mathfrak{J}\left\{\operatorname{Li}_{a+1}\left(\frac{-i}{-i-1}\right)\right\}$$

$$= (-1)^a a!\, \mathfrak{J}\left\{\operatorname{Li}_{a+1}\left(\frac{1+i}{2}\right)\right\}.$$

Examples

$$\int_0^1 \frac{\ln(1-x)}{1+x^2}\,dx = -\mathfrak{J}\left\{\operatorname{Li}_2\left(\frac{1+i}{2}\right)\right\}; \tag{3.50}$$

$$\int_0^1 \frac{\ln^2(1-x)}{1+x^2}\,dx = 2\,\mathfrak{J}\left\{\operatorname{Li}_3\left(\frac{1+i}{2}\right)\right\}; \tag{3.51}$$

$$\int_0^1 \frac{\ln^3(1-x)}{1+x^2}\,dx = -6\,\mathfrak{J}\left\{\operatorname{Li}_4\left(\frac{1+i}{2}\right)\right\}. \tag{3.52}$$

3.1.11 $\int_0^\infty \frac{\ln^{2a}(x)}{1+x^2}\,dx$

For $a \in \mathbb{Z}^+$, the following identity holds:

$$\int_0^\infty \frac{\ln^{2a}(x)}{1+x^2}\,dx = 2^{-2a-1}\pi \lim_{s \to \frac{1}{2}} \frac{d^{2a}}{ds^{2a}} \csc(\pi s). \tag{3.53}$$

3.1. Generalized Logarithmic Integrals

Proof. Differentiate both sides of Euler's reflection formula in (1.38):

$$\frac{\pi}{\sin(\pi s)} = \int_0^\infty \frac{y^{s-1}}{1+y} dy$$

$2a$ times with respect to s,

$$\frac{d^{2a}}{ds^{2a}} \frac{\pi}{\sin(\pi s)} = \frac{d^{2a}}{ds^{2a}} \int_0^\infty \frac{y^{s-1}}{1+y} dy$$

{ use differentiation under the integral sign theorem given in (2.78)}

$$= \int_0^\infty \frac{\partial^{2a}}{\partial s^{2a}} \frac{y^{s-1}}{1+y} dy = \int_0^\infty \frac{\ln^{2a}(y) y^{s-1}}{1+y} dy.$$

Next, take the limit on both sides letting $s \to 1/2$,

$$\lim_{s \to \frac{1}{2}} \frac{d^{2a}}{ds^{2a}} \frac{\pi}{\sin(\pi s)} = \int_0^\infty \frac{\ln^{2a}(y)}{\sqrt{y}(1+y)} dy \overset{\sqrt{y}=x}{=} 2^{2a+1} \int_0^\infty \frac{\ln^{2a}(x)}{1+x^2} dx.$$

Dividing both sides by 2^{2a+1} completes the proof.

Examples

$$\int_0^\infty \frac{\ln^2(x)}{1+x^2} dx = \frac{\pi^3}{8}; \qquad (3.54)$$

$$\int_0^\infty \frac{\ln^4(x)}{1+x^2} dx = \frac{5\pi^5}{32}; \qquad (3.55)$$

$$\int_0^\infty \frac{\ln^6(x)}{1+x^2} dx = \frac{61\pi^7}{128}; \qquad (3.56)$$

$$\int_0^\infty \frac{\ln^8(x)}{1+x^2} dx = \frac{1385\pi^9}{512}. \qquad (3.57)$$

Further, the case $2a+1$ leads to 0:

$$\int_0^\infty \frac{\ln^{2a+1}(x)}{1+x^2} dx = 0. \qquad (3.58)$$

To show that, let $x \to 1/x$,

$$\int_0^\infty \frac{\ln^{2a+1}(x)}{1+x^2} dx = -\int_0^\infty \frac{\ln^{2a+1}(x)}{1+x^2} dx.$$

Adding $\int_0^\infty \frac{\ln^{2a+1}(x)}{1+x^2} dx$ to both sides then dividing by 2 yields (3.58).

3.1.12 $\int_0^\infty \frac{\operatorname{Li}_a(-x)}{1+x^2}\,dx$

For integer $a \geq 2$, the following identity holds:

$$\int_0^\infty \frac{\operatorname{Li}_a(-x)}{1+x^2}\,dx = (2^{-2a} - 2^{-a-1})\pi\zeta(a) - a\beta(a+1). \qquad (3.59)$$

Proof. Replace z by $-x$ in (1.111),

$$\operatorname{Li}_a(-x) = \frac{(-1)^a}{(a-1)!}\int_0^1 \frac{x\ln^{a-1}(y)}{1+xy}\,dy.$$

Divide both sides by $1+x^2$ then integrate,

$$\int_0^\infty \frac{\operatorname{Li}_a(-x)}{1+x^2}\,dx = \int_0^\infty \frac{1}{1+x^2}\left(\frac{(-1)^a}{(a-1)!}\int_0^1 \frac{x\ln^{a-1}(y)}{1+xy}\,dy\right)dx$$

{change the order of the integration}

$$= \frac{(-1)^a}{(a-1)!}\int_0^1 \ln^{a-1}(y)\left(\int_0^\infty \frac{x}{(1+x^2)(1+xy)}\,dx\right)dy$$

{compute the inner integral by partial fraction decomposition}

$$= \frac{(-1)^a}{(a-1)!}\int_0^1 \ln^{a-1}(y)\left(\frac{\pi}{2}\frac{y}{1+y^2} - \frac{\ln(y)}{1+y^2}\right)dy$$

$$= \frac{(-1)^a\pi}{2(a-1)!}\underbrace{\int_0^1 \frac{y\ln^{a-1}(y)}{1+y^2}\,dy}_{y=\sqrt{x}} - \frac{(-1)^a}{(a-1)!}\int_0^1 \frac{\ln^a(y)}{1+y^2}\,dy$$

$$= \frac{(-1)^a\pi}{2^{a+1}(a-1)!}\int_0^1 \frac{\ln^{a-1}(x)}{1+x}\,dx - \frac{(-1)^a}{(a-1)!}\int_0^1 \frac{\ln^a(y)}{1+y^2}\,dy.$$

Gathering the results from (3.7) and (1.80), the proof is finalized.

Examples

$$\int_0^\infty \frac{\operatorname{Li}_2(-x)}{1+x^2}\,dx = -\frac{\pi^3}{96} - 2\beta(3); \qquad (3.60)$$

$$\int_0^\infty \frac{\operatorname{Li}_3(-x)}{1+x^2}\,dx = -\frac{3\pi}{64}\zeta(3) - 3\beta(4); \qquad (3.61)$$

$$\int_0^\infty \frac{\operatorname{Li}_4(-x)}{1+x^2}\,dx = -\frac{7\pi^5}{23040} - 4\beta(5); \qquad (3.62)$$

$$\int_0^\infty \frac{\operatorname{Li}_5(-x)}{1+x^2}\,dx = -\frac{15\pi}{1024}\zeta(5) - 5\beta(6). \qquad (3.63)$$

3.1. Generalized Logarithmic Integrals

3.1.13 $\int_0^1 \frac{\text{Li}_{2a+1}(-x)}{1+x^2} dx$

For $a \in \mathbb{Z}^+$, the following identity holds:

$$\int_0^1 \frac{\text{Li}_{2a+1}(-x)}{1+x^2} dx = (2^{-4a-3} - 2^{-2a-3})\pi\zeta(2a+1) - a\beta(2a+2)$$

$$+ \sum_{n=1}^{a}(1 - 2^{1-2n})\zeta(2n)\beta(2a-2n+2). \tag{3.64}$$

Proof.

$$\int_0^1 \frac{\text{Li}_{2a+1}(-x)}{1+x^2} dx = \left(\int_0^\infty - \int_1^\infty\right) \frac{\text{Li}_{2a+1}(-x)}{1+x^2} dx$$

$$= \int_0^\infty \frac{\text{Li}_{2a+1}(-x)}{1+x^2} dx - \underbrace{\int_1^\infty \frac{\text{Li}_{2a+1}(-x)}{1+x^2} dx}_{x \mapsto 1/x}$$

$$= \int_0^\infty \frac{\text{Li}_{2a+1}(-x)}{1+x^2} dx - \int_0^1 \frac{\text{Li}_{2a+1}(-1/x)}{1+x^2} dx$$

$$\left\{\text{add } \int_0^1 \frac{\text{Li}_{2a+1}(-x)}{1+x^2} dx \text{ to both sides then divide by 2}\right\}$$

$$= \frac{1}{2}\int_0^\infty \frac{\text{Li}_{2a+1}(-x)}{1+x^2} dx + \frac{1}{2}\int_0^1 \frac{\text{Li}_{2a+1}(-x) - \text{Li}_{2a+1}(-1/x)}{1+x^2} dx.$$

For the first integral, replace a by $2a+1$ in (3.59),

$$\int_0^\infty \frac{\text{Li}_{2a+1}(-x)}{1+x^2} dx = (2^{-4a-2} - 2^{-2a-2})\pi\zeta(2a+1) - (2a+1)\beta(2a+2). \tag{3.65}$$

For the second integral, divide both sides of (1.135):

$$\text{Li}_{2a+1}(-x) - \text{Li}_{2a+1}\left(-\frac{1}{x}\right) = -\frac{\ln^{2a+1}(x)}{(2a+1)!} + 2\sum_{n=1}^{a} \frac{\text{Li}_{2n}(-1)}{(2a-2n+1)!}\ln^{2a-2n+1}(x)$$

by $1+x^2$ then integrate from $x=0$ to 1, we get

$$\int_0^1 \frac{\text{Li}_{2a+1}(-x) - \text{Li}_{2a+1}(-1/x)}{1+x^2} dx$$

$$= -\frac{1}{(2a+1)!}\int_0^1 \frac{\ln^{2a+1}(x)}{1+x^2} dx + 2\sum_{n=1}^{a} \frac{\text{Li}_{2n}(-1)}{(2a-2n+1)!}\int_0^1 \frac{\ln^{2a-2n+1}(x)}{1+x^2} dx$$

$$\{\text{use (1.81) for the two integrals and } \text{Li}_{2n}(-1) = (2^{1-2n} - 1)\zeta(2n)\}$$

$$= \beta(2a+2) + 2\sum_{n=1}^{a}(1-2^{1-2n})\zeta(2n)\beta(2a-2n+2), \qquad (3.66)$$

and the proof follows on combining (3.65) and (3.66).

Examples

$$\int_0^1 \frac{\operatorname{Li}_3(-x)}{1+x^2}dx = -\frac{3\pi}{128}\zeta(3) - \beta(4) + \frac{1}{2}\zeta(2)\beta(2); \qquad (3.67)$$

$$\int_0^1 \frac{\operatorname{Li}_5(-x)}{1+x^2}dx = -\frac{15\pi}{2048}\zeta(5) - 2\beta(6) + \frac{1}{2}\zeta(2)\beta(4) + \frac{7}{8}\zeta(4)\beta(2); \qquad (3.68)$$

$$\int_0^1 \frac{\operatorname{Li}_7(-x)}{1+x^2}dx = -\frac{63\pi}{32768}\zeta(7) - 3\beta(8) + \frac{1}{2}\zeta(2)\beta(6) + \frac{7}{8}\zeta(4)\beta(4)$$

$$+\frac{31}{32}\zeta(6)\beta(2); \qquad (3.69)$$

$$\int_0^1 \frac{\operatorname{Li}_9(-x)}{1+x^2}dx = -\frac{255\pi}{524288}\zeta(9) - 4\beta(10) + \frac{1}{2}\zeta(2)\beta(8) + \frac{7}{8}\zeta(4)\beta(6)$$

$$+\frac{31}{32}\zeta(6)\beta(4) + \frac{127}{128}\zeta(8)\beta(2). \qquad (3.70)$$

3.1.14 $\int_0^1 \frac{\ln^{2a}(x)\ln(1+x)}{1+x^2}dx$

For $a \in \mathbb{Z}^+$, the following identity holds:

$$\int_0^1 \frac{\ln^{2a}(x)\ln(1+x)}{1+x^2}dx = \frac{(2a)!\ln(2)}{2}\beta(2a+1) - a(2a)!\beta(2a+2)$$

$$+(2a)!\sum_{n=1}^{a}(1-2^{1-2n})\zeta(2n)\beta(2a-2n+2). \qquad (3.71)$$

Proof. Replace z by $-x$ and a by $2a+1$ in (1.111),

$$(2a)!\operatorname{Li}_{2a+1}(-x) = \int_0^1 \frac{-x\ln^{2a}(y)}{1+xy}dy.$$

Divide both sides by $1+x^2$ then integrate,

$$(2a)!\int_0^1 \frac{\operatorname{Li}_{2a+1}(-x)}{1+x^2}dx = \int_0^1 \frac{1}{1+x^2}\left(\int_0^1 \frac{-x\ln^{2a}(y)}{1+xy}dy\right)dx$$

{change the order of integration}

$$= \int_0^1 \ln^{2a}(y)\left(\int_0^1 \frac{-x}{(1+x^2)(1+xy)}dx\right)dy$$

3.1. Generalized Logarithmic Integrals

{ evaluate the inner integral by partial fraction decomposition}

$$= \int_0^1 \ln^{2a}(y) \left(\frac{\ln(1+y)}{1+y^2} - \frac{\ln(2)}{2} \frac{1}{1+y^2} - \frac{\pi}{4} \frac{y}{1+y^2} \right) dy$$

$$= \int_0^1 \frac{\ln^{2a}(y) \ln(1+y)}{1+y^2} dy - \frac{\ln(2)}{2} \int_0^1 \frac{\ln^{2a}(y)}{1+y^2} dy - \frac{\pi}{4} \int_0^1 \frac{y \ln^{2a}(y)}{1+y^2} dy,$$

where

$$\int_0^1 \frac{\ln^{2a}(y)}{1+y^2} dy = (2a)!\beta(2a+1)$$

follows from (1.81) and

$$\int_0^1 \frac{y \ln^{2a}(y)}{1+y^2} dy \overset{\sqrt{y}=x}{=} 2^{-2a-1} \int_0^1 \frac{\ln^{2a}(x)}{1+x} dx$$
$$= (2^{-2a-1} - 2^{-4a-1})(2a)!\zeta(2a+1)$$

follows from (3.7).

Putting together these two integrals along with (3.64), the proof is complete.

Examples

$$\int_0^1 \frac{\ln^2(x) \ln(1+x)}{1+x^2} dx = \zeta(2)\beta(2) + \ln(2)\beta(3) - 2\beta(4); \qquad (3.72)$$

$$\int_0^1 \frac{\ln^4(x) \ln(1+x)}{1+x^2} dx = 21\zeta(4)\beta(2) + 12\zeta(2)\beta(4) + 12\ln(2)\beta(5) - 48\beta(6); \qquad (3.73)$$

$$\int_0^1 \frac{\ln^6(x) \ln(1+x)}{1+x^2} dx = \frac{1395}{2}\zeta(6)\beta(2) + 630\zeta(4)\beta(4) + 360\zeta(2)\beta(6)$$
$$+ 360\ln(2)\beta(7) - 2160\beta(8). \qquad (3.74)$$

3.1.15 $\int_0^\infty \frac{\operatorname{Li}_a(-x^2)}{1+x^2} dx$

For integer $a \geq 2$, the following identity holds:

$$\int_0^\infty \frac{\operatorname{Li}_a(-x^2)}{1+x^2} dx = (1 - 2^{a-1})\pi\zeta(a). \qquad (3.75)$$

Proof. Replace z by $-x^2$ in (1.111),

$$\operatorname{Li}_a(-x^2) = \frac{(-1)^a}{(a-1)!} \int_0^1 \frac{x^2 \ln^{a-1}(y)}{1+x^2 y} dy,$$

from which, it follows that

$$\int_0^\infty \frac{\text{Li}_a(-x^2)}{1+x^2}dx = \int_0^\infty \frac{1}{1+x^2}\left(\frac{(-1)^a}{(a-1)!}\int_0^1 \frac{x^2 \ln^{a-1}(y)}{1+x^2 y}dy\right)dx$$

{ change the order of integration}

$$= \frac{(-1)^a}{(a-1)!}\int_0^1 \ln^{a-1}(y)\left(\int_0^\infty \frac{x^2}{(1+x^2)(1+x^2 y)}dx\right)dy$$

$$= \frac{(-1)^a}{(a-1)!}\int_0^1 \ln^{a-1}(y)\left(\frac{\pi}{2}\frac{1}{y+\sqrt{y}}\right)dy$$

$$\stackrel{\sqrt{y}=x}{=} \frac{(-1)^a 2^{a-1}\pi}{(a-1)!}\int_0^1 \frac{\ln^{a-1}(x)}{1+x}dx$$

{recall the result in (3.7)}

$$= (1 - 2^{a-1})\pi \zeta(a).$$

3.1.16 $\int_0^1 \frac{\text{Li}_{2a+1}(-x^2)}{1+x^2}dx$

For $a \in \mathbb{Z}^+$, the following identity holds:

$$\int_0^1 \frac{\text{Li}_{2a+1}(-x^2)}{1+x^2}dx = (2^{-1} - 2^{2a-1})\pi \zeta(2a+1) + 2^{2a}\beta(2a+2)$$

$$+ 2^{2a+1}\sum_{n=1}^a 2^{-2n}(1 - 2^{1-2n})\zeta(2n)\beta(2a - 2n + 2). \qquad (3.76)$$

Proof.

$$\int_0^1 \frac{\text{Li}_{2a+1}(-x^2)}{1+x^2}dx = \left(\int_0^\infty - \int_1^\infty\right)\frac{\text{Li}_{2a+1}(-x^2)}{1+x^2}dx$$

$$= \int_0^\infty \frac{\text{Li}_{2a+1}(-x^2)}{1+x^2}dx - \underbrace{\int_1^\infty \frac{\text{Li}_{2a+1}(-x^2)}{1+x^2}dx}_{x \to 1/x}$$

$$= \int_0^\infty \frac{\text{Li}_{2a+1}(-x^2)}{1+x^2}dx - \int_0^1 \frac{\text{Li}_{2a+1}\left(-\frac{1}{x^2}\right)}{1+x^2}dx$$

$$\left\{\text{add }\int_0^1 \frac{\text{Li}_{2a+1}(-x^2)}{1+x^2}dx \text{ to both sides then divide by 2}\right\}$$

$$= \frac{1}{2}\int_0^\infty \frac{\text{Li}_{2a+1}(-x^2)}{1+x^2}dx + \frac{1}{2}\int_0^1 \frac{\text{Li}_{2a+1}(-x^2) - \text{Li}_{2a+1}\left(-\frac{1}{x^2}\right)}{1+x^2}dx,$$

3.1. Generalized Logarithmic Integrals

where the first integral

$$\int_0^\infty \frac{\text{Li}_{2a+1}(-x^2)}{1+x^2}\,dx = (1-2^{2a})\pi\zeta(2a+1) \qquad (3.77)$$

follows from (3.75) on replacing a by $2a+1$. For the second integral, replace z by x^2 in the polylogarithm inversion formula in (1.135),

$$\text{Li}_{2a+1}(-x^2) - \text{Li}_{2a+1}\left(-\frac{1}{x^2}\right)$$

$$= -\frac{2^{2a+1}\ln^{2a+1}(x)}{(2a+1)!} + 2\sum_{n=1}^{a}\frac{2^{2a-2n+1}\text{Li}_{2n}(-1)}{(2a-2n+1)!}\ln^{2a-2n+1}(x).$$

Thus,

$$\int_0^1 \frac{\text{Li}_{2a+1}(-x^2) - \text{Li}_{2a+1}\left(-\frac{1}{x^2}\right)}{1+x^2}\,dx$$

$$= -\frac{2^{2a+1}}{(2q+1)!}\int_0^1 \frac{\ln^{2a+1}(x)}{1+x^2}\,dx + 2\sum_{n=1}^{a}\frac{2^{2a-2n+1}\text{Li}_{2n}(-1)}{(2a-2n+1)!}\int_0^1 \frac{\ln^{2a-2n+1}(x)}{1+x^2}\,dx$$

{ make use of (1.81) for the two integrals }

$$= 2^{2a+1}\beta(2a+2) - 2\sum_{n=1}^{a}2^{2a-2n+1}\text{Li}_{2n}(-1)\beta(2a-2n+2). \qquad (3.78)$$

Gather (3.77) and (3.78) and write $\text{Li}_{2n}(-1) = (2^{1-2n}-1)\zeta(2n)$ to complete the proof.

3.1.17 $\int_0^1 \frac{\ln^{2a}(x)\arctan(x)}{1-x^2}\,dx$

For $a \in \mathbb{Z}^+$, the following identity holds:

$$\int_0^1 \frac{\ln^{2a}(x)\arctan(x)}{1-x^2}\,dx = (2a)!(2^{-2} + 2^{-2a-3} - 2^{-2a-2})\pi\zeta(2a+1)$$

$$- \frac{(2a)!}{2}\beta(2a+2) - (2a)!\sum_{n=1}^{a} 2^{-2n}(1-2^{1-2n})\zeta(2n)\beta(2a-2n+2).$$

$$(3.79)$$

Proof. Replace z by $-x^2$ and a by $2a+1$ in (1.111),

$$(2a)!\,\text{Li}_{2a+1}(-x^2) = \int_0^1 \frac{-x^2\ln^{2a}(y)}{1+x^2 y}\,dy.$$

Divide both sides by $1+x^2$ then integrate,

$$(2a)!\int_0^1 \frac{\text{Li}_{2a+1}(-x^2)}{1+x^2}\,dx = \int_0^1 \frac{1}{1+x^2}\left(\int_0^1 \frac{-x^2 \ln^{2a}(y)}{(1+x^2)(1+x^2 y)}\,dy\right)dx$$

$$= \int_0^1 \ln^{2a}(y)\left(\int_0^1 \frac{-x^2}{(1+x^2)(1+x^2 y)}\,dx\right)dy$$

{evaluate the inner integral by partial fraction}

$$= \int_0^1 \ln^{2a}(y)\left(\frac{\pi}{4}\frac{1}{1-y} - \frac{\arctan\sqrt{y}}{\sqrt{y}(1-y)}\right)dy$$

$$= \frac{\pi}{4}\int_0^1 \frac{\ln^{2a}(y)}{1-y}\,dy - \int_0^1 \frac{\ln^{2a}(y)\arctan(\sqrt{y})}{\sqrt{y}(1-y)}\,dy$$

{use (3.1) for the first integral and let $\sqrt{y} = x$ in the second one}

$$= \frac{(2a)!\pi}{4}\zeta(2a+1) - 2^{2a+1}\int_0^1 \frac{\ln^{2a}(x)\arctan(x)}{1-x^2}\,dx$$

Reorder the terms,

$$2^{2a+1}\int_0^1 \frac{\ln^{2a}(x)\arctan(x)}{1-x^2}\,dx = \frac{(2a)!\pi}{4}\zeta(2a+1) - (2a)!\int_0^1 \frac{\text{Li}_{2a+1}(-x^2)}{1+x^2}\,dx.$$

Plug in the result from (3.76) then divide both sides by 2^{2a+1} to finish the proof.

Examples

$$\int_0^1 \frac{\ln^2(x)\arctan(x)}{1-x^2}\,dx = \frac{7\pi}{16}\zeta(3) - \frac{1}{4}\zeta(2)\beta(2) - \beta(4); \qquad (3.80)$$

$$\int_0^1 \frac{\ln^4(x)\arctan(x)}{1-x^2}\,dx = \frac{93\pi}{16}\zeta(5) - \frac{21}{16}\zeta(4)\beta(2) - 3\zeta(2)\beta(4) - 12\beta(6); \qquad (3.81)$$

$$\int_0^1 \frac{\ln^6(x)\arctan(x)}{1-x^2}\,dx = \frac{5715\pi}{32}\zeta(7) - \frac{1395}{128}\zeta(6)\beta(2) - \frac{315}{8}\zeta(4)\beta(4)$$
$$-90\zeta(2)\beta(6) - 360\beta(8). \qquad (3.82)$$

3.1.18 $\int_0^\infty \frac{\ln^{2a}(x)\ln(1+x)}{\sqrt{x}(1+x)}\,dx$

For $a \in \mathbb{Z}^+$, the following identity holds:

$$\int_0^\infty \frac{\ln^{2a}(x)\ln(1+x)}{\sqrt{x}(1+x)}\,dx = -\pi \lim_{m \to \frac{1}{2}} \frac{d^{2a}}{dm^{2a}}\frac{\psi(1-m)+\gamma}{\sin(m\pi)}. \qquad (3.83)$$

3.1. Generalized Logarithmic Integrals

Proof. We follow the same approach as in [17]:

Reduce n by m in the beta function in (1.51):

$$\int_0^\infty \frac{x^{m-1}}{(1+x)^{m+n}}\,dx = B(m,n) = \frac{\Gamma(m)\Gamma(n)}{\Gamma(m+n)},$$

we have

$$\int_0^\infty \frac{x^{m-1}}{(1+x)^n}\,dx = \frac{\Gamma(m)\Gamma(n-m)}{\Gamma(n)}.$$

Differentiate both sides $2a$ times with respect to m and once with respect to n,

$$\frac{\partial^{2a}}{\partial m^{2a}}\frac{\partial}{\partial n}\frac{\Gamma(m)\Gamma(n-m)}{\Gamma(n)} = \frac{\partial^{2a}}{\partial m^{2a}}\frac{\partial}{\partial n}\int_0^\infty \frac{x^{m-1}}{(1+x)^n}\,dx$$

{use differentiation under the integral sign theorem given in (2.79)}

$$= \int_0^\infty \frac{\partial^{2a}}{\partial m^{2a}}\frac{\partial}{\partial n}\frac{x^{m-1}}{(1+x)^n}\,dx$$

$$= -\int_0^\infty \frac{\ln^{2a}(x)\ln(1+x)x^{m-1}}{(1+x)^n}\,dx.$$

Now take the limit on both sides letting $m \to 1/2$ and $n \to 1$,

$$-\int_0^\infty \frac{\ln^{2a}(x)\ln(1+x)}{\sqrt{x}(1+x)}\,dx = \lim_{\substack{m\to 1/2 \\ n\to 1}} \frac{\partial^{2a}}{\partial m^{2a}}\frac{\partial}{\partial n}\frac{\Gamma(m)\Gamma(n-m)}{\Gamma(n)}$$

$$= \lim_{\substack{m\to 1/2 \\ n\to 1}} \frac{\partial^{2a}}{\partial m^{2a}}\Gamma(m)\left(\frac{\partial}{\partial n}\frac{\Gamma(n-m)}{\Gamma(n)}\right)$$

$$= \lim_{\substack{m\to 1/2 \\ n\to 1}} \frac{\partial^{2a}}{\partial m^{2a}}\Gamma(m)\left(\frac{\Gamma(n-m)[\psi(n-m)-\psi(n)]}{\Gamma(n)}\right)$$

{evaluate the limit when $n \to 1$ and use $\psi(1) = -\gamma$ given in (1.170)}

$$= \lim_{m\to 1/2} \frac{\partial^{2a}}{\partial m^{2a}}\Gamma(m)\Gamma(1-m)[\psi(1-m)+\gamma]$$

$$\left\{\text{use } \Gamma(m)\Gamma(1-m) = \frac{\pi}{\sin(m\pi)} \text{ given in (1.38)}\right\}$$

$$\left\{\text{and write } \frac{\partial}{\partial m} \text{ as } \frac{d}{dm}, \text{ since we have one variable left}\right\}$$

$$= \pi \lim_{m\to \frac{1}{2}} \frac{d^{2a}}{dm^{2a}}\frac{\psi(1-m)+\gamma}{\sin(m\pi)}.$$

3.1.19 $\int_0^1 \frac{\ln^{2a}(x)\ln(1+x^2)}{1+x^2}dx$

For $a \in \mathbb{Z}_{\geq 0}$, the following identity holds:

$$\int_0^1 \frac{\ln^{2a}(x)\ln(1+x^2)}{1+x^2}dx = -(2a+1)!\beta(2a+2)$$
$$-4^{-a-1}\pi \lim_{m \to \frac{1}{2}} \frac{d^{2a}}{dm^{2a}} \frac{\psi(1-m)+\gamma}{\sin(m\pi)}. \qquad (3.84)$$

Proof.

$$\int_0^1 \frac{\ln^{2a}(x)\ln(1+x^2)}{1+x^2}dx = \left(\int_0^\infty - \int_1^\infty\right)\frac{\ln^{2a}(x)\ln(1+x^2)}{1+x^2}dx$$

$$= \int_0^\infty \frac{\ln^{2a}(x)\ln(1+x^2)}{1+x^2}dx - \underbrace{\int_1^\infty \frac{\ln^{2a}(x)\ln(1+x^2)}{1+x^2}dx}_{x \to 1/x}$$

$$= \int_0^\infty \frac{\ln^{2a}(x)\ln(1+x^2)}{1+x^2}dx - \int_0^1 \frac{\ln^{2a}(x)\ln(1+x^2)}{1+x^2}dx$$

$$+2\int_0^1 \frac{\ln^{2a}(x)\ln(x)}{1+x^2}dx$$

$\left\{\text{add } \int_0^1 \frac{\ln^{2a}(x)\ln(1+x^2)}{1+x^2}dx \text{ to both sides then divide by 2}\right\}$

$$= \frac{1}{2}\int_0^\infty \frac{\ln^{2a}(x)\ln(1+x^2)}{1+x^2}dx + \int_0^1 \frac{\ln^{2a+1}(x)}{1+x^2}dx$$

{set $x^2 \to x$ in the first integral and use (1.81) for the second one}

$$= 4^{-a-1}\int_0^\infty \frac{\ln^{2a}(x)\ln(1+x)}{\sqrt{x}(1+x)}dx - (2a+1)!\beta(2a+2).$$

The remaining integral is given in (3.83).

3.1.20 $\int_0^1 \frac{\ln^a(x)\ln^a(1-x)}{x(1-x)}dx$

The following equality holds

$$\int_0^1 \frac{\ln^a(1-x)\ln^a(x)}{x(1-x)}dx = 2\int_0^1 \frac{\ln^a(1-x)\ln^a(x)}{x}dx. \qquad (3.85)$$

3.1. Generalized Logarithmic Integrals

Proof.

$$\int_0^1 \frac{\ln^a(1-x)\ln^a(x)}{x(1-x)}dx$$

$$=\underbrace{\int_0^1 \frac{\ln^a(1-x)\ln^a(x)}{1-x}dx}_{1-x\to x}+\int_0^1 \frac{\ln^a(1-x)\ln^a(x)}{x}dx$$

$$=\int_0^1 \frac{\ln^a(1-x)\ln^a(x)}{x}dx+\int_0^1 \frac{\ln^a(1-x)\ln^a(x)}{x}dx$$

$$=2\int_0^1 \frac{\ln^a(1-x)\ln^a(x)}{x}dx.$$

3.1.21 $\int_0^{\frac{1}{2}} \frac{\ln^a(x)\ln^a(1-x)}{x(1-x)}dx$

For $a \in \mathbb{Z}^+$, the following equality holds

$$\int_0^{\frac{1}{2}} \frac{\ln^a(x)\ln^a(1-x)}{x(1-x)}dx = \int_0^1 \frac{\ln^a(x)\ln^a(1-x)}{x}dx. \qquad (3.86)$$

Proof. Making the substitution $1 - x \to x$,

$$\int_0^{\frac{1}{2}} \frac{\ln^a(1-x)\ln^a(x)}{x(1-x)}dx = \int_{\frac{1}{2}}^1 \frac{\ln^a(x)\ln^a(1-x)}{(1-x)x}dx$$

$$\left\{\text{add } \int_0^{\frac{1}{2}} \frac{\ln^a(1-x)\ln^a(x)}{x(1-x)}dx \text{ to both sides then divide by 2}\right\}$$

$$=\frac{1}{2}\int_0^{\frac{1}{2}} \frac{\ln^a(1-x)\ln^a(x)}{x(1-x)}dx + \frac{1}{2}\int_{\frac{1}{2}}^1 \frac{\ln^a(1-x)\ln^a(x)}{x(1-x)}dx$$

$$=\frac{1}{2}\left(\int_0^{\frac{1}{2}}+\int_{\frac{1}{2}}^1\right)\frac{\ln^a(1-x)\ln^a(x)}{x(1-x)}dx$$

$$=\frac{1}{2}\int_0^1 \frac{\ln^a(1-x)\ln^a(x)}{(1-x)x}dx$$

$$\{\text{make use of (3.85)}\}$$

$$=\int_0^1 \frac{\ln^a(1-x)\ln^a(x)}{x}dx,$$

and the proof is finished.

3.1.22 $\int_0^1 \frac{\ln^a(x)\ln(1-x)}{1-x}dx$

For $a \in \mathbb{Z}^+$, the following equality holds

$$\int_0^1 \frac{\ln^a(x)\ln(1-x)}{1-x}dx = (-1)^a a!\left[\zeta(a+2) - \sum_{n=1}^\infty \frac{H_n}{n^{a+1}}\right]. \qquad (3.87)$$

Proof. Multiply both sides of the generating function in (2.5):

$$\frac{\ln(1-x)}{1-x} = -\sum_{n=1}^\infty H_{n-1}x^{n-1}$$

by $\ln^a(x)$ then integrate from $x=0$ to 1, we obtain

$$\int_0^1 \frac{\ln^a(x)\ln(1-x)}{1-x}dx = -\sum_{n=1}^\infty H_{n-1}\int_0^1 x^{n-1}\ln^a(x)dx$$

{make use of (1.31) for the integral}

$$= -\sum_{n=1}^\infty H_{n-1}\left(\frac{(-1)^a a!}{n^{a+1}}\right) = -(-1)^a a!\sum_{n=1}^\infty \frac{H_n - \frac{1}{n}}{n^{a+1}}$$

$$= -(-1)^a a!\left[\sum_{n=1}^\infty \frac{H_n}{n^{a+1}} - \sum_{n=1}^\infty \frac{1}{n^{a+2}}\right] = (-1)^a a!\left[\zeta(a+2) - \sum_{n=1}^\infty \frac{H_n}{n^{a+1}}\right].$$

3.1.23 $\int_0^1 \frac{\ln^a(x)\ln(1-x)}{x(1-x)}dx$

For $a \in \mathbb{Z}^+$, the following equality holds

$$\int_0^1 \frac{\ln^a(x)\ln(1-x)}{x(1-x)}dx = (-1)^{a-1}a!\sum_{n=1}^\infty \frac{H_n}{n^{a+1}}. \qquad (3.88)$$

Proof. Multiply both sides of the generating function in (2.4):

$$\frac{\ln(1-x)}{1-x} = -\sum_{n=1}^\infty H_n x^n$$

by $\frac{\ln^a(x)}{x}$ then integrate from $x=0$ to 1,

$$\int_0^1 \frac{\ln^a(x)\ln(1-x)}{x(1-x)}dx = -\sum_{n=1}^\infty H_n \int_0^1 x^{n-1}\ln^a(x)dx$$

3.1. Generalized Logarithmic Integrals

$$= -\sum_{n=1}^{\infty} H_n \left(\frac{(-1)^a a!}{n^{a+1}} \right) = (-1)^{a-1} a! \sum_{n=1}^{\infty} \frac{H_n}{n^{a+1}}.$$

3.1.24 $\int_0^1 \frac{\ln^a(x) \ln(1+x)}{1+x} dx$

For $a \in \mathbb{Z}^+$, the following equality holds

$$\int_0^1 \frac{\ln^a(x) \ln(1+x)}{1+x} dx = (-1)^a a! \left[(1 - 2^{-a-1}) \zeta(a+2) + \sum_{n=1}^{\infty} \frac{(-1)^n H_n}{n^{a+1}} \right]. \tag{3.89}$$

Proof. Replace x by $-x$ in (2.5),

$$\frac{\ln(1+x)}{1+x} = \sum_{n=1}^{\infty} (-1)^n H_{n-1} x^{n-1}.$$

Multiply both sides by $\ln^a(x)$ then integrate from $x = 0$ to 1,

$$\int_0^1 \frac{\ln^a(x) \ln(1+x)}{1+x} dx = \sum_{n=1}^{\infty} (-1)^n H_{n-1} \int_0^1 x^{n-1} \ln^a(x) dx$$

$$= (-1)^a a! \sum_{n=1}^{\infty} (-1)^n \frac{H_n - \frac{1}{n}}{n^{a+1}} = (-1)^a a! \left[\sum_{n=1}^{\infty} \frac{(-1)^n H_n}{n^{a+1}} + \eta(a+2) \right]$$

$$\{\text{use } \eta(s) = (1 - 2^{1-s}) \zeta(s) \text{ given in (1.75)}\}$$

$$= (-1)^a a! \left[\sum_{n=1}^{\infty} \frac{(-1)^n H_n}{n^{a+1}} + (1 - 2^{-a-1}) \zeta(a+2) \right].$$

3.1.25 $\int_0^1 \frac{\ln^a(x) \ln(1+x)}{x(1+x)} dx$

For $a \in \mathbb{Z}_{\geq 0}$, the following equality holds

$$\int_0^1 \frac{\ln^a(x) \ln(1+x)}{x(1+x)} dx = (-1)^{a-1} a! \sum_{n=1}^{\infty} \frac{(-1)^n H_n}{n^{a+1}}. \tag{3.90}$$

Proof. Replace x by $-x$ in (2.4),

$$\frac{\ln(1+x)}{1+x} = -\sum_{n=1}^{\infty} (-1)^n H_n x^n.$$

Multiply both sides by $\frac{\ln^a(x)}{x}$ then integrate from $x = 0$ to 1,

$$\int_0^1 \frac{\ln^a(x) \ln(1+x)}{x(1+x)} dx = -\sum_{n=1}^{\infty} (-1)^n H_n \int_0^1 x^{n-1} \ln^a(x) dx$$

$$= (-1)^{a-1} a! \sum_{n=1}^{\infty} \frac{(-1)^n H_n}{n^{a+1}}.$$

3.1.26 $\int_0^1 \frac{\ln^a(1-x) \ln(1+x)}{x} dx$

For $a \in \mathbb{Z}_{\geq 0}$, the following equality holds

$$\int_0^1 \frac{\ln^a(1-x) \ln(1+x)}{x} dx = (-1)^a a! \sum_{n=1}^{\infty} \frac{H_n^{(a+1)}}{n 2^n}. \qquad (3.91)$$

Proof. Divide both sides of (1.150):

$$(-1)^a a! H_n^{(a+1)} = \int_0^1 \frac{\ln^a(x)(1-x^n)}{1-x} dx$$

by $n 2^n$ then take the summation over $n \geq 1$,

$$(-1)^a a! \sum_{n=1}^{\infty} \frac{H_n^{(a+1)}}{n 2^n} = \int_0^1 \frac{\ln^a(x)}{1-x} \left(\sum_{n=1}^{\infty} \frac{1-x^n}{n 2^n} \right) dx$$

$$= \int_0^1 \frac{\ln^a(x)}{1-x} \left(\sum_{n=1}^{\infty} \frac{1}{n 2^n} - \sum_{n=1}^{\infty} \frac{x^n}{n 2^n} \right) dx$$

$$= \int_0^1 \frac{\ln^a(x)}{1-x} \left(\ln(2) + \ln\left(1 - \frac{x}{2}\right) \right) dx$$

$$= \int_0^1 \frac{\ln^a(x) \ln(2-x)}{1-x} dx \stackrel{1-x \to x}{=} \int_0^1 \frac{\ln^a(1-x) \ln(1+x)}{x} dx.$$

3.1.27 $\int_0^1 \frac{\ln^a(x) \ln\left(\frac{1+x}{2}\right)}{1-x} dx$

For $a \in \mathbb{Z}_{\geq 0}$, the following equality holds

$$\int_0^1 \frac{\ln^a(x) \ln\left(\frac{1+x}{2}\right)}{1-x} dx = (-1)^a a! \sum_{n=1}^{\infty} \frac{(-1)^n H_n^{(a+1)}}{n}. \qquad (3.92)$$

3.1. Generalized Logarithmic Integrals

Proof. Multiply both sides of (1.150):

$$(-1)^a a! H_n^{(a+1)} = \int_0^1 \frac{\ln^a(x)(1-x^n)}{1-x} dx$$

by $\frac{(-1)^n}{n}$ then consider the summation over $n \geq 1$,

$$(-1)^a a! \sum_{n=1}^{\infty} \frac{(-1)^n H_n^{(a+1)}}{n} = \int_0^1 \frac{\ln^a(x)}{1-x} \left(\sum_{n=1}^{\infty} \frac{(-1)^n}{n}(1-x^n) \right) dx$$

$$= \int_0^1 \frac{\ln^a(x)}{1-x} \left(\sum_{n=1}^{\infty} \frac{(-1)^n}{n} - \sum_{n=1}^{\infty} \frac{(-x)^n}{n} \right) dx$$

$$= \int_0^1 \frac{\ln^a(x)}{1-x} (-\ln(2) + \ln(1+x)) dx = \int_0^1 \frac{\ln^a(x)\ln\left(\frac{1+x}{2}\right)}{1-x} dx.$$

3.1.28 $\int_0^1 \frac{\ln^a(1-x)\operatorname{Li}_2(x)}{x} dx$

For $a \in \mathbb{Z}^+$, the following identity holds:

$$\int_0^1 \frac{\ln^a(1-x)\operatorname{Li}_2(x)}{x} dx = (-1)^a [a! + (a+1)!] \zeta(a+3)$$

$$+ (-1)^a a! \zeta(2)\zeta(a+1) - (-1)^a (a+1)! \sum_{n=1}^{\infty} \frac{H_n}{n^{a+2}} - (-1)^a a! \sum_{n=1}^{\infty} \frac{H_n^{(2)}}{n^{a+1}}.$$

(3.93)

Proof.

$$\int_0^1 \frac{\ln^a(1-x)\operatorname{Li}_2(x)}{x} dx \stackrel{1-x=y}{=} \int_0^1 \frac{\ln^a(y)\operatorname{Li}_2(1-y)}{1-y} dy$$

{recall the dilogarithm reflection formula given in (1.119)}

$$= \int_0^1 \frac{\ln^a(y)}{1-y}(\zeta(2) - \ln(y)\ln(1-y) - \operatorname{Li}_2(y)) dy$$

$$= \zeta(2) \int_0^1 \frac{\ln^a(y)}{1-y} dy - \int_0^1 \frac{\ln^{a+1}(y)\ln(1-y)}{1-y} dy - \int_0^1 \frac{\ln^a(y)\operatorname{Li}_2(y)}{1-y} dy.$$

The first two integrals are calculated in (3.1) and (3.87). For the third integral, expand $\frac{\operatorname{Li}_2(y)}{1-y}$ in series given in (2.3),

$$\int_0^1 \frac{\ln^a(y)\operatorname{Li}_2(y)}{1-y} dy = \sum_{n=1}^{\infty} H_{n-1}^{(2)} \int_0^1 y^{n-1} \ln^a(y) dy$$

$$= \sum_{n=1}^{\infty} H_{n-1}^{(2)} \left(\frac{(-1)^a a!}{n^{a+1}} \right) = (-1)^a a! \sum_{n=1}^{\infty} \frac{H_n^{(2)} - \frac{1}{n^2}}{n^{a+1}}$$

$$= (-1)^a a! \left[\sum_{n=1}^{\infty} \frac{H_n^{(2)}}{n^{a+1}} - \sum_{n=1}^{\infty} \frac{1}{n^{a+3}} \right] = (-1)^a a! \left[\sum_{n=1}^{\infty} \frac{H_n^{(2)}}{n^{a+1}} - \zeta(a+3) \right].$$

Group the three integrals to finalize the proof.

3.1.29 $\int_0^{\infty} \frac{\ln^{2a-1}(x) \ln(1+x)}{x(1+x)} dx$

$$\int_0^{\infty} \frac{\ln^{2a-1}(x) \ln(1+x)}{x(1+x)} dx = (2a-1)!(1+2a)(1-2^{-2a})\zeta(2a+1)$$

$$+ 2(2a-1)! \sum_{n=1}^{\infty} \frac{(-1)^n H_n}{n^{2a}}. \qquad (3.94)$$

Proof. Replace a by $2a-1$ in (3.90),

$$\sum_{n=1}^{\infty} \frac{(-1)^n H_n}{n^{2a}} = \frac{1}{(2a-1)!} \int_0^1 \frac{\ln^{2a-1}(x)\ln(1+x)}{x(1+x)} dx = \frac{1}{(2a-1)!} I_a. \qquad (3.95)$$

Let's find I_a:

$$I_a = \int_0^{\infty} \frac{\ln^{2a-1}(x)\ln(1+x)}{x(1+x)} dx - \underbrace{\int_1^{\infty} \frac{\ln^{2a-1}(x)\ln(1+x)}{x(1+x)} dx}_{x \mapsto 1/x}$$

$$= \int_0^{\infty} \frac{\ln^{2a-1}(x)\ln(1+x)}{x(1+x)} dx + \int_0^1 \frac{\ln^{2a-1}(x)\ln(1+x)}{1+x} dx - \int_0^1 \frac{\ln^{2a}(x)}{1+x} dx.$$

By adding

$$I_a := \int_0^1 \frac{\ln^{2a-1}(x)\ln(1+x)}{x(1+x)} dx$$

$$= \int_0^1 \frac{\ln^{2a-1}(x)\ln(1+x)}{x} dx - \int_0^1 \frac{\ln^{2a-1}(x)\ln(1+x)}{1+x} dx$$

to both sides, the integral $\int_0^1 \frac{\ln^{2a-1}(x)\ln(1+x)}{1+x} dx$ nicely cancels out,

$$2I_a = \int_0^{\infty} \frac{\ln^{2a-1}(x)\ln(1+x)}{x(1+x)} dx + \underbrace{\int_0^1 \frac{\ln^{2a-1}(x)\ln(1+x)}{x} dx}_{\text{IBP}} - \int_0^1 \frac{\ln^{2a}(x)}{1+x} dx$$

3.1. Generalized Logarithmic Integrals

$$= \int_0^\infty \frac{\ln^{2a-1}(x)\ln(1+x)}{x(1+x)} dx - \frac{1+2a}{2a}\int_0^1 \frac{\ln^{2a}(x)}{1+x}dx$$

{make use of (3.7) for the second integral}

$$= \int_0^\infty \frac{\ln^{2a-1}(x)\ln(1+x)}{x(1+x)} dx - \frac{1+2a}{2a}(2a)!(1-2^{-2a})\zeta(2a+1).$$

Divide both sides by 2 and use $\frac{(2a)!}{2a} = (2a-1)!$,

$$I_a = \frac{1}{2}\int_0^\infty \frac{\ln^{2a-1}(x)\ln(1+x)}{x(1+x)} dx - \frac{1+2a}{2}(2a-1)!(1-2^{-2a})\zeta(2a+1).$$

The proof completes on plugging I_a in (3.95).

3.1.30 $\int_0^1 \frac{x^{2n}}{1+x}dx$

The following identity holds:

$$\int_0^1 \frac{x^{2n}}{1+x}dx = \ln(2) + H_n - H_{2n}, \quad \Re(n) > -\frac{1}{2}. \qquad (3.96)$$

Proof. Forcing integration by parts,

$$\int_0^1 \frac{x^{2n}}{1+x}dx = \ln(1+x)x^{2n}\Big|_0^1 - 2n\int_0^1 x^{2n-1}\ln(1+x)dx$$

{expand $\ln(1+x)$ in series}

$$= \ln(2) - 2n\sum_{k=1}^\infty \frac{(-1)^{k-1}}{k}\int_0^1 x^{2n+k-1}dx$$

$$= \ln(2) + 2n\sum_{k=1}^\infty \frac{(-1)^k}{k(k+2n)}$$

$$\left\{\text{employ } \sum_{k=1}^\infty (-1)^k a_k = 2\sum_{k=1}^\infty a_{2k} - \sum_{k=1}^\infty a_k \text{ given in (1.5)}\right\}$$

$$= \ln(2) + 4n\sum_{k=1}^\infty \frac{1}{2k(2k+2n)} - 2n\sum_{k=1}^\infty \frac{1}{k(k+2n)}$$

$$= \ln(2) + \sum_{k=1}^\infty \frac{n}{k(k+n)} - \sum_{k=1}^\infty \frac{2n}{k(k+2n)}$$

{recall the definition of the harmonic number in (1.155)}

$$= \ln(2) + H_n - H_{2n},$$

and the proof is finalized.

If we compare the first and last lines of the proof above, we see that

$$\ln(2) - 2n \int_0^1 x^{2n-1} \ln(1+x) dx = \ln(2) + H_n - H_{2n}$$

or

$$\int_0^1 x^{2n-1} \ln(1+x) dx = \frac{H_{2n} - H_n}{2n}. \quad (3.97)$$

An alternative proof for (3.97) may be found in [25].

3.1.31 $\int_0^1 \frac{x^n}{1+x} dx$

The following identity holds:

$$\int_0^1 \frac{x^n}{1+x} dx = \frac{1}{2}\left(H_{\frac{n}{2}} - H_{\frac{n-1}{2}}\right), \quad \Re(n) > -1. \quad (3.98)$$

Proof. We begin with the definition of the harmonic number in (1.151),

$$H_{\frac{n}{2}} - H_{\frac{n-1}{2}} = \int_0^1 \frac{1 - x^{\frac{n}{2}}}{1-x} dx - \int_0^1 \frac{1 - x^{\frac{n-1}{2}}}{1-x} dx$$

$$= \int_0^1 \frac{x^{\frac{n-1}{2}} - x^{\frac{n}{2}}}{1-x} dx \stackrel{x=y^2}{=} 2 \int_0^1 \frac{y^n - y^{n+1}}{1-y^2} dy$$

$$= 2 \int_0^1 \frac{y^n(1-y)}{1-y^2} dy = 2 \int_0^1 \frac{y^n}{1+y} dy.$$

For a different form, use $H_n = \psi(n+1) + \gamma$ given in (1.169),

$$H_{\frac{n}{2}} - H_{\frac{n-1}{2}} = \psi\left(\frac{n+2}{2}\right) + \gamma - \left(\psi\left(\frac{n+1}{2}\right) + \gamma\right)$$

$$= \psi\left(\frac{n+2}{2}\right) - \psi\left(\frac{n+1}{2}\right).$$

Substituting this in (3.98) yields

$$\int_0^1 \frac{x^n}{1+x} dx = \frac{1}{2}\psi\left(\frac{n+2}{2}\right) - \frac{1}{2}\psi\left(\frac{n+1}{2}\right). \quad (3.99)$$

Moreover, if we replace n by $2n$ in (3.98) and compare it with (3.96), we deduce

$$H_{n-\frac{1}{2}} = 2H_{2n} - H_n - 2\ln(2). \quad (3.100)$$

3.1.32 $\int_0^1 x^{2n-1}\operatorname{arctanh}(x)\mathrm{d}x$

The following identity holds:

$$\int_0^1 x^{2n-1}\operatorname{arctanh}(x)\mathrm{d}x = \frac{2H_{2n} - H_n}{4n}, \quad \Re(n) > -\frac{1}{2}. \qquad (3.101)$$

Proof. By writing $\operatorname{arctanh}(x) = \frac{1}{2}\ln(1+x) - \frac{1}{2}\ln(1-x)$, we have

$$\int_0^1 x^{2n-1}\operatorname{arctanh}(x)\mathrm{d}x$$

$$= \frac{1}{2}\int_0^1 x^{2n-1}\ln(1+x)\mathrm{d}x - \frac{1}{2}\int_0^1 x^{2n-1}\ln(1-x)\mathrm{d}x$$

{collect the results from (3.97) and (2.70)}

$$= \frac{1}{2}\cdot\frac{H_{2n} - H_n}{2n} + \frac{1}{2}\cdot\frac{H_{2n}}{2n}$$

$$= \frac{2H_{2n} - H_n}{4n}.$$

3.1.33 $\int_0^1 x^{n-1}\operatorname{Li}_a(x)\mathrm{d}x$

For $a \in \mathbb{Z}^+$, the following equality holds

$$\int_0^1 x^{n-1}\operatorname{Li}_a(x)\mathrm{d}x = (-1)^{a-1}\frac{H_n}{n^a} - \sum_{k=1}^{a-1}(-1)^k\frac{\zeta(a-k+1)}{n^k}. \qquad (3.102)$$

Proof. Let's evaluate the following integrals:
First integral:

$$\int_0^1 x^{n-1}\operatorname{Li}_2(x)\mathrm{d}x \stackrel{\text{IBP}}{=} \frac{x^n}{n}\operatorname{Li}_2(x)\Big|_0^1 + \frac{1}{n}\int_0^1 x^{n-1}\ln(1-x)\mathrm{d}x$$

{recall the result from (2.70)}

$$= \frac{\zeta(2)}{n} - \frac{H_n}{n^2}. \qquad (3.103)$$

Second integral:

$$\int_0^1 x^{n-1}\operatorname{Li}_3(x)\mathrm{d}x = \frac{x^n}{n}\operatorname{Li}_3(x)\Big|_0^1 - \frac{1}{n}\int_0^1 x^{n-1}\operatorname{Li}_2(x)\mathrm{d}x$$

{substitute the result from (3.103)}

$$= \frac{\zeta(3)}{n} - \frac{\zeta(2)}{n^2} + \frac{H_n}{n^3}. \qquad (3.104)$$

Third integral:

$$\int_0^1 x^{n-1}\operatorname{Li}_4(x)\,\mathrm{d}x = \frac{x^n}{n}\operatorname{Li}_4(x)\Big|_0^1 - \frac{1}{n}\int_0^1 x^{n-1}\operatorname{Li}_3(x)\,\mathrm{d}x$$

{substitute the result from (3.104)}

$$= \frac{\zeta(4)}{n} - \frac{\zeta(3)}{n^2} + \frac{\zeta(2)}{n^3} - \frac{H_n}{n^4}. \qquad (3.105)$$

So in general we have

$$\int_0^1 x^{n-1}\operatorname{Li}_a(x)\,\mathrm{d}x = \frac{\zeta(a)}{n} - \frac{\zeta(a-1)}{n^2} + \ldots + (-1)^a\frac{\zeta(2)}{n^{a-1}} + (-1)^{a-1}\frac{H_n}{n^a}$$

$$= \sum_{k=1}^{a-1}(-1)^{k-1}\frac{\zeta(a-k+1)}{n^k} + (-1)^{a-1}\frac{H_n}{n^a},$$

and the proof is finalized.

3.2 Results of Logarithmic Integrals

3.2.1 $\int_0^{\frac{\pi}{2}} \sin(2nx)\cot(x)\mathrm{d}x$

Show that

$$\int_0^{\frac{\pi}{2}} \sin(2nx)\cot(x)\mathrm{d}x = \frac{\pi}{2}, \quad n \in \mathbb{Z}^+. \qquad (3.106)$$

Solution Since $\cos x = \Re e^{ix}$, which follows from Euler's formula, we have

$$\sum_{k=0}^{n-1} \cos((2k+1)x) = \Re \sum_{k=0}^{n-1} e^{(2k+1)ix} = \Re\left\{e^{ix}\sum_{k=0}^{n-1}\left(e^{2ix}\right)^k\right\}$$

{use the geometric series formula}

$$= \Re\left\{e^{ix}\frac{1-e^{2ixn}}{1-e^{2ix}}\right\}$$

{make use of $e^{ix} = \cos x + i\sin x$ and simplify}

$$= \Re\left\{\frac{\sin(2nx)}{2\sin x} + i\frac{\sin^2(nx)}{\sin x}\right\} = \frac{\sin(2nx)}{2\sin x}.$$

Separate the first term of the sum,

$$\frac{\sin(2nx)}{2\sin x} = \sum_{k=0}^{n-1}\cos((2k+1)x) = \cos x + \sum_{k=1}^{n-1}\cos((2k+1)x).$$

Multiply both sides by $2\cos x$,

$$\sin(2nx)\cot x = 2\cos^2 x + \sum_{k=1}^{n-1} 2\cos((2k+1)x)\cos x.$$

Use $2\cos^2 x = 1 + \cos(2x)$ and $2\cos a \cos b = \cos(a-b) + \cos(a+b)$,

$$\sin(2nx)\cot x = 1 + \cos(2x) + \sum_{k=1}^{n-1}\cos(2kx) + \cos((2k+2)x).$$

Now integrate both sides from $x = 0$ to $\pi/2$,

$$\int_0^{\frac{\pi}{2}} \sin(2nx)\cot x \mathrm{d}x$$
$$= \int_0^{\frac{\pi}{2}}(1+\cos(2x))\mathrm{d}x + \int_0^{\frac{\pi}{2}}\sum_{k=1}^{n-1}[\cos(2kx) + \cos((2k+2)x)]\mathrm{d}x$$

$$= x + \frac{\sin(2x)}{2}\Big|_0^{\frac{\pi}{2}} + \sum_{k=1}^{n-1} \int_0^{\frac{\pi}{2}} [\cos(2kx) + \cos((2k+2)x)]dx$$

$$= \frac{\pi}{2} + \frac{\sin(\pi)}{2} + \frac{1}{2}\sum_{k=1}^{n-1}\left[\frac{\sin(2kx)}{k} + \frac{\sin((2k+2)x)}{k+1}\right]_0^{\frac{\pi}{2}}$$

$$= \frac{\pi}{2} + 0 + \frac{1}{2}\sum_{k=1}^{n-1}\frac{\sin(k\pi)}{k} + \frac{1}{2}\sum_{k=1}^{n-1}\frac{\sin((k+1)\pi)}{k+1}.$$

For $n \in \mathbb{Z}^+$, we have

$$\sum_{k=1}^{n-1}\frac{\sin(k\pi)}{k} = \frac{\sin(\pi)}{1} + \frac{\sin(2\pi)}{2} + \cdots + \frac{\sin((n-1)\pi)}{n-1} = 0 + 0 + \cdots + 0 = 0,$$

and the same applies to the second sum. Therefore, the integral is $\pi/2$.

3.2.2 $\int_0^{\frac{\pi}{2}} \ln(\sin x)dx$

Show that

$$\int_0^{\frac{\pi}{2}} \ln(\sin x)dx = -\frac{\pi}{2}\ln(2). \tag{3.107}$$

Solution (i) By the rule $\int_a^b f(x)dx = \int_a^b f(a+b-x)dx$, which can be proved by setting $a+b-x = y$ then changing y to x, we have

$$\int_0^{\frac{\pi}{2}} \ln(\sin x)dx = \int_0^{\frac{\pi}{2}} \ln\left(\sin\left(\frac{\pi}{2} - x\right)\right)dx = \int_0^{\frac{\pi}{2}} \ln(\cos x)dx.$$

Add the integral $\int_0^{\frac{\pi}{2}} \ln(\sin x)dx$ to both sides,

$$2\int_0^{\frac{\pi}{2}} \ln(\sin x)dx = \int_0^{\frac{\pi}{2}} \ln(\sin x)dx + \int_0^{\frac{\pi}{2}} \ln(\cos x)dx$$

$$= \int_0^{\frac{\pi}{2}} \ln(\sin x \cos x)dx$$

$$\left\{\text{use } \sin x \cos x = \frac{\sin(2x)}{2}\right\}$$

$$= \underbrace{\int_0^{\frac{\pi}{2}} \ln(\sin(2x))dx}_{2x \to x} - \int_0^{\frac{\pi}{2}} \ln(2)dx$$

3.2. Results of Logarithmic Integrals

$$= \frac{1}{2}\int_0^\pi \ln(\sin x)\,dx - \frac{\pi}{2}\ln(2)$$

$$= \frac{1}{2}\left(\int_0^{\frac{\pi}{2}} + \int_{\frac{\pi}{2}}^\pi\right)\ln(\sin x)\,dx - \frac{\pi}{2}\ln(2)$$

$$= \frac{1}{2}\int_0^{\frac{\pi}{2}} \ln(\sin x)\,dx + \underbrace{\frac{1}{2}\int_{\frac{\pi}{2}}^\pi \ln(\sin x)\,dx}_{x=\pi-y} - \frac{\pi}{2}\ln(2)$$

$$= \frac{1}{2}\int_0^{\frac{\pi}{2}} \ln(\sin x)\,dx + \underbrace{\frac{1}{2}\int_0^{\frac{\pi}{2}} \ln(\sin y)\,dy}_{y=x} - \frac{\pi}{2}\ln(2)$$

$$= \int_0^{\frac{\pi}{2}} \ln(\sin x)\,dx - \frac{\pi}{2}\ln(2).$$

Therefore,

$$2\int_0^{\frac{\pi}{2}} \ln(\sin x)\,dx = \int_0^{\frac{\pi}{2}} \ln(\sin x)\,dx - \frac{\pi}{2}\ln(2),$$

and the solution completes on subtracting $\int_0^{\frac{\pi}{2}} \ln(\sin x)\,dx$ from both sides.

Solution (ii) Differentiate both sides of the beta function in (1.50):

$$\int_0^{\frac{\pi}{2}} \cos^{2a-1}(x)\sin^{2b-1}(x)\,dx = \frac{1}{2}B(a,b) = \frac{1}{2}\frac{\Gamma(a)\Gamma(b)}{\Gamma(a+b)}$$

with respect to b then use the rule given in (2.79),

$$2\int_0^{\frac{\pi}{2}} \cos^{2a-1}(x)\sin^{2b-1}(x)\ln(\sin x)\,dx = \frac{1}{2}\frac{\partial}{\partial b}\frac{\Gamma(a)\Gamma(b)}{\Gamma(a+b)}$$

$$\{\text{use } \Gamma'(x) = \Gamma(x)\psi(x) \text{ given in (1.167)}\}$$

$$= \frac{1}{2}\frac{\Gamma(a)\Gamma(b)(\psi(b) - \psi(a+b))}{\Gamma(a+b)}.$$

Now set $a = b = 1/2$ then divide through by 2,

$$\int_0^{\frac{\pi}{2}} \ln(\sin x)\,dx = \frac{\Gamma^2\left(\frac{1}{2}\right)}{4}\frac{\psi\left(\frac{1}{2}\right) - \psi(1)}{\Gamma(1)}$$

$$\{\text{write } \Gamma(1/2) = \sqrt{\pi} \text{ and recall the result from (1.172)}\}$$

$$= \frac{\pi}{4}(-2\ln(2)) = -\frac{\pi}{2}\ln(2).$$

3.2.3 $\int_0^{\frac{\pi}{2}} \ln^2(\sin x) dx$

Show that

$$\int_0^{\frac{\pi}{2}} \ln^2(\sin x) dx = \frac{\pi}{2} \ln^2(2) + \frac{\pi^3}{24}. \tag{3.108}$$

Solution (i) We have

$$\ln^2(2 \sin x) = \ln^2(2) + 2\ln(2)\ln(\sin x) + \ln^2(\sin x)$$

or

$$\ln^2(\sin x) = \ln^2(2 \sin x) - 2\ln(2)\ln(\sin x) - \ln^2(2).$$

Integrate both sides from $x = 0$ to $\pi/2$,

$$\int_0^{\frac{\pi}{2}} \ln^2(\sin x) dx = \int_0^{\frac{\pi}{2}} \ln^2(2 \sin x) dx - 2\ln(2) \int_0^{\frac{\pi}{2}} \ln(\sin x) dx - \int_0^{\frac{\pi}{2}} \ln^2(2) dx.$$

The third integral is $\frac{\pi}{2} \ln^2(2)$ and the second integral is $-\frac{\pi}{2} \ln(2)$ given in (3.107). For the first one, integrate both sides of (2.141):

$$\ln^2(2 \sin x) = \left(\frac{\pi}{2} - x\right)^2 + 2 \sum_{n=1}^{\infty} \frac{H_{n-1}}{n} \cos(2nx)$$

from $x = 0$ to $\pi/2$ then change the order of integration and summation,

$$\int_0^{\frac{\pi}{2}} \ln^2(2 \sin x) dx = \int_0^{\frac{\pi}{2}} \left(\frac{\pi}{2} - x\right)^2 dx + 2 \sum_{n=1}^{\infty} \frac{H_{n-1}}{n} \int_0^{\frac{\pi}{2}} \cos(2nx) dx$$

$$= -\frac{1}{3}\left(\frac{\pi}{2} - x\right)^3 \Big|_0^{\frac{\pi}{2}} + 2 \sum_{n=1}^{\infty} \frac{H_{n-1}}{n} \cdot \frac{\sin(2nx)}{2n} \Big|_0^{\frac{\pi}{2}}$$

$$= \frac{\pi^3}{24} + 2 \sum_{n=1}^{\infty} \frac{H_{n-1}}{n} \cdot \frac{\sin(n\pi)}{2n}$$

{the sum evaluates to 0, since $\sin(n\pi) = 0$ for integer n}

$$= \frac{\pi^3}{24}.$$

Combining the three integrals completes the solution.

Solution (ii) Differentiate both sides of the beta function in (1.50):

$$\int_0^{\frac{\pi}{2}} \cos^{2a-1}(x) \sin^{2b-1}(x) dx = \frac{1}{2} B(a,b) = \frac{1}{2} \frac{\Gamma(a)\Gamma(b)}{\Gamma(a+b)}$$

3.2. Results of Logarithmic Integrals

with respect to b twice,

$$4\int_0^{\frac{\pi}{2}} \cos^{2a-1}(x)\sin^{2b-1}(x)\ln^2(\sin x)\mathrm{d}x = \frac{1}{2}\frac{\partial^2}{\partial b^2}\frac{\Gamma(a)\Gamma(b)}{\Gamma(a+b)}$$

$$= \frac{1}{2}\frac{\Gamma(a)\Gamma(b)}{\Gamma(a+b)}\left[(\psi(b) - \psi(a+b))^2 + \psi^{(1)}(b) - \psi^{(1)}(a+b)\right].$$

Setting $a = b = 1/2$ then dividing by 4 gives

$$\int_0^{\frac{\pi}{2}} \ln^2(\sin x)\mathrm{d}x = \frac{1}{8}\frac{\Gamma^2(\frac{1}{2})}{\Gamma(1)}\left[\left(\psi\left(\frac{1}{2}\right) - \psi(1)\right)^2 + \psi^{(1)}\left(\frac{1}{2}\right) - \psi^{(1)}(1)\right]$$

{recall the results from (1.172), (1.187), and (1.181)}

$$= \frac{\pi}{8}\left[(-2\ln(2))^2 + 3\zeta(2) - \zeta(2)\right] = \frac{\pi}{2}\ln^2(2) + \frac{\pi^3}{24}.$$

The *Mathematica* command for $\displaystyle\lim_{\substack{a\to 1/2 \\ b\to 1/2}} \frac{\partial^2}{\partial b^2}\frac{\Gamma(a)\Gamma(b)}{\Gamma(a+b)}$ is

```
Normal[Series[D[Gamma[a]Gamma[b]/Gamma[a+b],{a,0},{b,2}]
,{a,1/2,0},{b,1/2,0}]]//FullSimplify//Expand
```

3.2.4 $\int_0^{\frac{\pi}{2}} \ln(\sin x)\ln(\cos x)\mathrm{d}x$

Show that

$$\int_0^{\frac{\pi}{2}} \ln(\sin x)\ln(\cos x)\mathrm{d}x = \frac{\pi}{2}\ln^2(2) - \frac{\pi^3}{48}. \tag{3.109}$$

Solution (i) Let $a = \ln(\sin x)$ and $b = \ln(\cos x)$ in the algebraic identity

$$ab = \frac{1}{2}a^2 + \frac{1}{2}b^2 - \frac{1}{2}(a-b)^2,$$

we have

$$\ln(\sin x)\ln(\cos x) = \frac{1}{2}\ln^2(\sin x) + \frac{1}{2}\ln^2(\cos x) - \frac{1}{2}\ln^2(\tan x).$$

Integrate both sides from $x = 0$ to $\pi/2$,

$$\int_0^{\frac{\pi}{2}} \ln(\sin x)\ln(\cos x)\mathrm{d}x$$
$$= \frac{1}{2}\int_0^{\frac{\pi}{2}} \ln^2(\sin x)\mathrm{d}x + \frac{1}{2}\int_0^{\frac{\pi}{2}} \ln^2(\cos x)\mathrm{d}x - \frac{1}{2}\int_0^{\frac{\pi}{2}} \ln^2(\tan x)\mathrm{d}x.$$

The second integral is equivalent to the first one by using the rule $\int_a^b f(x)dx = \int_a^b f(a+b-x)dx$. For the third integral, let $\tan x = y$, we have

$$\int_0^{\frac{\pi}{2}} \ln(\sin x)\ln(\cos x)dx = \int_0^{\frac{\pi}{2}} \ln^2(\sin x)dx - \frac{1}{2}\int_0^{\infty} \frac{\ln^2(y)}{1+y^2}dy.$$

These two integrals are given in (3.108) and (3.54).

Solution (ii) Differentiate both sides of (1.50) with respect to a and b,

$$4\int_0^{\frac{\pi}{2}} \cos^{2a-1}(x)\sin^{2b-1}(x)\ln(\cos x)\ln(\sin x)dx = \frac{1}{2}\frac{\partial^2}{\partial a \partial b}\frac{\Gamma(a)\Gamma(b)}{\Gamma(a+b)}$$

{use $\Gamma'(n) = \Gamma(n)\psi(n)$ given in (1.167) and $\psi'(n) \equiv \psi^{(1)}(n)$}

$$= \frac{1}{2}\frac{\Gamma(a)\Gamma(b)}{\Gamma(a+b)}\left[(\psi(a) - \psi(a+b))(\psi(b) - \psi(a+b)) - \psi^{(1)}(a+b)\right].$$

Setting $a = b = 1/2$ then dividing by 4 gives

$$\int_0^{\frac{\pi}{2}} \ln(\sin x)\ln(\cos x)dx = \frac{1}{8}\frac{\Gamma^2\left(\frac{1}{2}\right)}{\Gamma(1)}\left[\left(\psi\left(\frac{1}{2}\right) - \psi(1)\right)^2 - \psi^{(1)}(1)\right]$$

{recall the results form (1.172) and (1.181)}

$$= \frac{\pi}{8}\left[(-2\ln(2))^2 - \frac{\pi^2}{6}\right] = \frac{\pi}{2}\ln^2(2) - \frac{\pi^3}{48}.$$

The *Mathematica* command for $\lim\limits_{\substack{a\to 1/2 \\ b\to 1/2}} \frac{\partial^2}{\partial a \partial b}\frac{\Gamma(a)\Gamma(b)}{\Gamma(a+b)}$ is

```
Normal[Series[D[Gamma[a]Gamma[b]/Gamma[a+b],{a,1},{b,1}]
,{a,1/2,0},{b,1/2,0}]]//FullSimplify//Expand
```

3.2.5 $\int_0^1 \frac{\ln(x)\ln(1-x)}{x\sqrt{1-x}}dx$

Show that

$$\int_0^1 \frac{\ln(x)\ln(1-x)}{\sqrt{x}(1-x)}dx = 7\zeta(3) - 6\ln(2)\zeta(2). \qquad (3.110)$$

Solution (i) Make the change of variable $\sqrt{1-x} = y$,

$$\int_0^1 \frac{\ln(x)\ln(1-x)}{\sqrt{x}(1-x)}dx = 4\int_0^1 \frac{\ln(y)\ln(1-y^2)}{1-y^2}dy$$

$$\stackrel{y=\frac{1-x}{1+x}}{=\!=\!=} 2\int_0^1 \frac{\ln\left(\frac{1-x}{1+x}\right)\ln\left(\frac{4x}{(1+x)^2}\right)}{x}dx$$

3.2. Results of Logarithmic Integrals

$$= 4\ln(2)\int_0^1 \frac{\ln\left(\frac{1-x}{1+x}\right)}{x}dx + 2\int_0^1 \frac{\ln(x)\ln\left(\frac{1-x}{1+x}\right)}{x}dx + 4\int_0^1 \frac{\ln^2(1+x)}{x}dx$$
$$-4\int_0^1 \frac{\ln(1-x)\ln(1+x)}{x}dx.$$

All these integrals are given in (3.21), (3.22), (3.38), and (3.115) respectively.

Solution (ii) Differentiate both sides of the beta function in (1.47):

$$\int_0^1 x^{a-1}(1-x)^{b-1}dx = B(a,b) = \frac{\Gamma(a)\Gamma(b)}{\Gamma(a+b)}$$

with respect to a and b,

$$\int_0^1 x^{a-1}(1-x)^{b-1}\ln(x)\ln(1-x)dx = \frac{\partial^2}{\partial a \partial b}\frac{\Gamma(a)\Gamma(b)}{\Gamma(a+b)}.$$

Next, take the limit on both sides letting $b \to 0$,

$$\int_0^1 \frac{x^{a-1}\ln(x)\ln(1-x)}{1-x}dx = \lim_{b\to 0}\frac{\partial^2}{\partial a \partial b}\frac{\Gamma(a)\Gamma(b)}{\Gamma(a+b)}$$

$$= \lim_{b\to 0}\frac{\Gamma(a)\Gamma(b)}{\Gamma(a+b)}\left[(\psi(a)-\psi(a+b))(\psi(b)-\psi(a+b))-\psi^{(1)}(a+b)\right]$$

$$\left\{\text{write } \Gamma(b) = \frac{\Gamma(1+b)}{b} \text{ and } \psi(b) = \psi(1+b) - \frac{1}{b}\right\}$$

{given in (1.32) and (1.173)}

$$= \lim_{b\to 0}\frac{\Gamma(a)\Gamma(1+b)}{\Gamma(a+b)} \times$$
$$\lim_{b\to 0}\frac{\left[(\psi(a)-\psi(a+b))(\psi(1+b)-\frac{1}{b}-\psi(a+b))-\psi^{(1)}(a+b)\right]}{b}$$

$$\left\{\text{note that } \lim_{b\to 0}\frac{\Gamma(a)\Gamma(1+b)}{\Gamma(a+b)} = \frac{\Gamma(a)\Gamma(1)}{\Gamma(a)} = 1\right\}$$

$$= \lim_{b\to 0}\frac{\left[(\psi(a)-\psi(a+b))(\psi(1+b)-\frac{1}{b}-\psi(a+b))-\psi^{(1)}(a+b)\right]}{b}$$

{multiply by b/b}

$$= \lim_{b\to 0}\frac{\left[(\psi(a)-\psi(a+b))(b\psi(1+b)-1-b\psi(a+b))-b\psi^{(1)}(a+b)\right]}{b^2}$$

{now we can apply L'Hôpital's rule, since we have 0/0}

$$= \lim_{b\to 0}\frac{1}{2b}\left\{\psi^{(1)}(a+b)\left[b\psi(a+b)-b\psi(1+b)\right]+\left[\psi(a)-\psi(a+b)\right]\right.$$
$$\left.\left[\psi(1+b)-\psi(a+b)-\psi^{(1)}(a+b)+b\psi^{(1)}(1+b)\right]-b\psi^{(2)}(a+b)\right\}$$

{apply L'Hôpital's rule again, since we have 0/0}

$$= \lim_{b \to 0} \frac{1}{2} \Big\{ 2\psi^{(1)}(a+b)[\psi(a+b) + b\psi^{(1)}(a+b) - \psi(1+b) - b\psi^{(1)}(1+b)]$$
$$+ \psi^{(2)}(a+b)[b\psi(a+b) - b\psi(1+b) - 1] + [\psi(a) - \psi(a+b)]$$
$$[2\psi^{(2)}(a+b) + b\psi^{(2)}(a+b) - 2\psi^{(2)}(1+b) - b\psi^{(2)}(1+b)] - b\psi^{(3)}(a+b) \Big\}$$

$$= \frac{1}{2} \Big\{ 2\psi^{(1)}(a)[\psi(a) - \psi(1)] - \psi^{(2)}(a) \Big\}$$

{substitute $\psi(1) = -\gamma$ given in (1.170)}

$$= \frac{1}{2} \Big\{ 2\psi^{(1)}(a)[\psi(a) + \gamma] - \psi^{(2)}(a) \Big\}.$$

Thus,

$$\int_0^1 \frac{x^{a-1} \ln(x) \ln(1-x)}{1-x} dx = \psi^{(1)}(a)[\psi(a) + \gamma] - \frac{1}{2}\psi^{(2)}(a), \quad \Re(a) > -1. \tag{3.111}$$

Set $a = 1/2$ in (3.111),

$$\int_0^1 \frac{\ln(x) \ln(1-x)}{\sqrt{x}(1-x)} dx = \psi^{(1)}\left(\frac{1}{2}\right) \left[\psi\left(\frac{1}{2}\right) + \gamma\right] - \frac{1}{2}\psi^{(2)}\left(\frac{1}{2}\right)$$

{recall the results from (1.187), (1.171), and (1.188)}

$$= 7\zeta(3) - 6\ln(2)\zeta(2).$$

Of course solution (i) is much easier than solution (ii), but the latter is more useful because it involves the identity (3.111), which allows us to adjust the power of $\ln(x)$ in the numerator by differentiating both sides with respect to a.
Moreover, by setting $x = \sin^2 u$ in (3.111), we obtain

$$\int_0^{\frac{\pi}{2}} \sin^{2a-2}(u) \tan u \ln(\sin u) \ln(\cos u) du = \frac{1}{8}\psi^{(1)}(a)[\psi(a) + \gamma] - \frac{1}{16}\psi^{(2)}(a). \tag{3.112}$$

Remark: We know that the beta function, $B(a,b) = \int_0^1 x^{a-1}(1-x)^{b-1} dx$, is defined for $\Re(a) > 0$. However, its derivative in (3.111) is defined for $\Re(a) > -1$ due to the analytic continuation (see[35]).

3.2.6 $\int_0^\infty \frac{\ln^2(x) \ln(1+x^2)}{1+x^2} dx$

Show that

$$\int_0^\infty \frac{\ln^2(x) \ln(1+x^2)}{1+x^2} dx = \frac{\pi^3}{4} \ln(2) + \frac{7}{4}\pi\zeta(3). \tag{3.113}$$

3.2. Results of Logarithmic Integrals

Solution Make the substitution $x^2 \to x$,

$$\int_0^\infty \frac{\ln^2(x)\ln(1+x^2)}{1+x^2}\,dx = \frac{1}{8}\int_0^\infty \frac{\ln^2(x)\ln(1+x)}{\sqrt{x}(1+x)}\,dx. \qquad (3.114)$$

This integral can be calculated using the same technique as in [17]:

Replace b by $b-a$ in the beta function in (1.52):

$$\int_0^\infty \frac{x^{a-1}}{(1+x)^{a+b}}\,dx = B(a,b) = \frac{\Gamma(a)\Gamma(b)}{\Gamma(a+b)},$$

we get

$$\int_0^\infty \frac{x^{a-1}}{(1+x)^b}\,dx = \frac{\Gamma(a)\Gamma(b-a)}{\Gamma(b)}.$$

Differentiate twice with respect to a and once with respect to b,

$$\int_0^\infty \frac{\ln^2(x)\ln(1+x)x^{a-1}}{(1+x)^b}\,dx = -\frac{\partial^2}{\partial a^2}\frac{\partial}{\partial b}\frac{\Gamma(a)\Gamma(b-a)}{\Gamma(b)}.$$

Now take the limit on both sides letting $a \to 1/2$ and $b \to 1$,

$$\int_0^\infty \frac{\ln^2(x)\ln(1+x)}{\sqrt{x}(1+x)}\,dx = -\lim_{\substack{a\to 1/2 \\ b\to 1}} \frac{\partial^2}{\partial a^2}\frac{\partial}{\partial b}\frac{\Gamma(a)\Gamma(b-a)}{\Gamma(b)}$$

$$= -\lim_{\substack{a\to 1/2 \\ b\to 1}} \frac{\partial^2}{\partial a^2}\Gamma(a)\left(\frac{\partial}{\partial b}\frac{\Gamma(b-a)}{\Gamma(b)}\right)$$

$$= -\lim_{\substack{a\to 1/2 \\ b\to 1}} \frac{\partial^2}{\partial a^2}\Gamma(a)\left(\frac{\Gamma(b-a)[\psi(b-a)-\psi(b)]}{\Gamma(b)}\right)$$

{evaluate the limit when $b \to 1$}

$$= -\lim_{a\to 1/2} \frac{\partial^2}{\partial a^2}\Gamma(a)\Gamma(1-a)[\psi(1-a)-\psi(1)]$$

$\left\{\text{use } \Gamma(a)\Gamma(1-a) = \dfrac{\pi}{\sin(a\pi)} \text{ given in (1.38)}\right\}$

$\left\{\text{and write } \dfrac{\partial}{\partial a} \text{ as } \dfrac{d}{da}, \text{ since we have one variable left}\right\}$

$$= -\lim_{a\to 1/2} \frac{d^2}{da^2}\frac{\pi}{\sin(a\pi)}[\psi(1-a)-\psi(1)]$$

$$= -\lim_{a\to 1/2} \frac{\pi}{2\sin(a\pi)}[2\psi^{(2)}(1-a) + 4\pi\cot(a\pi)\psi^{(1)}(1-a)$$
$$+ \pi^2\csc^2(a\pi)(\psi(1-a)-\psi(1))(\cos(2a\pi)+3)]$$

$$= -\frac{\pi}{2\sin\left(\frac{\pi}{2}\right)}\left[2\psi^{(2)}\left(\frac{1}{2}\right) + 4\pi\cot\left(\frac{\pi}{2}\right)\psi^{(1)}\left(\frac{1}{2}\right)\right.$$
$$\left.+\pi^2\csc^2\left(\frac{\pi}{2}\right)\left(\psi\left(\frac{1}{2}\right) - \psi(1)\right)(\cos(\pi)+3)\right]$$
$$= -\frac{\pi}{2}\left[2\psi^{(2)}\left(\frac{1}{2}\right) + \pi^2\left(\psi\left(\frac{1}{2}\right) - \psi(1)\right)(-1+3)\right]$$
{recall the results from (1.188) and (1.172)}
$$= 2\pi^3 \ln(2) + 14\pi\zeta(3).$$

Substituting this value in (3.114) completes the solution.

The *Mathematica* command for $\lim_{\substack{a\to 1/2 \\ b\to 1}} \frac{\partial^2}{\partial a^2}\frac{\partial}{\partial b}\frac{\Gamma(a)\Gamma(b-a)}{\Gamma(b)}$ is

```
Normal[Series[D[Gamma[a]Gamma[b-a]/Gamma[b],{a,2},{b,1}]
,{a,1/2,0},{b,1,0}]]//FullSimplify//Expand
```

3.2.7 $\int_0^1 \frac{\ln(1-x)\ln(1+x)}{x}dx$

Show that

$$\int_0^1 \frac{\ln(1-x)\ln(1+x)}{x}dx = -\frac{5}{8}\zeta(3). \qquad (3.115)$$

Solution Let $a = \ln(1-x)$ and $b = \ln(1+x)$ in the algebraic identity

$$ab = \frac{1}{4}(a+b)^2 - \frac{1}{4}(a-b)^2,$$

we have

$$\ln(1-x)\ln(1+x) = \frac{1}{4}\ln^2(1-x^2) - \frac{1}{4}\ln^2\left(\frac{1-x}{1+x}\right).$$

Divide both sides by x then integrate from $x = 0$ to 1,

$$\int_0^1 \frac{\ln(1-x)\ln(1+x)}{x}dx = \frac{1}{4}\underbrace{\int_0^1 \frac{\ln^2(1-x^2)}{x}dx}_{1-x^2=y} - \frac{1}{4}\int_0^1 \frac{\ln^2\left(\frac{1-x}{1+x}\right)}{x}dx$$

$$= \frac{1}{8}\int_0^1 \frac{\ln^2(y)}{1-y}dy - \int_0^1 \frac{\ln^2\left(\frac{1-x}{1+x}\right)}{x}dx.$$

{gather the results from (3.3) and (3.16)}

$$= -\frac{5}{8}\zeta(3),$$

which matches (3.115).

3.2. Results of Logarithmic Integrals

3.2.8 $\int_0^1 \frac{\ln(x)\ln(1-x)\ln(1+x)}{x}\,dx$

Show that

$$\int_0^1 \frac{\ln(x)\ln(1-x)\ln(1+x)}{x}\,dx = 2\operatorname{Li}_4\left(\frac{1}{2}\right) - \frac{27}{16}\zeta(4) + \frac{7}{4}\ln(2)\zeta(3)$$
$$-\frac{1}{2}\ln^2(2)\zeta(2) + \frac{1}{12}\ln^4(2). \qquad (3.116)$$

Solution (i) Let $a = \ln(1-x)$ and $b = \ln(1+x)$ in the algebraic identity

$$ab = \frac{1}{2}(a+b)^2 - \frac{1}{2}a^2 - \frac{1}{2}b^2,$$

$$\ln(1-x)\ln(1+x) = \frac{1}{2}\ln^2(1-x^2) - \frac{1}{2}\ln^2(1-x) - \frac{1}{2}\ln^2(1+x).$$

Multiply both sides by $\frac{\ln(x)}{x}$ then integrate,

$$\int_0^1 \frac{\ln(x)\ln(1-x)\ln(1+x)}{x}\,dx = \frac{1}{2}\underbrace{\int_0^1 \frac{\ln(x)\ln^2(1-x^2)}{x}\,dx}_{1-x^2=y}$$

$$-\frac{1}{2}\underbrace{\int_0^1 \frac{\ln(x)\ln^2(1-x)}{x}\,dx}_{1-x=y} - \frac{1}{2}\underbrace{\int_0^1 \frac{\ln(x)\ln^2(1+x)}{x}\,dx}_{\text{IBP}}$$

$$= \frac{1}{8}\int_0^1 \frac{\ln(1-y)\ln^2(y)}{1-y}\,dy - \frac{1}{2}\int_0^1 \frac{\ln(1-y)\ln^2(y)}{1-y}\,dy$$
$$-\frac{1}{4}\ln^2(x)\ln^2(1+x)\Big|_0^1 + \frac{1}{2}\int_0^1 \frac{\ln^2(x)\ln(1+x)}{1+x}\,dx$$

$$= -\frac{3}{8}\int_0^1 \frac{\ln(1-y)\ln^2(y)}{1-y}\,dy + \frac{1}{2}\int_0^1 \frac{\ln^2(x)\ln(1+x)}{1+x}\,dx$$

{set $a=2$ in (3.87) to get the first integral}

$$= -\frac{3}{4}\zeta(4) + \frac{3}{4}\sum_{n=1}^{\infty}\frac{H_n}{n^3} + \frac{1}{2}\int_0^1 \frac{\ln^2(x)\ln(1+x)}{1+x}\,dx,$$

and the solution finalizes on gathering the results from (4.6) and (3.143).

Solution (ii) Multiply both sides of (2.47):

$$\ln(1-x)\ln(1+x) = -\sum_{n=1}^{\infty}\left(\frac{H_{2n}-H_n}{n} + \frac{1}{2n^2}\right)x^{2n}$$

by $\frac{\ln(x)}{x}$ then integrate from $x = 0$ to 1,

$$\int_0^1 \frac{\ln(1-x)\ln(1+x)\ln(x)}{x}dx$$

$$= -\sum_{n=1}^\infty \left(\frac{H_{2n}-H_n}{n}+\frac{1}{2n^2}\right)\int_0^1 x^{2n-1}\ln(x)dx$$

$$= -\sum_{n=1}^\infty \left(\frac{H_{2n}-H_n}{n}+\frac{1}{2n^2}\right)\left(-\frac{1}{(2n)^2}\right)$$

$$= 2\sum_{n=1}^\infty \frac{H_{2n}}{(2n)^3} - \frac{1}{4}\sum_{n=1}^\infty \frac{H_n}{n^3} + \frac{1}{8}\zeta(4)$$

{make use of (1.5) for the first sum}

$$= \sum_{n=1}^\infty \frac{(-1)^n H_n}{n^3} + \frac{3}{4}\sum_{n=1}^\infty \frac{H_n}{n^3} + \frac{1}{8}\zeta(4).$$

These two sums are given in (4.144) and (4.5).

3.2.9 $\int_0^1 \frac{\ln(1-x)\ln^2(1+x)}{x}dx$

Show that

$$\int_0^1 \frac{\ln(1-x)\ln^2(1+x)}{x}dx = -\frac{3}{8}\zeta(4). \tag{3.117}$$

Solution Put $a = \ln(1-x)$ and $b = \ln(1+x)$ in the algebraic identity

$$ab^2 = \frac{1}{6}(a+b)^3 + \frac{1}{6}(a-b)^3 - \frac{1}{3}a^3,$$

$$\int_0^1 \frac{\ln(1-x)\ln^2(1+x)}{x}dx$$

$$= \frac{1}{6}\underbrace{\int_0^1 \frac{\ln^3(1-x^2)}{x}dx}_{1-x^2=y} + \frac{1}{6}\int_0^1 \frac{\ln^3\left(\frac{1-x}{1+x}\right)}{x}dx - \frac{1}{3}\underbrace{\int_0^1 \frac{\ln^3(1-x)}{x}dx}_{1-x=y}$$

$$= \frac{1}{12}\int_0^1 \frac{\ln^3(y)}{1-y}dy + \frac{1}{6}\int_0^1 \frac{\ln^3\left(\frac{1-x}{1+x}\right)}{x}dx - \frac{1}{3}\int_0^1 \frac{\ln^3(y)}{1-y}dy$$

$$= -\frac{1}{6}\int_0^1 \frac{\ln^3(y)}{1-y}dy + \frac{1}{4}\int_0^1 \frac{\ln^3\left(\frac{1-x}{1+x}\right)}{x}dx.$$

3.2. Results of Logarithmic Integrals

The solution completes on putting together the results from (3.4) and (3.17).

3.2.10 $\int_0^1 \frac{\ln^2(1-x)\ln(1+x)}{x} dx$

Show that

$$\int_0^1 \frac{\ln^2(1-x)\ln(1+x)}{x} dx = 2\operatorname{Li}_4\left(\frac{1}{2}\right) - \frac{5}{8}\zeta(4) + \frac{7}{4}\ln(2)\zeta(3)$$
$$- \frac{1}{2}\ln^2(2)\zeta(2) + \frac{1}{12}\ln^4(2). \qquad (3.118)$$

Solution Set $a = \ln(1-x)$ and $b = \ln(1+x)$ in

$$a^2 b = \frac{1}{6}(a+b)^3 - \frac{1}{6}(a-b)^3 - \frac{1}{3}b^3,$$

we have

$$\int_0^1 \frac{\ln^2(1-x)\ln(1+x)}{x} dx$$

$$= \frac{1}{6}\underbrace{\int_0^1 \frac{\ln^3(1-x^2)}{x} dx}_{1-x^2=y} - \frac{1}{6}\int_0^1 \frac{\ln^3\left(\frac{1-x}{1+x}\right)}{x} dx - \frac{1}{3}\int_0^1 \frac{\ln^3(1+x)}{x} dx$$

$$= \frac{1}{12}\int_0^1 \frac{\ln^3(y)}{1-y} dy - \frac{1}{6}\int_0^1 \frac{\ln^3\left(\frac{1-x}{1+x}\right)}{x} dx - \frac{1}{3}\int_0^1 \frac{\ln^3(1+x)}{x} dx.$$

These three integrals are given in (3.4), (3.17), and (3.39).

3.2.11 $\int_0^1 \frac{\ln^3(1-x)\ln(1+x)}{x} dx$

Show that

$$\int_0^1 \frac{\ln^3(1-x)\ln(1+x)}{x} dx = 6\operatorname{Li}_5\left(\frac{1}{2}\right) + 6\ln(2)\operatorname{Li}_4\left(\frac{1}{2}\right) - \frac{81}{16}\zeta(5)$$
$$- \frac{21}{8}\zeta(2)\zeta(3) + \frac{21}{8}\ln^2(2)\zeta(3) - \ln^3(2)\zeta(2) + \frac{1}{5}\ln^5(2). \qquad (3.119)$$

The following solution may be found in [20]:
Solution Let I denote our integral. Making use of the algebraic identity

$$a^3 b = \frac{1}{4}a^4 - \frac{1}{4}b^4 + \frac{1}{16}(a+b)^4 - \frac{5}{16}(a-b)^4 - \frac{1}{2}(a-b)^3 b,$$

we have

$$I = \frac{1}{4}\underbrace{\int_0^1 \frac{\ln^4(1-x)}{x}dx}_{1-x=y} - \frac{1}{4}\int_0^1 \frac{\ln^4(1+x)}{x}dx + \frac{1}{16}\underbrace{\int_0^1 \frac{\ln^4(1-x^2)}{x}dx}_{1-x^2=y}$$

$$-\frac{5}{16}\int_0^1 \frac{\ln^4\left(\frac{1-x}{1+x}\right)}{x}dx - \frac{1}{2}\underbrace{\int_0^1 \frac{\ln^3\left(\frac{1-x}{1+x}\right)\ln(1+x)}{x}dx}_{(1-x)/(1+x)=y}$$

$$= \frac{9}{32}\int_0^1 \frac{\ln^4(y)}{1-y}dy - \frac{1}{4}\int_0^1 \frac{\ln^4(1+x)}{x}dx - \frac{5}{16}\int_0^1 \frac{\ln^4\left(\frac{1-x}{1+x}\right)}{x}dx$$

$$+ \underbrace{\int_0^1 \frac{\ln^3(y)\ln\left(\frac{1+y}{2}\right)}{1-y^2}dy}_{J}.$$

Collect the results from (3.5), (3.40), and (3.18),

$$I = 6\operatorname{Li}_5\left(\frac{1}{2}\right) + 6\ln(2)\operatorname{Li}_4\left(\frac{1}{2}\right) - \frac{441}{32}\zeta(5) + \frac{21}{8}\ln^2(2)\zeta(3)$$

$$\ln^3(2)\zeta(2) + \frac{1}{5}\ln^5(2) + J. \tag{3.120}$$

For the integral J, write $\frac{\ln\left(\frac{1+y}{2}\right)}{1-y^2} = -\frac{1}{2}\frac{\ln(2)}{1+y} + \frac{1}{2}\frac{\ln\left(\frac{1+y}{2}\right)}{1-y} + \frac{1}{2}\frac{\ln(1+y)}{1+y}$,

$$J = -\frac{1}{2}\ln(2)\underbrace{\int_0^1 \frac{\ln^3(y)}{1+y}dy}_{J_1} + \frac{1}{2}\underbrace{\int_0^1 \frac{\ln^3(y)\ln\left(\frac{1+y}{2}\right)}{1-y}dy}_{J_2}$$

$$+ \frac{1}{2}\underbrace{\int_0^1 \frac{\ln^3(y)\ln(1+y)}{1+y}dy}_{J_3}.$$

Setting $a = 3$ in (3.92) gives $J_2 = -6\sum_{n=1}^{\infty}\frac{(-1)^n H_n^{(4)}}{n}$, and setting $a = 3$ in (3.89) gives $J_3 = -\frac{45}{8}\zeta(5) - 6\sum_{n=1}^{\infty}\frac{(-1)^n H_n}{n^4}$.

Collecting the values of J_2 and J_3 along with the value of J_1 given in (3.10),

$$J = \frac{21}{8}\ln(2)\zeta(4) - \frac{45}{16}\zeta(5) - 3\sum_{n=1}^{\infty}\frac{(-1)^n H_n^{(4)}}{n} - 3\sum_{n=1}^{\infty}\frac{(-1)^n H_n}{n^4}$$

{recall the relation involving the first sum from (4.156)}

3.2. Results of Logarithmic Integrals

$$= -\frac{3}{4}\zeta(2)\zeta(3) - \frac{21}{8}\sum_{n=1}^{\infty}\frac{H_n}{n^4} - 9\sum_{n=1}^{\infty}\frac{(-1)^n H_n}{n^4}$$

{ substitute the results from (4.6) and (4.151)}

$$= \frac{279}{32}\zeta(5) - \frac{21}{8}\zeta(2)\zeta(3). \tag{3.121}$$

On plugging (3.121) in (3.120), the solution is completed.

3.2.12 $\int_0^1 \frac{\ln(1-x)\ln^3(1+x)}{x}\,dx$

Show that

$$\int_0^1 \frac{\ln(1-x)\ln^3(1+x)}{x}\,dx = -6\operatorname{Li}_5\left(\frac{1}{2}\right) - 6\ln(2)\operatorname{Li}_4\left(\frac{1}{2}\right) + \frac{3}{4}\zeta(5)$$

$$+\frac{21}{8}\zeta(2)\zeta(3) - \frac{21}{8}\ln^2(2)\zeta(3) + \ln^3(2)\zeta(2) - \frac{1}{5}\ln^5(2). \tag{3.122}$$

Solution By employing $a\,b^3 = \frac{1}{8}(a+b)^4 - \frac{1}{8}(a-b)^4 - a^3 b$, we have

$$\int_0^1 \frac{\ln(1-x)\ln^3(1+x)}{x}\,dx$$

$$= \frac{1}{8}\underbrace{\int_0^1 \frac{\ln^4(1-x^2)}{x}\,dx}_{1-x^2=y} - \frac{1}{8}\int_0^1 \frac{\ln^4\left(\frac{1-x}{1+x}\right)}{x}\,dx - \int_0^1 \frac{\ln^3(1-x)\ln(1+x)}{x}\,dx$$

$$= \frac{1}{16}\int_0^1 \frac{\ln^4(y)}{1-y}\,dy - \frac{1}{8}\int_0^1 \frac{\ln^4\left(\frac{1-x}{1+x}\right)}{x}\,dx - \int_0^1 \frac{\ln^3(1-x)\ln(1+x)}{x}\,dx.$$

These integrals are calculated in (3.5), (3.18), and (3.119).

3.2.13 $\int_0^1 \frac{\ln^3(1+x)\ln(x)}{x}\,dx$

Show that

$$\int_0^1 \frac{\ln^3(1+x)\ln(x)}{x}\,dx = -12\operatorname{Li}_5\left(\frac{1}{2}\right) - 12\ln(2)\operatorname{Li}_4\left(\frac{1}{2}\right) + \frac{99}{16}\zeta(5)$$

$$+3\zeta(2)\zeta(3) - \frac{21}{4}\ln^2(2)\zeta(3) + 2\ln^3(2)\zeta(2) - \frac{2}{5}\ln^5(2). \tag{3.123}$$

Solution Put $x = \frac{1-t}{t}$ then replace t by x,

$$\int_0^1 \frac{\ln^3(1+x)\ln(x)}{x}\,dx = -\int_{\frac{1}{2}}^1 \frac{\ln^3(x)\ln(\frac{1-x}{x})}{x(1-x)}\,dx$$

$$= \int_{\frac{1}{2}}^1 \frac{\ln^4(x)}{x}\,dx + \int_{\frac{1}{2}}^1 \frac{\ln^4(x)}{1-x}\,dx - \underbrace{\int_{\frac{1}{2}}^1 \frac{\ln^3(x)\ln(1-x)}{x}\,dx}_{\text{IBP}}$$

$$\underbrace{-\int_{\frac{1}{2}}^1 \frac{\ln^3(x)\ln(1-x)}{1-x}\,dx}_{1-x \to x}$$

$$= \frac{1}{5}\ln^5(2) + \int_{\frac{1}{2}}^1 \frac{\ln^4(x)}{1-x}\,dx - \left(\frac{1}{4}\ln^5(2) + \frac{1}{4}\int_{\frac{1}{2}}^1 \frac{\ln^4(x)}{1-x}\,dx\right)$$

$$\underbrace{-\int_0^{\frac{1}{2}} \frac{\ln^3(1-x)\ln(x)}{x}\,dx}_{\int_0^1 - \int_{1/2}^1}$$

$$= -\frac{1}{20}\ln^5(2) + \frac{3}{4}\underbrace{\int_{\frac{1}{2}}^1 \frac{\ln^4(x)}{1-x}\,dx}_{\int_0^1 - \int_0^{1/2}} - \underbrace{\int_0^1 \frac{\ln^3(1-x)\ln(x)}{x}\,dx}_{1-x \to x}$$

$$+ \int_{\frac{1}{2}}^1 \frac{\ln^3(1-x)\ln(x)}{x}\,dx$$

$$= -\frac{1}{20}\ln^5(2) + \frac{3}{4}\int_0^1 \frac{\ln^4(x)}{1-x}\,dx - \frac{3}{4}\int_0^{\frac{1}{2}} \frac{\ln^4(x)}{1-x}\,dx$$

$$- \int_0^1 \frac{\ln^3(x)\ln(1-x)}{1-x}\,dx + \int_{\frac{1}{2}}^1 \frac{\ln^3(1-x)\ln(x)}{x}\,dx$$

{recall the relation involving the last integral from (3.146)}

$$= \frac{1}{10}\ln^5(2) - \frac{93}{16}\zeta(5) + \frac{3}{4}\int_0^1 \frac{\ln^4(x)}{1-x}\,dx - \frac{1}{2}\int_0^{\frac{1}{2}} \frac{\ln^4(x)}{1-x}\,dx$$

$$- \frac{1}{2}\int_0^1 \frac{\ln^3(x)\ln(1-x)}{1-x}\,dx.$$

The first and second integrals are given in (3.5) and (3.35).
To get the latter, set $a = 3$ in (3.87),

$$\int_0^1 \frac{\ln^3(x)\ln(1-x)}{1-x}\,dx = -6\zeta(5) + 6\sum_{n=1}^{\infty} \frac{H_n}{n^4}$$

{this sum is given in (4.6)}

3.2. Results of Logarithmic Integrals

$$= 12\zeta(5) - 6\zeta(2)\zeta(3). \tag{3.124}$$

Gathering the three integrals completes the proof.
A different approach involving the derivative of the beta function may be found in [27].

3.2.14 $\int_0^1 \frac{\ln(x)\ln(1+x)}{1-x}dx$

Show that

$$\int_0^1 \frac{\ln(x)\ln(1+x)}{1-x}dx = \zeta(3) - \frac{3}{2}\ln(2)\zeta(2). \tag{3.125}$$

Solution By integration by parts,

$$\int_0^1 \frac{\text{Li}_2(x)}{1+x}dx = \ln(2)\zeta(2) + \int_0^1 \frac{\ln(1-x)\ln(1+x)}{x}dx. \tag{3.126}$$

On the other hand, by using (1.111), we have $\text{Li}_2(x) = \int_0^1 -\frac{x\ln(u)}{1-xu}du$. Thus,

$$\int_0^1 \frac{\text{Li}_2(x)}{1+x}dx = \int_0^1 \frac{1}{1+x}\left(\int_0^1 -\frac{x\ln(u)}{1-xu}du\right)dx$$

{change the order of integration}

$$= \int_0^1 \ln(u)\left(\int_0^1 \frac{-x}{(1+x)(1-ux)}dx\right)du$$

{evaluate the inner integral by partial fraction decomposition}

$$= \int_0^1 \ln(u)\left(\frac{\ln(2)}{1+u} + \frac{\ln(1-u)}{u} - \frac{\ln(1-u)}{1+u}\right)du$$

$$= \ln(2)\int_0^1 \frac{\ln(u)}{1+u}du + \underbrace{\int_0^1 \frac{\ln(u)\ln(1-u)}{u}du}_{\text{IBP}} - \underbrace{\int_0^1 \frac{\ln(u)\ln(1-u)}{1+u}du}_{\text{IBP}}$$

$$= \ln(2)\int_0^1 \frac{\ln(u)}{1+u}du + \frac{1}{2}\int_0^1 \frac{\ln^2(u)}{1-u}du - \int_0^1 \frac{\ln(u)\ln(1+u)}{1-u}du$$

$$+ \int_0^1 \frac{\ln(1-u)\ln(1+u)}{u}du$$

{collect the results from (3.8) and (3.3)}

$$= -\frac{1}{2}\ln(2)\zeta(2) + \zeta(3) - \int_0^1 \frac{\ln(u)\ln(1+u)}{1-u}du + \int_0^1 \frac{\ln(1-u)\ln(1+u)}{u}du, \tag{3.127}$$

and the solution completes on combining (3.126) and (3.127).

Moreover, plugging (3.115) in (3.126) gives

$$\int_0^1 \frac{\operatorname{Li}_2(x)}{1+x}dx = \zeta(3) - \frac{1}{2}\ln(2)\zeta(2). \tag{3.128}$$

3.2.15 $\int_0^1 \frac{\ln(x)\ln(1-x)}{1+x}dx$

Show that

$$\int_0^1 \frac{\ln(x)\ln(1-x)}{1+x}dx = \frac{13}{8}\zeta(3) - \frac{3}{2}\ln(2)\zeta(2). \tag{3.129}$$

Solution By integration by parts,

$$\int_0^1 \frac{\ln(x)\ln(1-x)}{1+x}dx$$

$$= \underbrace{\ln(1+x)\ln(x)\ln(1-x)\Big|_0^1}_{0} - \int_0^1 \ln(1+x)\left(\frac{\ln(1-x)}{x} - \frac{\ln(x)}{1-x}\right)dx$$

$$= \int_0^1 \frac{\ln(x)\ln(1+x)}{1-x}dx - \int_0^1 \frac{\ln(1-x)\ln(1+x)}{x}dx,$$

Group the results from (3.125) and (3.115) to end the solution.

3.2.16 $\int_0^1 \frac{\ln(x)\ln^2(1-x)}{1+x}dx$ & $\int_0^1 \frac{\ln^2(x)\ln(1-x)}{1+x}dx$

Show that

$$\int_0^1 \frac{\ln(x)\ln^2(1-x)}{1+x}dx = -6\operatorname{Li}_4\left(\frac{1}{2}\right) + \frac{11}{4}\zeta(4) - \frac{1}{4}\ln^4(2); \tag{3.130}$$

$$\int_0^1 \frac{\ln^2(x)\ln(1-x)}{1+x}dx = -4\operatorname{Li}_4\left(\frac{1}{2}\right) + \zeta(4) + \ln^2(2)\zeta(2) - \frac{1}{6}\ln^4(2). \tag{3.131}$$

Solution Let

$$P = \int_0^1 \frac{\ln(x)\ln^2(1-x)}{1+x}dx;$$

$$Q = \int_0^1 \frac{\ln^2(x)\ln(1-x)}{1+x}dx.$$

3.2. Results of Logarithmic Integrals

<u>First relation</u>: Using the identity

$$ab^2 - a^2b = \frac{1}{3}(a-b)^3 - \frac{1}{3}a^3 + \frac{1}{3}b^3,$$

with $a = \ln(x)$ and $b = \ln(1-x)$, we have

$$P - Q = \frac{1}{3}\int_0^1 \frac{\ln^3\left(\frac{x}{1-x}\right)}{1+x}dx - \frac{1}{3}\int_0^1 \frac{\ln^3(x)}{1+x}dx + \frac{1}{3}\int_0^1 \frac{\ln^3(1-x)}{1+x}dx$$

{gather the results from (3.42), (3.10), and (3.29)}

$$= -2\operatorname{Li}_4\left(\frac{1}{2}\right) + \frac{7}{4}\zeta(4) - \ln^2(2)\zeta(2) - \frac{1}{12}\ln^4(2). \tag{3.132}$$

<u>Second relation</u>: By integration by parts,

$$P = 2\underbrace{\int_0^1 \frac{\ln(x)\ln(1-x)\ln(1+x)}{1-x}dx}_{Y} - \underbrace{\int_0^1 \frac{\ln^2(1-x)\ln(1+x)}{x}dx}_{Z}. \tag{3.133}$$

The integral Z is already given in (3.118).

For the integral Y, use $4ab = (a+b)^2 - (a-b)^2$ with $a = \ln(1-x)$ and $b = \ln(1+x)$,

$$4Y = \underbrace{\int_0^1 \frac{\ln(x)\ln^2(1-x^2)}{1-x}dx}_{Y_1} - \underbrace{\int_0^1 \frac{\ln(x)\ln^2\left(\frac{1-x}{1+x}\right)}{1-x}dx}_{Y_2}.$$

To evaluate Y_1, use $\frac{1}{1-x} = \frac{1+x}{1-x^2} = \frac{1}{1-x^2} + \frac{x}{1-x^2}$,

$$Y_1 = \int_0^1 \frac{\ln(x)\ln^2(1-x^2)}{1-x^2}dx + \int_0^1 \frac{x\ln(x)\ln^2(1-x^2)}{1-x^2}dx$$

$$\stackrel{x^2 \to x}{=} \frac{1}{4}\int_0^1 \frac{\ln(x)\ln^2(1-x)}{\sqrt{x}(1-x)}dx + \frac{1}{4}\underbrace{\int_0^1 \frac{\ln(x)\ln^2(1-x)}{1-x}dx}_{1-x \to x}$$

$$= \frac{1}{4}\int_0^1 \frac{\ln(x)\ln^2(1-x)}{\sqrt{x}(1-x)}dx + \frac{1}{4}\underbrace{\int_0^1 \frac{\ln(1-x)\ln^2(x)}{x}dx}_{\text{IBP}}$$

$$= \frac{1}{4}\int_0^1 \frac{\ln(x)\ln^2(1-x)}{\sqrt{x}(1-x)}dx + \frac{1}{12}\int_0^1 \frac{\ln^3(x)}{1-x}dx$$

{collect the results from (3.141) and (3.4)}

$$= -\frac{17}{4}\zeta(4) + 7\ln(2)\zeta(3) - 3\ln^2(2)\zeta(2).$$

For Y_2, let $\frac{1-x}{1+x} \to x$,

$$Y_2 = \int_0^1 \frac{\ln(x) \ln^2\left(\frac{1-x}{1+x}\right)}{x(1+x)} dx$$

$$= \int_0^1 \frac{\ln\left(\frac{1-x}{1+x}\right) \ln^2(x)}{x} dx - \underbrace{\int_0^1 \frac{\ln(1-x) \ln^2(x)}{1+x} dx}_{Q} + \int_0^1 \frac{\ln(1+x) \ln^2(x)}{1+x} dx$$

{collect the results from (3.23) and (3.143)}

$$= 4\operatorname{Li}_4\left(\frac{1}{2}\right) - \frac{15}{2}\zeta(4) + \frac{7}{2}\ln(2)\zeta(3) - \ln^2(2)\zeta(2) + \frac{1}{6}\ln^4(2) - Q.$$

Grouping the results of Y_1 and Y_2,

$$4Y = -4\operatorname{Li}_4\left(\frac{1}{2}\right) + \frac{13}{4}\zeta(4) + \frac{7}{2}\ln(2)\zeta(3) - 2\ln^2(2)\zeta(2) - \frac{1}{6}\ln^4(2) + Q.$$

Substitute the results of Y and Z in (3.133),

$$2P - Q = -8\operatorname{Li}_4\left(\frac{1}{2}\right) + \frac{9}{2}\zeta(4) - \ln^2(2)\zeta(2) - \frac{1}{3}\ln^4(2). \qquad (3.134)$$

Combining (3.132) and (3.134) completes the solution.

3.2.17 $\int_0^1 \frac{\ln^2(1+x)}{1+x^2} dx$, $\int_0^1 \frac{\ln(1-x)\ln(1+x)}{1+x^2} dx$, & $\int_0^1 \frac{\ln(x)\ln(1+x)}{1+x^2} dx$

Show that

$$\int_0^1 \frac{\ln^2(1+x)}{1+x^2} dx = 4\Im\operatorname{Li}_3(1+i) - \frac{7\pi^3}{64} - \frac{3\pi}{16}\ln^2(2) - 2\ln(2)G; \quad (3.135)$$

$$\int_0^1 \frac{\ln(1-x)\ln(1+x)}{1+x^2} dx = \Im\operatorname{Li}_3(1+i) - \frac{\pi^3}{32} - \ln(2)G; \quad (3.136)$$

$$\int_0^1 \frac{\ln(x)\ln(1+x)}{1+x^2} dx = 3\Im\operatorname{Li}_3(1+i) - \frac{5\pi^3}{64} - \frac{3\pi}{16}\ln^2(2) - 2\ln(2)G. \qquad (3.137)$$

Solution
<u>First relation</u>: By the substitution $x \to \frac{1-x}{1+x}$,

$$\int_0^1 \frac{\ln^2(x)}{1+x^2} dx = \int_0^1 \frac{\ln^2\left(\frac{1-x}{1+x}\right)}{1+x^2} dx$$

3.2. Results of Logarithmic Integrals

$$= \int_0^1 \frac{\ln^2(1-x)}{1+x^2}dx - 2\int_0^1 \frac{\ln(1-x)\ln(1+x)}{1+x^2}dx + \int_0^1 \frac{\ln^2(1+x)}{1+x^2}dx.$$

Group the results from (1.94) and (3.51),

$$\int_0^1 \frac{\ln^2(1+x)}{1+x^2}dx - 2\int_0^1 \frac{\ln(1-x)\ln(1+x)}{1+x^2}dx$$
$$= \Im\operatorname{Li}_3(1+i) - \frac{3\pi^3}{64} - \frac{3\pi}{16}\ln^2(2). \tag{3.138}$$

Second relation: Using the same substitution,

$$\int_0^1 \frac{\ln(x)\ln(1-x)}{1+x^2}dx = \int_0^1 \frac{\ln\left(\frac{1-x}{1+x}\right)\ln\left(\frac{2x}{1+x}\right)}{1+x^2}dx$$
$$= \int_0^1 \frac{\ln(x)\ln(1-x)}{1+x^2}dx + \int_0^1 \frac{\ln^2(1+x)}{1+x^2}dx - \int_0^1 \frac{\ln(1-x)\ln(1+x)}{1+x^2}dx$$
$$- \int_0^1 \frac{\ln(x)\ln(1+x)}{1+x^2}dx + \ln(2)\int_0^1 \frac{\ln\left(\frac{1-x}{1+x}\right)}{1+x^2}dx.$$

Notice that $\int_0^1 \frac{\ln(x)\ln(1-x)}{1+x^2}dx$ cancels out from both sides.

For the last integral, let $x \to \frac{1-x}{1+x}$,

$$\int_0^1 \frac{\ln\left(\frac{1-x}{1+x}\right)}{1+x^2}dx = \int_0^1 \frac{\ln(x)}{1+x^2}dx = -G,$$

where the last step is given in (1.207). Substitute this integral back,

$$\int_0^1 \frac{\ln^2(1+x)}{1+x^2}dx - \int_0^1 \frac{\ln(1-x)\ln(1+x)}{1+x^2}dx - \int_0^1 \frac{\ln(x)\ln(1+x)}{1+x^2}dx$$
$$= \ln(2)G. \tag{3.139}$$

Third relation:

$$\int_0^1 \frac{\ln^2(1+x)}{1+x^2}dx = \left(\int_0^\infty - \int_1^\infty\right)\frac{\ln^2(1+x)}{1+x^2}dx$$
$$= \int_0^\infty \frac{\ln^2(1+x)}{1+x^2}dx - \underbrace{\int_1^\infty \frac{\ln^2(1+x)}{1+x^2}dx}_{x \to 1/x}$$
$$= \int_0^\infty \frac{\ln^2(1+x)}{1+x^2}dx - \int_0^1 \frac{\ln^2\left(\frac{1+x}{x}\right)}{1+x^2}dx$$

$$= \int_0^\infty \frac{\ln^2(1+x)}{1+x^2}dx - \int_0^1 \frac{\ln^2(1+x)}{1+x^2}dx + 2\int_0^1 \frac{\ln(x)\ln(1+x)}{1+x^2}dx$$

$$\left\{\text{expand } \ln^2\left(\frac{1+x}{x}\right)\right\}$$

$$- \int_0^1 \frac{\ln^2(x)}{1+x^2}dx.$$

Collect the results from (3.47) and (1.94),

$$\int_0^1 \frac{\ln^2(1+x)}{1+x^2}dx - \int_0^1 \frac{\ln(x)\ln(1+x)}{1+x^2}dx = \Im\operatorname{Li}_3(1+i) - \frac{\pi^3}{32}. \qquad (3.140)$$

Combine the three relations in (3.138), (3.139), and (3.140) to finalize the solution.

3.2.18 $\int_0^1 \frac{\ln(x)\ln^2(1-x)}{\sqrt{x(1-x)}}dx$

Show that

$$\int_0^1 \frac{\ln(x)\ln^2(1-x)}{\sqrt{x(1-x)}}dx = -15\zeta(4) + 28\ln(2)\zeta(3) - 12\ln^2(2)\zeta(2). \qquad (3.141)$$

Solution Make the change of variable $\sqrt{1-x} = y$,

$$\int_0^1 \frac{\ln(x)\ln^2(1-x)}{\sqrt{x(1-x)}}dx = 4\int_0^1 \frac{\ln(y)\ln^2(1-y^2)}{1-y^2}dy$$

$$\stackrel{y=\frac{1-x}{1+x}}{=} 2\int_0^1 \frac{\ln\left(\frac{1-x}{1+x}\right)\ln^2\left(\frac{4x}{(1+x)^2}\right)}{x}dx$$

$$= 8\ln^2(2)\int_0^1 \frac{\ln\left(\frac{1-x}{1+x}\right)}{x}dx + 8\ln(2)\int_0^1 \frac{\ln\left(\frac{1-x}{1+x}\right)\ln(x)}{x}dx$$

$$- 8\int_0^1 \frac{\ln(x)\ln(1-x)\ln(1+x)}{x}dx + 8\int_0^1 \frac{\ln(x)\ln^2(1+x)}{x}dx$$

$$- 16\ln(2)\int_0^1 \frac{\ln(1-x)\ln(1+x)}{x}dx + 16\ln(2)\int_0^1 \frac{\ln^2(1+x)}{x}dx$$

$$+ 8\int_0^1 \frac{\ln(1-x)\ln^2(1+x)}{x}dx - 8\int_0^1 \frac{\ln^3(1+x)}{x}dx.$$

All these integrals are given in (3.21), (3.22), (3.116), (3.115), (3.38), (3.117), and (3.39). Regarding the fourth integral, integrate it by parts,

$$\int_0^1 \frac{\ln(x)\ln^2(1+x)}{x}dx = -\int_0^1 \frac{\ln^2(x)\ln(1+x)}{1+x}dx,$$

3.2. Results of Logarithmic Integrals

which is given in (3.143).
A different method is by differentiating the beta function in (1.47):

$$\int_0^1 \frac{\ln(x)\ln^2(1-x)}{\sqrt{x}(1-x)}\,dx = \lim_{\substack{a\to 1/2 \\ b\to 0}} \frac{\partial^3}{\partial a\partial b^2}\frac{\Gamma(a)\Gamma(b)}{\Gamma(a+b)},$$

but lengthy calculations will be involved and we had better let *Mathematica* do it.

The *Mathematica* command for $\lim\limits_{\substack{a\to 1/2 \\ b\to 0}} \dfrac{\partial^3}{\partial a\partial b^2}\dfrac{\Gamma(a)\Gamma(b)}{\Gamma(a+b)}$ is

```
Normal[Series[D[Gamma[a]Gamma[b]/Gamma[a+b],{a,1},{b,2}]
,{a,1/2,0},{b,0,0}]]//FullSimplify//Expand
```

3.2.19 $\int_0^{\frac{1}{2}} \frac{\ln^2(x)\ln(1-x)}{1-x}\,dx$

Show that

$$\int_0^{\frac{1}{2}} \frac{\ln^2(x)\ln(1-x)}{1-x}\,dx = -\frac{1}{4}\ln^4(2) - \frac{1}{4}\zeta(4). \qquad (3.142)$$

Solution By integration by parts,

$$\int_0^{\frac{1}{2}} \frac{\ln^2(x)\ln(1-x)}{1-x}\,dx$$

$$= -\frac{1}{2}\ln^2(1-x)\ln^2(x)\Big|_0^{\frac{1}{2}} + \underbrace{\int_0^{\frac{1}{2}} \frac{\ln^2(1-x)\ln(x)}{x}\,dx}_{1-x\to x}$$

$$= -\frac{1}{2}\ln^4(2) + \int_{\frac{1}{2}}^1 \frac{\ln^2(x)\ln(1-x)}{1-x}\,dx$$

$$\left\{ \text{add } \int_0^{\frac{1}{2}} \frac{\ln^2(x)\ln(1-x)}{1-x}\,dx \text{ to both sides then divide by 2} \right\}$$

$$= -\frac{1}{4}\ln^4(2) + \frac{1}{2}\int_0^1 \frac{\ln^2(x)\ln(1-x)}{1-x}\,dx$$

$$\{\text{set } a = 2 \text{ in (3.87) to get the integral}\}$$

$$= -\frac{1}{2}\ln^4(2) + \zeta(4) - \sum_{n=1}^\infty \frac{H_n}{n^3}$$

$$\{\text{recall the result from (4.5)}\}$$

$$= -\frac{1}{4}\ln^4(2) - \frac{1}{4}\zeta(4).$$

3.2.20 $\int_0^1 \frac{\ln^2(x)\ln(1+x)}{1+x}dx$

Show that

$$\int_0^1 \frac{\ln^2(x)\ln(1+x)}{1+x}dx = 4\operatorname{Li}_4\left(\frac{1}{2}\right) - \frac{15}{4}\zeta(4) + \frac{7}{2}\ln(2)\zeta(3) - \ln^2(2)\zeta(2)$$
$$+ \frac{1}{6}\ln^4(2). \qquad (3.143)$$

Solution By making the change of variable $y = \frac{x}{1+x}$,

$$\int_0^1 \frac{\ln^2(x)\ln(1+x)}{1+x}dx = -\int_0^{\frac{1}{2}} \frac{\ln^2\left(\frac{y}{1-y}\right)\ln(1-y)}{1-y}dy$$

$$= 2\underbrace{\int_0^{\frac{1}{2}} \frac{\ln(y)\ln^2(1-y)}{1-y}dy}_{I_1} - \underbrace{\int_0^{\frac{1}{2}} \frac{\ln^2(y)\ln(1-y)}{1-y}dy}_{I_2} - \underbrace{\int_0^{\frac{1}{2}} \frac{\ln^3(1-y)}{1-y}dy}_{I_3}.$$

For I_1, integrate by parts,

$$I_3 = -\frac{1}{3}\ln^4(2) + \frac{1}{3}\underbrace{\int_0^{\frac{1}{2}} \frac{\ln^3(1-y)}{y}dy}_{1-y=x} = -\frac{1}{3}\ln^4(2) + \frac{1}{3}\underbrace{\int_{\frac{1}{2}}^1 \frac{\ln^3(x)}{1-x}dx}_{\int_0^1 - \int_0^{1/2}}$$

$$= -\frac{1}{3}\ln^4(2) + \frac{1}{3}\int_0^1 \frac{\ln^3(x)}{1-x}dx - \frac{1}{3}\int_0^{\frac{1}{2}} \frac{\ln^3(x)}{1-x}dx$$

{gather the results from (3.4) and (3.142)}

$$= 2\operatorname{Li}_4\left(\frac{1}{2}\right) - 2\zeta(4) + \frac{7}{4}\ln(2)\zeta(3) - \frac{1}{2}\ln^2(2)\zeta(2) - \frac{1}{6}\ln^4(2).$$

The value of I_2 is given in (3.142), and $I_3 = -\frac{1}{4}\ln^4(2)$.
The solution finalizes on combining the three integrals.

3.2.21 $\int_{\frac{1}{2}}^1 \frac{\ln^3(1-x)\ln(x)}{x}dx$

Show that

$$\int_{\frac{1}{2}}^1 \frac{\ln^3(1-x)\ln(x)}{x}dx = 6\operatorname{Li}_5\left(\frac{1}{2}\right) + 6\ln(2)\operatorname{Li}_4\left(\frac{1}{2}\right) + \frac{3}{16}\zeta(5)$$
$$-3\zeta(2)\zeta(3) + \frac{21}{8}\ln^2(2)\zeta(3) - \ln^3(2)\zeta(2) + \frac{9}{20}\ln^5(2). \qquad (3.144)$$

3.2. Results of Logarithmic Integrals

Solution First, we denote the integral by I. Let $a = \ln(1-x)$ and $b = \ln(x)$ in the algebraic identity

$$4a^3b = a^4 + b^4 - (a-b)^4 - 4ab^3 + 6a^2b^2,$$

$$4I = \underbrace{\int_{\frac{1}{2}}^{1}\frac{\ln^4(1-x)}{x}dx}_{1-x \to x} + \underbrace{\int_{\frac{1}{2}}^{1}\frac{\ln^4(x)}{x}dx}_{\frac{1}{5}\ln^5(2)} - \underbrace{\int_{\frac{1}{2}}^{1}\frac{1}{x}\ln^4\left(\frac{1-x}{x}\right)dx}_{(1-x)/x=y}$$

$$-4\underbrace{\int_{\frac{1}{2}}^{1}\frac{\ln(1-x)\ln^3(x)}{x}dx}_{\text{IBP}} + 6\underbrace{\int_{\frac{1}{2}}^{1}\frac{\ln^2(1-x)\ln^2(x)}{x}dx}_{J}$$

$$= \underbrace{\int_{0}^{\frac{1}{2}}\frac{\ln^4(x)}{1-x}dx - \int_{\frac{1}{2}}^{1}\frac{\ln^4(x)}{1-x}dx}_{\int_0^1 - \int_0^{1/2}} - \int_{0}^{1}\frac{\ln^4(y)}{1+y}dy - \frac{4}{5}\ln^5(2) + J$$

$$= 2\int_{0}^{\frac{1}{2}}\frac{\ln^4(x)}{1-x}dx - \int_{0}^{1}\frac{\ln^4(x)}{1-x}dx - \int_{0}^{1}\frac{\ln^4(y)}{1+y}dy - \frac{4}{5}\ln^5(2) + J$$

{recall the results from (3.5) and (3.11)}

$$= -\frac{93}{2}\zeta(5) - \frac{4}{5}\ln^5(2) + 2\int_{0}^{\frac{1}{2}}\frac{\ln^4(x)}{1-x}dx + J. \tag{3.145}$$

Let's compute J:

$$J = 6\int_{\frac{1}{2}}^{1}\frac{\ln^2(1-x)\ln^2(x)}{x}dx \stackrel{\text{IBP}}{=} 2\ln^5(2) + 4\underbrace{\int_{\frac{1}{2}}^{1}\frac{\ln^3(x)\ln(1-x)}{1-x}dx}_{1-x \to x}$$

$$= 2\ln^5(2) + 4\underbrace{\int_{0}^{\frac{1}{2}}\frac{\ln^3(1-x)\ln(x)}{x}dx}_{\int_0^1 - \int_{1/2}^1}$$

$$= 2\ln^5(2) + 4\underbrace{\int_{0}^{1}\frac{\ln^3(1-x)\ln(x)}{x}dx}_{1-x \to x} - 4\underbrace{\int_{\frac{1}{2}}^{1}\frac{\ln^3(1-x)\ln(x)}{x}dx}_{I}$$

$$= 2\ln^5(2) + 4\int_{0}^{1}\frac{\ln^3(x)\ln(1-x)}{1-x}dx - 4I.$$

Plugging the result of J in (3.145),

$$I = \frac{3}{20}\ln^5(2) - \frac{93}{16}\zeta(5) + \frac{1}{4}\int_0^{\frac{1}{2}} \frac{\ln^4(x)}{1-x}dx + \frac{1}{2}\int_0^1 \frac{\ln^3(x)\ln(1-x)}{1-x}dx. \qquad (3.146)$$

Gather the results from (3.124) and (3.35) to finish the solution.

3.2.22 $\int_0^1 \frac{\text{Li}_2(-x)}{1+x^2}dx$

Show that

$$\int_0^1 \frac{\text{Li}_2(-x)}{1+x^2}dx = \frac{7\pi^3}{96} + \frac{3\pi}{16}\ln^2(2) + \frac{3}{2}\ln(2)G - 3\,\mathfrak{J}\,\text{Li}_3(1+i). \qquad (3.147)$$

Solution Write $\text{Li}_2(-x) = \int_0^1 \frac{x\ln(y)}{1+xy}dy$, which follows from replacing x by $-x$ in (1.111),

$$\int_0^1 \frac{\text{Li}_2(-x)}{1+x^2}dx = \int_0^1 \frac{1}{1+x^2}\left(\int_0^1 \frac{x\ln(y)}{1+xy}dy\right)dx$$

{change the order of integration}

$$= \int_0^1 \ln(y)\left(\int_0^1 \frac{x}{(1+x^2)(1+xy)}dx\right)dy$$

{evaluate the inner integral by partial fraction decomposition}

$$= \int_0^1 \ln(y)\left(\frac{\pi}{4}\frac{y}{1+y^2} + \frac{\ln(2)}{2}\frac{1}{1+y^2} - \frac{\ln(1+y)}{1+y^2}\right)dy$$

$$= \frac{\pi}{4}\underbrace{\int_0^1 \frac{y\ln(y)}{1+y^2}dy}_{y=\sqrt{x}} + \frac{\ln(2)}{2}\int_0^1 \frac{\ln(y)}{1+y^2}dy - \int_0^1 \frac{\ln(y)\ln(1+y)}{1+y^2}dy$$

$$= \frac{\pi}{16}\int_0^1 \frac{\ln(x)}{1+x}dx + \frac{\ln(2)}{2}\int_0^1 \frac{\ln(y)}{1+y^2}dy - \int_0^1 \frac{\ln(y)\ln(1+y)}{1+y^2}dy. \qquad (3.148)$$

and the solution finalizes on recalling the results from (3.8), (1.207), and (3.137).

3.2.23 $\int_0^1 \frac{\ln(x)\arctan x}{1+x}dx$

Show that

$$\int_0^1 \frac{\ln(x)\arctan x}{1+x}dx = \frac{1}{2}\ln(2)G - \frac{\pi^3}{64}. \qquad (3.149)$$

3.2. Results of Logarithmic Integrals

Solution By integration by parts,

$$\int_0^1 \frac{\ln(x)\arctan x}{1+x}dx = \int_0^1 d(\text{Li}_2(-x)+\ln(x)\ln(1+x))\arctan x$$

$$= \text{Li}_2(-x)+\ln(x)\ln(1+x))\arctan x\Big|_0^1 - \int_0^1 \frac{\text{Li}_2(-x)+\ln(x)\ln(1+x)}{1+x^2}dx$$

$$= -\frac{\pi^3}{48} - \int_0^1 \frac{\text{Li}_2(-x)}{1+x^2}dx - \int_0^1 \frac{\ln(x)\ln(1+x)}{1+x^2}dx$$

{recall the relation involving the first integral from (3.148)}

$$= -\frac{\pi^3}{48} - \frac{\pi}{16}\int_0^1 \frac{\ln(x)}{1+x}dx - \frac{\ln(2)}{2}\int_0^1 \frac{\ln(y)}{1+y^2}dy.$$

The remaining integrals are given in (3.8) and (1.207).

3.2.24 $\int_0^1 \frac{\ln^2(x)\arctan x}{x(1+x^2)}dx$

Show that

$$\int_0^1 \frac{\ln^2(x)\arctan x}{x(1+x^2)}dx = \frac{\pi^3}{16}\ln(2) - \frac{7\pi}{64}\zeta(3) + \beta(4). \qquad (3.150)$$

The following solution may be found in [5]:
Solution Let I denote our integral,

$$I = \int_0^\infty \frac{\ln^2(x)\arctan x}{x(1+x^2)}dx - \underbrace{\int_1^\infty \frac{\ln^2(x)\arctan x}{x(1+x^2)}dx}_{x \to 1/x}$$

$$= \int_0^\infty \frac{\ln^2(x)\arctan x}{x(1+x^2)}dx - \int_0^1 \frac{x\ln^2(x)\arctan(1/x)}{1+x^2}dx$$

$$\left\{\text{write } \arctan(1/x) = \frac{\pi}{2} - \arctan x\right\}$$

$$= \int_0^\infty \frac{\ln^2(x)\arctan x}{x(1+x^2)}dx - \frac{\pi}{2}\int_0^1 \frac{x\ln^2(x)}{1+x^2}dx + \int_0^1 \frac{x\ln^2(x)\arctan x}{1+x^2}dx$$

$$\left\{\text{let } x^2 \to x \text{ in the second integral}\right\}$$

$$\left\{\text{and write } \frac{x}{1+x^2} = \frac{1}{x} - \frac{1}{x(1+x^2)} \text{ in the third one}\right\}$$

$$= \int_0^\infty \frac{\ln^2(x)\arctan x}{x(1+x^2)}dx - \frac{\pi}{16}\int_0^1 \frac{\ln^2(x)}{1+x}dx + \int_0^1 \frac{\ln^2(x)\arctan x}{x}dx - I$$

{add I to both sides and integrate the third integral by parts then divide by 2}

$$= \frac{1}{2}\int_0^\infty \frac{\ln^2(x)\arctan x}{x(1+x^2)}dx - \frac{\pi}{32}\int_0^1 \frac{\ln^2(x)}{1+x}dx - \frac{1}{6}\int_0^1 \frac{\ln^3(x)}{1+x^2}dx$$

{recall the results from (3.9) and (1.88)}

$$= \frac{1}{2}\int_0^\infty \frac{\ln^2(x)\arctan x}{x(1+x^2)}dx - \frac{3\pi}{64}\zeta(3) + \beta(4). \tag{3.151}$$

For the remaining integral, write $\arctan x = \int_0^1 \frac{x}{1+x^2 y^2}dy$,

$$\int_0^\infty \frac{\ln^2(x)\arctan x}{x(1+x^2)}dx = \int_0^\infty \frac{\ln^2(x)}{x(1+x^2)}\left(\int_0^1 \frac{x}{1+x^2 y^2}dy\right)dx$$

$$\left\{\text{write } \frac{1}{(1+x^2)(1+x^2 y^2)} = \frac{1}{1-y^2}\left(\frac{1}{1+x^2} - \frac{y^2}{1+x^2 y^2}\right)\right\}$$

{then change the order of integration}

$$= \int_0^1 \frac{1}{1-y^2}\left(\underbrace{\int_0^\infty \frac{\ln^2(x)}{1+x^2}dx}_{x=t} - \underbrace{\int_0^\infty \frac{y^2 \ln^2(x)}{1+x^2 y^2}dx}_{xy=t}\right)dy$$

$$= \int_0^1 \frac{1}{1-y^2}\left(\int_0^\infty \frac{\ln^2(t)}{1+t^2}dt - \int_0^\infty \frac{y\ln^2(t/y)}{1+t^2}dt\right)dy$$

{write $\ln^2(t/y) = \ln^2(t) - 2\ln(y)\ln(t) + \ln^2(y)$}

$$= \int_0^1 \frac{1}{1-y^2}\left((1-y)\int_0^\infty \frac{\ln^2(t)}{1+t^2}dt + 2\int_0^\infty \frac{y\ln(y)\ln(t)}{1+t^2}dt\right.$$
$$\left. - \int_0^\infty \frac{y\ln^2(y)}{1+t^2}dt\right)dy$$

{recall the result of the first integral from (3.54)}

{and note that the second integral is 0 by using (3.58)}

$$= \int_0^1 \frac{1}{1-y^2}\left((1-y)\frac{\pi^3}{8} - \frac{\pi y \ln^2(y)}{2}\right)dy$$

$$= \frac{\pi^3}{8}\int_0^1 \frac{1-y}{1-y^2}dy - \frac{\pi}{2}\underbrace{\int_0^1 \frac{y\ln^2(y)}{1-y^2}dy}_{y^2=x}$$

$$= \frac{\pi^3}{8}\int_0^1 \frac{dy}{1+y} - \frac{\pi}{16}\int_0^1 \frac{\ln^2(x)}{1-x}dx$$

{recall the result from (3.3)}

$$= \frac{\pi^3}{8}\ln(2) - \frac{\pi}{8}\zeta(3).$$

Plugging this result in (3.151) completes the solution.

3.2. Results of Logarithmic Integrals

3.2.25 $\int_0^1 \frac{\text{Li}_2^2(-x)}{x} dx$

Show that

$$\int_0^1 \frac{\text{Li}_2^2(-x)}{x} dx = \frac{3}{4}\zeta(2)\zeta(3) - \frac{17}{16}\zeta(5). \qquad (3.152)$$

Solution Bu using (1.115):

$$\text{Li}_2(-x) = \frac{1}{2}\text{Li}_2(x^2) - \text{Li}_2(x),$$

we get

$$\int_0^1 \frac{\text{Li}_2^2(-x)}{x} dx = \int_0^1 \frac{1}{x}\left(\frac{1}{2}\text{Li}_2(x^2) - \text{Li}_2(x)\right)^2 dx$$

$$= \frac{1}{4}\underbrace{\int_0^1 \frac{\text{Li}_2^2(x^2)}{x} dx}_{x^2 \to x} - \int_0^1 \frac{\text{Li}_2(x^2)\text{Li}_2(x)}{x} dx + \int_0^1 \frac{\text{Li}_2^2(x)}{x} dx$$

$$= \frac{1}{8}\int_0^1 \frac{\text{Li}_2^2(x)}{x} dx - \int_0^1 \frac{\text{Li}_2(x^2)\text{Li}_2(x)}{x} dx + \int_0^1 \frac{\text{Li}_2^2(x)}{x} dx$$

$$= \frac{9}{8}\int_0^1 \frac{\text{Li}_2^2(x)}{x} dx - \int_0^1 \frac{\text{Li}_2(x^2)\text{Li}_2(x)}{x} dx$$

$$\{\text{expand } \text{Li}_2(x) \text{ and } \text{Li}_2(x^2) \text{ in series}\}$$

$$= \frac{9}{8}\sum_{n=1}^\infty \frac{1}{n^2}\int_0^1 x^{n-1}\text{Li}_2(x)dx - \sum_{n=1}^\infty \frac{1}{n^2}\int_0^1 x^{2n-1}\text{Li}_2(x)dx$$

$$\{\text{recall the result in (3.103) for both integrals}\}$$

$$= \frac{9}{8}\sum_{n=1}^\infty \frac{1}{n^2}\left(\frac{\zeta(2)}{n} - \frac{H_n}{n^2}\right) - \sum_{n=1}^\infty \frac{1}{n^2}\left(\frac{\zeta(2)}{2n} - \frac{H_{2n}}{(2n)^2}\right)$$

$$= \frac{9}{8}\zeta(2)\zeta(3) - \frac{9}{8}\sum_{n=1}^\infty \frac{H_n}{n^4} - \frac{1}{2}\zeta(2)\zeta(3) + 4\sum_{n=1}^\infty \frac{H_{2n}}{(2n)^4}$$

$$\{\text{make use of (1.5) for the latter sum}\}$$

$$= \frac{5}{8}\zeta(2)\zeta(3) - \frac{9}{8}\sum_{n=1}^\infty \frac{H_n}{n^4} + 4\left(\frac{1}{2}\sum_{n=1}^\infty \frac{H_n}{n^4} + \frac{1}{2}\sum_{n=1}^\infty \frac{(-1)^n H_n}{n^4}\right)$$

$$= \frac{5}{8}\zeta(2)\zeta(3) + \frac{7}{8}\sum_{n=1}^\infty \frac{H_n}{n^4} + 2\sum_{n=1}^\infty \frac{(-1)^n H_n}{n^4}. \qquad (3.153)$$

Gather the results from (4.6) and (4.151) to finish the solution.

3.2.26 $\int_0^{\frac{1}{2}} \frac{\operatorname{Li}_2^2(-x)}{x}\,\mathrm{d}x$

This following integral is proposed by Cornel Vălean (see[34]):

$$\int_0^{\frac{1}{2}} \frac{\operatorname{Li}_2^2(x)}{x}\,\mathrm{d}x = -2\operatorname{Li}_5\left(\frac{1}{2}\right) - 2\ln(2)\operatorname{Li}_4\left(\frac{1}{2}\right) + \frac{27}{32}\zeta(5) - \frac{5}{8}\ln(2)\zeta(4)$$
$$+ \frac{7}{8}\zeta(2)\zeta(3) - \frac{7}{8}\ln^2(2)\zeta(3) + \frac{1}{2}\ln^3(2)\zeta(2) - \frac{7}{60}\ln^5(2). \qquad (3.154)$$

Solution By applying integration by parts twice, we have

$$\int_0^{\frac{1}{2}} \frac{\operatorname{Li}_2^2(x)}{x}\,\mathrm{d}x = \operatorname{Li}_3(x)\operatorname{Li}_2(x)\Big|_0^{\frac{1}{2}} + \int_0^{\frac{1}{2}} \frac{\operatorname{Li}_3(x)\ln(1-x)}{x}\,\mathrm{d}x$$

$$= \operatorname{Li}_3\left(\frac{1}{2}\right)\operatorname{Li}_2\left(\frac{1}{2}\right) + \operatorname{Li}_4(x)\ln(1-x)\Big|_0^{\frac{1}{2}} + \int_0^{\frac{1}{2}} \frac{\operatorname{Li}_4(x)}{1-x}\,\mathrm{d}x$$

$$= \operatorname{Li}_3\left(\frac{1}{2}\right)\operatorname{Li}_2\left(\frac{1}{2}\right) - \ln(2)\operatorname{Li}_4\left(\frac{1}{2}\right) + \int_0^{\frac{1}{2}} \frac{\operatorname{Li}_4(x)}{1-x}\,\mathrm{d}x$$

$$\left\{\text{use } \frac{\operatorname{Li}_4(x)}{1-x} = \sum_{n=1}^{\infty} H_{n-1}^{(4)} x^{n-1} \text{ given in (2.3) for the latter integral}\right\}$$

$$= \operatorname{Li}_3\left(\frac{1}{2}\right)\operatorname{Li}_2\left(\frac{1}{2}\right) - \ln(2)\operatorname{Li}_4\left(\frac{1}{2}\right) + \sum_{n=1}^{\infty} H_{n-1}^{(4)} \int_0^{\frac{1}{2}} x^{n-1}\,\mathrm{d}x$$

$$\left\{\text{write } \int_0^{\frac{1}{2}} x^{n-1}\,\mathrm{d}x = \frac{1}{n2^n} \text{ and } H_{n-1}^{(4)} = H_n^{(4)} - \frac{1}{n^4}\right\}$$

$$= \operatorname{Li}_3\left(\frac{1}{2}\right)\operatorname{Li}_2\left(\frac{1}{2}\right) - \ln(2)\operatorname{Li}_4\left(\frac{1}{2}\right) + \sum_{n=1}^{\infty} \frac{H_n^{(4)} - \frac{1}{n^4}}{n2^n}$$

$$= \operatorname{Li}_3\left(\frac{1}{2}\right)\operatorname{Li}_2\left(\frac{1}{2}\right) - \ln(2)\operatorname{Li}_4\left(\frac{1}{2}\right) - \operatorname{Li}_5\left(\frac{1}{2}\right) + \sum_{n=1}^{\infty} \frac{H_n^{(4)}}{n2^n}$$

$\{\text{set } a = 3 \text{ in (3.91) to get the integral representation of the sum}\}$

$$= \operatorname{Li}_3\left(\frac{1}{2}\right)\operatorname{Li}_2\left(\frac{1}{2}\right) - \ln(2)\operatorname{Li}_4\left(\frac{1}{2}\right) - \operatorname{Li}_5\left(\frac{1}{2}\right)$$
$$- \frac{1}{6}\int_0^1 \frac{\ln^3(1-x)\ln(1+x)}{x}\,\mathrm{d}x,$$

and the solution completes on collecting the result from (3.119) along with writing $\operatorname{Li}_2\left(\frac{1}{2}\right) = \frac{1}{2}\zeta(2) - \frac{1}{2}\ln^2(2)$ and $\operatorname{Li}_3\left(\frac{1}{2}\right) = \frac{7}{8}\zeta(3) - \frac{1}{2}\ln(2)\zeta(2) + \frac{1}{6}\ln^3(2)$ given in (1.120) and (1.132).

3.2. Results of Logarithmic Integrals

3.2.27 $\int_0^1 \frac{\ln^2(1-x)\,\text{Li}_2(x)}{x}\,dx$

Show that

$$\int_0^1 \frac{\ln^2(1-x)\,\text{Li}_2(x)}{x}\,dx = 2\zeta(2)\zeta(3) - \zeta(5). \quad (3.155)$$

Solution Set $a = 2$ in (3.93),

$$\int_0^1 \frac{\ln^2(1-x)\,\text{Li}_2(x)}{x}\,dx = 8\zeta(5) + 2\zeta(2)\zeta(3) - 6\sum_{n=1}^{\infty} \frac{H_n}{n^4} - 2\sum_{n=1}^{\infty} \frac{H_n^{(2)}}{n^3}.$$

Putting together the results from (4.6) and (4.103) completes the solution.

3.2.28 $\int_0^1 \frac{\ln^3(1-x)\,\text{Li}_2(x)}{x}\,dx$

Show that

$$\int_0^1 \frac{\ln^3(1-x)\,\text{Li}_2(x)}{x}\,dx = -\frac{1}{2}\zeta(6) - 6\zeta^2(3). \quad (3.156)$$

Solution Set $a = 3$ in (3.93),

$$\int_0^1 \frac{\ln^3(1-x)\,\text{Li}_2(x)}{x}\,dx = -\frac{81}{2}\zeta(6) + 24\sum_{n=1}^{\infty} \frac{H_n}{n^5} + 6\sum_{n=1}^{\infty} \frac{H_n^{(2)}}{n^4}.$$

Collecting the results from (4.7) and (4.115) finalizes the solution.

3.2.29 $\int_0^1 \frac{\ln^4(1-x)\,\text{Li}_2(x)}{x}\,dx$

Show that

$$\int_0^1 \frac{\ln^4(1-x)\,\text{Li}_2(x)}{x}\,dx = 24\zeta(2)\zeta(5) + 72\zeta(3)\zeta(4) - 96\zeta(7). \quad (3.157)$$

Solution Set $a = 4$ in (3.93),

$$\int_0^1 \frac{\ln^4(1-x)\,\text{Li}_2(x)}{x}\,dx$$
$$= 24\zeta(2)\zeta(5) + 144\zeta(7) - 120\sum_{n=1}^{\infty} \frac{H_n}{n^6} - 24\sum_{n=1}^{\infty} \frac{H_n^{(2)}}{n^5},$$

and solution finishes on gathering the results from (4.128) and (4.8).

Chapter 4

Harmonic Series

4.1 Generalized Harmonic Series

4.1.1 $\sum_{n=1}^{\infty} \frac{H_{\frac{n}{p}}}{n^q}$

For $p, q \in \mathbb{Z}^+$, $q \geq 2$, the following identity holds:

$$\sum_{n=1}^{\infty} \frac{H_{\frac{n}{p}}}{n^q} = (-1)^q p \sum_{n=1}^{\infty} \frac{H_{pn}}{(pn)^q} - \sum_{j=1}^{q-2}(-p)^{-j}\zeta(q-j)\zeta(j+1). \tag{4.1}$$

Proof.

$$\sum_{n=1}^{\infty} \frac{H_{\frac{n}{p}}}{n^q} = \frac{1}{p} \sum_{n=1}^{\infty} \frac{1}{n^{q-1}} \left(\frac{H_{\frac{n}{p}}}{\frac{n}{p}}\right)$$

{replace n by n/p in the identity (2.70)}

$$= \frac{1}{p} \sum_{n=1}^{\infty} \frac{1}{n^{q-1}} \left(-\int_0^1 x^{\frac{n}{p}-1} \ln(1-x) dx\right)$$

$$= -\frac{1}{p} \int_0^1 \frac{\ln(1-x)}{x} \left(\sum_{n=1}^{\infty} \frac{x^{\frac{n}{p}}}{n^{q-1}}\right) dx$$

$$= -\frac{1}{p} \int_0^1 \frac{\ln(1-x)}{x} \left(\operatorname{Li}_{q-1}(x^{\frac{1}{p}})\right) dx$$

$$\stackrel{x=y^p}{=} -\int_0^1 \frac{\ln(1-y^p) \operatorname{Li}_{q-1}(y)}{y} dy$$

{expand $\ln(1-y^p)$ in series}

$$= \sum_{n=1}^{\infty} \frac{1}{n} \int_0^1 y^{pn-1} \operatorname{Li}_{q-1}(y) dy$$

{make use of (3.102) for the integral}

$$= \sum_{n=1}^{\infty} \frac{1}{n} \left((-1)^q \frac{H_{pn}}{(pn)^{q-1}} - \sum_{j=1}^{q-2} (-1)^j \frac{\zeta(q-j)}{(pn)^j} \right)$$

$$= (-1)^q p \sum_{n=1}^{\infty} \frac{H_{pn}}{(pn)^q} - \sum_{j=1}^{q-2} (-p)^{-j} \zeta(q-j) \left(\sum_{n=1}^{\infty} \frac{1}{n^{j+1}} \right)$$

$$= (-1)^q p \sum_{n=1}^{\infty} \frac{H_{pn}}{(pn)^q} - \sum_{j=1}^{q-2} (-p)^{-j} \zeta(q-j) \zeta(j+1),$$

and the proof is finalized.

4.1.2 $\sum_{n=1}^{\infty} \frac{H_n}{n^q}$

For integer $q \geq 2$, the generalized Euler sum holds:

$$\sum_{n=1}^{\infty} \frac{H_n}{n^q} = \frac{q+2}{2} \zeta(q+1) - \frac{1}{2} \sum_{j=1}^{q-2} \zeta(q-j) \zeta(j+1). \qquad (4.2)$$

The following proof may be found in [15]:
Proof. Start with expanding $\zeta(q-j)$ and $\zeta(j+1)$ in series,

$$\zeta(q-j)\zeta(j+1) = \left(\sum_{m=1}^{\infty} \frac{1}{m^{q-j}} \right) \left(\sum_{n=1}^{\infty} \frac{1}{n^{j+1}} \right).$$

Next, take the summation for both sides from $j = 1$ to $q - 2$,

$$S = \sum_{j=1}^{q-2} \zeta(q-j)\zeta(j+1) = \sum_{j=1}^{q-2} \left(\sum_{m=1}^{\infty} \frac{1}{m^{q-j}} \right) \left(\sum_{n=1}^{\infty} \frac{1}{n^{j+1}} \right)$$

{change the order of summations}

$$= \sum_{m=1}^{\infty} \sum_{n=1}^{\infty} \sum_{j=1}^{q-2} \frac{1}{m^{q-j} n^{j+1}}$$

{break up the middle sum}

$$= \sum_{m=1}^{\infty} \left(\sum_{n=1}^{m-1} + a_{n=m} + \sum_{n=m+1}^{\infty} \right) \sum_{j=1}^{q-2} \frac{1}{m^{q-j} n^{j+1}}$$

4.1. Generalized Harmonic Series

$$\{\text{pull out the terms for } n = m\}$$

$$= \sum_{m=1}^{\infty} \sum_{j=1}^{q-2} \frac{1}{m^{q+1}} + \sum_{m=1}^{\infty} \left(\sum_{n=1}^{m-1} + \sum_{n=m+1}^{\infty} \right) \sum_{j=1}^{q-2} \frac{1}{m^{q-j} n^{j+1}}$$

$$= \sum_{j=1}^{q-2} \left(\sum_{m=1}^{\infty} \frac{1}{m^{q+1}} \right) + \sum_{m=1}^{\infty} \left(\sum_{n=1}^{m-1} + \sum_{n=m+1}^{\infty} \right) \frac{1}{m^q n} \left(\sum_{j=1}^{q-2} \frac{m^j}{n^j} \right)$$

$$= \sum_{j=1}^{q-2} \zeta(q+1) + \sum_{m=1}^{\infty} \left(\sum_{n=1}^{m-1} + \sum_{n=m+1}^{\infty} \right) \left(\frac{1}{nm^{q-1}(n-m)} - \frac{1}{mn^{q-1}(n-m)} \right)$$

$$= (q-2)\zeta(q+1) + \sum_{m=1}^{\infty} \sum_{n=1}^{m-1} \left(\frac{1}{nm^{q-1}(n-m)} - \frac{1}{mn^{q-1}(n-m)} \right)$$

$$+ \sum_{m=1}^{\infty} \sum_{n=m+1}^{\infty} \left(\frac{1}{nm^{q-1}(n-m)} - \frac{1}{mn^{q-1}(n-m)} \right). \tag{4.3}$$

By using $\sum_{m=1}^{\infty} \sum_{n=1}^{m-1} f(m,n) = \sum_{n=1}^{\infty} \sum_{m=n+1}^{\infty} f(m,n)$ given in (1.14), the first double sum in (4.3) becomes

$$\sum_{m=1}^{\infty} \sum_{n=1}^{m-1} \left(\frac{1}{nm^{q-1}(n-m)} - \frac{1}{mn^{q-1}(n-m)} \right)$$

$$= \sum_{n=1}^{\infty} \sum_{m=n+1}^{\infty} \left(\frac{1}{nm^{q-1}(n-m)} - \frac{1}{mn^{q-1}(n-m)} \right)$$

$$\{\text{swab the variables } n \text{ and } m\}$$

$$= \sum_{m=1}^{\infty} \sum_{n=m+1}^{\infty} \left(\frac{1}{mn^{q-1}(m-n)} - \frac{1}{nm^{q-1}(m-n)} \right)$$

$$\{\text{write } m - n = -(n-m) \text{ in both terms}\}$$

$$= \sum_{m=1}^{\infty} \sum_{n=m+1}^{\infty} \left(\frac{1}{nm^{q-1}(n-m)} - \frac{1}{mn^{q-1}(n-m)} \right).$$

Plug this sum back in (4.3),

$$S = (q-2)\zeta(q+1) + 2 \sum_{m=1}^{\infty} \sum_{n=m+1}^{\infty} \left(\frac{1}{nm^{q-1}(n-m)} - \frac{1}{mn^{q-1}(n-m)} \right)$$

$$\{\text{shift the index } n \text{ by } +m\}$$

$$= (q-2)\zeta(q+1) + 2 \sum_{m=1}^{\infty} \sum_{n=1}^{\infty} \left(\frac{1}{(n+m)m^{q-1}n} - \frac{1}{m(n+m)^{q-1}n} \right)$$

$$= (q-2)\zeta(q+1) + 2\underbrace{\sum_{m=1}^{\infty}\sum_{n=1}^{\infty}\frac{1}{(n+m)m^{q-1}n}}_{S_1} - 2\underbrace{\sum_{m=1}^{\infty}\sum_{n=1}^{\infty}\frac{1}{m(n+m)^{q-1}n}}_{S_2}.$$

For S_1,

$$S_1 = \sum_{m=1}^{\infty}\sum_{n=1}^{\infty}\frac{1}{(n+m)m^{q-1}n} = \sum_{m=1}^{\infty}\frac{1}{m^q}\left(\sum_{n=1}^{\infty}\frac{m}{n(n+m)}\right)$$

$\{$recall the definition of H_m in (1.155)$\}$

$$= \sum_{m=1}^{\infty}\frac{H_m}{m^q}.$$

For S_2,

$$S_2 = \sum_{m=1}^{\infty}\sum_{n=1}^{\infty}\frac{1}{m(n+m)^{q-1}n}$$

$\left\{\text{multiply by }\dfrac{n+m}{n+m}\right\}$

$$= \sum_{m=1}^{\infty}\sum_{n=1}^{\infty}\frac{n+m}{m(n+m)^q n}$$

$$= \sum_{m=1}^{\infty}\sum_{n=1}^{\infty}\frac{1}{m(n+m)^q} + \sum_{m=1}^{\infty}\sum_{n=1}^{\infty}\frac{1}{(n+m)^q n}$$

$\{$swap the variables m and n in the first double sum$\}$
$\{$and change the order of summations in the second double sum$\}$

$$= 2\sum_{n=1}^{\infty}\sum_{m=1}^{\infty}\frac{1}{n(n+m)^q}$$

$\{$shift the index m by $-n\}$

$$= 2\sum_{n=1}^{\infty}\sum_{m=n+1}^{\infty}\frac{1}{nm^q}$$

$\left\{\text{use }\sum_{m=n+1}^{\infty}f(m) = \sum_{m=n}^{\infty}f(m) - f(n)\text{ for the inner sum}\right\}$

$$= 2\sum_{n=1}^{\infty}\left(\sum_{m=n}^{\infty}\frac{1}{nm^q} - \frac{1}{n^{q+1}}\right) = 2\sum_{n=1}^{\infty}\sum_{m=n}^{\infty}\frac{1}{nm^q} - 2\sum_{n=1}^{\infty}\frac{1}{n^{q+1}}$$

$\left\{\text{use }\sum_{n=1}^{\infty}\sum_{m=n}^{\infty}f(n,m) = \sum_{m=1}^{\infty}\sum_{n=1}^{m}f(n,m)\text{ given in (1.13) for the first term}\right\}$

4.1. Generalized Harmonic Series

$$= 2\sum_{m=1}^{\infty}\sum_{n=1}^{m}\frac{1}{nm^q} - 2\zeta(q+1) = 2\sum_{m=1}^{\infty}\frac{1}{m^q}\left(\sum_{n=1}^{m}\frac{1}{n}\right) - 2\zeta(q+1)$$

$$= 2\sum_{m=1}^{\infty}\frac{H_m}{m^q} - 2\zeta(q+1).$$

Combine S_1 and S_2, we have

$$S = \sum_{j=1}^{q-2}\zeta(q-j)\zeta(j+1) = (q+2)\zeta(q+1) - 2\sum_{m=1}^{\infty}\frac{H_m}{m^q}.$$

Reorganize the terms then divide by 2 to finish the proof.

Examples

$$\sum_{n=1}^{\infty}\frac{H_n}{n^2} = 2\zeta(3); \qquad (4.4)$$

$$\sum_{n=1}^{\infty}\frac{H_n}{n^3} = \frac{5}{4}\zeta(4); \qquad (4.5)$$

$$\sum_{n=1}^{\infty}\frac{H_n}{n^4} = 3\zeta(5) - \zeta(2)\zeta(3); \qquad (4.6)$$

$$\sum_{n=1}^{\infty}\frac{H_n}{n^5} = \frac{7}{4}\zeta(6) - \frac{1}{2}\zeta^2(3); \qquad (4.7)$$

$$\sum_{n=1}^{\infty}\frac{H_n}{n^6} = 4\zeta(7) - \zeta(2)\zeta(5) - \zeta(3)\zeta(4); \qquad (4.8)$$

$$\sum_{n=1}^{\infty}\frac{H_n}{n^7} = \frac{9}{4}\zeta(8) - \zeta(3)\zeta(5); \qquad (4.9)$$

$$\sum_{n=1}^{\infty}\frac{H_n}{n^8} = 5\zeta(9) - \zeta(2)\zeta(7) - \zeta(3)\zeta(6) - \zeta(4)\zeta(5). \qquad (4.10)$$

Further, the following identity holds for only odd $q \geq 3$:

$$\sum_{n=1}^{\infty}\frac{H_n}{n^q} = -\frac{1}{2}\sum_{i=1}^{q-2}(-1)^i\zeta(q-i)\zeta(i+1). \qquad (4.11)$$

Proof. Replace a by $q-1$ in (3.102),

$$\int_0^1 x^{n-1}\operatorname{Li}_{q-1}(x)\mathrm{d}x = (-1)^q\frac{H_n}{n^{q-1}} - \sum_{i=1}^{q-2}(-1)^i\frac{\zeta(q-i)}{n^i}.$$

Divide both sides by n then consider the summation over $n \geq 1$,

$$(-1)^q \sum_{n=1}^{\infty} \frac{H_n}{n^q} - \sum_{i=1}^{q-2}(-1)^i \zeta(q-i) \sum_{n=1}^{\infty} \frac{1}{n^{i+1}}$$

$$= (-1)^q \sum_{n=1}^{\infty} \frac{H_n}{n^q} - \sum_{i=1}^{q-2}(-1)^i \zeta(q-i)\zeta(i+1)$$

$$= \int_0^1 \frac{\operatorname{Li}_{q-1}(x)}{x} \left(\sum_{n=1}^{\infty} \frac{x^n}{n} \right) dx = -\int_0^1 \frac{\operatorname{Li}_{q-1}(x) \ln(1-x)}{x} dx$$

{expand $\operatorname{Li}_{q-1}(x)$ in series}

$$= -\sum_{n=1}^{\infty} \frac{1}{n^{q-1}} \int_0^1 x^{n-1} \ln(1-x) dx$$

{make use of the result in (2.70)}

$$= -\sum_{n=1}^{\infty} \frac{1}{n^{q-1}} \left(-\frac{H_n}{n} \right) = \sum_{n=1}^{\infty} \frac{H_n}{n^q}.$$

Reorder the terms,

$$\sum_{n=1}^{\infty} \frac{H_n}{n^q}(1-(-1)^q) = -\sum_{i=1}^{q-2}(-1)^i \zeta(q-i)\zeta(i+1).$$

For even q, the LHS becomes zero. For odd q, we have

$$\sum_{n=1}^{\infty} \frac{H_n}{n^q}(2) = -\sum_{i=1}^{q-2}(-1)^i \zeta(q-i)\zeta(i+1).$$

Divide through by 2 to finish the proof.

4.1.3 $\sum_{n=1}^{\infty} \frac{\overline{H}_n}{n^q}$

For integer $q \geq 2$, the following identity holds:

$$\sum_{n=1}^{\infty} \frac{\overline{H}_n}{n^q} = (2-2^{1-q})\ln(2)\zeta(q) + \left(1 - 2^{-q} - \frac{q}{2}\right)\zeta(q+1)$$

$$+ \frac{1}{2}\sum_{j=1}^{q-2}(1-2^{1-q+j})(1-2^{-j})\zeta(q-j)\zeta(j+1). \qquad (4.12)$$

4.1. Generalized Harmonic Series

Proof. We follow Rob Johnson's approach in (4.2), but here we begin with expanding $\eta(q-j)$ and $\eta(j+1)$ in series,

$$S = \sum_{j=1}^{q-2} \eta(q-j)\eta(j+1) = \sum_{j=1}^{q-2}\left(\sum_{m=1}^{\infty}\frac{(-1)^{m-1}}{m^{q-j}}\right)\left(\sum_{n=1}^{\infty}\frac{(-1)^{n-1}}{n^{j+1}}\right)$$

{change the order of summations}

$$= \sum_{m=1}^{\infty}\sum_{n=1}^{\infty}\sum_{j=1}^{q-2}\frac{(-1)^{m+n}}{m^{q-j}n^{j+1}}$$

{break up the middle sum}

$$= \sum_{m=1}^{\infty}\left(\sum_{n=1}^{m-1} + a_{n=m} + \sum_{n=m+1}^{\infty}\right)\sum_{j=1}^{q-2}\frac{(-1)^{m+n}}{m^{q-j}n^{j+1}}$$

{pull out the terms for $n=m$}

$$= \sum_{m=1}^{\infty}\sum_{j=1}^{q-2}\frac{1}{m^{q+1}} + \sum_{m=1}^{\infty}\left(\sum_{n=1}^{m-1} + \sum_{n=m+1}^{\infty}\right)\sum_{j=1}^{q-2}\frac{(-1)^{m+n}}{m^{q-j}n^{j+1}}$$

$$= \sum_{j=1}^{q-2}\left(\sum_{m=1}^{\infty}\frac{1}{m^{q+1}}\right) + \sum_{m=1}^{\infty}\left(\sum_{n=1}^{m-1} + \sum_{n=m+1}^{\infty}\right)\frac{(-1)^{m+n}}{m^q n}\left(\sum_{j=1}^{q-2}\frac{m^j}{n^j}\right)$$

$$= \sum_{j=1}^{q-2}\zeta(q+1) + \sum_{m=1}^{\infty}\left(\sum_{n=1}^{m-1} + \sum_{n=m+1}^{\infty}\right)\left(\frac{(-1)^{m+n}}{nm^{q-1}(n-m)} - \frac{(-1)^{m+n}}{mn^{q-1}(n-m)}\right)$$

$$= (q-2)\zeta(q+1) + \sum_{m=1}^{\infty}\sum_{n=1}^{m-1}\left(\frac{(-1)^{m+n}}{nm^{q-1}(n-m)} - \frac{(-1)^{m+n}}{mn^{q-1}(n-m)}\right)$$

$$+ \sum_{m=1}^{\infty}\sum_{n=m+1}^{\infty}\left(\frac{(-1)^{m+n}}{nm^{q-1}(n-m)} - \frac{(-1)^{m+n}}{mn^{q-1}(n-m)}\right).$$

By using $\sum_{m=1}^{\infty}\sum_{n=1}^{m-1} f(m,n) = \sum_{n=1}^{\infty}\sum_{m=n+1}^{\infty} f(m,n)$ given in (1.14), the first double sum in the latter equality becomes:

$$\sum_{m=1}^{\infty}\sum_{n=1}^{m-1}\left(\frac{(-1)^{m+n}}{nm^{q-1}(n-m)} - \frac{(-1)^{m+n}}{mn^{q-1}(n-m)}\right)$$

$$= \sum_{n=1}^{\infty}\sum_{m=n+1}^{\infty}\left(\frac{(-1)^{m+n}}{nm^{q-1}(n-m)} - \frac{(-1)^{m+n}}{mn^{q-1}(n-m)}\right)$$

{swab the variables n and m}

$$= \sum_{m=1}^{\infty} \sum_{n=m+1}^{\infty} \left(\frac{(-1)^{n+m}}{mn^{q-1}(m-n)} - \frac{(-1)^{n+m}}{nm^{q-1}(m-n)} \right)$$

$$= \sum_{m=1}^{\infty} \sum_{n=m+1}^{\infty} \left(\frac{(-1)^{n+m}}{nm^{q-1}(n-m)} - \frac{(-1)^{n+m}}{mn^{q-1}(n-m)} \right).$$

Thus,

$$S = (q-2)\zeta(q+1) + 2 \sum_{m=1}^{\infty} \sum_{n=m+1}^{\infty} \left(\frac{(-1)^{n+m}}{nm^{q-1}(n-m)} - \frac{(-1)^{n+m}}{mn^{q-1}(n-m)} \right)$$

$$\{\text{shift the index } n \text{ by } +m\}$$

$$= (q-2)\zeta(q+1) + 2 \sum_{m=1}^{\infty} \sum_{n=1}^{\infty} \left(\frac{(-1)^n}{(n+m)m^{q-2}n} - \frac{(-1)^n}{m(n+m)^{q-2}n} \right)$$

$$= (q-2)\zeta(q+1) + 2 \underbrace{\sum_{m=1}^{\infty} \sum_{n=1}^{\infty} \frac{(-1)^n}{(n+m)m^{q-1}n}}_{S_1} - 2 \underbrace{\sum_{m=1}^{\infty} \sum_{n=1}^{\infty} \frac{(-1)^n}{m(n+m)^{q-1}n}}_{S_2}.$$

For S_1,

$$S_1 = \sum_{m=1}^{\infty} \sum_{n=1}^{\infty} \frac{(-1)^n}{(n+m)m^{q-1}n} = \sum_{m=1}^{\infty} \frac{1}{m^q} \left(\sum_{n=1}^{\infty} \frac{(-1)^n m}{n(n+m)} \right)$$

$$= \sum_{m=1}^{\infty} \frac{1}{m^q} \left(\sum_{n=1}^{\infty} \frac{(-1)^n}{n} - \sum_{n=1}^{\infty} \frac{(-1)^n}{n+m} \right)$$

$$\{\text{recall the result of the second sum from (1.166)}\}$$

$$= \sum_{m=1}^{\infty} \frac{1}{m^q} \left(-\ln(2) - (-1)^m \left[\overline{H}_m - \ln(2) \right] \right)$$

$$= -\ln(2)\zeta(q) - \ln(2)\eta(q) - \sum_{m=1}^{\infty} \frac{(-1)^m \overline{H}_m}{m^q}.$$

For S_2,

$$S_2 = \sum_{m=1}^{\infty} \sum_{n=1}^{\infty} \frac{(-1)^n}{m(n+m)^{q-1}n}$$

$$\left\{ \text{multiply by } \frac{n+m}{n+m} \right\}$$

$$= \sum_{m=1}^{\infty} \sum_{n=1}^{\infty} \frac{(-1)^n(n+m)}{m(n+m)^q n}$$

4.1. Generalized Harmonic Series

$$= \sum_{m=1}^{\infty}\sum_{n=1}^{\infty}\frac{(-1)^n}{m(n+m)^q} + \sum_{m=1}^{\infty}\sum_{n=1}^{\infty}\frac{(-1)^n}{(n+m)^q n}$$

{swap the variables m and n in the first double sum}
{and change the order of summations in the second double sum}

$$= \sum_{n=1}^{\infty}\sum_{m=1}^{\infty}\frac{(-1)^m + (-1)^n}{n(n+m)^q}$$

{shift the index m by $-n$}

$$= \sum_{n=1}^{\infty}\sum_{m=n+1}^{\infty}\frac{(-1)^{m-n} + (-1)^n}{nm^q}$$

$$\left\{\text{use } \sum_{m=n+1}^{\infty} f(m) = \sum_{m=n}^{\infty} f(m) - f(n)\right\}$$

$$= \sum_{n=1}^{\infty}\left(\sum_{m=n}^{\infty}\frac{(-1)^{m-n} + (-1)^n}{nm^q} - \frac{1+(-1)^n}{n^{q+1}}\right)$$

$$= \sum_{n=1}^{\infty}\sum_{m=n}^{\infty}\frac{(-1)^{m-n} + (-1)^n}{nm^q} - \sum_{n=1}^{\infty}\frac{1+(-1)^n}{n^{q+1}}$$

$$\left\{\text{use } \sum_{n=1}^{\infty}\sum_{m=n}^{\infty} f(n,m) = \sum_{m=1}^{\infty}\sum_{n=1}^{m} f(n,m) \text{ given in (1.13) for the first term}\right\}$$

$$= \sum_{m=1}^{\infty}\sum_{n=1}^{m}\frac{(-1)^{m-n} + (-1)^n}{nm^q} - \zeta(q+1) + \eta(q+1)$$

$$= \sum_{m=1}^{\infty}\frac{1}{m^q}\left(\sum_{n=1}^{m}\frac{(-1)^{m-n} + (-1)^n}{n}\right) - \zeta(q+1) + \eta(q+1)$$

{recall the definition of $\overline{H}_n$ in (1.160) for the inner sum}

$$= \sum_{m=1}^{\infty}\frac{1}{m^q}\left(-(-1)^m\overline{H}_m - \overline{H}_m\right) - \zeta(q+1) + \eta(q+1)$$

$$= -\sum_{m=1}^{\infty}\frac{(-1)^m\overline{H}_m}{m^q} - \sum_{m=1}^{\infty}\frac{\overline{H}_m}{m^q} - \zeta(q+1) + \eta(q+1).$$

By combining S_1 and S_2, the sum $\displaystyle\sum_{m=1}^{\infty}\frac{(-1)^m\overline{H}_m}{m^q}$ cancels out,

$$\sum_{j=1}^{q-2}\eta(q-j)\eta(j+2) = (q)\zeta(q+1) - 2\ln(2)[\eta(q) + \zeta(q)]$$

$$-2\eta(q+1) + 2\sum_{m=1}^{\infty} \frac{\overline{H}_m}{m^q},$$

and the proof follows on using $\eta(s) = (1 - 2^{1-s})\zeta(s)$ given in (1.75). For other proofs, check [19, Theorem 3.5, p. 9] and [11, Theorem 7.1 (i), p. 32].

Examples

$$\sum_{n=1}^{\infty} \frac{\overline{H}_n}{n^2} = \frac{3}{2}\ln(2)\zeta(2) - \frac{1}{4}\zeta(3); \quad (4.13)$$

$$\sum_{n=1}^{\infty} \frac{\overline{H}_n}{n^3} = \frac{7}{4}\ln(2)\zeta(3) - \frac{5}{16}\zeta(4); \quad (4.14)$$

$$\sum_{n=1}^{\infty} \frac{\overline{H}_n}{n^4} = \frac{15}{8}\ln(2)\zeta(4) + \frac{3}{8}\zeta(2)\zeta(3) - \frac{17}{16}\zeta(5); \quad (4.15)$$

$$\sum_{n=1}^{\infty} \frac{\overline{H}_n}{n^5} = \frac{31}{16}\ln(2)\zeta(5) + \frac{9}{32}\zeta^2(3) - \frac{49}{64}\zeta(6); \quad (4.16)$$

$$\sum_{n=1}^{\infty} \frac{\overline{H}_n}{n^6} = \frac{63}{32}\ln(2)\zeta(6) + \frac{21}{32}\zeta(3)\zeta(4) + \frac{15}{32}\zeta(2)\zeta(5) - \frac{129}{64}\zeta(7). \quad (4.17)$$

4.1.4 $\sum_{n=1}^{\infty} \frac{(-1)^n \overline{H}_n}{n^{2q}}$

For $q \in \mathbb{Z}^+$, the following identity holds:

$$\sum_{n=1}^{\infty} \frac{(-1)^n \overline{H}_n}{n^{2q}} = -\frac{2^{2q+1}q - 2q - 1}{2^{2q+1}}\zeta(2q+1)$$

$$+ \frac{1}{4}\sum_{j=1}^{2q-2} \left[2 - 2^{-j} - (-2)^{1-j} - 2^{j-2q+1}\right] \zeta(2q-j)\zeta(j+1). \quad (4.18)$$

Proof. Multiply both sides of (1.164):

$$\overline{H}_n = \ln(2) - \int_0^1 \frac{(-x)^n}{1+x}\,dx$$

by $\frac{(-1)^n}{n^{2q}}$ then take the summation over $n \geq 1$, we get

$$\sum_{n=1}^{\infty} \frac{(-1)^n \overline{H}_n}{n^{2q}} = \sum_{n=1}^{\infty} \frac{(-1)^n}{n^{2q}}\left(\ln(2) - \int_0^1 \frac{(-x)^n}{1+x}\,dx\right)$$

4.1. Generalized Harmonic Series

$$= \ln(2) \sum_{n=1}^{\infty} \frac{(-1)^n}{n^{2q}} - \sum_{n=1}^{\infty} \frac{1}{n^{2q}} \int_0^1 \frac{x^n}{1+x} dx$$

{make use of the identity in (3.96) for the integral}

$$= -\ln(2)\eta(2q) - \sum_{n=1}^{\infty} \frac{1}{n^{2q}}(\ln(2) + H_{\frac{n}{2}} - H_n)$$

$$= -\ln(2)\eta(2q) - \ln(2)\zeta(2q) - \sum_{n=1}^{\infty} \frac{H_{\frac{n}{2}}}{n^{2q}} + \sum_{n=1}^{\infty} \frac{H_n}{n^{2q}}. \qquad (4.19)$$

To get the first sum, set $p = 2$ and replace q by $2q$ in (4.1),

$$\sum_{n=1}^{\infty} \frac{H_{\frac{n}{2}}}{n^{2q}} = 2\sum_{n=1}^{\infty} \frac{H_{2n}}{(2n)^{2q}} - \sum_{j=1}^{2q-2} (-2)^{-j} \zeta(2q-j)\zeta(j+1)$$

{make use of (1.5) for the first sum}

$$= \sum_{n=1}^{\infty} \frac{H_n}{n^{2q}} + \sum_{n=1}^{\infty} \frac{(-1)^n H_n}{n^{2q}} - \sum_{j=1}^{2q-2} (-2)^{-j} \zeta(2q-j)\zeta(j+1). \qquad (4.20)$$

Substitute (4.20) in (4.19) then rearrange the terms,

$$\sum_{n=1}^{\infty} \frac{(-1)^n \overline{H}_n}{n^{2q}} + \sum_{n=1}^{\infty} \frac{(-1)^n H_n}{n^{2q}} = \sum_{j=1}^{2q-2} (-2)^{-j} \zeta(2q-j)\zeta(j+1)$$

$$- \ln(2)(\eta(2q) + \zeta(2q)). \qquad (4.21)$$

To establish another relation, let $a_n = \frac{H_{\frac{n}{2}}}{n^{2q}}$ in (1.5):

$$\sum_{n=1}^{\infty} a_{2n} = \frac{1}{2} \sum_{n=1}^{\infty} a_n + \frac{1}{2} \sum_{n=1}^{\infty} (-1)^n a_n,$$

we obtain

$$\sum_{n=1}^{\infty} \frac{(-1)^n \overline{H}_n}{n^{2q}} + \sum_{n=1}^{\infty} \frac{\overline{H}_n}{n^{2q}} = 2\sum_{n=1}^{\infty} \frac{\overline{H}_{2n}}{(2n)^{2q}}$$

{substitute $\overline{H}_{2n} = H_{2n} - H_n$ given in (1.162)}

$$= 2\sum_{n=1}^{\infty} \frac{H_{2n}}{(2n)^{2q}} - 2\sum_{n=1}^{\infty} \frac{H_n}{(2n)^{2q}}$$

{employ (1.5) for the first sum}

$$= \sum_{n=1}^{\infty} \frac{(-1)^n H_n}{n^{2q}} + \sum_{n=1}^{\infty} \frac{H_n}{n^{2q}} - 2\sum_{n=1}^{\infty} \frac{H_n}{(2n)^{2q}}$$

$$= \sum_{n=1}^{\infty} \frac{(-1)^n H_n}{n^{2q}} + (1 - 2^{1-2q}) \sum_{n=1}^{\infty} \frac{H_n}{n^{2q}}.$$

Rearrange the terms,

$$\sum_{n=1}^{\infty} \frac{(-1)^n \overline{H}_n}{n^{2q}} - \sum_{n=1}^{\infty} \frac{(-1)^n H_n}{n^{2q}} = (1 - 2^{1-2q}) \sum_{n=1}^{\infty} \frac{H_n}{n^{2q}} - \sum_{n=1}^{\infty} \frac{\overline{H}_n}{n^{2q}}. \qquad (4.22)$$

Take the difference of (4.21) and (4.22) then divide by 2,

$$\sum_{n=1}^{\infty} \frac{(-1)^n H_n}{n^{2q}} = -\frac{1}{2} \ln(2)(\zeta(2q) + \eta(2q)) + \frac{1}{2} \sum_{j=1}^{2q-2} (-2)^{-j} \zeta(2q-j)\zeta(j+1)$$

$$+ \frac{1}{2} \sum_{n=1}^{\infty} \frac{\overline{H}_n}{n^{2q}} - \frac{1 - 2^{1-2q}}{2} \sum_{n=1}^{\infty} \frac{H_n}{n^{2q}}.$$

The proof follows on substituting the results from (4.12) and (4.2) and using $\eta(s) = (1 - 2^{1-s})\zeta(s)$.

Check [4, II.1, pp. 4–7] and [23] for other proofs with a different closed form, which is well-known in the mathematical literature.

Examples

$$\sum_{n=1}^{\infty} \frac{(-1)^n H_n}{n^2} = \frac{5}{8}\zeta(3); \qquad (4.23)$$

$$\sum_{n=1}^{\infty} \frac{(-1)^n H_n}{n^4} = \frac{1}{2}\zeta(2)\zeta(3) - \frac{59}{32}\zeta(5); \qquad (4.24)$$

$$\sum_{n=1}^{\infty} \frac{(-1)^n H_n}{n^6} = \frac{1}{2}\zeta(2)\zeta(5) + \frac{7}{8}\zeta(3)\zeta(4) - \frac{377}{128}\zeta(7); \qquad (4.25)$$

$$\sum_{n=1}^{\infty} \frac{(-1)^n H_n}{n^8} = \frac{1}{2}\zeta(2)\zeta(7) + \frac{31}{32}\zeta(3)\zeta(6) + \frac{7}{8}\zeta(4)\zeta(5) - \frac{2039}{512}\zeta(9); \qquad (4.26)$$

$$\sum_{n=1}^{\infty} \frac{(-1)^n H_n}{n^{10}} = \frac{1}{2}\zeta(2)\zeta(9) + \frac{127}{128}\zeta(3)\zeta(8) + \frac{7}{8}\zeta(4)\zeta(7) + \frac{31}{32}\zeta(5)\zeta(6)$$

$$- \frac{10229}{2048}\zeta(11); \qquad (4.27)$$

$$\sum_{n=1}^{\infty} \frac{(-1)^n H_n}{n^{12}} = \frac{1}{2}\zeta(2)\zeta(11) + \frac{511}{512}\zeta(3)\zeta(10) + \frac{7}{8}\zeta(4)\zeta(9) + \frac{127}{128}\zeta(5)\zeta(8)$$

$$+ \frac{31}{32}\zeta(6)\zeta(7) - \frac{49139}{8192}\zeta(13). \qquad (4.28)$$

4.1.5 $\sum_{n=1}^{\infty} \frac{(-1)^n \overline{H}_n}{n^{2q}}$

For $q \in \mathbb{Z}^+$, the following equality holds:

$$\sum_{n=1}^{\infty} \frac{(-1)^n \overline{H}_n}{n^{2q}} = (2^{1-2q} - 2)\ln(2)\zeta(2q) + \frac{2^{2q+1}q - 2q - 1}{2^{2q+1}}\zeta(2q+1)$$

$$+ \frac{1}{4} \sum_{j=1}^{2q-2} \left[2^{j-2q+1} - (-2)^{1-j} + 2^{-j} - 2\right] \zeta(2q-j)\zeta(j+1). \qquad (4.29)$$

Proof. Combine (4.21) and (4.22) then divide by 2,

$$\sum_{n=1}^{\infty} \frac{(-1)^n \overline{H}_n}{n^{2q}} = -\frac{1}{2}\ln(2)(\zeta(2q) + \eta(2q)) + \frac{1}{2}\sum_{j=1}^{2q-2}(-2)^{-j}\zeta(2q-j)\zeta(j+1)$$

$$-\frac{1}{2}\sum_{n=1}^{\infty} \frac{\overline{H}_n}{n^{2q}} + \frac{1-2^{1-2q}}{2}\sum_{n=1}^{\infty} \frac{H_n}{n^{2q}}.$$

These two sums are given in (4.12) and (4.2).

Examples

$$\sum_{n=1}^{\infty} \frac{(-1)^n \overline{H}_n}{n^2} = \frac{5}{8}\zeta(3) - \frac{3}{2}\ln(2)\zeta(2); \qquad (4.30)$$

$$\sum_{n=1}^{\infty} \frac{(-1)^n \overline{H}_n}{n^4} = \frac{59}{32}\zeta(5) - \frac{15}{8}\ln(2)\zeta(4) - \frac{3}{4}\zeta(2)\zeta(3); \qquad (4.31)$$

$$\sum_{n=1}^{\infty} \frac{(-1)^n \overline{H}_n}{n^6} = \frac{377}{128}\zeta(7) - \frac{63}{32}\ln(2)\zeta(6) - \frac{15}{16}\zeta(2)\zeta(5) - \frac{3}{4}\zeta(3)\zeta(4); \qquad (4.32)$$

$$\sum_{n=1}^{\infty} \frac{(-1)^n \overline{H}_n}{n^8} = \frac{2039}{512}\zeta(9) - \frac{255}{128}\ln(2)\zeta(8) - \frac{63}{64}\zeta(2)\zeta(7) - \frac{3}{4}\zeta(3)\zeta(6)$$

$$-\frac{15}{16}\zeta(4)\zeta(5); \qquad (4.33)$$

$$\sum_{n=1}^{\infty} \frac{(-1)^n \overline{H}_n}{n^{10}} = \frac{10239}{2048}\zeta(11) - \frac{1023}{512}\ln(2)\zeta(10) - \frac{255}{256}\zeta(2)\zeta(9) - \frac{3}{4}\zeta(3)\zeta(8)$$

$$-\frac{63}{64}\zeta(4)\zeta(7) - \frac{15}{16}\zeta(5)\zeta(6); \qquad (4.34)$$

$$\sum_{n=1}^{\infty} \frac{(-1)^n \overline{H}_n}{n^{12}} = \frac{49139}{8192}\zeta(13) - \frac{4095}{2048}\ln(2)\zeta(12) - \frac{1023}{1024}\zeta(2)\zeta(11)$$

$$-\frac{3}{4}\zeta(3)\zeta(10) - \frac{255}{256}\zeta(4)\zeta(9) - \frac{63}{64}\zeta(6)\zeta(7) - \frac{15}{16}\zeta(5)\zeta(8). \qquad (4.35)$$

4.1.6 $\sum_{n=1}^{\infty} \frac{H_{\frac{n}{2}}}{n^{2q}}$

For $q \in \mathbb{Z}^+$, the following equality holds:

$$\sum_{n=1}^{\infty} \frac{H_{\frac{n}{2}}}{n^{2q}} = \frac{2^{2q+1} + 2q + 1}{2^{2q+1}} \zeta(2q+1)$$

$$+ \frac{1}{4} \sum_{j=1}^{2q-2} \left[(-2)^{1-j} - 2^{-j} - 2^{j-2q+1} \right] \zeta(2q-j)\zeta(j+1). \quad (4.36)$$

Proof. Substitute the results from (4.2) and (4.18) in (4.20).

Examples

$$\sum_{n=1}^{\infty} \frac{H_{\frac{n}{2}}}{n^2} = \frac{11}{8} \zeta(3); \quad (4.37)$$

$$\sum_{n=1}^{\infty} \frac{H_{\frac{n}{2}}}{n^4} = \frac{37}{32} \zeta(5) - \frac{1}{4} \zeta(2)\zeta(3); \quad (4.38)$$

$$\sum_{n=1}^{\infty} \frac{H_{\frac{n}{2}}}{n^6} = \frac{135}{128} \zeta(7) - \frac{1}{16} \zeta(2)\zeta(5) - \frac{1}{4} \zeta(3)\zeta(4); \quad (4.39)$$

$$\sum_{n=1}^{\infty} \frac{H_{\frac{n}{2}}}{n^8} = \frac{521}{512} \zeta(9) - \frac{1}{64} \zeta(2)\zeta(7) - \frac{1}{4} \zeta(3)\zeta(6) - \frac{1}{16} \zeta(4)\zeta(5); \quad (4.40)$$

$$\sum_{n=1}^{\infty} \frac{H_{\frac{n}{2}}}{n^{10}} = \frac{2059}{2048} \zeta(11) - \frac{\zeta(2)}{256} \zeta(9) - \frac{1}{4} \zeta(3)\zeta(8) - \frac{1}{64} \zeta(4)\zeta(7) - \frac{1}{16} \zeta(5)\zeta(6).$$

$$(4.41)$$

4.1.7 $\sum_{n=1}^{\infty} \frac{(-1)^n H_{\frac{n}{2}}}{n^{2q}}$

For $q \in \mathbb{Z}^+$, the following equality holds:

$$\sum_{n=1}^{\infty} \frac{(-1)^n H_{\frac{n}{2}}}{n^{2q}} = \frac{2q + 3 - 2^{2q+1}}{2^{2q+1}} \zeta(2q+1)$$

$$- \frac{1}{4} \sum_{j=1}^{2q-2} \left[(-2)^{1-j} - 2^{-j} - 2^{1-2q}(2^j - 2) \right] \zeta(2q-j)\zeta(j+1). \quad (4.42)$$

4.1. Generalized Harmonic Series

Proof. Set $a_n = \dfrac{H_{\frac{n}{2}}}{n^{2q}}$ in (1.5):

$$2\sum_{n=1}^{\infty} a_{2n} = \sum_{n=1}^{\infty} a_n + \sum_{n=1}^{\infty}(-1)^n a_n,$$

we get

$$2\sum_{n=1}^{\infty}\frac{H_n}{(2n)^{2q}} = \sum_{n=1}^{\infty}\frac{H_{\frac{n}{2}}}{n^{2q}} + \sum_{n=1}^{\infty}(-1)^n \frac{H_{\frac{n}{2}}}{n^{2q}}$$

or

$$\sum_{n=1}^{\infty}\frac{(-1)^n H_{\frac{n}{2}}}{n^{2q}} = 2^{1-2q}\sum_{n=1}^{\infty}\frac{H_n}{n^{2q}} - \sum_{n=1}^{\infty}\frac{H_{\frac{n}{2}}}{n^{2q}}.$$

On gathering the results from (4.2) and (4.36), the proof is complete.

Examples

$$\sum_{n=1}^{\infty}\frac{(-1)^n H_{\frac{n}{2}}}{n^2} = -\frac{3}{8}\zeta(3); \qquad (4.43)$$

$$\sum_{n=1}^{\infty}\frac{(-1)^n H_{\frac{n}{2}}}{n^4} = \frac{1}{8}\zeta(2)\zeta(3) - \frac{25}{32}\zeta(5); \qquad (4.44)$$

$$\sum_{n=1}^{\infty}\frac{(-1)^n H_{\frac{n}{2}}}{n^6} = \frac{1}{32}\zeta(2)\zeta(5) + \frac{7}{32}\zeta(3)\zeta(4) - \frac{119}{128}\zeta(7); \qquad (4.45)$$

$$\sum_{n=1}^{\infty}\frac{(-1)^n H_{\frac{n}{2}}}{n^8} = \frac{1}{128}\zeta(2)\zeta(7) + \frac{31}{128}\zeta(3)\zeta(6) + \frac{7}{128}\zeta(4)\zeta(5) - \frac{501}{512}\zeta(9); \qquad (4.46)$$

$$\sum_{n=1}^{\infty}\frac{(-1)^n H_{\frac{n}{2}}}{n^{10}} = \frac{1}{512}\zeta(2)\zeta(9) + \frac{127}{512}\zeta(3)\zeta(8) + \frac{7}{512}\zeta(4)\zeta(7) + \frac{31}{512}\zeta(5)\zeta(6)$$
$$- \frac{2035}{2048}\zeta(11). \qquad (4.47)$$

4.1.8 $\sum_{n=1}^{\infty} \dfrac{\zeta(q)-H_n^{(q)}}{n}$

For integer $q \geq 2$, the following equality holds:

$$\sum_{n=1}^{\infty}\frac{\zeta(q) - H_n^{(q)}}{n} = \frac{q}{2}\zeta(q+1) - \frac{1}{2}\sum_{j=1}^{q-2}\zeta(q-j)\zeta(j+1). \qquad (4.48)$$

Proof (i). Divide both sides of (1.153):

$$\zeta(q) - H_n^{(q)} = \frac{(-1)^{q-1}}{(q-1)!} \int_0^1 \frac{x^n \ln^{q-1}(x)}{1-x} dx$$

by n then take the summation over $n \geq 1$,

$$\sum_{n=1}^\infty \frac{\zeta(q) - H_n^{(q)}}{n} = \frac{(-1)^{q-1}}{(q-1)!} \int_0^1 \frac{\ln^{q-1}(x)}{1-x} \left(\sum_{n=1}^\infty \frac{x^n}{n} \right) dx$$

$$= \frac{(-1)^{q-1}}{(q-1)!} \int_0^1 \frac{-\ln^{q-1}(x) \ln(1-x)}{1-x} dx$$

{recall the result from (3.87)}

$$= \sum_{n=1}^\infty \frac{H_n}{n^q} - \zeta(q+1).$$

Substitute the generalized Euler sum given in (4.2) to complete the proof.

Proof (ii). Let $b_k = \zeta(q) - H_k^{(q)}$ and $a_k = \frac{1}{k}$ in (2.95):

$$\sum_{k=1}^n a_k b_k = A_n b_n - \sum_{k=0}^{n-1} A_k (b_{k+1} - b_k), \quad A_n = \sum_{i=1}^n a_i,$$

we have

$$\sum_{k=1}^n \frac{\zeta(q) - H_k^{(q)}}{k} = (\zeta(q) - H_n^{(q)}) \sum_{i=1}^n \frac{1}{i} - \sum_{k=0}^{n-1} \left(\sum_{i=1}^k \frac{1}{i} \right) \left(-H_{k+1}^{(q)} + H_k^{(q)} \right)$$

$$= (\zeta(q) - H_n^{(q)}) H_n - \sum_{k=0}^{n-1} (H_k) \left(\frac{-1}{(k+1)^q} \right).$$

Let $n \mapsto \infty$ and use $\lim_{n \to \infty} H_n^{(q)} = \zeta(q)$,

$$\sum_{k=1}^\infty \frac{\zeta(q) - H_k^{(q)}}{k} = 0 + \sum_{k=0}^\infty \frac{H_k}{(k+1)^q}$$

{shift the index k by -1}

$$= \sum_{k=1}^\infty \frac{H_{k-1}}{k^q} = \sum_{k=1}^\infty \frac{H_k - \frac{1}{k}}{k^q} = \sum_{k=1}^\infty \frac{H_k}{k^q} - \zeta(q+1).$$

Examples

$$\sum_{n=1}^{\infty} \frac{\zeta(2) - H_n^{(2)}}{n} = \zeta(3); \tag{4.49}$$

$$\sum_{n=1}^{\infty} \frac{\zeta(3) - H_n^{(3)}}{n} = \frac{1}{4}\zeta(4); \tag{4.50}$$

$$\sum_{n=1}^{\infty} \frac{\zeta(4) - H_n^{(4)}}{n} = 2\zeta(5) - \zeta(2)\zeta(3); \tag{4.51}$$

$$\sum_{n=1}^{\infty} \frac{\zeta(5) - H_n^{(5)}}{n} = \frac{3}{4}\zeta(6) - \frac{1}{2}\zeta^2(3); \tag{4.52}$$

$$\sum_{n=1}^{\infty} \frac{\zeta(6) - H_n^{(6)}}{n} = 3\zeta(7) - \zeta(2)\zeta(5) - \zeta(3)\zeta(4). \tag{4.53}$$

4.1.9 $\sum_{n=1}^{\infty} \frac{H_n^{(2)}}{n^{2q+1}}$

For $q \in \mathbb{Z}^+$, the following identity holds:

$$\sum_{n=1}^{\infty} \frac{H_n^{(2)}}{n^{2q+1}} = \zeta(2)\zeta(2q+1) - \frac{1}{2}(q+2)(2q+1)\zeta(2q+3)$$

$$+ \frac{2q+1}{4} \sum_{j=1}^{2q} \zeta(2q-j+2)\zeta(j+1) - \frac{1}{2} \sum_{k=1}^{2q-1} k(-1)^k \zeta(2q-k+1)\zeta(k+2).$$
$$\tag{4.54}$$

Proof. Differentiate both sides of (2.70):

$$\int_0^1 x^{n-1} \ln(1-x) \, \mathrm{d}x = -\frac{H_n}{n}$$

with respect to n using the derivative of the harmonic number given in (1.157),

$$\frac{H_n}{n^2} + \frac{H_n^{(2)}}{n} - \frac{\zeta(2)}{n} = \frac{d}{dn} \int_0^1 x^{n-1} \ln(1-x) \, \mathrm{d}x$$

{use differentiation under the integral sign theorem given in (2.78)}

$$= \int_0^1 \frac{\partial}{\partial n} x^{n-1} \ln(1-x) \, \mathrm{d}x$$

$$= \int_0^1 x^{n-1} \ln(x) \ln(1-x) \, \mathrm{d}x.$$

Thus, we have

$$\frac{H_n}{n^2} + \frac{H_n^{(2)}}{n} - \frac{\zeta(2)}{n} = \int_0^1 x^{n-1} \ln(x) \ln(1-x) dx. \quad (4.55)$$

Next, divide both sides by n^a then take the summation over $n \geq 1$,

$$\sum_{n=1}^{\infty} \frac{H_n}{n^{a+2}} + \sum_{n=1}^{\infty} \frac{H_n^{(2)}}{n^{a+1}} - \zeta(2)\zeta(a+1) = \int_0^1 \frac{\ln(x)\ln(1-x)}{x} \left(\sum_{n=1}^{\infty} \frac{x^n}{n^a}\right) dx$$

$$= \int_0^1 \frac{\ln(x)\ln(1-x)\operatorname{Li}_a(x)}{x} dx$$

{expand $\ln(1-x)$ in series}

$$= -\sum_{n=1}^{\infty} \frac{1}{n} \int_0^1 x^{n-1} \ln(x) \operatorname{Li}_a(x) dx$$

$$= -\sum_{n=1}^{\infty} \frac{1}{n} \int_0^1 \frac{\partial}{\partial n} x^{n-1} \operatorname{Li}_a(x) dx$$

{use differentiation under the intgral sign theorem given in (2.78)}

$$= -\sum_{n=1}^{\infty} \frac{1}{n} \frac{d}{dn} \int_0^1 x^{n-1} \operatorname{Li}_a(x) dx$$

{recall the result from (3.102)}

$$= -\sum_{n=1}^{\infty} \frac{1}{n} \frac{d}{dn} \left[(-1)^{a-1} \frac{H_n}{n^a} - \sum_{k=1}^{a-1} (-1)^k \frac{\zeta(a-k+1)}{n^k} \right]$$

$$= -\sum_{n=1}^{\infty} \frac{1}{n} \left[(-1)^{a-1} \left(-\frac{H_n^{(2)}}{n^a} - \frac{aH_n}{n^{a+1}} + \frac{\zeta(2)}{n^a} \right) + \sum_{k=1}^{a-1} k(-1)^k \frac{\zeta(a-k+1)}{n^{k+1}} \right]$$

$$= -(-1)^a \sum_{n=1}^{\infty} \frac{H_n^{(2)}}{n^{a+1}} - a(-1)^a \sum_{n=1}^{\infty} \frac{H_n}{n^{a+2}} + (-1)^a \zeta(2)\zeta(a+1)$$

$$- \sum_{k=1}^{a-1} k(-1)^k \zeta(a-k+1)\zeta(k+2).$$

Reorder the term,

$$(1+(-1)^a) \sum_{n=1}^{\infty} \frac{H_n^{(2)}}{n^{a+1}} = -(1+a(-1)^a) \sum_{n=1}^{\infty} \frac{H_n}{n^{a+2}}$$

$$+ (1+(-1)^a)\zeta(2)\zeta(a+1) - \sum_{k=1}^{a-1} k(-1)^k \zeta(a-k+1)\zeta(k+2).$$

4.1. Generalized Harmonic Series

Replace a by $2q$ then divide by 2,

$$\sum_{n=1}^{\infty} \frac{H_n^{(2)}}{n^{2q+1}} = -\frac{1+2q}{2}\sum_{n=1}^{\infty} \frac{H_n}{n^{2q+2}} + \zeta(2)\zeta(2q+1)$$
$$-\frac{1}{2}\sum_{k=1}^{2q-1} k(-1)^k \zeta(2q-k+1)\zeta(k+2). \tag{4.56}$$

The proof completes on substituting the generalized Euler sum in (4.2).

Examples

$$\sum_{n=1}^{\infty} \frac{H_n^{(2)}}{n^3} = 3\zeta(2)\zeta(3) - \frac{9}{2}\zeta(5); \tag{4.57}$$

$$\sum_{n=1}^{\infty} \frac{H_n^{(2)}}{n^5} = 5\zeta(2)\zeta(5) + 2\zeta(3)\zeta(4) - 10\zeta(7).; \tag{4.58}$$

$$\sum_{n=1}^{\infty} \frac{H_n^{(2)}}{n^7} = 7\zeta(2)\zeta(7) + 2\zeta(3)\zeta(6) + 4\zeta(4)\zeta(5) - \frac{35}{2}\zeta(9); \tag{4.59}$$

$$\sum_{n=1}^{\infty} \frac{H_n^{(2)}}{n^9} = 9\zeta(2)\zeta(9) + 2\zeta(3)\zeta(8) + 6\zeta(4)\zeta(7) + 4\zeta(5)\zeta(6) - 27\zeta(11); \tag{4.60}$$

$$\sum_{n=1}^{\infty} \frac{H_n^{(2)}}{n^{11}} = 11\zeta(2)\zeta(11) + 2\zeta(3)\zeta(10) + 8\zeta(4)\zeta(9) + 4\zeta(5)\zeta(8) + 6\zeta(6)\zeta(7)$$
$$-\frac{77}{2}\zeta(13). \tag{4.61}$$

4.1.10 $\sum_{n=1}^{\infty} \frac{H_n^{(2q+1)}}{n^2}$

For $q \in \mathbb{Z}^+$, the following identity holds:

$$\sum_{n=1}^{\infty} \frac{H_n^{(2q+1)}}{n^2} = \left(1 + \frac{(q+2)(2q+1)}{2}\right)\zeta(2q+3)$$
$$-\frac{2q+1}{4}\sum_{j=1}^{2q} \zeta(2q-j+2)\zeta(j+1) + \frac{1}{2}\sum_{k=1}^{2q-1} k(-1)^k \zeta(2q-k+1)\zeta(k+2).$$
$$\tag{4.62}$$

Proof. Set $p = 2q + 1$ and $q = 2$ in (2.96):

$$\sum_{k=1}^{\infty} \frac{H_k^{(p)}}{k^q} + \sum_{k=1}^{\infty} \frac{H_k^{(q)}}{k^p} = \zeta(p)\zeta(q) + \zeta(p+q),$$

we have

$$\sum_{n=1}^{\infty} \frac{H_n^{(2q+1)}}{n^2} + \sum_{n=1}^{\infty} \frac{H_n^{(2)}}{n^{2q+1}} = \zeta(2)\zeta(2q+1) + \zeta(2q+3).$$

Substituting the result from (4.54) finishes the proof.

Examples

$$\sum_{n=1}^{\infty} \frac{H_n^{(3)}}{n^2} = \frac{11}{2}\zeta(5) - 2\zeta(2)\zeta(3); \tag{4.63}$$

$$\sum_{n=1}^{\infty} \frac{H_n^{(5)}}{n^2} = 11\zeta(7) - 4\zeta(2)\zeta(5) - 2\zeta(3)\zeta(4); \tag{4.64}$$

$$\sum_{n=1}^{\infty} \frac{H_n^{(7)}}{n^2} = \frac{37}{2}\zeta(9) - 6\zeta(2)\zeta(7) - 2\zeta(3)\zeta(6) - 4\zeta(4)\zeta(5); \tag{4.65}$$

$$\sum_{n=1}^{\infty} \frac{H_n^{(9)}}{n^2} = 28\zeta(11) - 8\zeta(2)\zeta(9) - 2\zeta(3)\zeta(8) - 6\zeta(4)\zeta(7) - 4\zeta(5)\zeta(6); \tag{4.66}$$

$$\sum_{n=1}^{\infty} \frac{H_n^{(11)}}{n^2} = \frac{79}{2}\zeta(13) - 10\zeta(2)\zeta(11) - 2\zeta(3)\zeta(10) - 8\zeta(4)\zeta(9) - 4\zeta(5)\zeta(8)$$
$$- 6\zeta(6)\zeta(7). \tag{4.67}$$

4.1.11 $\sum_{n=1}^{\infty} \frac{H_n^2}{n^{2q+1}}$

For $q \in \mathbb{Z}^+$, the following identity holds:

$$\sum_{n=1}^{\infty} \frac{H_n^2}{n^{2q+1}} = \frac{1}{6}(q+2)(2q+5)\zeta(2q+3) - \frac{1}{3}\zeta(2)\zeta(2q+1)$$
$$- \frac{1}{6}\sum_{k=1}^{2q-1}(-1)^k \zeta(2q-k+1)\left[(k+2)\zeta(k+2) - 2\sum_{j=1}^{k-1}\zeta(k-j+1)\zeta(j+1)\right]$$
$$- \frac{2q+5}{12}\sum_{j=1}^{2q}\zeta(2q-j+2)\zeta(j+1). \tag{4.68}$$

4.1. Generalized Harmonic Series

Proof. Divide both sides of (2.71):

$$\int_0^1 x^{n-1} \ln^2(1-x)\,dx = \frac{H_n^2 + H_n^{(2)}}{n}$$

by n^a then consider the summation,

$$\sum_{n=1}^{\infty} \frac{H_n^2}{n^{a+1}} + \sum_{n=1}^{\infty} \frac{H_n^{(2)}}{n^{a+1}} = \int_0^1 \frac{\ln^2(1-x)}{x} \left(\sum_{n=1}^{\infty} \frac{x^n}{n^a}\right) dx$$

$$= \int_0^1 \frac{\ln^2(1-x)\operatorname{Li}_a(x)}{x} dx$$

{expand $\ln^2(1-x)$ in series given in (2.6)}

$$= 2\sum_{n=1}^{\infty} \frac{H_{n-1}}{n} \int_0^1 x^{n-1} \operatorname{Li}_a(x)\,dx$$

{recall the result of the integral from (3.102)}

$$= 2\sum_{n=1}^{\infty} \frac{H_n - \frac{1}{n}}{n} \left[(-1)^{a-1}\frac{H_n}{n^a} - \sum_{k=1}^{a-1}(-1)^k \frac{\zeta(a-k+1)}{n^k}\right].$$

Distributing and rearranging the terms,

$$(1+2(-1)^a)\sum_{n=1}^{\infty} \frac{H_n^2}{n^{a+1}} = -\sum_{n=1}^{\infty} \frac{H_n^{(2)}}{n^{a+1}} + 2(-1)^a \sum_{n=1}^{\infty} \frac{H_n}{n^{a+2}}$$

$$+2\sum_{k=1}^{a-1}(-1)^k \zeta(a-k+1)\left(\zeta(k+2) - \sum_{n=1}^{\infty} \frac{H_n}{n^{k+1}}\right).$$

Set $a = 2q$ and recall the relation involving $\sum_{n=1}^{\infty} \frac{H_n^{(2)}}{n^{2q+1}}$ from (4.54),

$$3\sum_{n=1}^{\infty} \frac{H_n^2}{n^{2q+1}} = \frac{2q+5}{2}\sum_{n=1}^{\infty} \frac{H_n}{n^{2q+2}} - \zeta(2)\zeta(2q+1)$$

$$+ \sum_{k=1}^{2q-1}(-1)^k \zeta(2q-k+1)\left[\frac{k+4}{2}\zeta(k+2) - 2\sum_{n=1}^{\infty} \frac{H_n}{n^{k+1}}\right].$$

Substituting the generalized Euler sum given in (4.2) completes the proof.

Examples

$$\sum_{n=1}^{\infty} \frac{H_n^2}{n^3} = \frac{7}{2}\zeta(5) - \zeta(2)\zeta(3); \qquad (4.69)$$

$$\sum_{n=1}^{\infty} \frac{H_n^2}{n^5} = 6\zeta(7) - \zeta(2)\zeta(5) - \frac{5}{2}\zeta(3)\zeta(4); \qquad (4.70)$$

$$\sum_{n=1}^{\infty} \frac{H_n^2}{n^7} = \frac{55}{6}\zeta(9) - \zeta(2)\zeta(7) - \frac{7}{2}\zeta(3)\zeta(6) + \frac{1}{3}\zeta^3(3) - \frac{5}{2}\zeta(4)\zeta(5); \qquad (4.71)$$

$$\sum_{n=1}^{\infty} \frac{H_n^2}{n^9} = 11\zeta(11) - \zeta(2)\zeta(9) - \frac{9}{2}\zeta(3)\zeta(8) - \frac{5}{2}\zeta(4)\zeta(7) - \frac{7}{2}\zeta(5)\zeta(6)$$
$$+ \zeta^2(3)\zeta(5); \qquad (4.72)$$

$$\sum_{n=1}^{\infty} \frac{H_n^2}{n^{11}} = \frac{35}{2}\zeta(13) - \zeta(2)\zeta(11) + \zeta(3)\zeta^2(5) + \zeta^2(3)\zeta(7) - \frac{5}{2}\zeta(4)\zeta(9)$$
$$- \frac{9}{2}\zeta(5)\zeta(8) - \frac{7}{2}\zeta(6)\zeta(7) - \frac{11}{2}\zeta(3)\zeta(10). \qquad (4.73)$$

4.1.12 $\sum_{n=1}^{\infty} \frac{H_n}{(2n+1)^q}$

For integer $q \geq 2$, the following identity holds:

$$\sum_{n=1}^{\infty} \frac{H_n}{(2n+1)^q} = (2^{1-q} - 2)\ln(2)\zeta(q) + q(1 - 2^{-q-1})\zeta(q+1)$$
$$- \frac{1}{2}\sum_{j=1}^{q-2}(2^{j+1} - 1)(2^{-j} - 2^{-q})\zeta(q-j)\zeta(j+1). \qquad (4.74)$$

Proof. Set $a_n = \frac{\overline{H}_n}{n^q}$ in (1.4):

$$\sum_{n=1}^{\infty} a_n = \sum_{n=0}^{\infty} a_{2n+1} + \sum_{n=1}^{\infty} a_{2n},$$

we obtain

$$\sum_{n=1}^{\infty} \frac{\overline{H}_n}{n^q} = \sum_{n=0}^{\infty} \frac{\overline{H}_{2n+1}}{(2n+1)^q} + \sum_{n=1}^{\infty} \frac{\overline{H}_{2n}}{(2n)^q}.$$

For the first sum, write $\overline{H}_{2n+1} = H_{2n+1} - H_n$ given in (1.163),

$$\sum_{n=0}^{\infty} \frac{\overline{H}_{2n+1}}{(2n+1)^q} = \sum_{n=0}^{\infty} \frac{H_{2n+1}}{(2n+1)^q} - \sum_{n=0}^{\infty} \frac{H_n}{(2n+1)^q}$$

{make use of (1.5) for the first sum}
{and let the index start from 1 in the second sum, since $H_0 = 0$}

4.1. Generalized Harmonic Series

$$= \frac{1}{2}\sum_{n=0}^{\infty}\frac{H_{n+1}}{(n+1)^q} + \frac{1}{2}\sum_{n=0}^{\infty}\frac{(-1)^n H_{n+1}}{(n+1)^q} - \sum_{n=1}^{\infty}\frac{H_n}{(2n+1)^q}$$

{shift the index n of the first and second sums by -1}

$$= \frac{1}{2}\sum_{n=1}^{\infty}\frac{H_n}{n^q} - \frac{1}{2}\sum_{n=1}^{\infty}\frac{(-1)^n H_n}{n^q} - \sum_{n=1}^{\infty}\frac{H_n}{(2n+1)^q}.$$

For the second sum, write $\overline{H}_{2n} = H_{2n} - H_n$ given in (1.162),

$$\sum_{n=1}^{\infty}\frac{\overline{H}_{2n}}{(2n)^q} = \sum_{n=1}^{\infty}\frac{H_{2n}}{(2n)^q} - \sum_{n=1}^{\infty}\frac{H_n}{(2n)^q}$$

{make use of (1.5) for the first sum}

$$= \frac{1}{2}\sum_{n=1}^{\infty}\frac{H_n}{n^q} + \frac{1}{2}\sum_{n=1}^{\infty}\frac{(-1)^n H_n}{n^q} - 2^{-q}\sum_{n=1}^{\infty}\frac{H_n}{n^q}$$

$$= \frac{1}{2}\sum_{n=1}^{\infty}\frac{(-1)^n H_n}{n^q} + \left(\frac{1}{2} - 2^{-q}\right)\sum_{n=1}^{\infty}\frac{H_n}{n^q}.$$

Combining the two sums, we arrive at

$$\sum_{n=1}^{\infty}\frac{H_n}{(2n+1)^q} = (1 - 2^{-q})\sum_{n=1}^{\infty}\frac{H_n}{n^q} - \sum_{n=1}^{\infty}\frac{\overline{H}_n}{n^q},$$

and the proof follows on collecting the results from (4.2) and (4.12).

Examples

$$\sum_{n=1}^{\infty}\frac{H_n}{(2n+1)^2} = \frac{7}{4}\zeta(3) - \frac{3}{2}\ln(2)\zeta(2); \tag{4.75}$$

$$\sum_{n=1}^{\infty}\frac{H_n}{(2n+1)^3} = \frac{45}{32}\zeta(4) - \frac{7}{4}\ln(2)\zeta(3); \tag{4.76}$$

$$\sum_{n=1}^{\infty}\frac{H_n}{(2n+1)^4} = \frac{31}{8}\zeta(5) - \frac{15}{8}\ln(2)\zeta(4) - \frac{21}{16}\zeta(2)\zeta(3); \tag{4.77}$$

$$\sum_{n=1}^{\infty}\frac{H_n}{(2n+1)^5} = \frac{315}{128}\zeta(6) - \frac{31}{16}\ln(2)\zeta(5) - \frac{49}{64}\zeta^2(3); \tag{4.78}$$

$$\sum_{n=1}^{\infty}\frac{H_n}{(2n+1)^6} = \frac{381}{64}\zeta(7) - \frac{63}{32}\ln(2)\zeta(6) - \frac{93}{64}\zeta(2)\zeta(5) - \frac{105}{64}\zeta(3)\zeta(4). \tag{4.79}$$

4.1.13 $\sum_{n=1}^{\infty} \frac{(-1)^n H_n^{(q)}}{n}$

For integer $q \geq 2$, the following identity holds:

$$\sum_{n=1}^{\infty} \frac{(-1)^n H_n^{(q)}}{n} = (1 - 2^{1-q}) \ln(2)\zeta(q) - \frac{q}{2}\zeta(q+1)$$

$$+ \frac{1}{2} \sum_{j=1}^{q-2} (1 - 2^{1-q+j})(1 - 2^{-j})\zeta(q-j)\zeta(j+1). \tag{4.80}$$

Proof. Multiply both sides of (1.152):

$$H_n^{(q)} = \zeta(q) - \frac{(-1)^{q-1}}{(q-1)!} \int_0^1 \frac{x^n \ln^{q-1}(x)}{1-x} dx,$$

by $\frac{(-1)^n}{n}$ then consider the summation over $n \geq 1$,

$$\sum_{n=1}^{\infty} \frac{(-1)^n H_n^{(q)}}{n} = \zeta(q) \sum_{n=1}^{\infty} \frac{(-1)^n}{n} - \frac{(-1)^{q-1}}{(q-1)!} \int_0^1 \frac{\ln^{q-1}(x)}{1-x} \left(\sum_{n=1}^{\infty} \frac{(-x)^n}{n} \right) dx$$

$$= -\ln(2)\zeta(q) - \frac{(-1)^{q-1}}{(q-1)!} \int_0^1 \frac{\ln^{q-1}(x)}{1-x} (-\ln(1+x)) dx$$

$$\left\{ \text{write } \frac{\ln(1+x)}{1-x} = \sum_{n=1}^{\infty} \overline{H}_n x^n \text{ given in (2.28)} \right\}$$

$$= -\ln(2)\zeta(q) + \frac{(-1)^{q-1}}{(q-1)!} \sum_{n=1}^{\infty} \overline{H}_n \int_0^1 x^n \ln^{q-1}(x) dx$$

$$= -\ln(2)\zeta(q) + \sum_{n=1}^{\infty} \frac{\overline{H}_n}{(n+1)^q}$$

{let the index start from 0, since $\overline{H}_0 = 0$}

$$= -\ln(2)\zeta(q) + \sum_{n=0}^{\infty} \frac{\overline{H}_n}{(n+1)^q}$$

{shift the index by -1}

$$= -\ln(2)\zeta(q) + \sum_{n=1}^{\infty} \frac{\overline{H}_{n-1}}{n^q}$$

$$\left\{ \text{use } \overline{H}_{n-1} = \overline{H}_n + \frac{(-1)^n}{n} \text{ given in (1.161)} \right\}$$

$$= -\ln(2)\zeta(q) + \sum_{n=1}^{\infty} \frac{\overline{H}_n}{n^q} + \sum_{n=1}^{\infty} \frac{(-1)^n}{n^{q+1}}$$

4.1. Generalized Harmonic Series

$$= -\ln(2)\zeta(q) + \sum_{n=1}^{\infty} \frac{\overline{H}_n}{n^q} - \eta(q+1).$$

Substituting the result from (4.12) and writing $\eta(q+1) = (1-2^{-q})\zeta(q+1)$ finalizes the proof.

Using integral manipulations, Cornel Vălean managed to provide a different proof, which you may find in [26]. He also derived, in the same reference, a closed form for $\sum_{n=1}^{\infty} \frac{(-1)^n H_{2n}^{(q)}}{n}$.

Examples

$$\sum_{n=1}^{\infty} \frac{(-1)^n H_n^{(2)}}{n} = \frac{1}{2}\ln(2)\zeta(2) - \zeta(3); \qquad (4.81)$$

$$\sum_{n=1}^{\infty} \frac{(-1)^n H_n^{(3)}}{n} = \frac{3}{4}\ln(2)\zeta(3) - \frac{19}{16}\zeta(4); \qquad (4.82)$$

$$\sum_{n=1}^{\infty} \frac{(-1)^n H_n^{(4)}}{n} = \frac{7}{8}\ln(2)\zeta(4) + \frac{3}{8}\zeta(2)\zeta(3) - 2\zeta(5); \qquad (4.83)$$

$$\sum_{n=1}^{\infty} \frac{(-1)^n H_n^{(5)}}{n} = \frac{15}{16}\ln(2)\zeta(5) + \frac{9}{32}\zeta^2(3) - \frac{111}{64}\zeta(6); \qquad (4.84)$$

$$\sum_{n=1}^{\infty} \frac{(-1)^n H_n^{(6)}}{n} = \frac{15}{32}\zeta(2)\zeta(5) + \frac{21}{32}\zeta(3)\zeta(4) + \frac{31}{32}\ln(2)\zeta(6) - 3\zeta(7). \qquad (4.85)$$

4.1.14 $\sum_{n=1}^{\infty} \frac{(-1)^n H_n^{(2q+1)}}{2n+1}$

For $q \in \mathbb{Z}^+$, the following identity holds:

$$\sum_{n=1}^{\infty} \frac{(-1)^n H_n^{(2q+1)}}{2n+1} = (2^{-1} - 2^{2q-1})\pi\zeta(2q+1) + 2^{2q}\beta(2q+2)$$

$$+ \sum_{n=1}^{q} 2^{2q-2n+1}(1 - 2^{1-2n})\zeta(2n)\beta(2q-2n+2). \qquad (4.86)$$

Proof. Replace a by $2q+1$ and x by $-x^2$ in (2.2),

$$\sum_{n=1}^{\infty} (-1)^n H_n^{(2q+1)} x^{2n} = \frac{\text{Li}_{2q+1}(-x^2)}{1+x^2}.$$

Integrate both sides from $x=0$ to 1 using $\int_0^1 x^{2n}\mathrm{d}x = \frac{1}{2n+1}$,

$$\sum_{n=1}^{\infty} \frac{(-1)^n H_n^{(2q+1)}}{2n+1} = \int_0^1 \frac{\mathrm{Li}_{2q+1}(-x^2)}{1+x^2}\mathrm{d}x.$$

This integral is given in (3.76).

Examples

$$\sum_{n=1}^{\infty} \frac{(-1)^n H_n^{(3)}}{2n+1} = 4\beta(4) + \zeta(2)\beta(2) - \frac{3\pi}{2}\zeta(3); \qquad (4.87)$$

$$\sum_{n=1}^{\infty} \frac{(-1)^n H_n^{(5)}}{2n+1} = 16\beta(6) + 4\zeta(2)\beta(4) + \frac{7}{4}\zeta(4)\beta(2) - \frac{15\pi}{2}\zeta(5); \qquad (4.88)$$

$$\sum_{n=1}^{\infty} \frac{(-1)^n H_n^{(7)}}{2n+1} = 64\beta(8) + 16\zeta(2)\beta(6) + 7\zeta(4)\beta(4) + \frac{31}{16}\zeta(6)\beta(2) - \frac{63\pi}{2}\zeta(7); \qquad (4.89)$$

$$\sum_{n=1}^{\infty} \frac{(-1)^n H_n^{(9)}}{2n+1} = 256\beta(10) + 64\zeta(2)\beta(8) + 28\zeta(4)\beta(6) + \frac{31}{4}\zeta(6)\beta(4)$$
$$+ \frac{127}{64}\zeta(8)\beta(2) - \frac{255\pi}{2}\zeta(9); \qquad (4.90)$$

$$\sum_{n=1}^{\infty} \frac{(-1)^n H_n^{(11)}}{2n+1} = 1024\beta(12) + 256\zeta(2)\beta(10) + 112\zeta(4)\beta(8) + 31\zeta(6)\beta(6)$$
$$+ \frac{127}{16}\zeta(8)\beta(4) + \frac{511}{256}\zeta(10)\beta(2) - \frac{1023\pi}{2}\zeta(11). \qquad (4.91)$$

4.1.15 $\sum_{n=1}^{\infty} \frac{(-1)^n H_n}{(2n+1)^{2q+1}}$

For $q \in \mathbb{Z}_{\geq 0}$, the following identity holds:

$$\sum_{n=1}^{\infty} \frac{(-1)^n H_n}{(2n+1)^{2q+1}} = (2q+1)\beta(2q+2) + \frac{4^{-q-1}\pi}{(2q)!} \lim_{m\to\frac{1}{2}} \frac{\mathrm{d}^{2q}}{\mathrm{d}m^{2q}} \frac{\psi(1-m)+\gamma}{\sin(m\pi)}. \qquad (4.92)$$

Proof. By using (1.31), we have

$$\frac{1}{(2n+1)^{2q+1}} = \frac{1}{(2q)!} \int_0^1 x^{2n} \ln^{2q}(x) \mathrm{d}x.$$

4.1. Generalized Harmonic Series

Multiply both sides by $(-1)^n H_n$ then take the summation over $n \geq 1$,

$$\sum_{n=1}^{\infty} \frac{(-1)^n H_n}{(2n+1)^{2q+1}} = \frac{1}{(2q)!} \int_0^1 \ln^{2q}(x) \left(\sum_{n=1}^{\infty} H_n (-x^2)^n \right) dx$$

{replace x by $-x^2$ in the generating function in (2.4)}

$$= \frac{1}{(2q)!} \int_0^1 \ln^{2q}(x) \left(-\frac{\ln(1+x^2)}{1+x^2} \right) dx$$

$$= -\frac{1}{(2q)!} \int_0^1 \frac{\ln^{2q}(x) \ln(1+x^2)}{1+x^2} dx,$$

and this integral is given in (3.84).

Examples

$$\sum_{n=1}^{\infty} \frac{(-1)^n H_n}{2n+1} = \beta(2) + \frac{\pi}{4}; \tag{4.93}$$

$$\sum_{n=1}^{\infty} \frac{(-1)^n H_n}{(2n+1)^3} = 3\beta(4) - \frac{7\pi}{16}\zeta(3) - \frac{\pi^3}{16}\ln(2); \tag{4.94}$$

$$\sum_{n=1}^{\infty} \frac{(-1)^n H_n}{(2n+1)^5} = 5\beta(6) - \frac{31\pi}{64}\zeta(5) - \frac{7\pi^3}{128}\zeta(3) - \frac{5\pi^5}{768}\ln(2); \tag{4.95}$$

$$\sum_{n=1}^{\infty} \frac{(-1)^n H_n}{(2n+1)^7} = 7\beta(8) - \frac{127\pi}{256}\zeta(7) - \frac{31\pi^3}{512}\zeta(5) - \frac{35\pi^5}{6144}\zeta(3) - \frac{61\pi^7}{92160}\ln(2); \tag{4.96}$$

$$\sum_{n=1}^{\infty} \frac{(-1)^n H_n}{(2n+1)^9} = 9\beta(10) - \frac{511\pi}{1024}\zeta(9) - \frac{127\pi^3}{2048}\zeta(7) - \frac{155\pi^5}{24576}\zeta(5)$$

$$- \frac{427\pi^7}{737280}\zeta(3) - \frac{277\pi^9}{4128768}\ln(2), \tag{4.97}$$

where in the calculations, we used $\psi^{(a)}\left(\frac{1}{2}\right) = (-1)^{a-1} a! (2^{a+1} - 1)\zeta(a+1)$ given in (1.186).

4.2 Non–Alternating Harmonic Series

4.2.1 $\sum_{n=1}^{\infty} \frac{H_n}{n^2}$

Show that

$$\sum_{n=1}^{\infty} \frac{H_n}{n^2} = 2\zeta(3). \qquad (4.98)$$

Solution Setting $a = 1$ in (3.88),

$$\sum_{n=1}^{\infty} \frac{H_n}{n^2} = \int_0^1 \frac{\ln(x)\ln(1-x)}{x(1-x)}\, dx$$

$$\{\text{set } a = 1 \text{ in } (3.85)\}$$

$$= 2\int_0^1 \frac{\ln(x)\ln(1-x)}{x}\, dx$$

$$\{\text{expand } \ln(1-x) \text{ in series}\}$$

$$= -2\sum_{n=1}^{\infty} \frac{1}{n} \int_0^1 x^{n-1} \ln(x)\, dx$$

$$\stackrel{\text{IBP}}{=} -2\sum_{n=1}^{\infty} \frac{1}{n}\left(-\frac{1}{n^2}\right) = 2\zeta(3).$$

For a different approach, set $x = 1$ in (2.8). Also check (4.4).

4.2.2 $\sum_{n=1}^{\infty} \frac{H_n^{(2)}}{n^2}$

Show that

$$\sum_{n=1}^{\infty} \frac{H_n^{(2)}}{n^2} = \frac{17}{4}\zeta(4). \qquad (4.99)$$

Solution Put $x = 1$ in (2.83),

$$\operatorname{Li}_2^2(1) = 4\sum_{n=1}^{\infty} \frac{H_n}{n^3} + 2\sum_{n=1}^{\infty} \frac{H_n^{(2)}}{n^2} - 6\operatorname{Li}_4(1).$$

The solution completes on recalling the result from (4.5). Note that $\operatorname{Li}_a(1) = \zeta(a)$ given in (1.100) and $\operatorname{Li}_2^2(1) = \zeta^2(2) = \frac{5}{2}\zeta(4)$ given in (1.62).
Check (2.98) for a different solution.

4.2.3 $\sum_{n=1}^{\infty} \frac{H_n^2}{n^2}$

Show that

$$\sum_{n=1}^{\infty} \frac{H_n^2}{n^2} = \frac{17}{4}\zeta(4). \qquad (4.100)$$

Solution (i) Divide both sides of (2.71):

$$\int_0^1 x^{n-1} \ln^2(1-x)\,\mathrm{d}x = \frac{H_n^2 + H_n^{(2)}}{n}$$

by n then consider the summation over $n \geq 1$,

$$\sum_{n=1}^{\infty} \frac{H_n^2 + H_n^{(2)}}{n^2} = \int_0^1 \frac{\ln^2(1-x)}{x}\left(\sum_{n=1}^{\infty} \frac{x^n}{n}\right)\mathrm{d}x$$

$$= -\int_0^1 \frac{\ln^3(1-x)}{x}\,\mathrm{d}x \stackrel{1-x=y}{=} -\int_0^1 \frac{\ln^3(y)}{1-y}\,\mathrm{d}y.$$

Rearranging the terms,

$$\sum_{n=1}^{\infty} \frac{H_n^2}{n^2} = -\sum_{n=1}^{\infty} \frac{H_n^{(2)}}{n^2} - \int_0^1 \frac{\ln^3(y)}{1-y}\,\mathrm{d}y.$$

These two terms are calculated in (3.4) and (2.98).

Solution (ii) Multiply both sides of (2.6):

$$\frac{1}{2}\ln^2(1-x) = \sum_{n=1}^{\infty} \frac{H_{n-1}}{n}x^n$$

by $\frac{\ln(1-x)}{x}$ then integrate from $x = 0$ to 1,

$$\frac{1}{2}\int_0^1 \frac{\ln^3(1-x)}{x}\,\mathrm{d}x = \sum_{n=1}^{\infty} \frac{H_{n-1}}{n}\left(\int_0^1 x^{n-1}\ln(1-x)\,\mathrm{d}x\right)$$

{recall the result from (2.70) for the integral}

$$= \sum_{n=1}^{\infty} \frac{H_n - \frac{1}{n}}{n}\left(-\frac{H_n}{n}\right) = \sum_{n=1}^{\infty} \frac{H_n}{n^3} - \sum_{n=1}^{\infty} \frac{H_n^2}{n^2}.$$

Rearrange the terms then let $1 - x = y$ in the integral,

$$\sum_{n=1}^{\infty} \frac{H_n^2}{n^2} = \sum_{n=1}^{\infty} \frac{H_n}{n^3} - \frac{1}{2}\int_0^1 \frac{\ln^3(y)}{1-y}dy.$$

The solution finalizes on substituting the values from (4.5) and (3.4).

Solution (iii) Multiply both sides of (2.11):

$$\frac{\ln^2(1-x)}{1-x} = \sum_{n=1}^{\infty}(H_n^2 - H_n^{(2)})x^n$$

by $-\frac{\ln(x)}{x}$ then integrate using $-\int_0^1 x^{n-1}\ln(x)dx = \frac{1}{n^2}$,

$$\sum_{n=1}^{\infty} \frac{H_n^2 - H_n^{(2)}}{n^2} = -\int_0^1 \frac{\ln^2(1-x)\ln(x)}{(1-x)x}dx$$

$$\stackrel{1-x=y}{=} -\int_0^1 \frac{\ln^2(y)\ln(1-y)}{y(1-y)}dy$$

$$\{\text{set } a = 2 \text{ in (3.88)}\}$$

$$= 2\sum_{n=1}^{\infty} \frac{H_n}{n^3}.$$

Reorder the terms,

$$\sum_{n=1}^{\infty} \frac{H_n^2}{n^2} = \sum_{n=1}^{\infty} \frac{H_n^{(2)}}{n^2} + 2\sum_{n=1}^{\infty} \frac{H_n}{n^3}.$$

Substitute the results from (2.98) and (4.5) to finish the solution.
For different methods of evaluating (2.98) and (4.100), check [22].

4.2.4 $\sum_{n=1}^{\infty} \frac{H_n H_{2n}}{n^2}$

Show that

$$\sum_{n=1}^{\infty} \frac{H_n H_{2n}}{n^2} = 4\operatorname{Li}_4\left(\frac{1}{2}\right) + \frac{13}{8}\zeta(4) + \frac{7}{2}\ln(2)\zeta(3) - \ln^2(2)\zeta(2) + \frac{1}{6}\ln^4(2).$$

(4.101)

Solution Replace n by $2n$ in (2.70),

$$\int_0^1 x^{2n-1}\ln(1-x)dx = -\frac{H_{2n}}{2n}.$$

4.2. Non–Alternating Harmonic Series

Multiply both sides by $2\frac{2H_{2n}-H_n}{n}$ then take the summation over $n \geq 1$,

$$\sum_{n=1}^{\infty}\frac{H_n H_{2n}}{n^2} - 2\sum_{n=1}^{\infty}\frac{H_{2n}^2}{n^2} = \int_0^1 \frac{\ln(1-x)}{x}\left(2\sum_{n=1}^{\infty}\frac{2H_{2n}-H_n}{n}x^{2n}\right)dx$$

{recall the generating function from (2.41)}

$$= \int_0^1 \frac{\ln(1-x)}{x}\left(4\operatorname{arctanh}^2(x)\right)dx = \int_0^1 \frac{\ln(1-x)}{x}\left(\ln^2\left(\frac{1-x}{1+x}\right)\right)dx$$

$$\left\{\text{use } a(a-b)^2 = \frac{1}{6}(a+b)^3 + \frac{1}{6}(a-b)^3 + \frac{2}{3}a^3 - 2a^2b\right\}$$

{with $a = \ln(1-x)$ and $b = \ln(1+x)$}

$$= \underbrace{\frac{1}{6}\int_0^1 \frac{\ln^3(1-x^2)}{x}dx}_{1-x^2 \to x} + \frac{1}{6}\int_0^1 \frac{\ln^3\left(\frac{1-x}{1+x}\right)}{x}dx + \underbrace{\frac{2}{3}\int_0^1 \frac{\ln^3(1-x)}{x}dx}_{1-x \to x}$$

$$-2\int_0^1 \frac{\ln^2(1-x)\ln(1+x)}{x}dx$$

$$= \frac{3}{4}\int_0^1 \frac{\ln^3(x)}{1-x}dx + \frac{1}{6}\int_0^1 \frac{\ln^3\left(\frac{1-x}{1+x}\right)}{x}dx - 2\int_0^1 \frac{\ln^2(1-x)\ln(1+x)}{x}dx.$$

Put together the results from (3.4), (3.17), and (3.118),

$$\sum_{n=1}^{\infty}\frac{H_n H_{2n}}{n^2} - 2\sum_{n=1}^{\infty}\frac{H_{2n}^2}{n^2}$$

$$= -\frac{2}{3}\operatorname{Li}_4\left(\frac{1}{2}\right) - \frac{41}{48}\zeta(4) - \frac{7}{12}\ln(2)\zeta(3) + \frac{1}{6}\ln^2(2)\zeta(2) - \frac{1}{36}\ln^4(2). \quad (4.102)$$

For the remaining sum, we have

$$\sum_{n=1}^{\infty}\frac{H_{2n}^2}{n^2} = 4\sum_{n=1}^{\infty}\frac{H_{2n}^2}{(2n)^2}$$

{make use of the series trasnformation in (1.5)}

$$= 2\sum_{n=1}^{\infty}\frac{H_n^2}{n^2} + 2\sum_{n=1}^{\infty}\frac{(-1)^n H_n^2}{n^2}$$

{substitute the results from (4.100) and (4.146)}

$$= 4\operatorname{Li}_4\left(\frac{1}{2}\right) + \frac{27}{8}\zeta(4) + \frac{7}{2}\ln(2)\zeta(3) - \ln^2(2)\zeta(2) + \frac{1}{6}\ln^4(2).$$

Plugging this sum in (4.102) completes the solution.

4.2.5 $\sum_{n=1}^{\infty} \frac{H_n^{(2)}}{n^3}$

Show that

$$\sum_{n=1}^{\infty} \frac{H_n^{(2)}}{n^3} = 3\zeta(2)\zeta(3) - \frac{9}{2}\zeta(5). \qquad (4.103)$$

Solution Setting $x = 1$ in (2.85) gives

$$3\sum_{n=1}^{\infty} \frac{H_n^{(2)}}{n^3} + \sum_{n=1}^{\infty} \frac{H_n^{(3)}}{n^2} = \zeta(2)\zeta(3) + 10\zeta(5) - 6\sum_{n=1}^{\infty} \frac{H_n}{n^4}$$

{plug in the result from (4.6)}

$$= 7\zeta(2)\zeta(3) - 8\zeta(5). \qquad (4.104)$$

Now let's set $p = 2$ and $q = 3$ in (2.96) to have

$$\sum_{n=1}^{\infty} \frac{H_n^{(2)}}{n^3} + \sum_{n=1}^{\infty} \frac{H_n^{(3)}}{n^2} = \zeta(2)\zeta(3) + \zeta(5). \qquad (4.105)$$

Take the difference of the two relations in (4.104) and (4.105) then divide by 2 to end the solution. Also see (4.57) for another method.

4.2.6 $\sum_{n=1}^{\infty} \frac{H_n^{(3)}}{n^2}$

Show that

$$\sum_{n=1}^{\infty} \frac{H_n^{(3)}}{n^2} = \frac{11}{2}\zeta(5) - 2\zeta(2)\zeta(3). \qquad (4.106)$$

Solution Combine the two relations in (4.104) and (4.105) after multiplying the latter by -3.

4.2.7 $\sum_{n=1}^{\infty} \frac{H_n^2}{n^3}$

Show that

$$\sum_{n=1}^{\infty} \frac{H_n^2}{n^3} = \frac{7}{2}\zeta(5) - \zeta(2)\zeta(3). \qquad (4.107)$$

4.2. Non–Alternating Harmonic Series

Solution (i) Multiply both sides of (2.11):

$$\sum_{n=1}^{\infty}(H_n^2 - H_n^{(2)})x^n = \frac{\ln^2(1-x)}{1-x}$$

by $\frac{\ln^2(x)}{2x}$ then integrate using $\frac{1}{2}\int_0^1 x^{n-1}\ln^2(x)dx = \frac{1}{n^3}$,

$$\sum_{n=1}^{\infty}\frac{H_n^2 - H_n^{(2)}}{n^3} = \frac{1}{2}\int_0^1 \frac{\ln^2(x)\ln^2(1-x)}{x(1-x)}dx$$

$$\{\text{set } a = 2 \text{ in } (3.85)\}$$

$$= \int_0^1 \frac{\ln^2(1-x)\ln^2(x)}{x}dx$$

$$\{\text{expand } \ln^2(1-x) \text{ in series given in } (2.6)\}$$

$$= 2\sum_{n=1}^{\infty}\frac{H_{n-1}}{n}\int_0^1 x^{n-1}\ln^2(x)dx \stackrel{\text{IBP}}{=} 2\sum_{n=1}^{\infty}\frac{H_n - \frac{1}{n}}{n}\left(\frac{2}{n^3}\right)$$

$$= 4\sum_{n=1}^{\infty}\frac{H_n}{n^4} - 4\sum_{n=1}^{\infty}\frac{1}{n^5} = 4\sum_{n=1}^{\infty}\frac{H_n}{n^4} - 4\zeta(5).$$

Reorganize the terms,

$$\sum_{n=1}^{\infty}\frac{H_n^2}{n^3} = \sum_{n=1}^{\infty}\frac{H_n^{(2)}}{n^3} + 4\sum_{n=1}^{\infty}\frac{H_n}{n^4} - 4\zeta(5),$$

and these two series are given in (4.103) and (4.6).

Solution (ii) Divide both sides of (2.6):

$$\sum_{n=1}^{\infty}\frac{H_{n-1}}{n}x^n = \frac{1}{2}\ln^2(1-x)$$

by x then integrate from $x = 0$ to y using $\int_0^y x^{n-1}dx = \frac{y^n}{n}$,

$$\sum_{n=1}^{\infty}\frac{H_{n-1}}{n^2}y^n = \frac{1}{2}\int_0^y \frac{\ln^2(1-x)}{x}dx.$$

Multiply both sides of the latter equality by $-\frac{\ln(1-y)}{y}$ then integrate from $x = 0$ to 1 using $-\int_0^1 y^{n-1}\ln(1-y)dy = \frac{H_n}{n}$,

$$\sum_{n=1}^{\infty}\frac{H_{n-1}H_n}{n^3} = \sum_{n=1}^{\infty}\frac{(H_n - \frac{1}{n})H_n}{n^3} = \sum_{n=1}^{\infty}\frac{H_n^2}{n^3} - \sum_{n=1}^{\infty}\frac{H_n}{n^4}$$

$$= -\frac{1}{2}\int_0^1 \int_0^y \frac{\ln^2(1-x)\ln(1-y)}{xy}\,dx\,dy$$

{change the order of integration}

$$= -\frac{1}{2}\int_0^1 \frac{\ln^2(1-x)}{x}\left(\int_x^1 \frac{\ln(1-y)}{y}\,dy\right)dx$$

$$= -\frac{1}{2}\int_0^1 \frac{\ln^2(1-x)}{x}(\operatorname{Li}_2(x) - \zeta(2))\,dx$$

$$= \frac{1}{2}\zeta(2)\underbrace{\int_0^1 \frac{\ln^2(1-x)}{x}\,dx}_{1-x=y} - \frac{1}{2}\int_0^1 \frac{\ln^2(1-x)\operatorname{Li}_2(x)}{x}\,dx$$

$$= \frac{1}{2}\zeta(2)\int_0^1 \frac{\ln^2(y)}{1-y}\,dy - \frac{1}{2}\int_0^1 \frac{\ln^2(1-x)\operatorname{Li}_2(x)}{x}\,dx$$

{collect the results from (3.3) and (3.155)}

$$= \zeta(2)\zeta(3) - \frac{1}{2}\sum_{n=1}^{\infty}\frac{H_n^2}{n^3} - \frac{1}{2}\sum_{n=1}^{\infty}\frac{H_n^{(2)}}{n^3}.$$

Rearrange the terms,

$$\sum_{n=1}^{\infty}\frac{H_n^2}{n^3} = \frac{2}{3}\zeta(2)\zeta(3) + \frac{2}{3}\sum_{n=1}^{\infty}\frac{H_n}{n^4} - \frac{1}{3}\sum_{n=1}^{\infty}\frac{H_n^{(2)}}{n^3}.$$

These two sums are given in (4.6) and (4.103).
Also check (4.69) for another solution.

4.2.8 $\sum_{n=1}^{\infty}\frac{H_n H_n^{(2)}}{n^2}$

Show that

$$\sum_{n=1}^{\infty}\frac{H_n H_n^{(2)}}{n^2} = \zeta(5) + \zeta(2)\zeta(3). \qquad (4.108)$$

Solution (i) Divide both sides of (2.72):

$$-\int_0^1 x^{n-1}\ln^3(1-x)\,dx = \frac{H_n^3}{n} + 3\frac{H_n H_n^{(2)}}{n} + 2\frac{H_n^{(3)}}{n}$$

by n then take the summation,

$$\sum_{n=1}^{\infty}\frac{H_n^3}{n^2} + 3\sum_{n=1}^{\infty}\frac{H_n H_n^{(2)}}{n^2} + 2\sum_{n=1}^{\infty}\frac{H_n^{(3)}}{n^2} = -\int_0^1 \frac{\ln^3(1-x)}{x}\left(\sum_{n=1}^{\infty}\frac{x^n}{n}\right)dx$$

4.2. Non–Alternating Harmonic Series

$$= -\int_0^1 \frac{\ln^3(1-x)}{x}(-\ln(1-x))\,dx \stackrel{1-x\to x}{=} \int_0^1 \frac{\ln^4(x)}{1-x}dx = 24\zeta(5),$$

where the last integral is given in (3.5). Thus,

$$\sum_{n=1}^\infty \frac{H_n^3}{n^2} + 3\sum_{n=1}^\infty \frac{H_n H_n^{(2)}}{n^2} + 2\sum_{n=1}^\infty \frac{H_n^{(3)}}{n^2} = 24\zeta(5). \qquad (4.109)$$

Now multiply both sides of (2.22):

$$-\frac{\ln^3(1-x)}{1-x} = \sum_{n=1}^\infty x^n \left(H_n^3 - 3H_n H_n^{(2)} + 2H_n^{(3)}\right)$$

by $-\frac{\ln(x)}{x}$ then integrate using $-\int_0^1 x^{n-1}\ln(x)\,dx = \frac{1}{n^2}$,

$$\sum_{n=1}^\infty \frac{H_n^3}{n^2} - 3\sum_{n=1}^\infty \frac{H_n H_n^{(2)}}{n^2} + 2\sum_{n=1}^\infty \frac{H_n^{(3)}}{n^2}$$

$$= \int_0^1 \frac{\ln^3(1-x)\ln(x)}{x(1-x)}\,dx \stackrel{1-x=y}{=} \int_0^1 \frac{\ln^3(y)\ln(1-y)}{y(1-y)}\,dy$$

$$\{\text{set } a = 3 \text{ in (3.88) to get the integral}\}$$

$$= 6\sum_{n=1}^\infty \frac{H_n}{n^4}$$

$$\{\text{substitute the result from (4.6)}\}$$

$$= 18\zeta(5) - 3\zeta(2)\zeta(3).$$

Then, we have

$$\sum_{n=1}^\infty \frac{H_n^3}{n^2} - 3\sum_{n=1}^\infty \frac{H_n H_n^{(2)}}{n^2} + 2\sum_{n=1}^\infty \frac{H_n^{(3)}}{n^2} = 18\zeta(5) - 6\zeta(2)\zeta(3). \qquad (4.110)$$

Take the difference of the two relations in (4.110) and (4.109) then divide by 6 to finish the solution.

Solution (ii) Divide both sides of (2.6):

$$\sum_{n=1}^\infty \frac{H_{n-1}}{n}y^n = \frac{1}{2}\ln^2(1-y)$$

by y then integrate from $y = 0$ to x using $\int_0^x y^{n-1}dy = \frac{x^n}{n}$,

$$\sum_{n=1}^\infty \frac{H_{n-1}}{n^2}x^n = \frac{1}{2}\int_0^x \frac{\ln^2(1-y)}{y}dy. \qquad (4.111)$$

Next, we consider the following double sum,

$$\sum_{k=1}^{\infty}\sum_{n=1}^{\infty}\frac{H_{n-1}}{n^2(n+k)^2} = \sum_{k=1}^{\infty}\sum_{n=1}^{\infty}\frac{H_{n-1}}{n^2}\left(-\int_0^1 x^{n+k-1}\ln(x)\,\mathrm{d}x\right)$$

$$\{\text{switch integration and summation}\}$$

$$= -\int_0^1 \ln(x)\left(\sum_{k=1}^{\infty} x^{k-1}\right)\left(\sum_{n=1}^{\infty}\frac{H_{n-1}}{n^2}x^n\right)\mathrm{d}x$$

$$\{\text{recall the result of the second sum from (4.111)}\}$$

$$= -\int_0^1 \ln(x)\left(\frac{1}{1-x}\right)\left(\frac{1}{2}\int_0^x \frac{\ln^2(1-y)}{y}\,\mathrm{d}y\right)\mathrm{d}x$$

$$\{\text{change the order of integration}\}$$

$$= -\frac{1}{2}\int_0^1 \frac{\ln^2(1-y)}{y}\left(\int_y^1 \frac{\ln(x)}{1-x}\,\mathrm{d}x\right)\mathrm{d}y$$

$$= -\frac{1}{2}\int_0^1 \frac{\ln^2(1-y)}{y}\left(-\operatorname{Li}_2(1-y)\right)\mathrm{d}y$$

$$\stackrel{1-y=x}{=}\frac{1}{2}\int_0^1 \frac{\ln^2(x)\operatorname{Li}_2(x)}{1-x}\,\mathrm{d}x$$

$$\left\{\text{expand }\frac{\operatorname{Li}_2(x)}{1-x}\text{ in series given in (2.3)}\right\}$$

$$= \frac{1}{2}\sum_{n=1}^{\infty} H_{n-1}^{(2)}\left(\int_0^1 x^{n-1}\ln^2(x)\,\mathrm{d}x\right)$$

$$= \sum_{n=1}^{\infty}\frac{H_{n-1}^{(2)}}{n^3} = \sum_{n=1}^{\infty}\frac{H_n^{(2)}}{n^3} - \zeta(5). \qquad (4.112)$$

On the other hand, by setting $a = 2$ in (1.156), we have

$$\sum_{k=1}^{\infty}\frac{1}{(n+k)^2} = \zeta(2) - H_n^{(2)}.$$

Multiply both sides by $\frac{H_{n-1}}{n}$ then take the summation over $n \geq 1$,

$$\sum_{n=1}^{\infty}\sum_{k=1}^{\infty}\frac{H_{n-1}}{n^2(n+k)^2} = \sum_{n=1}^{\infty}\frac{H_{n-1}}{n^2}\left(\zeta(2) - H_n^{(2)}\right)$$

$$= \zeta(2)\sum_{n=1}^{\infty}\frac{H_{n-1}}{n^2} - \sum_{n=1}^{\infty}\frac{H_n H_n^{(2)}}{n^2} + \sum_{n=1}^{\infty}\frac{H_n^{(2)}}{n^3}. \qquad (4.113)$$

4.2. Non–Alternating Harmonic Series

Combine (4.113) and (4.112),

$$\sum_{n=1}^{\infty} \frac{H_n H_n^{(2)}}{n^2} = \zeta(5) + \zeta(2) \sum_{n=1}^{\infty} \frac{H_{n-1}}{n^2}$$

$$\{\text{set } x = 1 \text{ in } (4.111)\}$$

$$= \zeta(5) + \frac{1}{2}\zeta(2) \int_0^1 \frac{\ln^2(1-y)}{y} dy$$

$$\stackrel{1-y=x}{=} \zeta(5) + \frac{1}{2}\zeta(2) \int_0^1 \frac{\ln^2(x)}{1-x} dx.$$

This integral is calculated in (3.3).

4.2.9 $\sum_{n=1}^{\infty} \frac{H_n^3}{n^2}$

Show that

$$\sum_{n=1}^{\infty} \frac{H_n^3}{n^2} = 10\zeta(5) + \zeta(2)\zeta(3). \qquad (4.114)$$

Solution Combining (4.109) and (4.110) then dividing by 2 yields,

$$\sum_{n=1}^{\infty} \frac{H_n^3}{n^2} = 21\zeta(5) - 3\zeta(2)\zeta(3) - 2\sum_{n=1}^{\infty} \frac{H_n^{(3)}}{n^2},$$

and the solution finishes on recalling the result from (4.169).
For a different approach, see [28, pp. 401–402].

4.2.10 $\sum_{n=1}^{\infty} \frac{H_n^{(2)}}{n^4}$

Show that

$$\sum_{n=1}^{\infty} \frac{H_n^{(2)}}{n^4} = \zeta^2(3) - \frac{1}{3}\zeta(6). \qquad (4.115)$$

Solution Set $x = 1$ in (2.86),

$$\zeta^2(3) = 12 \sum_{n=1}^{\infty} \frac{H_n}{n^6} + 6 \sum_{n=1}^{\infty} \frac{H_n^{(2)}}{n^4} + 2 \sum_{n=1}^{\infty} \frac{H_n^{(3)}}{n^3} - 20\zeta(6).$$

Gathering the results from (2.99) and (4.8) finalizes the solution.

4.2.11 $\sum_{n=1}^{\infty} \frac{H_n^2}{n^4}$

Show that

$$\sum_{n=1}^{\infty} \frac{H_n^2}{n^4} = \frac{97}{24}\zeta(6) - 2\zeta^2(3). \qquad (4.116)$$

Solution Divide both sides of (2.71):

$$\int_0^1 x^{n-1} \ln^2(1-x) \, dx = \frac{H_n^2 + H_n^{(2)}}{n}$$

by n^3 then take the summation over $n \geq 1$,

$$\sum_{n=1}^{\infty} \frac{H_n^2 + H_n^{(2)}}{n^4} = \int_0^1 \frac{\ln^2(1-x)}{x} \sum_{n=1}^{\infty} \frac{x^n}{n^3} \, dx = \int_0^1 \frac{\ln^2(1-x)\,\text{Li}_3(x)}{x} \, dx$$

{expand $\ln^2(1-x)$ in series given in (2.6)}

$$= 2 \sum_{n=1}^{\infty} \frac{H_{n-1}}{n} \left(\int_0^1 x^{n-1} \text{Li}_3(x) \, dx \right)$$

{recall the result of the integral from (3.104)}

$$= 2 \sum_{n=1}^{\infty} \left(\frac{H_n}{n} - \frac{1}{n^2} \right) \left(\frac{\zeta(3)}{n} - \frac{\zeta(2)}{n^2} + \frac{H_n}{n^3} \right)$$

$$= 2\zeta(3) \sum_{n=1}^{\infty} \frac{H_n}{n^2} - 2\zeta(2) \sum_{n=1}^{\infty} \frac{H_n}{n^3} - 2 \sum_{n=1}^{\infty} \frac{H_n}{n^5} + 2 \sum_{n=1}^{\infty} \frac{H_n^2}{n^4}.$$

Reorganize the terms, we arrive at

$$\sum_{n=1}^{\infty} \frac{H_n^2}{n^4} = -2\zeta(3) \sum_{n=1}^{\infty} \frac{H_n}{n^2} + 2\zeta(2) \sum_{n=1}^{\infty} \frac{H_n}{n^3} + 2 \sum_{n=1}^{\infty} \frac{H_n}{n^5} - \sum_{n=1}^{\infty} \frac{H_n^{(2)}}{n^4}.$$

All these sums are given in (4.4), (4.5), (4.7), and (4.115) respectively.
The two series in (4.115) and (4.116) may be found evaluated differently in [22].

4.2.12 $\sum_{n=1}^{\infty} \frac{H_n^{(4)}}{n^2}$

Show that

$$\sum_{n=1}^{\infty} \frac{H_n^{(4)}}{n^2} = \frac{37}{12}\zeta(6) - \zeta^2(3). \qquad (4.117)$$

4.2. Non–Alternating Harmonic Series

Solution Putting $p = 2$ and $q = 4$ in (2.96),

$$\sum_{n=1}^{\infty} \frac{H_n^{(2)}}{n^4} + \sum_{n=1}^{\infty} \frac{H_n^{(4)}}{n^2} = \zeta(2)\zeta(4) + \zeta(6).$$

gather the value from (4.115) to finalize the solution. Note that $\zeta(2)\zeta(4) = \frac{7}{4}\zeta(6)$ given in (1.64).

4.2.13 $\sum_{n=1}^{\infty} \frac{\left(H_n^{(2)}\right)^2}{n^2}$

Show that

$$\sum_{n=1}^{\infty} \frac{\left(H_n^{(2)}\right)^2}{n^2} = \frac{35}{24}\zeta(6) - \zeta^2(3). \qquad (4.118)$$

Solution Substitute the value from (4.115) in (2.102).

4.2.14 $\sum_{n=1}^{\infty} \frac{H_n H_n^{(3)}}{n^2}$

Show that

$$\sum_{n=1}^{\infty} \frac{H_n H_n^{(3)}}{n^2} = \frac{227}{48}\zeta(6) - \frac{3}{2}\zeta^2(3). \qquad (4.119)$$

Solution Multiply both sides of (2.70):

$$\int_0^1 x^{n-1} \ln(1-x)\,dx = -\frac{H_n}{n}$$

by $\frac{H_n^{(3)}}{n}$ then consider the summation,

$$\sum_{n=1}^{\infty} \frac{H_n H_n^{(3)}}{n^2} = -\int_0^1 \frac{\ln(1-x)}{x} \left(\sum_{n=1}^{\infty} \frac{H_n^{(3)}}{n} x^n\right) dx$$

{recall the generating function in (2.17)}

$$-\int_0^1 \frac{\ln(1-x)}{x} \left(\text{Li}_4(x) - \ln(1-x)\text{Li}_3(x) - \frac{1}{2}\text{Li}_2^2(x)\right) dx$$

$$= \int_0^1 \frac{\ln^2(1-x)\text{Li}_3(x)}{x}\,dx - \int_0^1 \frac{\ln(1-x)\text{Li}_4(x)}{x}\,dx$$

$$+ \frac{1}{2}\int_0^1 \frac{\ln(1-x)\text{Li}_2^2(x)}{x}\,dx$$

{expand $\text{Li}_3(x)$ and $\ln(1-x)$ in series in first and second integral}

$$= -\sum_{n=1}^{\infty} \frac{1}{n^4} \int_0^1 x^{n-1} \ln(1-x) \mathrm{d}x + \sum_{n=1}^{\infty} \frac{1}{n^3} \int_0^1 x^{n-1} \ln^2(1-x) \mathrm{d}x - \frac{1}{6} \text{Li}_2^3(x) \Big|_0^1$$

{make use of (2.70) and (2.71) for the first two integrals}

$$= -\sum_{n=1}^{\infty} \frac{1}{n^4} \left(-\frac{H_n}{n}\right) + \sum_{n=1}^{\infty} \frac{1}{n^3} \left(\frac{H_n^2}{n} + \frac{H_n^{(2)}}{n}\right) - \frac{1}{6}\zeta^3(2)$$

$$= \sum_{n=1}^{\infty} \frac{H_n}{n^5} + \sum_{n=1}^{\infty} \frac{H_n^2}{n^4} + \sum_{n=1}^{\infty} \frac{H_n^{(2)}}{n^4} - \frac{35}{48}\zeta(6).$$

Gather the results from (4.116), (4.115) and (4.7) to finish the solution. Note that we used $\zeta^3(2) = \frac{35}{8}\zeta(6)$ given in (1.63).

Also check [28, p. 414–419] for an alternative solution.

4.2.15 $\sum_{n=1}^{\infty} \frac{H_n^2 H_n^{(2)}}{n^2}$

Show that

$$\sum_{n=1}^{\infty} \frac{H_n^2 H_n^{(2)}}{n^2} = \frac{41}{12}\zeta(6) + 2\zeta^2(3). \tag{4.120}$$

Solution Multiply both sides of (2.72):

$$-\int_0^1 x^{n-1} \ln^3(1-x) \mathrm{d}x = \frac{H_n^3 + 3H_n H_n^{(2)} + 2H_n^{(3)}}{n}$$

by $\frac{H_n}{n}$ then consider the summation,

$$\sum_{n=1}^{\infty} \frac{H_n^4}{n^2} + 3\sum_{n=1}^{\infty} \frac{H_n^2 H_n^{(2)}}{n^2} + 2\sum_{n=1}^{\infty} \frac{H_n H_n^{(3)}}{n^2}$$

$$= -\int_0^1 \frac{\ln^3(1-x)}{x} \left(\sum_{n=1}^{\infty} \frac{H_n}{n} x^n\right) \mathrm{d}x$$

{recall the generating function in (2.7)}

$$= -\int_0^1 \frac{\ln^3(1-x)}{x} \left(\frac{1}{2}\ln^2(1-x) + \text{Li}_2(x)\right) \mathrm{d}x$$

$$= -\frac{1}{2} \underbrace{\int_0^1 \frac{\ln^5(1-x)}{x} \mathrm{d}x}_{1-x=y} - \int_0^1 \frac{\ln^3(1-x)\text{Li}_2(x)}{x} \mathrm{d}x$$

4.2. Non–Alternating Harmonic Series

$$= -\frac{1}{2}\int_0^1 \frac{\ln^5(y)}{1-y}dy - \int_0^1 \frac{\ln^3(1-x)\operatorname{Li}_2(x)}{x}dx.$$

Gathering the results from (3.6) and (3.156),

$$\sum_{n=1}^\infty \frac{H_n^4}{n^2} + 3\sum_{n=1}^\infty \frac{H_n^2 H_n^{(2)}}{n^2} + 2\sum_{n=1}^\infty \frac{H_n H_n^{(3)}}{n^2} = \frac{121}{2}\zeta(6) + 6\zeta^2(3). \qquad (4.121)$$

Next, divide both sides of (2.22):

$$-\frac{\ln^3(1-x)}{1-x} = \sum_{n=1}^\infty x^n \left(H_n^3 - 3H_n H_n^{(2)} + 2H_n^{(3)}\right)$$

by x then integrate from $x=0$ to y using $\int_0^y x^{n-1}dx = \frac{y^n}{n}$,

$$-\int_0^y \frac{\ln^3(1-x)}{x(1-x)}dx = \sum_{n=1}^\infty \frac{H_n^3 - 3H_n H_n^{(2)} + 2H_n^{(3)}}{n} y^n.$$

Multiply both sides by $-\frac{\ln(1-y)}{y}$ then integrate using $-\int_0^1 y^{n-1}\ln(1-y)dy = \frac{H_n}{n}$,

$$\sum_{n=1}^\infty \frac{H_n^4}{n^2} - 3\sum_{n=1}^\infty \frac{H_n^2 H_n^{(2)}}{n^2} + 2\sum_{n=1}^\infty \frac{H_n H_n^{(3)}}{n^2} = \int_0^1 \int_0^y \frac{\ln^3(1-x)\ln(1-y)}{xy(1-x)}dxdy$$

{change the order of integration}

$$= \int_0^1 \frac{\ln^3(1-x)}{x(1-x)}\left(\int_x^1 \frac{\ln(1-y)}{y}dy\right)dx = \int_0^1 \frac{\ln^3(1-x)}{x(1-x)}(\operatorname{Li}_2(x) - \zeta(2))dx$$

$$\left\{\text{write } \frac{1}{x(1-x)} = \frac{1}{x} + \frac{1}{1-x}\right\}$$

$$= \int_0^1 \frac{\ln^3(1-x)}{x}(\operatorname{Li}_2(x) - \zeta(2))dx + \underbrace{\int_0^1 \frac{\ln^3(1-x)}{1-x}(\operatorname{Li}_2(x) - \zeta(2))dx}_{\text{IBP}}$$

$$= \int_0^1 \frac{\ln^3(1-x)\operatorname{Li}_2(x)}{x}dx - \zeta(2)\underbrace{\int_0^1 \frac{\ln^3(1-x)}{x}dx}_{1-x=y} - \frac{1}{4}\underbrace{\int_0^1 \frac{\ln^5(1-x)}{x}dx}_{1-x=y}$$

$$= \int_0^1 \frac{\ln^3(1-x)\operatorname{Li}_2(x)}{x}dx - \zeta(2)\int_0^1 \frac{\ln^3(y)}{1-y}dy - \frac{1}{4}\int_0^1 \frac{\ln^5(y)}{1-y}dy.$$

Put together the results from (3.156), (3.4), and (3.6),

$$\sum_{n=1}^\infty \frac{H_n^4}{n^2} - 3\sum_{n=1}^\infty \frac{H_n^2 H_n^{(2)}}{n^2} + 2\sum_{n=1}^\infty \frac{H_n H_n^{(3)}}{n^2} = 40\zeta(6) - 6\zeta^2(3). \qquad (4.122)$$

The solution completes on combining (4.121) and (4.122) then dividing by 6.

4.2.16 $\sum_{n=1}^{\infty} \frac{H_n^4}{n^2}$

Show that

$$\sum_{n=1}^{\infty} \frac{H_n^4}{n^2} = \frac{979}{24}\zeta(6) + 3\zeta^2(3). \tag{4.123}$$

Solution Combine (4.121) and (4.122) then divide by 2,

$$\sum_{n=1}^{\infty} \frac{H_n^4}{n^2} = \frac{101}{4}\zeta(6) - 2\sum_{n=1}^{\infty} \frac{H_n H_n^{(3)}}{n^2}.$$

Plug in the result form (4.119) to finish the solution.
For different methods of computing (4.123) and (4.120), see [28, pp. 421–427].

4.2.17 $\sum_{n=1}^{\infty} \frac{H_n H_n^{(2)}}{n^3}$

Show that

$$\sum_{n=1}^{\infty} \frac{H_n H_n^{(2)}}{n^3} = -\frac{101}{48}\zeta(6) + \frac{5}{2}\zeta^2(3). \tag{4.124}$$

Solution Divide both sides of (2.72):

$$\int_0^1 x^{n-1} \ln^3(1-x)\,\mathrm{d}x = -\frac{H_n^3 + 3H_n H_n^{(2)} + 2H_n^{(3)}}{n}$$

by n^2 then take the summation over $n \geq 1$,

$$\sum_{n=1}^{\infty} \frac{H_n^3}{n^3} + 3\sum_{n=1}^{\infty} \frac{H_n H_n^{(2)}}{n^3} + 2\sum_{n=1}^{\infty} \frac{H_n^{(3)}}{n^3}$$

$$= -\int_0^1 \frac{\ln^3(1-x)}{x}\left(\sum_{n=1}^{\infty} \frac{x^n}{n^2}\right)\mathrm{d}x = -\int_0^1 \frac{\ln^3(1-x)\operatorname{Li}_2(x)}{x}\mathrm{d}x. \tag{4.125}$$

On the other hand, multiply both sides of (2.22):

$$\sum_{n=1}^{\infty} \left(H_n^3 - 3H_n H_n^{(2)} + 2H_n^{(3)}\right) x^n = -\frac{\ln^3(1-x)}{1-x}$$

4.2. Non-Alternating Harmonic Series

by $\frac{\ln(x)}{2x}$ then integrate using $\frac{1}{2}\int_0^1 x^{n-1}\ln^2(x)\mathrm{d}x = \frac{1}{n^3}$,

$$\sum_{n=1}^{\infty}\frac{H_n^3}{n^3} - 3\sum_{n=1}^{\infty}\frac{H_n H_n^{(2)}}{n^3} + 2\sum_{n=1}^{\infty}\frac{H_n^{(3)}}{n^3}$$

$$= -\frac{1}{2}\int_0^1 \frac{\ln^2(x)\ln^3(1-x)}{x(1-x)}\mathrm{d}x \stackrel{1-x=y}{=} -\frac{1}{2}\int_0^1 \frac{\ln^3(y)\ln^2(1-y)}{y(1-y)}\mathrm{d}y$$

$$\left\{\text{expand } \frac{\ln^2(1-y)}{1-y} \text{ in series given in (2.11)}\right\}$$

$$= -\frac{1}{2}\sum_{n=1}^{\infty}\left(H_n^2 - H_n^{(2)}\right)\int_0^1 y^{n-1}\ln^3(y)\mathrm{d}y$$

$$= -\frac{1}{2}\sum_{n=1}^{\infty}\left(H_n^2 - H_n^{(2)}\right)\left(-\frac{3!}{n^4}\right)$$

$$= 3\sum_{n=1}^{\infty}\frac{H_n^2}{n^4} - 3\sum_{n=1}^{\infty}\frac{H_n^{(2)}}{n^4}. \tag{4.126}$$

Take the difference of the two relations in (4.125) and (4.126) then divide by 6,

$$\sum_{n=1}^{\infty}\frac{H_n H_n^{(2)}}{n^3} = \frac{1}{2}\sum_{n=1}^{\infty}\frac{H_n^{(2)}}{n^4} - \frac{1}{2}\sum_{n=1}^{\infty}\frac{H_n^2}{n^4} - \frac{1}{6}\int_0^1 \frac{\ln^3(1-x)\operatorname{Li}_2(x)}{x}\mathrm{d}x.$$

and the solution completes on gathering the results from (4.115), (4.116), and (3.156). For another approach, check [28, p. 411–414].

4.2.18 $\sum_{n=1}^{\infty}\frac{H_n^3}{n^3}$

Show that

$$\sum_{n=1}^{\infty}\frac{H_n^3}{n^3} = \frac{93}{16}\zeta(6) - \frac{5}{2}\zeta^2(3). \tag{4.127}$$

Solution Combine (4.122) and (4.126) then divide by 2,

$$\sum_{n=1}^{\infty}\frac{H_n^3}{n^3} = \frac{3}{2}\sum_{n=1}^{\infty}\frac{H_n^2}{n^4} - \frac{3}{2}\sum_{n=1}^{\infty}\frac{H_n^{(2)}}{n^4} - 2\sum_{n=1}^{\infty}\frac{H_n^{(3)}}{n^3}$$

$$-\frac{1}{2}\int_0^1 \frac{\ln^3(1-x)\operatorname{Li}_2(x)}{x}\mathrm{d}x.$$

These terms are calculated in (4.115), (4.116), (2.99), and (3.156). A different solution may be found in [22].

4.2.19 $\sum_{n=1}^{\infty} \frac{H_n^{(2)}}{n^5}$

Show that

$$\sum_{n=1}^{\infty} \frac{H_n^{(2)}}{n^5} = 5\zeta(2)\zeta(5) + 2\zeta(3)\zeta(4) - 10\zeta(7). \qquad (4.128)$$

Solution Set $a = 3$ in (1.156),

$$H_n^{(3)} = \zeta(3) - \sum_{k=1}^{\infty} \frac{1}{(n+k)^3}.$$

Divide both sides by n^4 then take the summation over $n \geq 1$,

$$\sum_{n=1}^{\infty} \frac{H_n^{(3)}}{n^4} = \sum_{n=1}^{\infty} \frac{1}{n^4}\left[\zeta(3) - \sum_{k=1}^{\infty} \frac{1}{(n+k)^3}\right]$$

{distribute then change the order of summation}

$$= \zeta(3)\zeta(4) - \sum_{k=1}^{\infty}\left[\sum_{n=1}^{\infty} \frac{1}{n^4(n+k)^3}\right]$$

$\left\{\text{decompose } \frac{1}{n^4(n+k)^3} \text{ by partial fraction}\right\}$

$$= \zeta(3)\zeta(4) - \sum_{k=1}^{\infty}\left[\sum_{n=1}^{\infty} -\frac{10}{k^6}\left(\frac{1}{n} - \frac{1}{n+k}\right) + \frac{6}{k^5 n^2} + \frac{4}{k^5(n+k)^2} - \frac{3}{k^4 n^3}\right.$$
$$\left. + \frac{1}{k^4(n+k)^3} + \frac{1}{k^3 n^4}\right]$$

$\left\{\text{use } \sum_{n=1}^{\infty}\frac{1}{n} - \frac{1}{n+k} = H_k \text{ given in (1.155) for the first term and use}\right\}$

$\left\{\sum_{n=1}^{\infty} \frac{1}{(k+n)^a} = \zeta(a) - H_k^{(a)} \text{ given in (1.154) for the third and fifth terms}\right\}$

$$= \zeta(3)\zeta(4) - \sum_{k=1}^{\infty}\left[-\frac{10 H_k}{k^6} + \frac{6\zeta(2)}{k^5} + 4\frac{\zeta(2) - H_k^{(2)}}{k^5} - \frac{3\zeta(3)}{k^4}\right.$$
$$\left. + \frac{\zeta(3) - H_k^{(3)}}{k^4} + \frac{\zeta(4)}{n^3}\right].$$

4.2. Non–Alternating Harmonic Series

On rearranging the terms, the sum $\sum_{k=1}^{\infty} \frac{H_k^{(3)}}{k^4}$ cancels out from both sides,

$$\sum_{k=1}^{\infty} \frac{H_k^{(2)}}{k^5} = \frac{5}{2}\zeta(2)\zeta(5) - \frac{1}{2}\zeta(3)\zeta(4) - \sum_{k=1}^{\infty} \frac{H_k}{k^6},$$

and the remaining sum is given in (4.8). For an alternative solution, see (4.70).

4.2.20 $\sum_{n=1}^{\infty} \frac{H_n^2}{n^5}$

Show that

$$\sum_{n=1}^{\infty} \frac{H_n^2}{n^5} = 6\zeta(7) - \zeta(2)\zeta(5) - \frac{5}{2}\zeta(3)\zeta(4). \qquad (4.129)$$

Solution Divide both sides of (2.71):

$$\int_0^1 x^{n-1} \ln^2(1-x) \mathrm{d}x = \frac{H_n^2 + H_n^{(2)}}{n}$$

by n^4 then consider the summation,

$$\sum_{n=1}^{\infty} \frac{H_n^2}{n^5} + \sum_{n=1}^{\infty} \frac{H_n^{(2)}}{n^5} = \int_0^1 \frac{\ln^2(1-x)}{x} \left(\sum_{n=1}^{\infty} \frac{x^n}{n^4}\right) \mathrm{d}x$$

$$= \int_0^1 \frac{\ln^2(1-x) \operatorname{Li}_4(x)}{x} \mathrm{d}x$$

{expand $\ln^2(1-x)$ in series given in (2.6)}

$$= 2 \sum_{n=1}^{\infty} \frac{H_{n-1}}{n} \int_0^1 x^{n-1} \operatorname{Li}_4(x) \mathrm{d}x$$

{recall the result from (3.105) for the integral}

$$= 2 \sum_{n=1}^{\infty} \left(\frac{H_n}{n} - \frac{1}{n^2}\right) \left(\frac{\zeta(4)}{n} - \frac{\zeta(3)}{n^2} + \frac{\zeta(2)}{n^3} - \frac{H_n}{n^4}\right).$$

Reorder the terms, we reach

$$3 \sum_{n=1}^{\infty} \frac{H_n^2}{n^5} + \sum_{n=1}^{\infty} \frac{H_n^{(2)}}{n^5}$$

$$= 2 \sum_{n=1}^{\infty} \frac{H_n}{n^6} + 2\zeta(4) \sum_{n=1}^{\infty} \frac{H_n}{n^2} - 2\zeta(3) \sum_{n=1}^{\infty} \frac{H_n}{n^3} + 2\zeta(2) \sum_{n=1}^{\infty} \frac{H_n}{n^4} - 2\zeta(2)\zeta(5).$$

Gather the results from (4.128), (4.4), (4.5), (4.6), and (4.8) to end the solution.

Also check [28, p. 396–398] for a different method.

4.2.21 $\sum_{n=1}^{\infty} \frac{H_n^{(3)}}{n^4}$

Show that

$$\sum_{n=1}^{\infty} \frac{H_n^{(3)}}{n^4} = 18\zeta(7) - 10\zeta(2)\zeta(5). \qquad (4.130)$$

Solution Divide both sides of (2.86):

$$\text{Li}_3^2(x) = 12 \sum_{n=1}^{\infty} \frac{H_n}{n^5} x^n + 6 \sum_{n=1}^{\infty} \frac{H_n^{(2)}}{n^4} x^n + 2 \sum_{n=1}^{\infty} \frac{H_n^{(3)}}{n^3} x^n - 20 \text{Li}_6(x)$$

by x then integrate using $\int_0^1 x^{n-1} dx = \frac{1}{n}$,

$$12 \sum_{n=1}^{\infty} \frac{H_n}{n^6} + 6 \sum_{n=1}^{\infty} \frac{H_n^{(2)}}{n^5} + 2 \sum_{n=1}^{\infty} \frac{H_n^{(3)}}{n^4} - 20\zeta(7) = \int_0^1 \frac{\text{Li}_3^2(x)}{x} dx$$

$$\{\text{expand Li}_3(x) \text{ in series}\}$$

$$= \sum_{n=1}^{\infty} \frac{1}{n^3} \int_0^1 x^{n-1} \text{Li}_3(x) dx$$

$$\{\text{recall the result of the integral from (3.104)}\}$$

$$= \sum_{n=1}^{\infty} \frac{1}{n^3} \left(\frac{\zeta(3)}{n} - \frac{\zeta(2)}{n^2} + \frac{H_n}{n^3} \right) = \zeta(3)\zeta(4) - \zeta(2)\zeta(5) + \sum_{n=1}^{\infty} \frac{H_n}{n^6}.$$

Rearranging the terms,

$$\sum_{n=1}^{\infty} \frac{H_n^{(3)}}{n^4} = \frac{1}{2}\zeta(3)\zeta(4) - \frac{1}{2}\zeta(2)\zeta(5) + 10\zeta(7) - \frac{11}{2} \sum_{n=1}^{\infty} \frac{H_n}{n^6} - 3 \sum_{n=1}^{\infty} \frac{H_n^{(2)}}{n^5}.$$

These two series are given in (4.128) and (4.8).

4.2.22 $\sum_{n=1}^{\infty} \frac{H_n^{(4)}}{n^3}$

Show that

$$\sum_{n=1}^{\infty} \frac{H_n^{(4)}}{n^3} = \zeta(3)\zeta(4) + 10\zeta(2)\zeta(5) - 17\zeta(7). \qquad (4.131)$$

4.2. Non–Alternating Harmonic Series

Solution Setting $p = 3$ and $q = 4$ in (2.96),

$$\sum_{n=1}^{\infty} \frac{H_n^{(4)}}{n^3} = \zeta(4)\zeta(3) + \zeta(7) \sum_{n=1}^{\infty} \frac{H_n^{(3)}}{n^4}.$$

The latter sum is computed in (4.130).

4.2.23 $\sum_{n=1}^{\infty} \frac{H_n^2 H_n^{(2)}}{n^3}$

Show that

$$\sum_{n=1}^{\infty} \frac{H_n^2 H_n^{(2)}}{n^3} = \frac{19}{2}\zeta(3)\zeta(4) - 2\zeta(2)\zeta(5) - 7\zeta(7). \qquad (4.132)$$

Solution Divide both sides of (2.73):

$$\int_0^1 x^{n-1} \ln^4(1-x)\,dx = \frac{H_n^4 + 6H_n^2 H_n^{(2)} + 8H_n H_n^{(3)} + 2(H_n^{(2)})^2 + 6H_n^{(4)}}{n}$$

by n^2 then take the summation,

$$\sum_{n=1}^{\infty} \frac{1}{n^3}\left(H_n^4 + 6H_n^2 H_n^{(2)} + 8H_n H_n^{(3)} + 3\left(H_n^{(2)}\right)^2 + 6H_n^{(4)}\right)$$

$$= \int_0^1 \frac{\ln^4(1-x)}{x}\left(\sum_{n=1}^{\infty} \frac{x^n}{n^2}\right) dx = \int_0^1 \frac{\ln^4(1-x)\operatorname{Li}_2(x)}{x}\,dx. \qquad (4.133)$$

To establish another relation, multiply both sides of (2.27):

$$\sum_{n=1}^{\infty} \left(H_n^4 - 6H_n^2 H_n^{(2)} + 8H_n H_n^{(3)} + 3\left(H_n^{(2)}\right)^2 - 6H_n^{(4)}\right) x^n = \frac{\ln^4(1-x)}{1-x}$$

by $\frac{\ln^2(x)}{2x}$ then integrate using $\frac{1}{2}\int_0^1 x^{n-1} \ln^2(x)\,dx = \frac{1}{n^3}$, we obtain

$$\sum_{n=1}^{\infty} \frac{1}{n^3}\left(H_n^4 - 6H_n^2 H_n^{(2)} + 8H_n H_n^{(3)} + 3\left(H_n^{(2)}\right)^2 - 6H_n^{(4)}\right)$$

$$= \frac{1}{2}\int_0^1 \frac{\ln^2(x)\ln^4(1-x)}{x(1-x)}\,dx \stackrel{1-x=y}{=} \frac{1}{2}\int_0^1 \frac{\ln^2(1-y)\ln^4(y)}{y(1-y)}\,dy$$

$$\left\{\text{expand } \frac{\ln^2(1-y)}{1-y} \text{ in series given in (2.11)}\right\}$$

$$= \frac{1}{2}\sum_{n=1}^{\infty}\left(H_n^2 - H_n^{(2)}\right)\int_0^1 y^{n-1}\ln^4(y)dy$$

$$= \frac{1}{2}\sum_{n=1}^{\infty}\left(H_n^2 - H_n^{(2)}\right)\left(\frac{4!}{n^5}\right) = 12\sum_{n=1}^{\infty}\frac{H_n^2}{n^5} - 12\sum_{n=1}^{\infty}\frac{H_n^{(2)}}{n^5}. \qquad (4.134)$$

Take the difference of (4.133) and (4.134) then divide by 12,

$$\sum_{n=1}^{\infty}\frac{H_n^2 H_n^{(2)}}{n^3} = \frac{1}{12}\int_0^1 \frac{\ln^4(1-x)\operatorname{Li}_2(x)}{x}dx - \sum_{n=1}^{\infty}\frac{H_n^{(4)}}{n^3} - \sum_{n=1}^{\infty}\frac{H_n^2}{n^5} + \sum_{n=1}^{\infty}\frac{H_n^{(2)}}{n^5}.$$

Substitute the results from (3.157), (4.131), (4.129), and (4.128) to complete the solution. Check [28, p. 456] for another solution.

4.2.24 $\sum_{n=1}^{\infty}\frac{H_n^{(2)}}{n^7}$

Show that

$$\sum_{n=1}^{\infty}\frac{H_n^{(2)}}{n^7} = 7\zeta(2)\zeta(7) + 2\zeta(3)\zeta(6) + 4\zeta(4)\zeta(5) - \frac{35}{2}\zeta(9). \qquad (4.135)$$

Solution Set $a = 2$ in (1.156),

$$H_n^{(2)} = \zeta(2) - \sum_{k=1}^{\infty}\frac{1}{(n+k)^2}.$$

Divide both sides by n^7 then consider the summation,

$$\sum_{n=1}^{\infty}\frac{H_n^{(2)}}{n^7} = \sum_{n=1}^{\infty}\frac{1}{n^7}\left[\zeta(2) - \sum_{k=1}^{\infty}\frac{1}{(n+k)^2}\right]$$

$$= \zeta(2)\zeta(7) - \sum_{k=1}^{\infty}\left[\sum_{n=1}^{\infty}\frac{1}{n^7(n+k)^2}\right]$$

$$= \zeta(2)\zeta(7) - \sum_{k=1}^{\infty}\left[\sum_{n=1}^{\infty}\frac{7}{k^8}\left(\frac{1}{n} - \frac{1}{n+k}\right) - \frac{6}{k^7 n^2} - \frac{1}{k^7(n+k)^2} + \frac{5}{k^6 n^3}\right.$$
$$\left. - \frac{4}{k^5 n^4} + \frac{3}{k^4 n^5} - \frac{2}{k^3 n^6} + \frac{1}{k^2 n^7}\right]$$

$$= \zeta(2)\zeta(7) - \sum_{k=1}^{\infty}\left[\frac{7H_k}{k^8} - \frac{6\zeta(2)}{k^7} - \frac{1}{k^7}\left(\zeta(2) - H_k^{(2)}\right) + \frac{5\zeta(3)}{k^6}\right.$$
$$\left. - \frac{4\zeta(4)}{k^5} + \frac{3\zeta(5)}{k^4} - \frac{2\zeta(6)}{k^3} + \frac{\zeta(7)}{k^2}\right]$$

4.2. Non–Alternating Harmonic Series

$$= \zeta(2)\zeta(7) - 7\sum_{k=1}^{\infty} \frac{H_k}{k^8} + 6\zeta(2)\zeta(7) - \sum_{k=1}^{\infty} \frac{H_k^{(2)}}{k^7} - 3\zeta(3)\zeta(6) + \zeta(4)\zeta(5).$$

Reorganizing the terms yields

$$2\sum_{n=1}^{\infty} \frac{H_n^{(2)}}{n^7} = 7\zeta(2)\zeta(7) - 3\zeta(3)\zeta(6) + \zeta(4)\zeta(5) - 7\sum_{k=1}^{\infty} \frac{H_k}{k^8}.$$

The latter sum is given in (4.10). Another approach may be found in (4.71).

Remark: For integers p and q, where $p > 1$, $q \neq p$, and $p + q$ is even > 6, there does not exist a closed form for the series $\sum_{n=1}^{\infty} \frac{H_n^{(p)}}{n^q}$.

4.3 Alternating Harmonic Series

4.3.1 $\sum_{n=1}^{\infty} \frac{(-1)^n H_n}{n}$

Show that

$$\sum_{n=1}^{\infty} \frac{(-1)^n H_n}{n} = \frac{1}{2}\ln^2(2) - \frac{1}{2}\zeta(2). \qquad (4.136)$$

Solution Set $a = 0$ in (3.90),

$$\sum_{n=1}^{\infty} \frac{(-1)^n H_n}{n} = -\int_0^1 \frac{\ln(1+x)}{x(1+x)}\,dx$$

$$\stackrel{x=\frac{y}{1-y}}{=} -\int_0^{\frac{1}{2}} \frac{\ln(1-y)}{y}\,dy = \operatorname{Li}_2(y)\big|_0^{\frac{1}{2}} = -\operatorname{Li}_2\left(\frac{1}{2}\right),$$

and the solution finalizes on using $\operatorname{Li}_2\left(\frac{1}{2}\right) = \frac{1}{2}\zeta(2) - \frac{1}{2}\ln^2(2)$ given in (1.120). For a different approach, set $x = -1$ in (2.7) and use $\operatorname{Li}_2(-1) = -\frac{1}{2}\zeta(2)$.

4.3.2 $\sum_{n=1}^{\infty} \frac{(-1)^n H_{2n}}{n}$

Show that

$$\sum_{n=1}^{\infty} \frac{(-1)^n H_{2n}}{n} = -\frac{5}{8}\zeta(2) + \frac{1}{4}\ln^2(2). \qquad (4.137)$$

Solution (i) We have

$$\sum_{n=1}^{\infty} \frac{(-1)^n H_{2n}}{n} = 2 \sum_{n=1}^{\infty} \frac{(-1)^n H_{2n}}{2n}$$

$$\left\{\text{let } a_n = \frac{H_n}{n} \text{ in the series tramsformation in (1.9)}\right\}$$

$$= 2 \Re \sum_{n=1}^{\infty} \frac{i^n H_n}{n}$$

$$\{\text{set } x = i \text{ in the generating function in (2.7)}\}$$

$$= 2\Re\left\{\operatorname{Li}_2(i) + \frac{1}{2}\ln^2(1-i)\right\}.$$

The values of these two terms are given in (1.108) and (1.25).

4.3. Alternating Harmonic Series

Solution (ii) Set $x = 1$ in (2.42):

$$\sum_{n=1}^{\infty}(-1)^n \frac{2H_{2n} - H_n}{n} x^{2n} = -2\arctan^2(x),$$

we get

$$\sum_{n=1}^{\infty}(-1)^n \frac{2H_{2n} - H_n}{n} = -2\arctan^2(1)$$

$$= -2\left(\frac{\pi}{4}\right)^2 = -\frac{\pi^2}{8} = -\frac{3}{4}\zeta(2).$$

Substitute the result from (4.136) to finalize the solution.

4.3.3 $\sum_{n=1}^{\infty} \frac{(-1)^n H_n}{n^2}$

Show that

$$\sum_{n=1}^{\infty} \frac{(-1)^n H_n}{n^2} = -\frac{5}{8}\zeta(3). \qquad (4.138)$$

Solution (i) Setting $x = -1$ in (2.8),

$$\sum_{n=1}^{\infty} \frac{(-1)^n H_n}{n^2} = \text{Li}_3(-1) - \text{Li}_3(2) + \ln(2)\text{Li}_2(2) + \frac{1}{2}\ln(-1)\ln^2(2) + \zeta(3).$$

The values of $\text{Li}_3(-1)$, $\text{Li}_3(2)$, and $\text{Li}_2(2)$ are given in (1.103), (1.141), and (1.140).

Solution (ii) Replace x by $-x$ in (2.7),

$$\sum_{n=1}^{\infty} \frac{(-)^n H_n}{n} x^n = \text{Li}_2(-x) + \frac{1}{2}\ln^2(1+x).$$

Divide both sides by x then integrate using $\int_0^1 x^{n-1} dx = \frac{1}{n}$,

$$\sum_{n=1}^{\infty} \frac{(-1)^n H_n}{n^2} = \int_0^1 \frac{\text{Li}_2(-x)}{x} dx + \frac{1}{2}\int_0^1 \frac{\ln^2(1+x)}{x} dx$$

$$= \text{Li}_3(-1) + \frac{1}{2}\int_0^1 \frac{\ln^2(1+x)}{x} dx.$$

This integral is calculated in (3.38) and $\text{Li}_3(-1) = -\frac{3}{4}\zeta(3)$ given in (1.103). An alternative solution may be found in [28, pp. 508–509] and (4.23).

4.3.4 $\sum_{n=1}^{\infty} \frac{(-1)^n H_{2n}}{n^2}$

Show that

$$\sum_{n=1}^{\infty} \frac{(-1)^n H_{2n}}{n^2} = \frac{23}{16}\zeta(3) - \pi G. \qquad (4.139)$$

Solution

$$\sum_{n=1}^{\infty} \frac{(-1)^n H_{2n}}{n^2} = 4\sum_{n=1}^{\infty} \frac{(-1)^n H_{2n}}{(2n)^2}$$

$$\left\{\text{let } a_n = \frac{H_n}{n^2} \text{ in (1.9)}\right\}$$

$$= 4\,\Re \sum_{n=1}^{\infty} \frac{i^n H_n}{n^2}$$

{set $x = i$ in the generating function in (2.8)}

$$= 4\,\Re\left\{\text{Li}_3(i) - \text{Li}_3(1-i) + \ln(1-i)\,\text{Li}_2(1-i) + \frac{1}{2}\ln(i)\ln^2(1-i) + \zeta(3)\right\}.$$

By using the values in (1.122), (1.25), and (1.26), we find:

$$\ln(i)\ln^2(1-i) = \frac{\pi^2}{8}\ln(2) - \left(\frac{\pi^3}{32} - \frac{\pi}{8}\ln^2(2)\right)i; \qquad (4.140)$$

$$\ln(1-i)\,\text{Li}_2(1-i) = -\frac{\pi}{4}G - \frac{\pi^2}{32}\ln(2) - \left(\frac{1}{2}\ln(2)G + \frac{\pi^3}{64} + \frac{\pi}{8}\ln^2(2)\right)i. \qquad (4.141)$$

Collect the values from (1.109), (4.140), and (4.141) to finish the solution.

4.3.5 $\sum_{n=1}^{\infty} \frac{(-1)^n H_n^{(2)}}{n}$

Show that

$$\sum_{n=1}^{\infty} \frac{(-1)^n H_n^{(2)}}{n} = \frac{1}{2}\ln(2)\zeta(2) - \zeta(3). \qquad (4.142)$$

Solution (i) Setting $x = -1$ in (2.82) produces

$$-\ln(2)\,\text{Li}_2(-1) = 2\sum_{n=1}^{\infty} \frac{(-1)^n H_n}{n^2} + \sum_{n=1}^{\infty} \frac{(-1)^n H_n^{(2)}}{n} - 3\,\text{Li}_3(-1).$$

The solution completes on collecting the values from (4.138), (1.102), and (1.103).

4.3. Alternating Harmonic Series

Solution (ii) Put $a = 1$ in (3.92),

$$\sum_{n=1}^{\infty} \frac{(-1)^n H_n^{(2)}}{n} = -\int_0^1 \frac{\ln(x) \ln\left(\frac{1+x}{2}\right)}{1-x} dx$$

$$= -\int_0^1 \frac{\ln(x) \ln(1+x)}{1-x} dx + \ln(2) \int_0^1 \frac{\ln(x)}{1-x} dx.$$

These two integrals are given in (3.125) and (3.2).

4.3.6 $\sum_{n=1}^{\infty} \frac{(-1)^n H_n^{(3)}}{n}$

Show that

$$\sum_{n=1}^{\infty} \frac{(-1)^n H_n^{(3)}}{n} = \frac{3}{4} \ln(2) \zeta(3) - \frac{19}{16} \zeta(4). \qquad (4.143)$$

Solution Setting $x = -1$ in (2.17),

$$\sum_{n=1}^{\infty} \frac{(-1)^n H_n^{(3)}}{n} = \text{Li}_4(-1) - \ln(2) \text{Li}_3(-1) - \frac{1}{2} \text{Li}_2^2(-1).$$

The values of these polylogarithm functions are given (1.104), (1.103), and (1.102). For another solution, see (4.82).

4.3.7 $\sum_{n=1}^{\infty} \frac{(-1)^n H_n}{n^3}$

Show that

$$\sum_{n=1}^{\infty} \frac{(-1)^n H_n}{n^3} = 2 \text{Li}_4\left(\frac{1}{2}\right) - \frac{11}{4} \zeta(4) + \frac{7}{4} \ln(2) \zeta(3) - \frac{1}{2} \ln^2(2) \zeta(2) + \frac{1}{12} \ln^4(2). \qquad (4.144)$$

Solution Put $a = 3$ in (3.90),

$$\sum_{n=1}^{\infty} \frac{(-1)^n H_n}{n^3} = -\frac{1}{2} \int_0^1 \frac{\ln^2(x) \ln(1+x)}{x(1+x)} dx$$

$$\stackrel{x=\frac{y}{1-y}}{=} \frac{1}{2} \int_0^{\frac{1}{2}} \frac{\ln^2\left(\frac{y}{1-y}\right) \ln(1-y)}{y} dy$$

$$= \underbrace{\frac{1}{2} \int_0^{\frac{1}{2}} \frac{\ln^2(y) \ln(1-y)}{y} dy}_{I_1} + \underbrace{\frac{1}{2} \int_0^{\frac{1}{2}} \frac{\ln^3(1-y)}{y} dy}_{I_2} - \underbrace{\int_0^{\frac{1}{2}} \frac{\ln(y) \ln^2(1-y)}{y} dy}_{I_3}.$$

For $I_1 + I_2$, integrate I_1 by parts and let $1 - y = x$ in I_2,

$$I_1 + I_2 = \frac{1}{3}\ln^4(2) + \frac{1}{3}\int_0^{\frac{1}{2}} \frac{\ln^3(x)}{1-x}dx + \underbrace{\int_{\frac{1}{2}}^1 \frac{\ln^3(x)}{1-x}dx}_{\int_0^1 - \int_0^{1/2}}$$

$$= \frac{1}{3}\ln^4(2) + \int_0^1 \frac{\ln^3(x)}{1-x}dx - \frac{2}{3}\int_0^{\frac{1}{2}} \frac{\ln^3(x)}{1-x}dx$$

{collect the results from (3.4) and (3.34)}

$$= 4\operatorname{Li}_4\left(\frac{1}{2}\right) - 6\zeta(4) + \frac{7}{2}\ln(2)\zeta(3) - \ln^2(2)\zeta(2) + \frac{2}{3}\ln^4(2).$$

For I_3,

$$I_3 \stackrel{\text{IBP}}{=} \frac{1}{2}\ln^4(2) + \int_0^{\frac{1}{2}} \frac{\ln^2(y)\ln(1-y)}{1-y}dy$$

$$\stackrel{1-y \to y}{=} \frac{1}{2}\ln^4(2) + \int_{\frac{1}{2}}^1 \frac{\ln(y)\ln^2(1-y)}{y}dy$$

$$\left\{\text{add } I_3 := \int_0^{\frac{1}{2}} \frac{\ln(y)\ln^2(1-y)}{y}dy \text{ to both sides then divide by 2}\right\}$$

$$= \frac{1}{4}\ln^4(2) + \frac{1}{2}\int_0^{\frac{1}{2}} \frac{\ln(y)\ln^2(1-y)}{y}dy + \frac{1}{2}\int_{\frac{1}{2}}^1 \frac{\ln(y)\ln^2(1-y)}{y}dy$$

$$= \frac{1}{4}\ln^4(2) + \frac{1}{2}\underbrace{\int_0^1 \frac{\ln(y)\ln^2(1-y)}{y}dy}_{1-y=x}$$

$$= \frac{1}{4}\ln^4(2) + \frac{1}{2}\int_0^1 \frac{\ln(1-x)\ln^2(x)}{1-x}dx$$

{set $a = 2$ in (3.87) to get the latter integral}

$$= \frac{1}{2}\ln^4(2) + 2\zeta(4) - 2\sum_{n=1}^\infty \frac{H_n}{n^3}$$

{substitute the result from (4.5)}

$$= \frac{1}{4}\ln^4(2) - \frac{1}{4}\zeta(4).$$

Gather the three integrals to complete the solution. A different method is by putting $x = -1$ in (2.15). For another approach, check [29].

Remark: For odd $q > 3$, there does not exist a closed form for $\sum_{n=1}^\infty \frac{(-1)^n H_n}{n^q}$.

4.3. Alternating Harmonic Series

4.3.8 $\sum_{n=1}^{\infty} \frac{(-1)^n H_n^{(2)}}{n^2}$

Show that

$$\sum_{n=1}^{\infty} \frac{(-1)^n H_n^{(2)}}{n^2} = -4\operatorname{Li}_4\left(\frac{1}{2}\right) + \frac{51}{16}\zeta(4) - \frac{7}{2}\ln(2)\zeta(3) + \ln^2(2)\zeta(2) - \frac{1}{6}\ln^4(2).$$
(4.145)

Solution Put $x = -1$ in (2.83),

$$\sum_{n=1}^{\infty} \frac{(-1)^n H_n^{(2)}}{n^2} = 3\operatorname{Li}_4(-1) + \frac{1}{2}\operatorname{Li}_2^2(-1) - 2\sum_{n=1}^{\infty} \frac{(-1)^n H_n}{n^3}.$$

Substituting the results from (4.144), (1.102), and (1.104) completes the solution. Also Check [28, pp. 505–506] for a different method.

4.3.9 $\sum_{n=1}^{\infty} \frac{(-1)^n H_n^2}{n^2}$

Show that

$$\sum_{n=1}^{\infty} \frac{(-1)^n H_n^2}{n^2} = 2\operatorname{Li}_4\left(\frac{1}{2}\right) - \frac{41}{16}\zeta(4) + \frac{7}{4}\ln(2)\zeta(3) - \frac{1}{2}\ln^2(2)\zeta(2) + \frac{1}{12}\ln^4(2).$$
(4.146)

Solution Replace x by $-x$ in (2.6),

$$\sum_{n=1}^{\infty} (-1)^n \frac{H_{n-1}}{n} x^n = \frac{1}{2}\ln^2(1+x).$$

Multiplying both sides by $-\frac{\ln(1-x)}{x}$ then integrating from $x = 0$ to 1,

$$-\frac{1}{2}\int_0^1 \frac{\ln^2(1+x)\ln(1-x)}{x}\,dx = \sum_{n=1}^{\infty} \frac{(-1)^n H_{n-1}}{n}\int_0^1 -x^{n-1}\ln(1-x)\,dx$$

{make use of (2.70)}

$$= \sum_{n=1}^{\infty} (-1)^n \frac{H_n - \frac{1}{n}}{n}\left(\frac{H_n}{n}\right) = \sum_{n=1}^{\infty} \frac{(-1)^n H_n^2}{n^2} - \sum_{n=1}^{\infty} \frac{(-1)^n H_n}{n^3}.$$

Rearranging the terms,

$$\sum_{n=1}^{\infty} \frac{(-1)^n H_n^2}{n^2} = \sum_{n=1}^{\infty} \frac{(-1)^n H_n}{n^3} - \frac{1}{2}\int_0^1 \frac{\ln^2(1+x)\ln(1-x)}{x}\,dx.$$

The values of these two terms are computed in (3.117) and (4.144). Also check [28, pp. 506–508] for a different solution.

4.3.10 $\sum_{n=1}^{\infty} \frac{(-1)^n H_n H_n^{(2)}}{n}$

Show that

$$\sum_{n=1}^{\infty} \frac{(-1)^n H_n H_n^{(2)}}{n} = -2\operatorname{Li}_4\left(\frac{1}{2}\right) + \zeta(4) - \frac{7}{8}\ln(2)\zeta(3) + \frac{1}{4}\ln^2(2)\zeta(2)$$

$$- \frac{1}{12}\ln^4(2). \tag{4.147}$$

Solution Multiply both sides of (2.72):

$$\int_0^1 x^{n-1} \ln^3(1-x)\,\mathrm{d}x = -\frac{H_n^3 + 3H_n H_n^{(2)} + 2H_n^{(3)}}{n}$$

by $(-1)^{n-1}$ then take the summation,

$$\sum_{n=1}^{\infty} \frac{(-1)^n H_n^3}{n} + 3\sum_{n=1}^{\infty} \frac{(-1)^n H_n H_n^{(2)}}{n} + 2\sum_{n=1}^{\infty} \frac{(-1)^n H_n^{(3)}}{n}$$

$$= \int_0^1 \ln^3(1-x) \sum_{n=1}^{\infty} (-x)^{n-1} \mathrm{d}x = \int_0^1 \frac{\ln^3(1-x)}{1+x}\,\mathrm{d}x$$

{substitute the result from (3.29)}

$$= -6\operatorname{Li}_4\left(\frac{1}{2}\right). \tag{4.148}$$

On the other hand, replace x by $-x$ in (2.22),

$$\sum_{n=1}^{\infty} (-1)^n \left(H_n^3 - 3H_n H_n^{(2)} + 2H_n^{(3)}\right) x^n = -\frac{\ln^3(1+x)}{1+x}.$$

Divide both sides by x then integrate using $\int_0^1 x^{n-1}\mathrm{d}x = \frac{1}{n}$,

$$\sum_{n=1}^{\infty} \frac{(-1)^n H_n^3}{n} - 3\sum_{n=1}^{\infty} \frac{(-1)^n H_n H_n^{(2)}}{n} + 2\sum_{n=1}^{\infty} \frac{(-1)^n H_n^{(3)}}{n}$$

$$= -\int_0^1 \frac{\ln^3(1+x)}{x(1+x)}\,\mathrm{d}x = \int_0^1 \frac{\ln^3(1+x)}{1+x}\,\mathrm{d}x - \int_0^1 \frac{\ln^3(1+x)}{x}\,\mathrm{d}x$$

{the first integral is $\ln^4(2)/4$ and the second one is given in (3.39)}

4.3. Alternating Harmonic Series

$$= 6\operatorname{Li}_4\left(\frac{1}{2}\right) - 6\zeta(4) + \frac{21}{4}\ln(2)\zeta(3) - \frac{3}{2}\ln^2(2)\zeta(2) + \frac{1}{2}\ln^4(2). \quad (4.149)$$

Take the difference of (4.148) and (4.149) then divide by 6 to finalize the solution.

4.3.11 $\sum_{n=1}^{\infty} \frac{(-1)^n H_n^3}{n}$

Show that

$$\sum_{n=1}^{\infty} \frac{(-1)^n H_n^3}{n} = -\frac{5}{8}\zeta(4) + \frac{9}{8}\ln(2)\zeta(3) - \frac{3}{4}\ln^2(2)\zeta(2) + \frac{1}{4}\ln^4(2). \quad (4.150)$$

Solution Adding (4.148) and (4.149),

$$2\sum_{n=1}^{\infty} \frac{(-1)^n H_n^3}{n} + 4\sum_{n=1}^{\infty} \frac{(-1)^n H_n^{(3)}}{n}$$
$$= -6\zeta(4) + \frac{21}{4}\ln(2)\zeta(3) - \frac{3}{2}\ln^2(2)\zeta(2) + \frac{1}{2}\ln^4(2).$$

The remaining sum is calculated in (4.143).

4.3.12 $\sum_{n=1}^{\infty} \frac{(-1)^n H_n}{n^4}$

Show that

$$\sum_{n=1}^{\infty} \frac{(-1)^n H_n}{n^4} = \frac{1}{2}\zeta(2)\zeta(3) - \frac{59}{32}\zeta(5). \quad (4.151)$$

Solution Putting $a = 3$ in (3.90) gives

$$\sum_{n=1}^{\infty} \frac{(-1)^n H_n}{n^4} = \frac{1}{6}\int_0^1 \frac{\ln^3(x)\ln(1+x)}{x(1+x)}dx. \quad (4.152)$$

Let's calculate the integral:

$$\int_0^1 \frac{\ln^3(x)\ln(1+x)}{x(1+x)}dx = \int_0^\infty \frac{\ln^3(x)\ln(1+x)}{x(1+x)}dx - \underbrace{\int_1^\infty \frac{\ln^3(x)\ln(1+x)}{x(1+x)}dx}_{x\to 1/x}$$

$$= \int_0^\infty \frac{\ln^3(x)\ln(1+x)}{x(1+x)}dx + \int_0^1 \frac{\ln^3(x)\ln(1+x)}{1+x}dx - \int_0^1 \frac{\ln^4(x)}{1+x}dx.$$

Add $\int_0^1 \frac{\ln^3(x)\ln(1+x)}{x(1+x)}dx := \int_0^1 \frac{\ln^3(x)\ln(1+x)}{x}dx - \int_0^1 \frac{\ln^3(x)\ln(1+x)}{1+x}dx$ to both sides and notice $\int_0^1 \frac{\ln^3(x)\ln(1+x)}{1+x}dx$ nicely cancels out from both sides, we obtain

$$2\int_0^1 \frac{\ln^3(x)\ln(1+x)}{x(1+x)}dx$$
$$=\int_0^\infty \frac{\ln^3(x)\ln(1+x)}{x(1+x)}dx - \int_0^1 \frac{\ln^4(x)}{1+x}dx + \underbrace{\int_0^1 \frac{\ln^3(x)\ln(1+x)}{x}dx}_{\text{IBP}}$$
$$=\underbrace{\int_0^\infty \frac{\ln^3(x)\ln(1+x)}{x(1+x)}dx}_{I} - \frac{5}{4}\int_0^1 \frac{\ln^4(x)}{1+x}dx.$$

To evaluate I, make the substitution $x = \frac{1-t}{t}$,

$$I = \int_0^1 \frac{\ln^3\left(\frac{t}{1-t}\right)\ln(t)}{1-t}dt = \int_0^1 \frac{\ln^4(t)}{1-t}dt - 3\int_0^1 \frac{\ln^3(t)\ln(1-t)}{1-t}dt$$
$$+3\underbrace{\int_0^1 \frac{\ln^2(t)\ln^2(1-t)}{1-t}dt}_{\text{IBP}} - \underbrace{\int_0^1 \frac{\ln(t)\ln^3(1-t)}{1-t}dt}_{\text{IBP}}$$
$$= \int_0^1 \frac{\ln^4(t)}{1-t}dt - 3\int_0^1 \frac{\ln^3(t)\ln(1-t)}{1-t}dt$$
$$+2\underbrace{\int_0^1 \frac{\ln^3(1-t)\ln(t)}{t}dt}_{1-t\to t} - \frac{1}{4}\underbrace{\int_0^1 \frac{\ln^4(1-t)}{t}dt}_{1-t\to t}$$
$$= \frac{3}{4}\int_0^1 \frac{\ln^4(t)}{1-t}dt - \int_0^1 \frac{\ln^3(t)\ln(1-t)}{1-t}dt.$$

Substitute the result of I back,

$$\int_0^1 \frac{\ln^3(x)\ln(1+x)}{x(1+x)}dx$$
$$= \frac{3}{8}\int_0^1 \frac{\ln^4(x)}{1-x}dx - \frac{5}{8}\int_0^1 \frac{\ln^4(x)}{1+x}dx - \frac{1}{2}\int_0^1 \frac{\ln^3(x)\ln(1-x)}{1-x}dx$$

{gather the results from (3.5), (3.11), and (3.124)}

$$= 3\zeta(2)\zeta(3) + \frac{177}{16}\zeta(5).$$

Plugging this integral in (4.152) finalizes the solution. For another method, see [29].

4.3. Alternating Harmonic Series

4.3.13 $\sum_{n=1}^{\infty} \frac{(-1)^n H_n^{(2)}}{n^3}$

Show that

$$\sum_{n=1}^{\infty} \frac{(-1)^n H_n^{(2)}}{n^3} = \frac{11}{32}\zeta(5) - \frac{5}{8}\zeta(2)\zeta(3). \quad (4.153)$$

Solution Replace x by $-x$ in (2.83),

$$\text{Li}_2^2(-x) = 4\sum_{n=1}^{\infty} \frac{(-1)^n H_n}{n^3} x^n + 2\sum_{n=1}^{\infty} \frac{(-1)^n H_n^{(2)}}{n^2} x^n - 6\,\text{Li}_4(-x).$$

Divide both sides by x then integrate using $\int_0^1 x^{n-1}\,\mathrm{d}x = \frac{1}{n}$,

$$\int_0^1 \frac{\text{Li}_2^2(-x)}{x}\,\mathrm{d}x = 4\sum_{n=1}^{\infty} \frac{(-1)^n H_n}{n^4} + 2\sum_{n=1}^{\infty} \frac{(-1)^n H_n^{(2)}}{n^3} + \frac{45}{8}\zeta(5).$$

Substitute the relation involving the integral from (3.153) then rearrange the terms,

$$\sum_{n=1}^{\infty} \frac{(-1)^n H_n^{(2)}}{n^3} = \frac{45}{16}\zeta(5) + \frac{5}{16}\zeta(2)\zeta(3) + \frac{7}{16}\sum_{n=1}^{\infty} \frac{H_n}{n^4} - \sum_{n=1}^{\infty} \frac{(-1)^n H_n}{n^4}.$$

These two series are computed in (4.6) and (4.151).

4.3.14 $\sum_{n=1}^{\infty} \frac{(-1)^n H_n^2}{n^3}$

Show that

$$\sum_{n=1}^{\infty} \frac{(-1)^n H_n^2}{n^3} = -4\,\text{Li}_5\left(\frac{1}{2}\right) - 4\ln(2)\,\text{Li}_4\left(\frac{1}{2}\right) + \frac{19}{32}\zeta(5) + \frac{11}{8}\zeta(2)\zeta(3)$$

$$- \frac{7}{4}\ln^2(2)\zeta(3) + \frac{2}{3}\ln^3(2)\zeta(2) - \frac{2}{15}\ln^5(2). \quad (4.154)$$

Solution Replace x by $-x$ in (2.12) then multiply through by -1,

$$\sum_{n=1}^{\infty} (-1)^n \left(H_n^2 - H_n^{(2)} - \frac{2H_n}{n} + \frac{2}{n^2}\right) x^{n-1} = -\frac{\ln^2(1+x)}{1+x}.$$

Multiply both sides by $\frac{1}{2}\ln^2(x)$ then integrate using $\frac{1}{2}\int_0^1 x^{n-1}\ln^2(x)\,\mathrm{d}x = \frac{1}{n^3}$,

$$\sum_{n=1}^{\infty} (-1)^n \left(H_n^2 - H_n^{(2)} - \frac{2H_n}{n} + \frac{2}{n^2}\right)\left(\frac{1}{n^3}\right)$$

$$= -\frac{1}{2}\int_0^1 \frac{\ln^2(1+x)\ln^2(x)}{1+x}\,dx \stackrel{\text{IBP}}{=} \frac{1}{3}\int_0^1 \frac{\ln(x)\ln^3(1+x)}{x}\,dx.$$

Distribute then reorder the terms,

$$\sum_{n=1}^\infty \frac{(-1)^n H_n^2}{n^3} = -2\operatorname{Li}_5(-1) + \sum_{n=1}^\infty \frac{(-1)^n H_n^{(2)}}{n^3} + 2\sum_{n=1}^\infty \frac{(-1)^n H_n}{n^4}$$

$$+ \frac{1}{3}\int_0^1 \frac{\ln(x)\ln^3(1+x)}{x}\,dx.$$

These terms are calculated in (1.105), (4.153), (4.151), and (3.123) respectively. Check [28, pp. 517–519] for an alternative approach.

4.3.15 $\sum_{n=1}^\infty \frac{(-1)^n H_n^{(4)}}{n}$

Show that

$$\sum_{n=1}^\infty \frac{(-1)^n H_n^{(4)}}{n} = -2\zeta(5) + \frac{7}{8}\ln(2)\zeta(4) + \frac{3}{8}\zeta(2)\zeta(3). \qquad (4.155)$$

Solution Set $a = 4$ then replace x by $-x$ in (2.2),

$$\sum_{n=1}^\infty (-1)^n H_n^{(4)} x^n = \frac{\operatorname{Li}_4(-x)}{1+x}.$$

Divide both sides by x then integrate using $\int_0^1 x^{n-1}\,dx = \frac{1}{n}$,

$$\sum_{n=1}^\infty \frac{(-1)^n H_n^{(4)}}{n} = \int_0^1 \frac{\operatorname{Li}_4(-x)}{x(1+x)}\,dx = \int_0^1 \frac{\operatorname{Li}_4(-x)}{x}\,dx - \underbrace{\int_0^1 \frac{\operatorname{Li}_4(-x)}{1+x}\,dx}_{\text{IBP}}$$

$$= \operatorname{Li}_5(-1) - \ln 2\,\operatorname{Li}_4(-1) + \int_0^1 \frac{\ln(1+x)\operatorname{Li}_3(-x)}{x}\,dx$$

$$\stackrel{\text{IBP}}{=} \operatorname{Li}_5(-1) - \ln(2)\operatorname{Li}_4(-1) - \operatorname{Li}_2(-1)\operatorname{Li}_3(-1) + \int_0^1 \frac{\operatorname{Li}_2^2(-x)}{x}\,dx$$

$$= -\frac{15}{16}\zeta(5) + \frac{7}{8}\ln(2)\zeta(4) - \frac{3}{8}\zeta(2)\zeta(3) + \int_0^1 \frac{\operatorname{Li}_2^2(-x)}{x}\,dx$$

{recall the relation involving the latter integral from (3.153)}

$$= -\frac{15}{16}\zeta(5) + \frac{7}{8}\ln(2)\zeta(4) + \frac{1}{4}\zeta(2\zeta(3) + \frac{7}{8}\sum_{n=1}^\infty \frac{H_n}{n^4} + 2\sum_{n=1}^\infty \frac{(-1)^n H_n}{n^4}. \qquad (4.156)$$

4.3. Alternating Harmonic Series

The solution finalizes on recalling the results from (4.6) and (4.151).
For different approaches, see [28, p. 516] and (4.83).

4.3.16 $\sum_{n=1}^{\infty} \frac{(-1)^n H_n^{(3)}}{n^2}$

Show that
$$\sum_{n=1}^{\infty} \frac{(-1)^n H_n^{(3)}}{n^2} = \frac{21}{32}\zeta(5) - \frac{3}{4}\zeta(2)\zeta(3). \qquad (4.157)$$

Solution Replace x by $-x$ in (2.17),

$$\sum_{n=1}^{\infty} \frac{(-1)^n H_n^{(3)}}{n} x^n = \text{Li}_4(-x) - \ln(1+x)\,\text{Li}_3(-x) - \frac{1}{2}\text{Li}_2^2(-x).$$

Divide both sides by x then integrate using $\int_0^1 x^{n-1} dx = \frac{1}{n}$,

$$\sum_{n=1}^{\infty} \frac{(-1)^n H_n^{(3)}}{n^2}$$

$$= \int_0^1 \frac{\text{Li}_4(-x)}{x} dx - \underbrace{\int_0^1 \frac{\ln(1+x)\,\text{Li}_3(-x)}{x} dx}_{\text{IBP}} - \frac{1}{2}\int_0^1 \frac{\text{Li}_2^2(-x)}{x} dx$$

$$= \text{Li}_5(-1) + \text{Li}_2(-1)\,\text{Li}_3(-1) - \frac{3}{2}\int_0^1 \frac{\text{Li}_2^2(-x)}{x} dx$$

$$= \frac{3}{8}\zeta(2)\zeta(3) - \frac{15}{16}\zeta(5) - \frac{3}{2}\int_0^1 \frac{\text{Li}_2^2(-x)}{x} dx.$$

The latter integral is given in (3.152). Also, check [28, pp. 513–515] for different methods for both series in (4.157) and (4.153).

4.3.17 $\sum_{n=1}^{\infty} \frac{(-1)^n H_n H_n^{(2)}}{n^2}$

Show that

$$\sum_{n=1}^{\infty} \frac{(-1)^n H_n H_n^{(2)}}{n^2} = 4\,\text{Li}_5\left(\frac{1}{2}\right) + 4\ln(2)\,\text{Li}_4\left(\frac{1}{2}\right) - \frac{23}{8}\zeta(5) + \frac{7}{4}\ln^2(2)\zeta(3)$$

$$- \frac{2}{3}\ln^3(2)\zeta(2) - \frac{15}{16}\zeta(2)\zeta(3) + \frac{2}{15}\ln^5(2). \qquad (4.158)$$

Solution Multiply both sides of (2.72):

$$\int_0^1 x^{n-1} \ln^3(1-x)\,dx = -\frac{H_n^3 + 3H_n H_n^{(2)} + 2H_n^{(3)}}{n}$$

by $-\frac{(-1)^n}{n}$ then consider the summation,

$$\sum_{n=1}^\infty \frac{(-1)^n H_n^3}{n^2} + 3\sum_{n=1}^\infty \frac{(-1)^n H_n H_n^{(2)}}{n^2} + 2\sum_{n=1}^\infty \frac{(-1)^n H_n^{(3)}}{n^2}$$

$$= -\int_0^1 \frac{\ln^3(1-x)}{x}\left(\sum_{n=1}^\infty \frac{(-x)^n}{n}\right)dx$$

$$= \int_0^1 \frac{\ln^3(1-x)\ln(1+x)}{x}\,dx. \qquad (4.159)$$

On the other hand, replace x by $-x$ in (2.22),

$$\sum_{n=1}^\infty (-1)^n \left(H_n^3 - 3H_n H_n^{(2)} + 2H_n^{(3)}\right) x^n = -\frac{\ln^3(1+x)}{1+x}.$$

Multiply through by $-\frac{\ln(x)}{x}$ then integrate using $-\int_0^1 x^{n-1}\ln(x)\,dx = \frac{1}{n^2}$,

$$\sum_{n=1}^\infty \frac{(-1)^n H_n^3}{n^2} - 3\sum_{n=1}^\infty \frac{(-1)^n H_n H_n^{(2)}}{n^2} + 2\sum_{n=1}^\infty \frac{(-1)^n H_n^{(3)}}{n^2}$$

$$= \int_0^1 \frac{\ln^3(1+x)\ln(x)}{x(1+x)}\,dx$$

$$= \int_0^1 \frac{\ln^3(1+x)\ln(x)}{x}\,dx - \underbrace{\int_0^1 \frac{\ln^3(1+x)\ln(x)}{1+x}\,dx}_{\text{IBP}}$$

$$= \int_0^1 \frac{\ln^3(1+x)\ln(x)}{x}\,dx + \frac{1}{4}\int_0^1 \frac{\ln^4(1+x)}{x}\,dx. \qquad (4.160)$$

Take the difference of the two relations in (4.159) and (4.160) then divide by 6,

$$\sum_{n=1}^\infty \frac{(-1)^n H_n H_n^{(2)}}{n^2} = \frac{1}{6}\int_0^1 \frac{\ln^3(1-x)\ln(1+x)}{x}\,dx + \frac{1}{24}\int_0^1 \frac{\ln^4(1+x)}{x}\,dx$$

$$+ \frac{1}{6}\int_0^1 \frac{\ln^3(1+x)\ln(x)}{x}\,dx.$$

These three integrals are given in (3.119), (3.40), and (3.123).

4.3. Alternating Harmonic Series

4.3.18 $\sum_{n=1}^{\infty} \frac{(-1)^n H_n^3}{n^2}$

Show that

$$\sum_{n=1}^{\infty} \frac{(-1)^n H_n^3}{n^2} = -6\operatorname{Li}_5\left(\frac{1}{2}\right) - 6\ln(2)\operatorname{Li}_4\left(\frac{1}{2}\right) + \frac{9}{4}\zeta(5) + \frac{27}{16}\zeta(2)\zeta(3)$$
$$-\frac{21}{8}\ln^2(2)\zeta(3) + \ln^3(2)\zeta(2) - \frac{1}{5}\ln^5(2). \qquad (4.161)$$

Solution Combine (4.159) and (4.160) then divide by 2,

$$\sum_{n=1}^{\infty} \frac{(-1)^n H_n^3}{n^2} = \frac{1}{2}\int_0^1 \frac{\ln^3(1-x)\ln(1+x)}{x}dx - \frac{1}{8}\int_0^1 \frac{\ln^4(1+x)}{x}dx$$
$$-\frac{1}{2}\int_0^1 \frac{\ln^3(1+x)\ln(x)}{x}dx - 2\sum_{n=1}^{\infty} \frac{(-1)^n H_n^{(3)}}{n^2}.$$

These terms are given in (3.119), (3.40), (3.123), and (4.157) respectively.
To see the two series in (4.153) and (4.161) computed differently, check [28, pp. 520–523].

4.4 Harmonic Series with Powers of 2 in the Denominator

4.4.1 $\sum_{n=1}^{\infty} \frac{H_n}{n2^n}$

Show that

$$\sum_{n=1}^{\infty} \frac{H_n}{n2^n} = \frac{1}{2}\zeta(2). \qquad (4.162)$$

Solution (i) Set $x = 1/2$ in (2.7),

$$\sum_{n=1}^{\infty} \frac{H_n}{n2^n} = \text{Li}_2\left(\frac{1}{2}\right) + \frac{1}{2}\ln^2(2),$$

and the value of $\text{Li}_2(\frac{1}{2})$ is given in (1.120).

Solution (ii) Set $a = 0$ in (3.91),

$$\sum_{n=1}^{\infty} \frac{H_n}{n2^n} = \int_0^1 \frac{\ln(1+x)}{x}dx = -\text{Li}_2(-x)\big|_0^1 = -\text{Li}_2(-1) = \frac{1}{2}\zeta(2).$$

4.4.2 $\sum_{n=1}^{\infty} \frac{H_n}{n^2 2^n}$

Show that

$$\sum_{n=1}^{\infty} \frac{H_n}{n^2 2^n} = \zeta(3) - \frac{1}{2}\ln(2)\zeta(2). \qquad (4.163)$$

Solution (i) Set $x = 1/2$ in (2.8),

$$\sum_{n=1}^{\infty} \frac{H_n}{n^2 2^n} = -\ln(2)\text{Li}_2\left(\frac{1}{2}\right) - \frac{1}{2}\ln^3(2) + \zeta(3).$$

Plug in the value of $\text{Li}_2(\frac{1}{2})$ given in (1.120).

Solution (ii) By integration by parts,

$$-\int_0^{\frac{1}{2}} x^{n-1}\ln(x)dx = \frac{\ln(2)}{n2^n} + \frac{1}{n^2 2^n}.$$

4.4. Harmonic Series with Powers of 2 in the Denominator

Multiply both sides by H_n then take the summation over $n \geq 1$,

$$\ln(2) \sum_{n=1}^{\infty} \frac{H_n}{n 2^n} + \sum_{n=1}^{\infty} \frac{H_n}{n^2 2^n} = -\int_0^{\frac{1}{2}} \frac{\ln(x)}{x} \left(\sum_{n=1}^{\infty} H_n x^n \right) dx$$

{recall the generating function in (2.4)}

$$= \int_0^{\frac{1}{2}} \frac{\ln(x) \ln(1-x)}{x(1-x)} dx$$

{make use of (3.86)}

$$= \int_0^1 \frac{\ln(x) \ln(1-x)}{x} dx$$

$$\stackrel{\text{IBP}}{=} \frac{1}{2} \int_0^1 \frac{\ln^2(x)}{1-x} dx.$$

Therefore,

$$\sum_{n=1}^{\infty} \frac{H_n}{n^2 2^n} = \frac{1}{2} \int_0^1 \frac{\ln^2(x)}{1-x} dx - \ln(2) \sum_{n=1}^{\infty} \frac{H_n}{n 2^n}.$$

Gather the results from (3.3) and (4.162) to finish the solution.
A different approach may be found in [28, p. 500].

4.4.3 $\sum_{n=1}^{\infty} \frac{H_n^{(2)}}{n 2^n}$

Show that

$$\sum_{n=1}^{\infty} \frac{H_n^{(2)}}{n 2^n} = \frac{5}{8} \zeta(3). \qquad (4.164)$$

Solution (i) Put $x = 1/2$ in (2.82) then reorganize the terms,

$$\sum_{n=1}^{\infty} \frac{H_n^{(2)}}{n 2^n} = 3 \operatorname{Li}_3 \left(\frac{1}{2} \right) + \ln(2) \operatorname{Li}_2 \left(\frac{1}{2} \right) - 2 \sum_{n=1}^{\infty} \frac{H_n}{n^2 2^n}.$$

Collect the values from (4.163), (1.120), and (1.132).

Solution (ii) Set $a = 1$ in (3.91),

$$\sum_{n=1}^{\infty} \frac{H_n^{(2)}}{n 2^n} = -\int_0^1 \frac{\ln(1-x) \ln(1+x)}{x} dx.$$

This integral is given in (3.115).

4.4.4 $\sum_{n=1}^{\infty} \frac{H_n^2}{n2^n}$

Show that

$$\sum_{n=1}^{\infty} \frac{H_n^2}{n2^n} = \frac{7}{8}\zeta(3). \qquad (4.165)$$

Solution Divide both sides of (2.71):

$$\int_0^1 x^{n-1} \ln^2(1-x)\,dx = \frac{H_n^2}{n} + \frac{H_n^{(2)}}{n}$$

by 2^n then consider the summation over $n \geq 1$,

$$\sum_{n=1}^{\infty} \frac{H_n^2}{n2^n} + \sum_{n=1}^{\infty} \frac{H_n^{(2)}}{n2^n} = \int_0^1 \frac{\ln^2(1-x)}{x}\left(\sum_{n=1}^{\infty}\left(\frac{x}{2}\right)^n\right) dx$$

{use the geometric series formula}

$$= \int_0^1 \frac{\ln^2(1-x)}{x}\left(\frac{\frac{x}{2}}{1-\frac{x}{2}}\right) dx \stackrel{1-x=y}{=} \int_0^1 \frac{\ln^2(y)}{1+y}\,dy.$$

Rearrange the terms,

$$\sum_{n=1}^{\infty} \frac{H_n^2}{n2^n} = \int_0^1 \frac{\ln^2(y)}{1+y}\,dy - \sum_{n=1}^{\infty} \frac{H_n^{(2)}}{n2^n}.$$

Substituting the results from (3.9) and (4.164) completes the solution.
An alternative solution is by setting $x = 1/2$ in the generating function in (2.14).

4.4.5 $\sum_{n=1}^{\infty} \frac{H_n}{n^3 2^n}$

Show that

$$\sum_{n=1}^{\infty} \frac{H_n}{n^3 2^n} = \operatorname{Li}_4\left(\frac{1}{2}\right) + \frac{1}{8}\zeta(4) - \frac{1}{8}\ln(2)\zeta(3) + \frac{1}{24}\ln^4(2). \qquad (4.166)$$

Solution By integration by parts,

$$\int_0^{\frac{1}{2}} x^{n-1} \ln^2(x)\,dx = \frac{\ln^2(2)}{n2^n} + \frac{2\ln(2)}{n^2 2^n} + \frac{2}{n^3 2^n}.$$

4.4. Harmonic Series with Powers of 2 in the Denominator

Multiply through by H_n then take the summation over $n \geq 1$,

$$\ln^2(2) \sum_{n=1}^{\infty} \frac{H_n}{n2^n} + 2\ln(2) \sum_{n=1}^{\infty} \frac{H_n}{n^2 2^n} + 2\sum_{n=1}^{\infty} \frac{H_n}{n^3 2^n}$$

$$= \int_0^{\frac{1}{2}} \frac{\ln^2(x)}{x} \left(\sum_{n=1}^{\infty} H_n x^n\right) dx$$

{recall the generating function in (2.4)}

$$= -\int_0^{\frac{1}{2}} \frac{\ln^2(x) \ln(1-x)}{x(1-x)} dx$$

$$= \underbrace{-\int_0^{1/2} \frac{\ln^2(x) \ln(1-x)}{x} dx}_{\text{IBP}} - \int_0^{\frac{1}{2}} \frac{\ln^2(x) \ln(1-x)}{1-x} dx$$

$$= -\frac{1}{3}\ln^4(2) - \frac{1}{3}\int_0^{\frac{1}{2}} \frac{\ln^3(x)}{1-x} dx - \int_0^{\frac{1}{2}} \frac{\ln^2(x) \ln(1-x)}{1-x} dx.$$

Reordering the terms,

$$\sum_{n=1}^{\infty} \frac{H_n}{n^3 2^n} = -\frac{1}{6}\ln^4(2) - \frac{1}{2}\ln^2(2) \sum_{n=1}^{\infty} \frac{H_n}{n2^n} - \ln(2) \sum_{n=1}^{\infty} \frac{H_n}{n^2 2^n}$$

$$-\frac{1}{6}\int_0^{\frac{1}{2}} \frac{\ln^3(x)}{1-x} dx - \frac{1}{2}\int_0^{\frac{1}{2}} \frac{\ln^2(x) \ln(1-x)}{1-x} dx.$$

Grouping the results from (4.162), (4.163), (3.34), and (3.142) finalizes the solution. Check [28, pp. 500–501] for another solution.

4.4.6 $\sum_{n=1}^{\infty} \frac{H_n^{(2)}}{n^2 2^n}$

Show that

$$\sum_{n=1}^{\infty} \frac{H_n^{(2)}}{n^2 2^n} = \text{Li}_4\left(\frac{1}{2}\right) + \frac{1}{16}\zeta(4) + \frac{1}{4}\ln(2)\zeta(3) - \frac{1}{4}\ln^2(2)\zeta(2) + \frac{1}{24}\ln^4(2).$$

(4.167)

Solution let $x = 1/2$ in (2.83),

$$\sum_{n=1}^{\infty} \frac{H_n^{(2)}}{n^2 2^n} = 3\text{Li}_4\left(\frac{1}{2}\right) - \frac{1}{2}\text{Li}_2^2\left(\frac{1}{2}\right) - 2\sum_{n=1}^{\infty} \frac{H_n}{n^3 2^n},$$

and the solution finishes on collecting the values from (4.166) and (1.120).

4.4.7 $\sum_{n=1}^{\infty} \frac{H_n^2}{n^2 2^n}$

Show that

$$\sum_{n=1}^{\infty} \frac{H_n^2}{n^2 2^n} = -\operatorname{Li}_4\left(\frac{1}{2}\right) + \frac{37}{16}\zeta(4) - \frac{7}{4}\ln(2)\zeta(3) + \frac{1}{4}\ln^2(2)\zeta(2) - \frac{1}{24}\ln^4(2).$$
(4.168)

Solution Divide both sides of (2.71):

$$\int_0^1 x^{n-1}\ln^2(1-x)\,dx = \frac{H_n^2}{n} + \frac{H_n^{(2)}}{n}$$

by $n2^n$ then take the summation over $n \geq 1$,

$$\sum_{n=1}^{\infty} \frac{H_n^2}{n^2 2^n} + \sum_{n=1}^{\infty} \frac{H_n^{(2)}}{n^2 2^n} = \int_0^1 \frac{\ln^2(1-x)}{x}\left(\sum_{n=1}^{\infty} \frac{(x/2)^n}{n}\right)dx$$

$$= -\int_0^1 \frac{\ln^2(1-x)\ln(1-x/2)}{x}\,dx$$

$$\stackrel{1-x=y}{=} -\int_0^1 \frac{\ln^2(y)\ln\left(\frac{1+y}{2}\right)}{1-y}\,dy$$

$$\{\text{set } a = 2 \text{ in } (3.92)\}$$

$$= -2\sum_{n=1}^{\infty} \frac{(-1)^n H_n^{(3)}}{n}.$$

Then, we have

$$\sum_{n=1}^{\infty} \frac{H_n^2}{n^2 2^n} = -\sum_{n=1}^{\infty} \frac{H_n^{(2)}}{n^2 2^n} - 2\sum_{n=1}^{\infty} \frac{(-1)^n H_n^{(3)}}{n}.$$

These two sums are calculated in (4.167) and (4.143).

4.4.8 $\sum_{n=1}^{\infty} \frac{H_n^{(3)}}{n 2^n}$

Show that

$$\sum_{n=1}^{\infty} \frac{H_n^{(3)}}{n 2^n} = \operatorname{Li}_4\left(\frac{1}{2}\right) - \frac{5}{16}\zeta(4) + \frac{7}{8}\ln(2)\zeta(3) - \frac{1}{4}\ln^2(2)\zeta(2) + \frac{1}{24}\ln^4(2).$$
(4.169)

4.4. Harmonic Series with Powers of 2 in the Denominator

Solution (i) Take $x = 1/2$ in the generating function in (2.17),

$$\sum_{n=1}^{\infty} \frac{H_n^{(3)}}{n2^n} = \text{Li}_4\left(\frac{1}{2}\right) + \ln(2)\,\text{Li}_3\left(\frac{1}{2}\right) - \frac{1}{2}\text{Li}_2^2\left(\frac{1}{2}\right),$$

where the values of $\text{Li}_3(\frac{1}{2})$ and $\text{Li}_2(\frac{1}{2})$ are given in (1.120) and (1.132).

Solution (ii) Put $a = 2$ in (3.91),

$$\sum_{n=1}^{\infty} \frac{H_n^{(3)}}{n2^n} = \frac{1}{2}\int_0^1 \frac{\ln^2(1-x)\ln(1+x)}{x}\,dx,$$

and this integral is given in (3.118).

4.4.9 $\sum_{n=1}^{\infty} \frac{H_n}{n^4 2^n}$

Show that

$$\sum_{n=1}^{\infty} \frac{H_n}{n^4 2^n} = 2\,\text{Li}_5\left(\frac{1}{2}\right) + \ln(2)\,\text{Li}_4\left(\frac{1}{2}\right) - \frac{1}{6}\ln^3(2)\zeta(2) + \frac{1}{2}\ln^2(2)\zeta(3)$$

$$- \frac{1}{8}\ln(2)\zeta(4) - \frac{1}{2}\zeta(2)\zeta(3) + \frac{1}{32}\zeta(5) + \frac{1}{40}\ln^5(2). \tag{4.170}$$

Solution By integration by parts, we have

$$-\int_0^{\frac{1}{2}} x^{n-1}\ln^3(x)\,dx = \frac{6}{n^4 2^n} + \frac{6\ln(2)}{n^3 2^n} + \frac{3\ln^2(2)}{n^2 2^n} + \frac{\ln^3(2)}{n2^n}.$$

Multiply both sides by H_n then consider the summation over $n \geq 1$,

$$6\sum_{n=1}^{\infty} \frac{H_n}{n^4 2^n} + 6\ln(2)\sum_{n=1}^{\infty} \frac{H_n}{n^3 2^n} + 3\ln^2(2)\sum_{n=1}^{\infty} \frac{H_n}{n^2 2^n} + \ln^3(2)\sum_{n=1}^{\infty} \frac{H_n}{n2^n}$$

$$= \int_0^{\frac{1}{2}} \frac{\ln^3(x)}{x}\left(\sum_{n=1}^{\infty} -H_n x^n\right)\,dx$$

{substitute the generating function in (2.4)}

$$= \int_0^{\frac{1}{2}} \frac{\ln^3(x)\ln(1-x)}{x(1-x)}\,dx$$

$$= \underbrace{\int_0^{\frac{1}{2}} \frac{\ln^3(x)\ln(1-x)}{x}\,dx}_{\text{IBP}} + \underbrace{\int_0^{\frac{1}{2}} \frac{\ln^3(x)\ln(1-x)}{1-x}\,dx}_{1-x \to x}$$

$$= -\frac{1}{4}\ln^5(2) + \frac{1}{4}\int_0^{\frac{1}{2}} \frac{\ln^4(x)}{1-x}dx + \int_{\frac{1}{2}}^1 \frac{\ln^3(1-x)\ln(x)}{x}dx$$

{recall the relation involving of the latter integral from (3.146)}

$$= -\frac{93}{16}\zeta(5) - \frac{1}{10}\ln^5(2) - \frac{1}{2}\int_0^{\frac{1}{2}}\frac{\ln^4(x)}{1-x}dx + \frac{1}{2}\int_0^1 \frac{\ln^3(x)\ln(1-x)}{1-x}dx$$

{plug in the results from (3.35) and (3.124)}

$$= 12\operatorname{Li}_5\left(\frac{1}{2}\right) + 12\ln(2)\operatorname{Li}_4\left(\frac{1}{2}\right) + \frac{3}{16}\zeta(5) + \frac{21}{4}\ln^2(2)\zeta(3) - 2\ln^3(2)\zeta(2)$$

$$-3\zeta(2)\zeta(3) + \frac{2}{5}\ln^5(2).$$

Put together the results from (4.162), (4.163), and (4.166) to finish the solution. For a different approach, see [28, pp. 501–502].

4.4.10 $\sum_{n=1}^{\infty} \frac{H_n^{(4)}}{n2^n}$

The following sum is proposed by Cornel Vălean (see[33]):

$$\sum_{n=1}^{\infty} \frac{H_n^{(4)}}{n2^n} = 6\operatorname{Li}_5\left(\frac{1}{2}\right) + 6\ln(2)\operatorname{Li}_4\left(\frac{1}{2}\right) - \frac{81}{16}\zeta(5) - \frac{21}{8}\zeta(2)\zeta(3)$$

$$+\frac{21}{8}\ln^2(2)\zeta(3) - \ln^3(2)\zeta(2) + \frac{1}{5}\ln^5(2). \qquad (4.171)$$

Solution Put $a = 3$ in (3.91), we obtain

$$\sum_{n=1}^{\infty} \frac{H_n^{(4)}}{n2^n} = -\frac{1}{6}\int_0^1 \frac{\ln^3(1-x)\ln(1+x)}{x}dx.$$

This integral is calculated in (3.119) and the solution is complete.

4.4.11 $\sum_{n=1}^{\infty} \frac{H_n^{(2)}}{n^3 2^n}$

The following sum is proposed by Cornel Vălean (see [34]):

$$\sum_{n=1}^{\infty} \frac{H_n^{(2)}}{n^3 2^n} = -2\operatorname{Li}_5\left(\frac{1}{2}\right) - 3\ln(2)\operatorname{Li}_4\left(\frac{1}{2}\right) + \frac{23}{64}\zeta(5) - \frac{1}{16}\ln(2)\zeta(4)$$

$$+\frac{23}{16}\zeta(2)\zeta(3) - \frac{23}{16}\ln^2(2)\zeta(3) + \frac{7}{12}\ln^3(2)\zeta(2) - \frac{13}{120}\ln^5(2). \qquad (4.172)$$

4.4. Harmonic Series with Powers of 2 in the Denominator

Solution (i) Let $x = 1/2$ in (2.87),

$$\sum_{n=1}^{\infty} \frac{H_n^{(2)}}{n^3 2^n} + \sum_{n=1}^{\infty} \frac{H_n^{(3)}}{n^2 2^n} x^n = 5\operatorname{Li}_5\left(\frac{1}{2}\right) + \ln(2)\operatorname{Li}_4\left(\frac{1}{2}\right) - 2\sum_{n=1}^{\infty} \frac{H_n}{n^4 2^n} - \sum_{n=1}^{\infty} \frac{H_n^{(4)}}{n 2^n}. \tag{4.173}$$

Now put $x = 1/2$ in (2.85),

$$3\sum_{n=1}^{\infty} \frac{H_n^{(2)}}{n^3 2^n} + \sum_{n=1}^{\infty} \frac{H_n^{(3)}}{n^2 2^n} = \operatorname{Li}_2\left(\frac{1}{2}\right)\operatorname{Li}_3\left(\frac{1}{2}\right) + 10\operatorname{Li}_5\left(\frac{1}{2}\right) - 6\sum_{n=1}^{\infty} \frac{H_n}{n^4 2^n}. \tag{4.174}$$

Take the difference of (4.173) and (4.174),

$$\sum_{n=1}^{\infty} \frac{H_n^{(2)}}{n^3 2^n} = \frac{5}{2}\operatorname{Li}_5\left(\frac{1}{2}\right) - \frac{1}{2}\ln(2)\operatorname{Li}_4\left(\frac{1}{2}\right) + \frac{1}{2}\operatorname{Li}_2\left(\frac{1}{2}\right)\operatorname{Li}_3\left(\frac{1}{2}\right)$$

$$- 2\sum_{n=1}^{\infty} \frac{H_n}{n^4 2^n} + \frac{1}{2}\sum_{n=1}^{\infty} \frac{H_n^{(4)}}{n 2^n}.$$

Gather the values from (1.120), (1.132), (4.170), and (4.171) to finalize the solution.

Solution (ii) Divide both sides of (2.83):

$$\operatorname{Li}_2^2(x) = 4\sum_{n=1}^{\infty} \frac{H_n}{n^3} x^n + 2\sum_{n=1}^{\infty} \frac{H_n^{(2)}}{n^2} x^n - 6\operatorname{Li}_4(x)$$

by x then integrate from $x = 0$ to $1/2$, using $\int_0^{\frac{1}{2}} x^{n-1} dx = \frac{1}{n 2^n}$,

$$\sum_{n=1}^{\infty} \frac{H_n^{(2)}}{n^3 2^n} = \frac{1}{2}\int_0^{\frac{1}{2}} \frac{\operatorname{Li}_2^2(x)}{x} dx - 2\sum_{n=1}^{\infty} \frac{H_n}{n^4 2^n} + 3\operatorname{Li}_5\left(\frac{1}{2}\right).$$

The first two terms are calculated in (3.154) and (4.170).

4.4.12 $\sum_{n=1}^{\infty} \frac{H_n^{(3)}}{n^2 2^n}$

The following sum is also proposed by Cornel Vălean (see [34]):

$$\sum_{n=1}^{\infty} \frac{H_n^{(3)}}{n^2 2^n} = 4\operatorname{Li}_5\left(\frac{1}{2}\right) + 3\ln(2)\operatorname{Li}_4\left(\frac{1}{2}\right) - \frac{81}{64}\zeta(5) + \frac{5}{16}\ln(2)\zeta(4)$$

$$- \frac{7}{8}\zeta(2)\zeta(3) + \frac{7}{8}\ln^2(2)\zeta(3) - \frac{5}{12}\ln^3(2)\zeta(2) + \frac{11}{120}\ln^5(2). \tag{4.175}$$

Solution Combine (4.173) and (4.174),

$$\sum_{n=1}^{\infty} \frac{H_n^{(3)}}{n^2 2^n} = \frac{5}{2}\operatorname{Li}_5\left(\frac{1}{2}\right) + \frac{3}{2}\ln(2)\operatorname{Li}_4\left(\frac{1}{2}\right) - \frac{1}{2}\operatorname{Li}_2\left(\frac{1}{2}\right)\operatorname{Li}_3\left(\frac{1}{2}\right) - \frac{3}{2}\sum_{n=1}^{\infty} \frac{H_n^{(4)}}{n 2^n}.$$

Put together the values from (1.120), (1.132), and (4.171) to finalize the solution.

4.4.13 $\sum_{n=1}^{\infty} \frac{H_n^2}{n^3 2^n}$

Show that

$$\sum_{n=1}^{\infty} \frac{H_n^2}{n^3 2^n} = -2\operatorname{Li}_5\left(\frac{1}{2}\right) - \ln(2)\operatorname{Li}_4\left(\frac{1}{2}\right) + \frac{279}{64}\zeta(5) - \frac{37}{16}\ln(2)\zeta(4)$$
$$- \frac{9}{16}\zeta(2)\zeta(3) + \frac{7}{16}\ln^2(2)\zeta(3) + \frac{1}{12}\ln^3(2)\zeta(2) - \frac{1}{40}\ln^5(2). \quad (4.176)$$

Solution Multiply both sides of (2.11):

$$\sum_{n=1}^{\infty} (H_n^2 - H_n^{(2)})x^n = \frac{\ln^2(1-x)}{1-x}.$$

by $\frac{\ln^2(x)}{x}$ then integrate from $x = 0$ to $1/2$,

$$\int_0^{\frac{1}{2}} \frac{\ln^2(1-x)\ln^2(x)}{x(1-x)}\,dx = \sum_{n=1}^{\infty} \left(H_n^2 - H_n^{(2)}\right) \int_0^{\frac{1}{2}} x^{n-1}\ln^2(x)\,dx$$

$$\stackrel{\text{IBP}}{=} \sum_{n=1}^{\infty} \left(H_n^2 - H_n^{(2)}\right)\left(\frac{\ln^2(2)}{n 2^n} + \frac{2\ln(2)}{n^2 2^n} + \frac{2}{n^3 2^n}\right)$$

$$= \ln(2)\sum_{n=1}^{\infty} (H_n^2 - H_n^{(2)})\left(\frac{\ln(2)}{n 2^n} + \frac{2}{n^2 2^n}\right) + 2\sum_{n=1}^{\infty} \frac{H_n^2 - H_n^{(2)}}{n^3 2^n}$$

$$\left\{\text{write } \frac{\ln(2)}{n 2^n} + \frac{2}{n^2 2^n} = -\int_0^{\frac{1}{2}} x^{n-1}(\ln(2) + 2\ln(x))\,dx\right\}$$

$$= \ln(2)\sum_{n=1}^{\infty} (H_n^{(2)} - H_n^2)\left(\int_0^{\frac{1}{2}} x^{n-1}(\ln(2) + 2\ln(x))\,dx\right) + 2\sum_{n=1}^{\infty} \frac{H_n^2 - H_n^{(2)}}{n^3 2^n}$$

{reverse the order of integration and summation}

$$= \ln(2)\int_0^{\frac{1}{2}} \frac{\ln(2) + 2\ln(x)}{x}\left(\sum_{n=1}^{\infty} (H_n^{(2)} - H_n^2)x^n\right)dx + 2\sum_{n=1}^{\infty} \frac{H_n^2 - H_n^{(2)}}{n^3 2^n}$$

{recall the generation function in (2.11)}

4.4. Harmonic Series with Powers of 2 in the Denominator

$$= \ln(2) \int_0^{\frac{1}{2}} \frac{\ln(2) + 2\ln(x)}{x} \left(-\frac{\ln^2(1-x)}{1-x} \right) dx + 2 \sum_{n=1}^{\infty} \frac{H_n^2 - H_n^{(2)}}{n^3 2^n}$$

$$= -\ln^2(2) \int_0^{\frac{1}{2}} \frac{\ln^2(1-x)}{x(1-x)} dx - 2\ln(2) \int_0^{\frac{1}{2}} \frac{\ln(x)\ln^2(1-x)}{x(1-x)} dx$$

$$+ 2 \sum_{n=1}^{\infty} \frac{H_n^2}{n^3 2^n} - 2 \sum_{n=1}^{\infty} \frac{H_n^{(2)}}{n^3 2^n}$$

Reorganizing the terms, we have

$$\sum_{n=1}^{\infty} \frac{H_n^2}{n^3 2^n} = \sum_{n=1}^{\infty} \frac{H_n^{(2)}}{n^3 2^n} + \frac{1}{2} \underbrace{\int_0^{\frac{1}{2}} \frac{\ln^2(1-x)\ln^2(x)}{x(1-x)} dx}_{I_1}$$

$$+ \ln(2) \underbrace{\int_0^{\frac{1}{2}} \frac{\ln(x)\ln^2(1-x)}{x(1-x)} dx}_{I_2} + \frac{1}{2} \ln^2(2) \underbrace{\int_0^{\frac{1}{2}} \frac{\ln^2(1-x)}{x(1-x)} dx}_{I_3}. \qquad (4.177)$$

For I_1, set $a = 2$ in (3.86),

$$I_1 = \int_0^{\frac{1}{2}} \frac{\ln^2(1-x)\ln^2(x)}{x(1-x)} dx = \int_0^1 \frac{\ln^2(1-x)\ln^2(x)}{x} dx$$

$$\{\text{expand } \ln^2(1-x) \text{ in series given in } (2.6)\}$$

$$= 2 \sum_{n=1}^{\infty} \frac{H_{n-1}}{n} \int_0^1 x^{n-1} \ln^2(x) dx$$

$$= 2 \sum_{n=1}^{\infty} \frac{H_n - \frac{1}{n}}{n} \left(\frac{2!}{n^3} \right) = 4 \sum_{n=1}^{\infty} \frac{H_n}{n^4} - 4\zeta(5)$$

$$\{\text{substitute the result from } (4.6)\}$$

$$= 8\zeta(5) - 4\zeta(2)\zeta(3). \qquad (4.178)$$

For I_2,

$$I_2 = \int_0^{\frac{1}{2}} \frac{\ln(x)\ln^2(1-x)}{x(1-x)} dx \stackrel{1-x=y}{=} \underbrace{\int_{\frac{1}{2}}^1 \frac{\ln(1-y)\ln^2(y)}{y(1-y)} dy}_{\int_0^1 - \int_0^{1/2}}$$

$$= \int_0^1 \frac{\ln(1-y)\ln^2(y)}{y(1-y)} dy - \int_0^{\frac{1}{2}} \frac{\ln(1-y)\ln^2(y)}{y(1-y)} dy$$

$$\{\text{set } a = 2 \text{ in } (3.88) \text{ to get the first integral}\}$$

$$\left\{ \text{and write } \frac{1}{y(1-y)} = \frac{1}{y} + \frac{1}{1-y} \text{ in the second one} \right\}$$

$$= -2\sum_{n=1}^{\infty}\frac{H_n}{n^3} - \underbrace{\int_0^{\frac{1}{2}}\frac{\ln(1-y)\ln^2(y)}{y}dy}_{\text{IBP}} - \int_0^{\frac{1}{2}}\frac{\ln(1-y)\ln^2(y)}{1-y}dy$$

$$= -2\sum_{n=1}^{\infty}\frac{H_n}{n^3} - \frac{1}{3}\ln^4(2) - \frac{1}{3}\int_0^{\frac{1}{2}}\frac{\ln^3(y)}{1-y}dy - \int_0^{\frac{1}{2}}\frac{\ln(1-y)\ln^2(y)}{1-y}dy$$

{recall the results from (4.5), (3.34), and (3.142)}

$$= 2\operatorname{Li}_4\left(\frac{1}{2}\right) - \frac{9}{4}\zeta(4) + \frac{7}{4}\ln^2(2)\zeta(3) + -\frac{1}{2}\ln^2(2)\zeta(2) + \frac{1}{12}\ln^4(2).$$

For I_3,

$$I_3 = \int_0^{\frac{1}{2}}\frac{\ln^2(1-x)}{x(1-x)}dx \stackrel{1-x=y}{=} \int_{\frac{1}{2}}^{1}\frac{\ln^2(y)}{(1-y)y}dy$$

$$= \int_{\frac{1}{2}}^{1}\frac{\ln^2(y)}{y}dy + \underbrace{\int_{\frac{1}{2}}^{1}\frac{\ln^2(y)}{1-y}dy}_{\int_0^1 - \int_0^{1/2}}$$

$$= \frac{1}{3}\ln^3(2) + \int_0^1\frac{\ln^2(y)}{1-y}dy - \int_0^{\frac{1}{2}}\frac{\ln^2(y)}{1-y}dy$$

{collect the results from (3.3) and (3.33)}

$$= \frac{1}{4}\zeta(3).$$

Substitute the results of I_1, I_2, and I_3 along with the result from (4.172) in (4.177) to complete the solution. For a different method, check [21].

4.4.14 $\sum_{n=1}^{\infty}\frac{H_n H_n^{(2)}}{n^2 2^n}$

The following sum is proposed by Cornel Vălean (see [?]):

$$\sum_{n=1}^{\infty}\frac{H_n H_n^{(2)}}{n^2 2^n} = 2\operatorname{Li}_5\left(\frac{1}{2}\right) + \ln(2)\operatorname{Li}_4\left(\frac{1}{2}\right) - \frac{31}{32}\zeta(5) + \frac{1}{8}\ln(2)\zeta(4)$$

$$+ \frac{1}{8}\zeta(2)\zeta(3) - \frac{1}{12}\ln^3(2)\zeta(2) + \frac{1}{40}\ln^5(2). \qquad (4.179)$$

Solution Divide both sides of (2.72):

$$-\int_0^1 x^{n-1}\ln^3(1-x)dx = \frac{H_n^3 + 3H_n H_n^{(2)} + 2H_n^{(3)}}{n}$$

4.4. Harmonic Series with Powers of 2 in the Denominator

by $n2^n$ then consider the summation over $n \geq 1$,

$$\sum_{n=1}^{\infty} \frac{H_n^3}{n^2 2^n} + 3 \sum_{n=1}^{\infty} \frac{H_n H_n^{(2)}}{n^2 2^n} + 2 \sum_{n=1}^{\infty} \frac{H_n^{(3)}}{n^2 2^n} = -\int_0^1 \frac{\ln^3(1-x)}{x} \left(\sum_{n=1}^{\infty} \frac{(x/2)^n}{n} \right) dx$$

{use the geometric series formula}

$$= \int_0^1 \frac{\ln^3(1-x) \ln(1-x/2)}{x} dx \stackrel{1-x=y}{=} \int_0^1 \frac{\ln^3(y) \ln\left(\frac{1+y}{2}\right)}{1-y} dy$$

{set $a = 3$ in (3.92)}

$$= -6 \sum_{n=1}^{\infty} \frac{(-1)^n H_n^{(4)}}{n}.$$

Substituting the result of the latter sum from (4.155),

$$\sum_{n=1}^{\infty} \frac{H_n^3}{n^2 2^n} + 3 \sum_{n=1}^{\infty} \frac{H_n H_n^{(2)}}{n^2 2^n} + 2 \sum_{n=1}^{\infty} \frac{H_n^{(3)}}{n^2 2^n} = 12\zeta(5) - \frac{21}{4} \ln(2)\zeta(4) - \frac{9}{4}\zeta(2)\zeta(3).$$

(4.180)

Next, divide both sides of (2.22):

$$-\frac{\ln^3(1-x)}{1-x} = \sum_{n=1}^{\infty} x^n \left(H_n^3 - 3H_n H_n^{(2)} + 2H_n^{(3)} \right)$$

by x, then integrate using $\int_0^{\frac{1}{2}} x^{n-1} dx = \frac{1}{n 2^n}$,

$$\sum_{n=1}^{\infty} \frac{H_n^3 - 3H_n H_n^{(2)} + 2H_n^{(3)}}{n 2^n} = -\int_0^{\frac{1}{2}} \frac{\ln^3(1-x)}{x(1-x)} dx. \quad (4.181)$$

On the other hand, multiply both sides of (2.22) by $-\frac{\ln(x)}{x}$ then integrate,

$$\int_0^{\frac{1}{2}} \frac{\ln^3(1-x) \ln(x)}{x(1-x)} dx$$

$$= \sum_{n=1}^{\infty} \left(H_n^3 - 3H_n H_n^{(2)} + 2H_n^{(3)} \right) \left(-\int_0^{\frac{1}{2}} x^{n-1} \ln(x) dx \right)$$

$$\stackrel{IBP}{=} \sum_{n=1}^{\infty} \left(H_n^3 - 3H_n H_n^{(2)} + 2H_n^{(3)} \right) \left(\frac{\ln(2)}{n 2^n} + \frac{1}{n^2 2^n} \right).$$

Distribute then rearrange the terms,

$$\sum_{n=1}^{\infty} \frac{H_n^3}{n^2 2^n} - 3 \sum_{n=1}^{\infty} \frac{H_n H_n^{(2)}}{n^2 2^n} + 2 \sum_{n=1}^{\infty} \frac{H_n^{(3)}}{n^2 2^n}$$

$$= \int_0^{\frac{1}{2}} \frac{\ln^3(1-x)\ln(x)}{x(1-x)} dx - \ln(2) \sum_{n=1}^{\infty} \frac{H_n^3 - 3H_n H_n^{(2)} + 2H_n^{(3)}}{n 2^n}$$

$$\left\{ \text{the latter sum is equal to } -\int_0^{\frac{1}{2}} \frac{\ln^3(1-x)}{x(1-x)} dx \text{ given in (4.181)} \right\}$$

$$= \underbrace{\int_0^{\frac{1}{2}} \frac{\ln^3(1-x)\ln(x)}{x(1-x)} dx}_{I_1} + \ln(2) \underbrace{\int_0^{\frac{1}{2}} \frac{\ln^3(1-x)}{x(1-x)} dx}_{I_2}.$$

For I_1,

$$\int_0^{\frac{1}{2}} \frac{\ln^3(1-x)\ln(x)}{x} dx + \underbrace{\int_0^{\frac{1}{2}} \frac{\ln^3(1-x)\ln(x)}{1-x} dx}_{\text{IBP}}$$

$$= \left(\int_0^1 - \int_{\frac{1}{2}}^1\right) \frac{\ln^3(1-x)\ln(x)}{x} dx + \frac{1}{4} \ln^5(2) + \frac{1}{4} \underbrace{\int_0^{\frac{1}{2}} \frac{\ln^4(1-x)}{x} dx}_{1-x \to x}$$

$$= \underbrace{\int_0^1 \frac{\ln^3(1-x)\ln(x)}{x} dx}_{1-x \to x} - \int_{\frac{1}{2}}^1 \frac{\ln^3(1-x)\ln(x)}{x} dx + \frac{1}{4} \ln^5(2)$$

$$+ \frac{1}{4} \underbrace{\int_{\frac{1}{2}}^1 \frac{\ln^4(x)}{1-x} dx}_{\int_0^1 - \int_0^{1/2}}$$

$$= \int_0^1 \frac{\ln^3(x)\ln(1-x)}{1-x} dx - \int_{\frac{1}{2}}^1 \frac{\ln^3(1-x)\ln(x)}{x} dx + \frac{1}{4} \ln^5(2)$$

$$+ \frac{1}{4} \int_0^1 \frac{\ln^4(x)}{1-x} dx - \frac{1}{4} \int_0^{\frac{1}{2}} \frac{\ln^4(x)}{1-x} dx$$

{recall the relation involving the second integral from (3.146)}

$$= \frac{1}{2} \int_0^1 \frac{\ln^3(x)\ln(1-x)}{1-x} dx - \frac{1}{2} \int_0^{\frac{1}{2}} \frac{\ln^4(x)}{1-x} dx + \frac{1}{4} \int_0^1 \frac{\ln^4(x)}{1-x} dx$$

$$- \frac{3}{8} \zeta(5) + \frac{1}{10} \ln^5(2)$$

{put together the results from (3.124), (3.35), and (3.5)}

$$= -12 \operatorname{Li}_5\left(\frac{1}{2}\right) - 12 \ln(2) \operatorname{Li}_4\left(\frac{1}{2}\right) + \frac{285}{16} \zeta(5) - 3\zeta(2)\zeta(3) - \frac{21}{4} \ln^2(2)\zeta(3)$$

$$+ 2 \ln^3(2)\zeta(2) - \frac{2}{5} \ln^5(2).$$

4.4. Harmonic Series with Powers of 2 in the Denominator

For I_2,

$$\int_0^{\frac{1}{2}} \frac{\ln^3(1-x)}{x(1-x)}dx \stackrel{1-x=y}{=} \int_{\frac{1}{2}}^1 \frac{\ln^3(y)}{y(1-y)}dy = \int_{\frac{1}{2}}^1 \frac{\ln^3(y)}{y}dy + \underbrace{\int_{\frac{1}{2}}^1 \frac{\ln^3(y)}{1-y}dy}_{\int_0^1 - \int_0^{1/2}}$$

$$= -\frac{1}{4}\ln^4(2) + \int_0^1 \frac{\ln^3(y)}{1-y}dy - \int_0^{\frac{1}{2}} \frac{\ln^3(y)}{1-y}dy$$

{collect the results from (3.4) and (3.34)}

$$= 6\operatorname{Li}_4\left(\frac{1}{2}\right) - 6\zeta(4) + \frac{21}{4}\ln(2)\zeta(3) - \frac{3}{2}\ln^2(2)\zeta(2) + \frac{1}{4}\ln^4(2).$$

Combine the results of I_1 and I_2,

$$\sum_{n=1}^{\infty} \frac{H_n^3}{n^2 2^n} - 3\sum_{n=1}^{\infty} \frac{H_n H_n^{(2)}}{n^2 2^n} + 2\sum_{n=1}^{\infty} \frac{H_n^{(3)}}{n^2 2^n} = -12\operatorname{Li}_5\left(\frac{1}{2}\right) - 6\ln(2)\operatorname{Li}_4\left(\frac{1}{2}\right)$$
$$+\frac{285}{16}\zeta(5) - 6\ln(2)\zeta(4) - 3\zeta(2)\zeta(3) + \frac{1}{2}\ln^3(2)\zeta(2) - \frac{3}{20}\ln^5(2). \quad (4.182)$$

Taking the difference of (4.180) and (4.182) then dividing by 6 finishes the solution.

4.4.15 $\sum_{n=1}^{\infty} \frac{H_n^3}{n^2 2^n}$

The following sum is proposed by Cornel Vălean (see [?]):

$$\sum_{n=1}^{\infty} \frac{H_n^3}{n^2 2^n} = -14\operatorname{Li}_5\left(\frac{1}{2}\right) - 9\ln(2)\operatorname{Li}_4\left(\frac{1}{2}\right) + \frac{279}{16}\zeta(5) - \frac{25}{4}\ln(2)\zeta(4)$$
$$-\frac{7}{8}\zeta(2)\zeta(3) - \frac{7}{4}\ln^2(2)\zeta(3) + \frac{13}{12}\ln^3(2)\zeta(2) - \frac{31}{120}\ln^5(2). \quad (4.183)$$

Solution Combining (4.180) and (4.182) yields

$$2\sum_{n=1}^{\infty} \frac{H_n^3}{n^2 2^n} + 4\sum_{n=1}^{\infty} \frac{H_n^{(3)}}{n^2 2^n} = -12\operatorname{Li}_5\left(\frac{1}{2}\right) - 6\ln(2)\operatorname{Li}_4\left(\frac{1}{2}\right) + \frac{477}{16}\zeta(5)$$
$$-\frac{45}{4}\ln(2)\zeta(4) - \frac{21}{4}\zeta(2)\zeta(3) + \frac{1}{2}\ln^3(2)\zeta(2) - \frac{3}{20}\ln^5(2).$$

Plug in the result from (4.175) then divide by 2 to finish the solution.

4.5 Harmonic Series with Powers of $2n+1$ in the Denominator

4.5.1 $\sum_{n=0}^{\infty} \frac{(-1)^n H_{2n+1}}{2n+1}$

Show that

$$\sum_{n=0}^{\infty} \frac{(-1)^n H_{2n+1}}{2n+1} = G - \frac{\pi}{8}\ln(2). \qquad (4.184)$$

Solution Set $a_n = \frac{H_n}{n}$ in (1.11):

$$\sum_{n=0}^{\infty} (-1)^n a_{2n+1} = \Im \sum_{n=1}^{\infty} i^n a_n,$$

we have

$$\sum_{n=0}^{\infty} \frac{(-1)^n H_{2n+1}}{2n+1} = \Im \sum_{n=1}^{\infty} \frac{i^n H_n}{n}$$

$\{$let $x = i$ in the generating function in (2.7)$\}$

$$= \Im \left\{ \text{Li}_2(i) + \frac{1}{2}\ln^2(1-i) \right\}.$$

Gather the values from (1.108) and (1.25) to finish the solution.

4.5.2 $\sum_{n=0}^{\infty} \frac{(-1)^n H_{2n+1}}{(2n+1)^2}$

Show that

$$\sum_{n=0}^{\infty} \frac{(-1)^n H_{2n+1}}{(2n+1)^2} = -\Im \text{Li}_3(1-i) - \frac{\pi}{16}\ln^2(2) - \frac{1}{2}\ln(2)G. \qquad (4.185)$$

Solution Let $a_n = \frac{H_n}{n^2}$ in (1.11),

$$\sum_{n=0}^{\infty} \frac{(-1)^n H_{2n+1}}{(2n+1)^2} = \Im \sum_{n=1}^{\infty} \frac{i^n H_n}{n^2}$$

$\{$set $x = i$ in the generating function in (2.8)$\}$

$$= \Im \left\{ \text{Li}_3(i) - \text{Li}_3(1-i) + \ln(1-i)\text{Li}_2(1-i) + \frac{1}{2}\ln(i)\ln^2(1-i) + \zeta(3) \right\}.$$

Gather the values from (1.109), (4.141), (1.26), and (1.25) to finish the solution.

4.5.3 $\sum_{n=0}^{\infty} \frac{(-1)^n H_{2n+1}^{(2)}}{2n+1}$

Show that

$$\sum_{n=0}^{\infty} \frac{(-1)^n H_{2n+1}^{(2)}}{2n+1} = 2\,\Im\,\text{Li}_3(1-i) + \frac{17\pi^3}{192} + \frac{\pi}{8}\ln^2(2) + \frac{1}{2}\ln(2)G. \quad (4.186)$$

Solution Set $a_n = \frac{H_n^{(2)}}{n}$ in (1.11),

$$\sum_{n=0}^{\infty} \frac{(-1)^n H_{2n+1}^{(2)}}{2n+1} = \Im \sum_{n=1}^{\infty} \frac{i^n H_n^{(2)}}{n}$$

{employ the generating function in (2.10)}

$$= \Im\left\{\text{Li}_3(i) + 2\,\text{Li}_3(1-i) - \ln(1-i)\,\text{Li}_2(1-i) - \zeta(2)\ln(1-i) - 2\zeta(3)\right\}.$$

These terms are given in (1.109), (4.141), and (1.25).

4.5.4 $\sum_{n=1}^{\infty} \frac{H_n}{(2n+1)^2}$

Show that

$$\sum_{n=1}^{\infty} \frac{H_n}{(2n+1)^2} = \frac{7}{4}\zeta(3) - \frac{3}{2}\ln(2)\zeta(2). \quad (4.187)$$

Solution Replace x by x^2 in (2.4),

$$\sum_{n=1}^{\infty} H_n x^{2n} = -\frac{\ln(1-x^2)}{1-x^2}.$$

Multiply both sides by $-\ln(x)$ then integrate using:

$$-\int_0^1 x^{2n}\ln(x)\,\mathrm{d}x = \frac{1}{(2n+1)^2},$$

we obtain

$$\sum_{n=1}^{\infty} \frac{H_n}{(2n+1)^2} = \int_0^1 \frac{\ln(x)\ln(1-x^2)}{1-x^2}\,\mathrm{d}x$$

$$\stackrel{x=\sqrt{y}}{=} \frac{1}{4}\int_0^1 \frac{\ln(y)\ln(1-y)}{y\sqrt{1-y}}\,\mathrm{d}y.$$

This integral is calculated in (3.110).
A different way to calculate this sum may be found in (4.75).

4.5.5 $\sum_{n=0}^{\infty} \frac{(-1)^n H_n}{(2n+1)^2}$

Show that

$$\sum_{n=0}^{\infty} \frac{(-1)^n H_n}{(2n+1)^2} = 2\,\Im\operatorname{Li}_3(1-i) + \frac{3\pi^3}{32} + \frac{\pi}{8}\ln^2(2) - \ln(2)G. \qquad (4.188)$$

Solution Substitute $H_{2n} = H_{2n+1} - \frac{1}{2n+1}$ in (3.96),

$$\ln(2) + H_n - H_{2n+1} + \frac{1}{2n+1} = \int_0^1 \frac{x^{2n}}{1+x}\,dx.$$

Multiply both sides by $\frac{(-1)^n}{(2n+1)^2}$ then take the summation over $n \geq 0$,

$$\ln(2)\sum_{n=0}^{\infty}\frac{(-1)^n}{(2n+1)^2} + \sum_{n=0}^{\infty}\frac{(-1)^n H_n}{(2n+1)^2} - \sum_{n=0}^{\infty}\frac{(-1)^n H_{2n+1}}{(2n+1)^2} + \sum_{n=0}^{\infty}\frac{(-1)^n}{(2n+1)^3}$$

$$= \int_0^1 \frac{1}{1+x}\left(\sum_{n=0}^{\infty}\frac{(-1)^n x^{2n}}{(2n+1)^2}\right)dx$$

$\{$multiply the sum by $x/x\}$

$$= \int_0^1 \frac{1}{1+x}\left(\frac{1}{x}\sum_{n=0}^{\infty}\frac{(-1)^n x^{2n+1}}{(2n+1)^2}\right)dx$$

$$\left\{\text{use }\sum_{n=0}^{\infty}(-1)^n a_{2n+1} = \Im\sum_{n=1}^{\infty}i^n a_n \text{ given in (1.11)}\right\}$$

$$= \int_0^1 \frac{1}{1+x}\left(\frac{1}{x}\Im\sum_{n=1}^{\infty}\frac{i^n x^n}{n^2}\right)dx$$

$$= \int_0^1 \frac{1}{1+x}\left(\Im\frac{\operatorname{Li}_2(ix)}{x}\right)dx$$

$\{$make use of (1.111) for $\operatorname{Li}_2(ix)\}$

$$= \int_0^1 \frac{1}{1+x}\left(\Im\int_0^1 -\frac{i\ln(y)}{1-ixy}\,dy\right)dx$$

$$\left\{\text{use the fact that }\Im\frac{i}{1-ixy} = \frac{1}{1+x^2y^2}\right\}$$

$$= \int_0^1 \frac{1}{1+x}\left(\int_0^1 -\frac{\ln(y)}{1+x^2y^2}\,dy\right)dx$$

$$\stackrel{xy=t}{=} \int_0^1 \int_0^x \frac{\ln(x/t)}{x(1+x)(1+t^2)}\,dt\,dx$$

4.5. Harmonic Series with Powers of $2n+1$ in the denominator

{change the order of integration}

$$= \int_0^1 \frac{1}{1+t^2} \left(\int_t^1 \frac{\ln(x/t)}{x(1+x)} dx \right) dt$$

{evaluate the inner integral by partial fraction decoposition}

$$= \int_0^1 \frac{1}{1+t^2} \left(\operatorname{Li}_2(-t) + \frac{1}{2} \ln^2(t) + \ln(2)\ln(t) + \frac{\pi^2}{12} \right) dt$$

$$= \int_0^1 \frac{\operatorname{Li}_2(-t)}{1+t^2} dt + \frac{1}{2} \int_0^1 \frac{\ln^2(t)}{1+t^2} dt + \ln(2) \int_0^1 \frac{\ln(t)}{1+t^2} dt + \frac{\pi^2}{12} \int_0^1 \frac{dt}{1+t^2}$$

$$\left\{ \text{expand } \frac{1}{1+t^2} \text{ in series in the second and third integrals} \right\}$$

$$= \int_0^1 \frac{\operatorname{Li}_2(-t)}{1+t^2} dt + \frac{1}{2} \sum_{n=0}^\infty (-1)^n \int_0^1 x^{2n} \ln^2(t) dt$$

$$+ \ln(2) \sum_{n=0}^\infty (-1)^n \int_0^1 x^{2n} \ln(t) dt + \frac{\pi^2}{12} \left(\frac{\pi}{4} \right)$$

$$= \int_0^1 \frac{\operatorname{Li}_2(-t)}{1+t^2} dt + \sum_{n=0}^\infty \frac{(-1)^n}{(2n+1)^3} - \ln(2) \sum_{n=0}^\infty \frac{(-1)^n}{(2n+1)^2} + \frac{\pi^3}{48}.$$

Reorganize the terms,

$$\sum_{n=0}^\infty \frac{(-1)^n H_n}{(2n+1)^2} = \sum_{n=0}^\infty \frac{(-1)^n H_{2n+1}}{(2n+1)^2} - 2\ln(2) \sum_{n=0}^\infty \frac{(-1)^n}{(2n+1)^2}$$

$$+ \int_0^1 \frac{\operatorname{Li}_2(-t)}{1+t^2} dt + \frac{\pi^3}{48}. \qquad (4.189)$$

Put together the results from (4.185), (1.205), and (3.147) to end the solution.

4.5.6 $\sum_{n=0}^\infty \frac{(-1)^n H_n^{(2)}}{2n+1}$

$$\sum_{n=0}^\infty \frac{(-1)^n H_n^{(2)}}{2n+1} = 4\Im \operatorname{Li}_3(1-i) + \frac{5\pi^3}{48} + \frac{\pi}{4}\ln^2(2) + 2\ln(2)G. \qquad (4.190)$$

Solution We begin with expanding $\arctan x$ in series in the following integral:

$$\int_0^1 \frac{\ln(x)\arctan x}{x(1+x)} dx = \sum_{n=0}^\infty \frac{(-1)^n}{2n+1} \int_0^1 \frac{x^{2n}\ln(x)}{1+x} dx$$

$$= \sum_{n=0}^{\infty} \frac{(-1)^n}{2n+1} \int_0^1 \frac{\partial}{\partial n} \frac{1}{2} \frac{x^{2n}}{1+x} dx$$

{use differentiation under the integral sign theorem given in (2.78)}

$$= \frac{1}{2} \sum_{n=0}^{\infty} \frac{(-1)^n}{2n+1} \frac{d}{dn} \int_0^1 \frac{x^{2n}}{1+x} dx$$

{recall the result from (3.96)}

$$= \frac{1}{2} \sum_{n=0}^{\infty} \frac{(-1)^n}{2n+1} \frac{d}{dn} \left(H_n - H_{2n} + \ln 2 \right)$$

{use the derivative of the harmonic number given in (1.157)}

$$= \frac{1}{2} \sum_{n=0}^{\infty} \frac{(-1)^n}{2n+1} \left(2H_{2n}^{(2)} - H_n^{(2)} - \zeta(2) \right)$$

$$= \sum_{n=0}^{\infty} \frac{(-1)^n H_{2n}^{(2)}}{2n+1} - \frac{1}{2} \sum_{n=0}^{\infty} \frac{(-1)^n H_n^{(2)}}{2n+1} - \frac{1}{2} \zeta(2) \sum_{n=0}^{\infty} \frac{(-1)^n}{2n+1}$$

$$\left\{ \text{write } H_{2n}^{(2)} = H_{2n+1}^{(2)} - \frac{1}{(2n+1)^2} \text{ in the first sum} \right\}$$

$$= \sum_{n=0}^{\infty} \frac{(-1)^n H_{2n+1}^{(2)}}{2n+1} - \frac{1}{2} \sum_{n=0}^{\infty} \frac{(-1)^n H_n^{(2)}}{2n+1} - \sum_{n=0}^{\infty} \frac{(-1)^n}{(2n+1)^3} - \frac{1}{2} \zeta(2) \sum_{n=0}^{\infty} \frac{(-1)^n}{2n+1}. \tag{4.191}$$

On the other hand, we have

$$\int_0^1 \frac{\ln(x) \arctan x}{x(1+x)} dx = \int_0^1 \frac{\ln(x) \arctan x}{x} dx - \int_0^1 \frac{\ln(x) \arctan x}{1+x} dx$$

{expand $\arctan x$ in series in the first integral}

$$= \sum_{n=0}^{\infty} \frac{(-1)^n}{2n+1} \int_0^1 x^{2n} \ln(x) dx - \int_0^1 \frac{\ln(x) \arctan x}{1+x} dx$$

$$= -\sum_{n=0}^{\infty} \frac{(-1)^n}{(2n+1)^3} - \int_0^1 \frac{\ln(x) \arctan x}{1+x} dx. \tag{4.192}$$

Combine (4.191) and (4.192),

$$\sum_{n=0}^{\infty} \frac{(-1)^n H_n^{(2)}}{2n+1} = 2 \sum_{n=0}^{\infty} \frac{(-1)^n H_{2n+1}^{(2)}}{2n+1} - \zeta(2) \sum_{n=0}^{\infty} \frac{(-1)^n}{2n+1} + 2 \int_0^1 \frac{\ln(x) \arctan x}{1+x} dx.$$

Gather the results from (4.186), (1.93), and (3.149) to finish the solution.

4.5. Harmonic Series with Powers of $2n+1$ in the denominator

4.5.7 $\sum_{n=0}^{\infty} \frac{(-1)^n H_{2n+1}}{(2n+1)^3}$

Show that

$$\sum_{n=0}^{\infty} \frac{(-1)^n H_{2n+1}}{(2n+1)^3} = 2\beta(4) - \frac{35\pi}{128}\zeta(3). \qquad (4.193)$$

Solution Multiply both sides of (2.44):

$$\frac{\arctan x}{1+x^2} = \frac{1}{2}\sum_{n=0}^{\infty}(-1)^n(H_n - 2H_{2n})x^{2n-1}$$

by $x\ln^2(x)$ then integrate from $x=0$ to 1,

$$\int_0^1 \frac{x\ln^2(x)\arctan x}{1+x^2}dx = \frac{1}{2}\sum_{n=0}^{\infty}(-1)^n(H_n - 2H_{2n})\int_0^1 x^{2n}\ln^2(x)dx$$

$$= \frac{1}{2}\sum_{n=0}^{\infty}(-1)^n(H_n - 2H_{2n})\left(\frac{2}{(2n+1)^3}\right)$$

$$= \sum_{n=0}^{\infty}\frac{(-1)^n H_n}{(2n+1)^3} - 2\sum_{n=0}^{\infty}\frac{(-1)^n H_{2n}}{(2n+1)^3}$$

$$\left\{\text{use } H_{2n} = H_{2n+1} - \frac{1}{2n+1} \text{ in the last series}\right\}$$

$$= \sum_{n=0}^{\infty}\frac{(-1)^n H_n}{(2n+1)^3} - 2\sum_{n=0}^{\infty}\frac{(-1)^n H_{2n+1}}{(2n+1)^3} + 2\sum_{n=0}^{\infty}\frac{(-1)^n}{(2n+1)^4}.$$

Rearrange the terms,

$$2\sum_{n=0}^{\infty}\frac{(-1)^n H_{2n+1}}{(2n+1)^3} = \sum_{n=0}^{\infty}\frac{(-1)^n H_n}{(2n+1)^3} + 2\sum_{n=0}^{\infty}\frac{(-1)^n}{(2n+1)^4}$$

$$- \int_0^1 \frac{x\ln^2(x)\arctan x}{1+x^2}dx$$

$$\left\{\text{write } 2\sum_{n=0}^{\infty}\frac{(-1)^n}{(2n+1)^4} = \int_0^1 \frac{\ln^2(x)\arctan x}{x}dx,\right\}$$

{which follows from expanding $\arctan x$ in series then integrating}

$$= \sum_{n=0}^{\infty}\frac{(-1)^n H_n}{(2n+1)^3} + \int_0^1 \frac{\ln^2(x)\arctan x}{x}dx - \int_0^1 \frac{x\ln^2(x)\arctan x}{1+x^2}dx$$

$$= \sum_{n=0}^{\infty} \frac{(-1)^n H_n}{(2n+1)^3} + \int_0^1 \left(\frac{1}{x} - \frac{x}{1+x^2}\right) \ln^2(x) \arctan x \, dx$$

$$= \sum_{n=0}^{\infty} \frac{(-1)^n H_n}{(2n+1)^3} + \int_0^1 \frac{\ln^2(x) \arctan x}{x(1+x^2)} dx.$$

Collect the results from (4.94) and (3.150) then divide by 2 to finish the solution.

4.5.8 $\sum_{n=0}^{\infty} \frac{(-1)^n H_{2n+1}^{(2)}}{(2n+1)^2}$

Show that

$$\sum_{n=0}^{\infty} \frac{(-1)^n H_{2n+1}^{(2)}}{(2n+1)^2} = -\beta(4) + \frac{35\pi}{64}\zeta(3) - \frac{\pi^2}{48}G. \qquad (4.194)$$

Solution Set $x = i$ in (2.83) then take the imaginary parts of both sides,

$$\Im \operatorname{Li}_2^2(i) = 4\Im \sum_{n=1}^{\infty} \frac{H_n}{n^3} x^i + 2\Im \sum_{n=1}^{\infty} \frac{H_n^{(2)}}{n^2} x^i - 6\Im \operatorname{Li}_4(i).$$

Use $\Im \sum_{n=1}^{\infty} i^n a_n = \sum_{n=0}^{\infty} (-1)^n a_{2n+1}$ given in (1.11),

$$\sum_{n=0}^{\infty} \frac{(-1)^n H_{2n+1}^{(2)}}{(2n+1)^2} = 3\Im \operatorname{Li}_4(i) + \frac{1}{2}\Im \operatorname{Li}_2^2(i) - 2\sum_{n=0}^{\infty} \frac{(-1)^n H_{2n+1}}{(2n+1)^3}.$$

Using the value from (1.108), we have

$$\operatorname{Li}_2^2(i) = \frac{5}{128}\zeta(4) - G^2 - \left(\frac{\pi^2}{24}G\right)i.$$

Collect this result along with these from (1.110) and (4.193), the solution is finished.

4.5.9 $\sum_{n=1}^{\infty} \frac{H_n^{(2)}}{(2n+1)^2}$

Show that

$$\sum_{n=1}^{\infty} \frac{H_n^{(2)}}{(2n+1)^2} = 8\operatorname{Li}_4\left(\frac{1}{2}\right) - \frac{121}{16}\zeta(4) + 7\ln(2)\zeta(3) - 2\ln^2(2)\zeta(2) + \frac{1}{3}\ln^4(2).$$
(4.195)

4.5. Harmonic Series with Powers of $2n+1$ in the denominator

Solution (i) We have

$$\frac{1}{(2n+1)^2} = -\int_0^1 x^{2n} \ln(x) dx.$$

Multiply both sides by $H_n^{(2)}$ then take the summation over $n \geq 1$,

$$\sum_{n=1}^{\infty} \frac{H_n^{(2)}}{(2n+1)^2} = -\sum_{n=1}^{\infty} H_n^{(2)} \int_0^1 x^{2n} \ln(x) dx$$

$$= -\int_0^1 \ln(x) \left(\sum_{n=1}^{\infty} (x^2)^n H_n^{(2)} \right) dx$$

{replace x by x^2 in the generating function in (2.2)}

$$= -\int_0^1 \frac{\ln(x) \operatorname{Li}_2(x^2)}{1-x^2} dx$$

{write $\operatorname{Li}_2(x^2) = 2\operatorname{Li}_2(x) + 2\operatorname{Li}_2(-x)$ given in (1.115)}

$$= -2\int_0^1 \frac{\ln(x) \operatorname{Li}_2(x)}{1-x^2} dx - 2\int_0^1 \frac{\ln(x) \operatorname{Li}_2(-x)}{1-x^2} dx$$

$$= \underbrace{-\int_0^1 \frac{\ln(x) \operatorname{Li}_2(x)}{1-x} dx}_{I_1} \underbrace{-\int_0^1 \frac{\ln(x) \operatorname{Li}_2(x)}{1+x} dx}_{I_2} \underbrace{-\int_0^1 \frac{\ln(x) \operatorname{Li}_2(-x)}{1-x} dx}_{I_3}$$

$$\underbrace{-\int_0^1 \frac{\ln(x) \operatorname{Li}_2(-x)}{1+x} dx}_{I_4}.$$

For I_1,

$$I_1 = \int_0^1 \frac{\ln(x) \operatorname{Li}_2(x)}{1-x} dx$$

$$\left\{ \text{write } \frac{\operatorname{Li}_2(x)}{1-x} = \sum_{n=1}^{\infty} H_{n-1}^{(2)} x^{n-1} \text{ given in (2.3)} \right\}$$

$$= \sum_{n=1}^{\infty} H_{n-1}^{(2)} \int_0^1 x^{n-1} \ln(x) dx = -\sum_{n=1}^{\infty} \frac{H_{n-1}^{(2)}}{n^2}$$

$$= -\sum_{n=1}^{\infty} \frac{H_n^{(2)} - \frac{1}{n^2}}{n^2} = -\sum_{n=1}^{\infty} \frac{H_n^{(2)}}{n^2} + \zeta(4).$$

For I_2,

$$I_2 = \int_0^1 \frac{\ln(x) \operatorname{Li}_2(x)}{1+x} dx$$

$$= -\sum_{n=1}^{\infty}(-1)^n \int_0^1 x^{n-1}\ln(x)\operatorname{Li}_2(x)\,\mathrm{d}x \quad \{\text{expand } 1/(1+x) \text{ in series}\}$$

$$= -\sum_{n=1}^{\infty}(-1)^n\left(\frac{H_n^{(2)}}{n^2} + \frac{2H_n}{n^3} - \frac{2\zeta(2)}{n^2}\right).$$

For I_3,

$$I_3 = \int_0^1 \frac{\ln(x)\operatorname{Li}_2(-x)}{1-x}\,\mathrm{d}x$$

$$\{\text{expand } \operatorname{Li}_2(-x) \text{ in series}\}$$

$$= \sum_{n=1}^{\infty}\frac{(-1)^n}{n^2}\int_0^1 \frac{x^n \ln(x)}{1-x}\,\mathrm{d}x$$

$$\{\text{set } a = 2 \text{ in (1.153) to get the integral}\}$$

$$= \sum_{n=1}^{\infty}\frac{(-1)^n}{n^2}\left(H_n^{(2)} - \zeta(2)\right).$$

For I_4,

$$I_4 = \int_0^1 \frac{\ln(x)\operatorname{Li}_2(-x)}{1+x}\,\mathrm{d}x$$

$$\left\{\text{replace } x \text{ by } -x \text{ in } \frac{\operatorname{Li}_2(x)}{1-x} = \sum_{n=1}^{\infty} H_{n-1}^{(2)} x^{n-1} \text{ given in (2.3)}\right\}$$

$$= -\sum_{k=1}^{\infty}(-1)^n H_{n-1}^{(2)} \int_0^1 x^{n-1}\ln(x)\,\mathrm{d}x$$

$$= \sum_{n=1}^{\infty}(-1)^n \frac{H_{n-1}^{(2)}}{n^2} = \sum_{n=1}^{\infty}(-1)^n \frac{H_n^{(2)} - \frac{1}{n^2}}{n^2}$$

$$= \sum_{n=1}^{\infty}\frac{(-1)^n H_n^{(2)}}{n^2} + \frac{7}{8}\zeta(4).$$

Gathering the four integrals,

$$\sum_{n=1}^{\infty}\frac{H_n^{(2)}}{(2n+1)^2} = 2\sum_{n=1}^{\infty}\frac{(-1)^n H_n}{n^3} - \sum_{k=1}^{\infty}\frac{(-1)^n H_n^{(2)}}{n^2} + \sum_{n=1}^{\infty}\frac{H_n^{(2)}}{n^2} - \frac{5}{8}\zeta(4).$$

Combining the results from (4.144), (4.145), and (2.98) completes the solution.

4.5. Harmonic Series with Powers of $2n+1$ in the denominator

Solution (ii) Set $p = q = 2$ in the third application of Abel's summation in (2.105),

$$\sum_{n=1}^{\infty} \frac{H_n^{(2)}}{(2n+1)^2} = \frac{5}{8}\zeta(4) - \frac{1}{4}\sum_{n=1}^{\infty} \frac{H_n^{(2)}}{n^2} - \frac{1}{2}\sum_{n=1}^{\infty} \frac{(-1)^n H_n^{(2)}}{n^2},$$

and the solution finalizes on substituting the results from (4.145) and (2.98).

4.5.10 $\sum_{n=1}^{\infty} \frac{H_n^2}{(2n+1)^2}$

Show that

$$\sum_{n=1}^{\infty} \frac{H_n^2}{(2n+1)^2} = 8\operatorname{Li}_4\left(\frac{1}{2}\right) - \frac{61}{16}\zeta(4) + \ln^2(2)\zeta(2) + \frac{1}{3}\ln^4(2). \quad (4.196)$$

Solution Replace x by x^2 in (2.11),

$$\frac{\ln^2(1-x^2)}{1-x^2} = \sum_{n=1}^{\infty} (H_n^2 - H_n^{(2)}) x^{2n}.$$

Multiply both sides by $-\ln(x)$ then integrate from $x = 0$ to 1,

$$\sum_{n=1}^{\infty} \frac{H_n^2 - H_n^{(2)}}{(2n+1)^2} = -\int_0^1 \frac{\ln(x)\ln^2(1-x^2)}{1-x^2} dx$$

$$\stackrel{\sqrt{x}=y}{=} -\frac{1}{4}\int_0^1 \frac{\ln(y)\ln^2(1-y)}{\sqrt{y}(1-y)} dy.$$

Reorder the terms,

$$\sum_{n=1}^{\infty} \frac{H_n^2}{(2n+1)^2} = \sum_{n=1}^{\infty} \frac{H_n^{(2)}}{(2n+1)^2} - \frac{1}{4}\int_0^1 \frac{\ln(y)\ln^2(1-y)}{\sqrt{y}(1-y)} dy.$$

Substitute the results from (4.195) and (3.141) to complete the solution.

4.5.11 $\sum_{n=1}^{\infty} \frac{H_n^{(2)}}{(2n+1)^3}$

Show that

$$\sum_{n=1}^{\infty} \frac{H_n^{(2)}}{(2n+1)^3} = \frac{49}{8}\zeta(2)\zeta(3) - \frac{93}{8}\zeta(5). \quad (4.197)$$

Solution Set $q = 2$ and $p = 3$ in (2.105),

$$\sum_{n=1}^{\infty} \frac{H_n^{(2)}}{(2n+1)^3} = \frac{7}{8}\zeta(2)\zeta(3) - \frac{15}{8}\sum_{n=1}^{\infty}\frac{H_n^{(3)}}{n^2} - 2\sum_{n=1}^{\infty}\frac{(-1)^n H_n^{(3)}}{n^2}.$$

The last two sums are given in (4.106) and (4.157).

4.5.12 $\sum_{n=1}^{\infty} \frac{H_n^{(3)}}{(2n+1)^2}$

Show that

$$\sum_{n=1}^{\infty} \frac{H_n^{(3)}}{(2n+1)^2} = \frac{31}{2}\zeta(5) - 8\zeta(2)\zeta(3). \tag{4.198}$$

Solution Set $q = 3$ and $p = 2$ in (2.105),

$$\sum_{n=1}^{\infty} \frac{H_n^{(3)}}{(2n+1)^2} = \frac{3}{4}\zeta(2)\zeta(3) - \frac{15}{4}\sum_{n=1}^{\infty}\frac{H_n^{(2)}}{n^3} - 4\sum_{n=1}^{\infty}\frac{(-1)^n H_n^{(2)}}{n^3}.$$

The last two sums are given in (4.103) and (4.153).

4.5.13 $\sum_{n=1}^{\infty} \frac{H_n^{(3)}}{(2n+1)^3} + 4\sum_{n=1}^{\infty} \frac{(-1)^n H_n^{(3)}}{n^3}$

Show that

$$\sum_{n=1}^{\infty} \frac{H_n^{(3)}}{(2n+1)^3} + 4\sum_{n=1}^{\infty} \frac{(-1)^n H_n^{(3)}}{n^3} = -\frac{17}{16}\zeta^2(3) - \frac{31}{16}\zeta(6). \tag{4.199}$$

Solution Set $q = p = 3$ in (2.105),

$$\sum_{n=1}^{\infty} \frac{H_n^{(3)}}{(2n+1)^3} = \frac{7}{8}\zeta^2(3) - \frac{31}{8}\sum_{n=1}^{\infty}\frac{H_n^{(3)}}{n^3} - 4\sum_{n=1}^{\infty}\frac{(-1)^n H_n^{(3)}}{n^3}.$$

The first sum is given in (2.99).

4.6 Skew Harmonic Series

4.6.1 $\sum_{n=1}^{\infty} \frac{(-1)^n \overline{H}_n}{n}$

Show that

$$\sum_{n=1}^{\infty} \frac{(-1)^n \overline{H}_n}{n} = -\frac{1}{2}\zeta(2) - \frac{1}{2}\ln^2(2). \qquad (4.200)$$

Solution Replace x by $-x$ in (2.28),

$$\sum_{n=1}^{\infty} (-1)^n \overline{H}_n x^n = \frac{\ln(1-x)}{1+x}. \qquad (4.201)$$

Divide both sides by x then integrate using $\int_0^1 x^{n-1} dx = \frac{1}{n}$,

$$\sum_{n=1}^{\infty} \frac{(-1)^n \overline{H}_n}{n} = \int_0^1 \frac{\ln(1-x)}{x(1+x)} dx = \underbrace{\int_0^1 \frac{\ln(1-x)}{x} dx}_{1-x=y} - \int_0^1 \frac{\ln(1-x)}{1+x} dx$$

$$= \int_0^1 \frac{\ln(y)}{1-y} dy - \int_0^1 \frac{\ln(1-x)}{1+x} dx.$$

Put together the results from (3.2) and (3.27) to complete the solution.
For an alternative solution, set $x = -1$ in the generating function in (2.29).

4.6.2 $\sum_{n=1}^{\infty} \frac{\overline{H}_n}{n^3}$

Show that

$$\sum_{n=1}^{\infty} \frac{\overline{H}_n}{n^3} = 2\operatorname{Li}_4\left(\frac{1}{2}\right) - \frac{3}{2}\zeta(4) - \frac{1}{2}\ln^2(2)\zeta(2) + \frac{1}{12}\ln^4(2). \qquad (4.202)$$

Solution Multiply both sides of (2.28) by $\frac{\ln^2(x)}{2x}$ then integrate using

$$\frac{1}{2}\int_0^1 x^{n-1} \ln^2(x) dx = \frac{1}{n^3},$$

$$\sum_{n=1}^{\infty} \frac{\overline{H}_n}{n^3} = \frac{1}{2}\int_0^1 \frac{\ln(1+x)\ln^2(x)}{x(1-x)} dx$$

$$= \frac{1}{2}\underbrace{\int_0^1 \frac{\ln(1+x)\ln^2(x)}{x}dx}_{\text{IBP}} + \frac{1}{2}\underbrace{\int_0^1 \frac{\ln(1+x)\ln^2(x)}{1-x}dx}_{\text{IBP}}$$

$$= -\frac{1}{6}\int_0^1 \frac{\ln^3(x)}{1+x}dx + \int_0^1 \frac{\ln(x)\ln(1+x)\ln(1-x)}{x}dx$$

$$+ \frac{1}{2}\int_0^1 \frac{\ln(1-x)\ln^2(x)}{1+x}dx.$$

Put together the results from (3.10), (3.116), and (3.130) to finish the solution. For a different method, see (4.14).

4.6.3 $\sum_{n=1}^{\infty} \frac{(-1)^n \overline{H}_n}{n^3}$

Show that

$$\sum_{n=1}^{\infty} \frac{(-1)^n \overline{H}_n}{n^3} = 2\operatorname{Li}_4\left(\frac{1}{2}\right) - \frac{3}{2}\zeta(4) - \frac{1}{2}\ln^2(2)\zeta(2) + \frac{1}{12}\ln^4(2). \quad (4.203)$$

Solution (i) Multiply both sides of (4.201) by $\frac{\ln^2(x)}{2x}$ then integrate using

$$\frac{1}{2}\int_0^1 x^{n-1}\ln^2(x)dx = \frac{1}{n^3},$$

$$\sum_{n=1}^{\infty} \frac{(-1)^n \overline{H}_n}{n^3} = \frac{1}{2}\int_0^1 \frac{\ln(1-x)\ln^2(x)}{x(1+x)}dx$$

$$= \frac{1}{2}\underbrace{\int_0^1 \frac{\ln(1-x)\ln^2(x)}{x}dx}_{\text{IBP}} - \frac{1}{2}\int_0^1 \frac{\ln(1-x)\ln^2(x)}{1+x}dx$$

$$= \frac{1}{6}\int_0^1 \frac{\ln^3(x)}{1-x}dx - \frac{1}{2}\int_0^1 \frac{\ln(1-x)\ln^2(x)}{1+x}dx,$$

and the solution completes on putting together the results from (3.4) and (3.131).

Solution (ii) Put $a = 3$ in (4.22),

$$\sum_{n=1}^{\infty} \frac{(-1)^n \overline{H}_n}{n^3} = \sum_{n=1}^{\infty} \frac{(-1)^n H_n}{n^3} - \sum_{n=1}^{\infty} \frac{\overline{H}_n}{n^3} + \frac{3}{4}\sum_{n=1}^{\infty} \frac{H_n}{n^3}.$$

These sums are given in (4.144), (4.202) and (4.5).

4.6. Skew Harmonic Series

4.6.4 $\sum_{n=1}^{\infty} \frac{(-1)^n \overline{H}_n H_n}{n}$

Show that

$$\sum_{n=1}^{\infty} \frac{(-1)^n \overline{H}_n H_n}{n} = \frac{1}{3}\ln^3(2) - \ln(2)\zeta(2) - \frac{1}{4}\zeta(3). \qquad (4.204)$$

Solution (i) Multiply both sides of (1.164):

$$\overline{H}_n = \ln(2) - \int_0^1 \frac{(-x)^n}{1+x}\,dx$$

by $\frac{(-1)^n H_n}{n}$ then take the summation,

$$\sum_{n=1}^{\infty} \frac{(-1)^n \overline{H}_n H_n}{n} = \ln(2)\sum_{n=1}^{\infty} \frac{(-1)^n H_n}{n} - \int_0^1 \frac{1}{1+x}\left(\sum_{n=1}^{\infty} \frac{H_n}{n}x^n\right)dx$$

{recall the generating function in (2.7)}

$$= \ln(2)\sum_{n=1}^{\infty} \frac{(-1)^n H_n}{n} - \int_0^1 \frac{1}{1+x}\left(\frac{1}{2}\ln^2(1-x) + \operatorname{Li}_2(x)\right)dx$$

$$= \ln(2)\sum_{n=1}^{\infty} \frac{(-1)^n H_n}{n} - \frac{1}{2}\int_0^1 \frac{\ln^2(1-x)}{1+x}\,dx - \underbrace{\int_0^1 \frac{\operatorname{Li}_2(x)}{1+x}\,dx}_{\text{IBP}}$$

$$= \ln(2)\sum_{n=1}^{\infty} \frac{(-1)^n H_n}{n} - \frac{1}{2}\int_0^1 \frac{\ln^2(1-x)}{1+x}\,dx$$

$$-\ln(2)\zeta(2) - \int_0^1 \frac{\ln(1+x)\ln(1-x)}{x}\,dx.$$

The solution finalizes on combining the results from (4.136), (3.28), and (3.115).

Solution (ii) Multiply both sides of (4.201) by $-\frac{\ln(1-x)}{x}$ then integrate using $-\int_0^1 x^{n-1}\ln(1-x)\,dx = \frac{H_n}{n}$,

$$\sum_{n=1}^{\infty} \frac{(-1)^n \overline{H}_n H_n}{n} = -\int_0^1 \frac{\ln^2(1-x)}{x(1+x)}\,dx$$

$$= \int_0^1 \frac{\ln^2(1-x)}{1+x}\,dx - \underbrace{\int_0^1 \frac{\ln^2(1-x)}{x}\,dx}_{1-x=y} = \int_0^1 \frac{\ln^2(1-x)}{1+x}\,dx - \int_0^1 \frac{\ln^2(y)}{1-y}\,dy.$$

These two integrals are calculated in (3.28) and (3.3).

4.6.5 $\sum_{n=1}^{\infty} \frac{\overline{H}_n H_n}{n^2}$

Show that

$$\sum_{n=1}^{\infty} \frac{\overline{H}_n H_n}{n^2} = -3\operatorname{Li}_4\left(\frac{1}{2}\right) + \frac{43}{16}\zeta(4) + \frac{3}{4}\ln^2(2)\zeta(2) - \frac{1}{8}\ln^4(2). \quad (4.205)$$

The following solution can be found in [18]:
Solution Multiply both sides of (1.164):

$$\overline{H}_n = \ln(2) - \int_0^1 \frac{(-x)^n}{1+x}\,dx$$

by $\frac{H_n}{n^2}$ then take the summation,

$$\sum_{n=1}^{\infty} \frac{\overline{H}_n H_n}{n^2} = \ln(2) \sum_{n=1}^{\infty} \frac{H_n}{n^2} - \int_0^1 \frac{1}{1+x}\left(\sum_{n=1}^{\infty} \frac{H_n}{n^2}(-x)^n\right)dx.$$

For the integral, utilize the generating function in (2.8) for the sum,

$$\int_0^1 \frac{1}{1+x}\left(\sum_{n=1}^{\infty} \frac{H_n(-x)^n}{n^2}\right)dx = \underbrace{\int_0^1 \frac{\operatorname{Li}_3(-x)}{1+x}dx}_{I_1} - \underbrace{\int_0^1 \frac{\operatorname{Li}_3(1+x)}{1+x}dx}_{I_2}$$

$$+ \underbrace{\int_0^1 \frac{\ln(1+x)\operatorname{Li}_2(1+x)}{1+x}dx}_{I_3} + \frac{1}{2}\underbrace{\int_0^1 \frac{\ln(-x)\ln^2(1+x)}{1+x}dx}_{I_4} + \underbrace{\int_0^1 \frac{\zeta(3)}{1+x}dx}_{I_5}.$$

For I_1,

$$I_1 \stackrel{\text{IBP}}{=} \ln(1+x)\operatorname{Li}_3(-x)\Big|_0^1 - \int_0^1 \frac{\ln(1+x)\operatorname{Li}_2(-x)}{x}dx$$

$$= -\frac{3}{4}\ln(2)\zeta(3) + \frac{1}{2}\operatorname{Li}_2^2(-x)\Big|_0^1 = -\frac{3}{4}\ln(2)\zeta(3) + \frac{5}{16}\zeta(4).$$

For I_2,

$$I_2 = \operatorname{Li}_4(1+x)\Big|_0^1 = \operatorname{Li}_4(2) - \zeta(4).$$

For I_3,

$$I_3 \stackrel{\text{IBP}}{=} \operatorname{Li}_3(1+x)\ln(1+x)\Big|_0^1 - \int \frac{\operatorname{Li}_3(1+x)}{1+x}dx$$

$$= \ln(2)\operatorname{Li}_3(2) - \operatorname{Li}_4(1+x)\Big|_0^1 = \ln(2)\operatorname{Li}_3(2) - \operatorname{Li}_4(2) + \zeta(4).$$

For I_4,

$$I_4 \stackrel{\text{IBP}}{=} -\operatorname{Li}_2(1+x)\ln^2(1+x)\big|_0^1 + 2\int_0^1 \frac{\operatorname{Li}_2(1+x)\ln(1+x)}{1+x}dx$$

$$\stackrel{\text{IBP}}{=} -\ln^2(2)\operatorname{Li}_2(2) + 2\ln(2)\operatorname{Li}_3(2) - 2\operatorname{Li}_4(2) + 2\zeta(4).$$

For I_5,

$$I_5 = \zeta(3)\ln(1+x)\big|_0^1 = \ln(2)\zeta(3).$$

Group all integrals (I_1 to I_5) along with the result from (4.4),

$$\sum_{n=1}^\infty \frac{\overline{H}_n H_n}{n^2} = \frac{7}{4}\ln(2)\zeta(3) - \frac{53}{16}\zeta(4) + 3\operatorname{Li}_4(2) - 2\ln(2)\operatorname{Li}_3(2) + \frac{1}{2}\ln^2(2)\operatorname{Li}_2(2).$$

Collect the values of $\operatorname{Li}_4(2)$, $\operatorname{Li}_3(2)$, and $\operatorname{Li}_2(2)$ given in (1.142), (1.141), and (1.140) respectively to finalizes the solution.

4.6.6 $\sum_{n=1}^\infty \frac{(-1)^n \overline{H}_n H_n}{n^2}$

Show that

$$\sum_{n=1}^\infty \frac{(-1)^n \overline{H}_n H_n}{n^2} = 3\operatorname{Li}_4\left(\frac{1}{2}\right) - \frac{29}{16}\zeta(4) - \frac{3}{4}\ln^2(2)\zeta(2) + \frac{1}{8}\ln^4(2).$$

(4.206)

Solution Multiply both sides of (1.164) by $\frac{(-1)^n H_n}{n^2}$ then take the summation,

$$\sum_{n=1}^\infty \frac{(-1)^n \overline{H}_n H_n}{n^2} = \ln(2)\sum_{n=1}^\infty \frac{(-1)^n H_n}{n^2} - \int_0^1 \frac{1}{1+x}\left(\sum_{n=1}^\infty \frac{H_n}{n^2}x^n\right)dx.$$

For the integral, make use of the generating function in (2.8),

$$\int_0^1 \frac{1}{1+x}\left(\sum_{n=1}^\infty \frac{H_n x^n}{n^2}\right)dx = \underbrace{\int_0^1 \frac{\operatorname{Li}_3(x)}{1+x}dx}_{I_1} - \underbrace{\int_0^1 \frac{\operatorname{Li}_3(1-x)}{1+x}dx}_{I_2}$$

$$+ \underbrace{\int_0^1 \frac{\ln(1-x)\operatorname{Li}_2(1-x)}{1+x}dx}_{I_3} + \frac{1}{2}\underbrace{\int_0^1 \frac{\ln(x)\ln^2(1-x)}{1+x}dx}_{I_4} + \underbrace{\int_0^1 \frac{\zeta(3)}{1+x}dx}_{I_5}.$$

For I_1, expand $\frac{1}{1+x}$ in series,

$$I_1 = \int_0^1 \frac{\text{Li}_3(x)}{1+x} dx = -\sum_{n=1}^{\infty} (-1)^n \int_0^1 x^{n-1} \text{Li}_3(x) dx$$

{recall the result from (3.104)}

$$= -\sum_{n=1}^{\infty} (-1)^n \left(\frac{\zeta(3)}{n} - \frac{\zeta(2)}{n^2} + \frac{H_n}{n^3} \right)$$

$$= \ln(2)\zeta(3) - \frac{5}{4}\zeta(4) - \sum_{n=1}^{\infty} \frac{(-1)^n H_n}{n^3}.$$

For I_2,

$$I_2 = \int_0^1 \frac{\text{Li}_3(1-x)}{1+x} dx \stackrel{1-x=y}{=} \int_0^1 \frac{\text{Li}_3(y)}{2-y} dy$$

$$\left\{ \text{expand } \frac{1}{2-y} \text{ in series as } \sum_{n=1}^{\infty} \frac{y^{n-1}}{2^n} \right\}$$

$$= \sum_{n=1}^{\infty} \frac{1}{2^n} \int_0^1 y^{n-1} \text{Li}_3(y) dy$$

{recall the result of the integral from (3.104)}

$$= \sum_{n=1}^{\infty} \frac{1}{2^n} \left(\frac{\zeta(3)}{n} - \frac{\zeta(2)}{n^2} + \frac{H_n}{n^3} \right)$$

$$= \ln(2)\zeta(3) - \zeta(2)\text{Li}_2\left(\frac{1}{2}\right) + \sum_{n=1}^{\infty} \frac{H_n}{2^n n^3}.$$

For I_3,

$$I_3 = \int_0^1 \frac{\ln(1-x)\text{Li}_2(1-x)}{1+x} dx \stackrel{1-x=y}{=} \int_0^1 \frac{\ln(y)\text{Li}_2(y)}{2-y} dy$$

$$= \sum_{n=1}^{\infty} \frac{1}{2^n} \int_0^1 y^{n-1} \ln(y) \text{Li}_2(y) dy \qquad (4.207)$$

$$= \sum_{n=1}^{\infty} \frac{1}{2^n} \int_0^1 \frac{\partial}{\partial n} y^{n-1} \text{Li}_2(y) dy$$

{use differentiation under the integral sign theorem given in (2.78)}

$$= \sum_{n=1}^{\infty} \frac{1}{2^n} \frac{d}{dn} \int_0^1 y^{n-1} \text{Li}_2(y) dy$$

{recall the result of the integral from (3.103)}

4.6. Skew Harmonic Series

$$= \sum_{n=1}^{\infty} \frac{1}{2^n} \frac{d}{dn}\left(\frac{\zeta(2)}{n} - \frac{H_n}{n^2}\right)$$

{use the derivative of the harmonic number given in (1.157)}

$$= \sum_{n=1}^{\infty} \frac{1}{2^n}\left(\frac{2H_n}{n^3} + \frac{H_n^{(2)}}{n^2} - \frac{2\zeta(2)}{n^2}\right)$$

$$= 2\sum_{n=1}^{\infty} \frac{H_n}{2^n n^3} + \sum_{n=1}^{\infty} \frac{H_n^{(2)}}{2^n n^2} - 2\zeta(2)\operatorname{Li}_2\left(\frac{1}{2}\right). \qquad (4.208)$$

For I_4,

$$I_4 = \int_0^1 \frac{\ln(x)\ln^2(1-x)}{1+x}dx \stackrel{1-x=y}{=} \int_0^1 \frac{\ln(1-y)\ln^2(y)}{2-y}dy$$

$$= \sum_{n=1}^{\infty} \frac{1}{2^n} \int_0^1 y^{n-1}\ln(1-y)\ln^2(y)dy$$

$$= \sum_{n=1}^{\infty} \frac{1}{2^n} \int_0^1 \frac{\partial^2}{\partial n^2} y^{n-1}\ln(1-y)dy$$

$$= \sum_{n=1}^{\infty} \frac{1}{2^n} \frac{d^2}{dn^2} \int_0^1 y^{n-1}\ln(1-y)dy$$

$$= \sum_{n=1}^{\infty} \frac{1}{2^n} \frac{d^2}{dn^2}\left(-\frac{H_n}{n}\right)$$

$$= \sum_{n=1}^{\infty} \frac{1}{2^n}\left(\frac{2\zeta(3)}{n} + \frac{2\zeta(2)}{n^2} - \frac{2H_n}{n^3} - \frac{2H_n^{(2)}}{n^2} - \frac{2H_n^{(3)}}{n}\right)$$

$$= 2\ln(2)\zeta(3) + 2\zeta(2)\operatorname{Li}_2\left(\frac{1}{2}\right) - 2\sum_{n=1}^{\infty} \frac{H_n}{2^n n^3} - 2\sum_{n=1}^{\infty} \frac{H_n^{(2)}}{2^n n^2} - 2\sum_{n=1}^{\infty} \frac{H_n^{(3)}}{2^n n}. \qquad (4.209)$$

For I_5,

$$I_5 = \zeta(3)\ln(1+x)\big|_0^1 = \ln(2)\zeta(3).$$

Combine the results of all integrals (I_1 to I_5) and rearrange the terms,

$$\sum_{n=1}^{\infty} \frac{(-1)^n \overline{H}_n H_n}{n^2} = \frac{5}{4}\zeta(4) - 2\ln(2)\zeta(3)$$

$$+ \ln(2)\sum_{n=1}^{\infty} \frac{(-1)^n H_n}{n^2} + \sum_{n=1}^{\infty} \frac{(-1)^n H_n}{n^3} + \sum_{n=1}^{\infty} \frac{H_n^{(3)}}{2^n n}.$$

Grouping the results from (4.138), (4.144), and (4.169) finishes the solution.

4.6.7 $\sum_{n=1}^{\infty} \frac{\overline{H}_{2n} H_{2n}}{n^2}$

Show that
$$\sum_{n=1}^{\infty} \frac{\overline{H}_{2n} H_{2n}}{n^2} = \frac{7}{4}\zeta(4). \qquad (4.210)$$

Solution Put $a_n = \frac{\overline{H}_n H_n}{n^2}$ in (1.5):

$$\sum_{n=1}^{\infty} a_{2n} = \frac{1}{2}\sum_{n=1}^{\infty} a_n + \frac{1}{2}\sum_{n=1}^{\infty}(-1)^n a_n,$$

we have

$$\sum_{n=1}^{\infty} \frac{\overline{H}_{2n} H_{2n}}{(2n)^2} = \frac{1}{2}\sum_{n=1}^{\infty} \frac{\overline{H}_n H_n}{n^2} + \frac{1}{2}\sum_{n=1}^{\infty} \frac{(-1)^n \overline{H}_n H_n}{n^2}.$$

Gather the results from (4.205) and (4.206) then multiply through by 4.

4.7 Harmonic Series with Rational Argument

4.7.1 $\sum_{n=1}^{\infty} \frac{(-1)^n H_{\frac{n}{2}}}{n}$

Show that

$$\sum_{n=1}^{\infty} \frac{(-1)^n H_{\frac{n}{2}}}{n} = \ln^2(2) - \frac{1}{2}\zeta(2). \qquad (4.211)$$

Solution (i) Replace n by $n/2$ in (3.97),

$$\int_0^1 x^{n-1} \ln(1+x) \mathrm{d}x = \frac{H_n - H_{\frac{n}{2}}}{n}. \qquad (4.212)$$

Multiply both sides by $(-1)^n$ then consider the summation,

$$\sum_{n=1}^{\infty} \frac{(-1)^n H_n}{n} - \sum_{n=1}^{\infty} \frac{(-1)^n H_{\frac{n}{2}}}{n} = \int_0^1 \frac{\ln(1+x)}{x} \left(\sum_{n=1}^{\infty} (-x)^n \right) \mathrm{d}x$$

$$= \int_0^1 \frac{\ln(1+x)}{x} \left(\frac{-x}{1+x} \right) \mathrm{d}x$$

$$= -\int_0^1 \frac{\ln(1+x)}{1+x} \mathrm{d}x = -\frac{1}{2} \ln^2(2).$$

Recall the result from (4.136) to finalize the solution.

Solution (ii) Consider (2.70)

$$\frac{H_n}{n} = -\int_0^1 x^{n-1} \ln(1-x) \mathrm{d}x \stackrel{x=y^2}{=} -2 \int_0^1 y^{2n-1} \ln(1-y^2) \mathrm{d}y.$$

Replace n by $n/2$ to have

$$\frac{H_{\frac{n}{2}}}{n} = -\int_0^1 y^{n-1} \ln(1-y^2) \mathrm{d}y. \qquad (4.213)$$

Next, multiply both sides by $(-1)^n$ then take the summation,

$$\sum_{n=1}^{\infty} \frac{(-1)^n H_{\frac{n}{2}}}{n} = -\int_0^1 \frac{\ln(1-y^2)}{y} \left(\sum_{n=1}^{\infty} (-y)^n \right) \mathrm{d}y$$

$$= -\int_0^1 \frac{\ln(1-y^2)}{y} \left(\frac{-y}{1+y} \right) \mathrm{d}y = \int_0^1 \frac{\ln(1-y^2)}{1+y} \mathrm{d}y$$

$$\{\text{write } \ln(1-y^2) = \ln(1-y) + \ln(1+y)\}$$

$$= \int_0^1 \frac{\ln(1+y)}{1+y}dy + \int_0^1 \frac{\ln(1-y)}{1+y}dy.$$

The first integral is $\frac{1}{2}\ln^2(2)$ and the second one is given in (3.27).
For a different approach, set $x = -1$ in the generating function in (2.34).

4.7.2 $\sum_{n=1}^{\infty} \frac{H_{\frac{n}{2}}}{n^2}$

Show that

$$\sum_{n=1}^{\infty} \frac{H_{\frac{n}{2}}}{n^2} = \frac{11}{8}\zeta(3). \tag{4.214}$$

Solution Divide both sides of (4.213) by n then take the summation,

$$\sum_{n=1}^{\infty} \frac{H_{\frac{n}{2}}}{n^2} = -\int_0^1 \frac{\ln(1-y^2)}{y} \sum_{n=1}^{\infty} \frac{y^n}{n}dy$$

$$= \int_0^1 \frac{\ln(1-y^2)\ln(1-y)}{y}dy$$

$$\{\text{write } \ln(1-y^2) = \ln(1-y) + \ln(1+y)\}$$

$$= \underbrace{\int_0^1 \frac{\ln^2(1-y)}{y}dy}_{1-y=x} + \int_0^1 \frac{\ln(1+y)\ln(1-y)}{y}dy$$

$$= \int_0^1 \frac{\ln^2(x)}{1-x}dx + \int_0^1 \frac{\ln(1+y)\ln(1-y)}{y}dy,$$

and these two integrals are given in (3.3) and (3.115).
For a different approach, see (4.37).

4.7.3 $\sum_{n=1}^{\infty} \frac{(-1)^n H_{\frac{n}{2}}}{n^2}$

Show that

$$\sum_{n=1}^{\infty} \frac{(-1)^n H_{\frac{n}{2}}}{n^2} = -\frac{3}{8}\zeta(3). \tag{4.215}$$

Solution Multiply both sides of (4.213) by $\frac{(-1)^n}{n}$ then take the summation,

$$\sum_{n=1}^{\infty} \frac{(-1)^n H_{\frac{n}{2}}}{n^2} = -\int_0^1 \frac{\ln(1-y^2)}{y} \sum_{n=1}^{\infty} \frac{(-y)^n}{n}dy$$

4.7. Harmonic Series with Rational Argument

$$= \int_0^1 \frac{\ln(1-y^2)\ln(1+y)}{y} dy$$

$$\{\text{write } \ln(1-y^2) = \ln(1-y) + \ln(1+y)\}$$

$$= \int_0^1 \frac{\ln^2(1+y)}{y} dy + \int_0^1 \frac{\ln(1+y)\ln(1-y)}{y} dy,$$

Gathering the results from (3.38) and (3.115) finishes the solution.
Check (4.43) for a different approach.

4.7.4 $\sum_{n=1}^{\infty} \frac{H_{\frac{n}{2}}}{n^3}$

Show that

$$\sum_{n=1}^{\infty} \frac{H_{\frac{n}{2}}}{n^3} = -2\operatorname{Li}_4\left(\frac{1}{2}\right) + \frac{11}{4}\zeta(4) - \frac{7}{4}\ln(2)\zeta(3) + \frac{1}{2}\ln^2(2)\zeta(2) - \frac{1}{12}\ln^4(2).$$

(4.216)

Solution Divide both sides of (4.212):

$$\int_0^1 x^{n-1}\ln(1+x)dx = \frac{H_n - H_{\frac{n}{2}}}{n}$$

by n^2 then consider the summation,

$$\sum_{n=1}^{\infty} \frac{H_n}{n^3} - \sum_{n=1}^{\infty} \frac{H_{\frac{n}{2}}}{n^3} = \int_0^1 \frac{\ln(1+x)}{x}\left(\sum_{n=1}^{\infty} \frac{x^n}{n^2}\right) dx$$

$$= \int_0^1 \frac{\ln(1+x)\operatorname{Li}_2(x)}{x} dx$$

$$\{\text{expand } \ln(1+x) \text{ in series}\}$$

$$= \sum_{n=1}^{\infty} \frac{(-1)^{n-1}}{n} \int_0^1 x^{n-1}\operatorname{Li}_2(x) dx$$

$$\{\text{recall the result of the integral from (3.103)}\}$$

$$= \sum_{n=1}^{\infty} \frac{(-1)^{n-1}}{n}\left(\frac{\zeta(2)}{n} - \frac{H_n}{n^2}\right)$$

$$= \zeta(2)\eta(2) + \sum_{n=1}^{\infty} \frac{(-1)^n H_n}{n^3}.$$

Since $\sum_{n=1}^{\infty} \frac{H_n}{n^3} = \frac{5}{4}\zeta(4)$ (given in (4.5)) and $\zeta(2)\eta(2) = \frac{5}{4}\zeta(4)$, we have

$$\sum_{n=1}^{\infty} \frac{H_{\frac{n}{2}}}{n^3} = -\sum_{n=1}^{\infty} \frac{(-1)^n H_n}{n^3}.$$

The latter sum is calculated in (4.144).

4.7.5 $\sum_{n=1}^{\infty} \frac{(-1)^n H_{\frac{n}{2}}}{n^3}$

Show that

$$\sum_{n=1}^{\infty} \frac{(-1)^n H_{\frac{n}{2}}}{n^3} = 2\operatorname{Li}_4\left(\frac{1}{2}\right) - \frac{27}{8}\zeta(4) + \frac{7}{4}\ln(2)\zeta(3) - \frac{1}{2}\ln^2(2)\zeta(2) + \frac{1}{12}\ln^4(2).$$
(4.217)

Solution Multiply both sides of (4.212) by $\frac{(-1)^n}{n^2}$ then consider the summation,

$$\sum_{n=1}^{\infty} \frac{(-1)^n H_n}{n^3} - \sum_{n=1}^{\infty} \frac{(-1)^n H_{\frac{n}{2}}}{n^3} = \int_0^1 \frac{\ln(1+x)}{x} \sum_{n=1}^{\infty} \frac{(-x)^n}{n^2} dx$$

$$= -\int_0^1 \frac{\ln(1+x)\operatorname{Li}_2(-x)}{x} dx = \frac{1}{2}\operatorname{Li}_2^2(-1) = \frac{5}{8}\zeta(4),$$

and the solution is finalized on plugging in the result from (4.144).

4.7.6 $\sum_{n=1}^{\infty} \frac{H_n H_{\frac{n}{2}}}{n^2}$

Show that

$$\sum_{n=1}^{\infty} \frac{H_n H_{\frac{n}{2}}}{n^2} = -3\operatorname{Li}_4\left(\frac{1}{2}\right) + \frac{97}{16}\zeta(4) - \frac{21}{8}\ln(2)\zeta(3) + \frac{3}{4}\ln^2(2)\zeta(2) - \frac{1}{8}\ln^4(2).$$
(4.218)

Solution Multiply both sides of (4.212) by $\frac{H_n}{n}$ then consider the summation,

$$\sum_{n=1}^{\infty} \frac{H_n^2}{n^2} - \sum_{n=1}^{\infty} \frac{H_n H_{\frac{n}{2}}}{n^2} = \int_0^1 \frac{\ln(1+x)}{x} \left(\sum_{n=1}^{\infty} \frac{H_n}{n} x^n\right) dx$$

{recall the generating function in (2.7)}

$$= \int_0^1 \frac{\ln(1+x)}{x} \left(\frac{1}{2}\ln^2(1-x) + \operatorname{Li}_2(x)\right) dx$$

$$= \frac{1}{2}\int_0^1 \frac{\ln(1+x)\ln^2(1-x)}{x} dx + \int_0^1 \frac{\ln(1+x)\operatorname{Li}_2(x)}{x} dx.$$

4.7. Harmonic Series with Rational Argument

Apply integration by parts in the second integral,

$$\int_0^1 \frac{\ln(1+x)\operatorname{Li}_2(x)}{x}\,dx = -\operatorname{Li}_2(-x)\operatorname{Li}_2(x)\Big|_0^1 - \int_0^1 \frac{\operatorname{Li}_2(-x)\ln(1-x)}{x}\,dx$$

$$= \frac{5}{4}\zeta(4) - \sum_{n=1}^{\infty}\frac{(-1)^n}{n^2}\int_0^1 x^{n-1}\ln(1-x)\,dx$$

$$= \frac{5}{4}\zeta(4) + \sum_{n=1}^{\infty}\frac{(-1)^n H_n}{n^3}.$$

Substituting this integral back yields

$$\sum_{n=1}^{\infty}\frac{H_n H_{\frac{n}{2}}}{n^2} = -\frac{5}{4}\zeta(4) + \sum_{n=1}^{\infty}\frac{H_n^2}{n^2} - \sum_{n=1}^{\infty}\frac{(-1)^n H_n}{n^3}$$

$$-\frac{1}{2}\int_0^1 \frac{\ln(1+x)\ln^2(1-x)}{x}\,dx.$$

The solution finalizes on collecting the results from (4.100), (4.144), and (3.118).

4.7.7 $\sum_{n=1}^{\infty}\frac{(-1)^n H_n H_{\frac{n}{2}}}{n^2}$

Show that

$$\sum_{n=1}^{\infty}\frac{(-1)^n H_n H_{\frac{n}{2}}}{n^2} = 5\operatorname{Li}_4\left(\frac{1}{2}\right) - \frac{21}{4}\zeta(4) + \frac{35}{8}\ln(2)\zeta(3) - \frac{5}{4}\ln^2(2)\zeta(2)$$

$$+ \frac{5}{24}\ln^4(2). \qquad (4.219)$$

Solution Multiply both sides of (4.212) by $\frac{(-1)^n H_n}{n}$ then take the summation,

$$\sum_{n=1}^{\infty}\frac{(-1)^n H_n^2}{n^2} - \sum_{n=1}^{\infty}\frac{(-1)^n H_n H_{\frac{n}{2}}}{n^2} = \int_0^1 \frac{\ln(1+x)}{x}\left(\sum_{n=1}^{\infty}\frac{H_n}{n}(-x)^n\right)dx$$

$$\{\text{replace } x \text{ by } -x \text{ in (2.7) to get the sum}\}$$

$$= \int_0^1 \frac{\ln(1+x)}{x}\left(\frac{1}{2}\ln^2(1+x) + \operatorname{Li}_2(-x)\right)dx$$

$$= \frac{1}{2}\int_0^1 \frac{\ln^3(1+x)}{x}\,dx + \int_0^1 \frac{\ln(1+x)\operatorname{Li}_2(-x)}{x}\,dx$$

$$= \frac{1}{2}\int_0^1 \frac{\ln^3(1+x)}{x}\,dx - \frac{1}{2}\operatorname{Li}_2^2(-x)\Big|_0^1$$

$$= \frac{1}{2}\int_0^1 \frac{\ln^3(1+x)}{x}dx - \frac{5}{16}\zeta(4).$$

Reorder the terms,

$$\sum_{n=1}^{\infty} \frac{(-1)^n H_n H_{\frac{n}{2}}}{n^2} = \sum_{n=1}^{\infty} \frac{(-1)^n H_n^2}{n^2} - \frac{1}{2}\int_0^1 \frac{\ln^3(1+x)}{x}dx + \frac{5}{16}\zeta(4).$$

Substituting the results from (4.146) and (3.39) finishes the solution.

4.7.8 $\sum_{n=1}^{\infty} \frac{(-1)^n H_{\frac{n}{2}}}{n^4}$

Show that

$$\sum_{n=1}^{\infty} \frac{(-1)^n H_{\frac{n}{2}}}{n^4} = \frac{1}{8}\zeta(2)\zeta(3) - \frac{25}{32}\zeta(5). \tag{4.220}$$

Solution Multiply both sides of (4.212) by $\frac{(-1)^n}{n^4}$ then take the summation,

$$\sum_{n=1}^{\infty} \frac{(-1)^n H_n}{n^4} - \sum_{n=1}^{\infty} \frac{(-1)^n H_{\frac{n}{2}}}{n^4} = \int_0^1 \frac{\ln(1+x)}{x} \sum_{n=1}^{\infty} \frac{(-x)^n}{n^3}dx$$

$$= \int_0^1 \frac{\ln(1+x)\operatorname{Li}_3(-x)}{x}dx \stackrel{\text{IBP}}{=} -\frac{3}{8}\zeta(2)\zeta(3) + \int_0^1 \frac{\operatorname{Li}_2^2(-x)}{x}dx.$$

Recall the relation involving the latter integral from (3.153),

$$\sum_{n=1}^{\infty} \frac{(-1)^n H_{\frac{n}{2}}}{n^4} = -\frac{1}{4}\zeta(2)\zeta(3) - \frac{7}{8}\sum_{n=1}^{\infty} \frac{H_n}{n^4} - \sum_{n=1}^{\infty} \frac{(-1)^n H_n}{n^4}.$$

Collecting the results from (4.6) and (4.151) completes the solution.
For a different solution, see (4.44).

4.8 Harmonic Series with Binomial Coefficient in the Numerator

4.8.1 $\sum_{n=1}^{\infty} \frac{\binom{2n}{n}}{4^n} \frac{H_n}{n}$

Show that

$$\sum_{n=1}^{\infty} \frac{\binom{2n}{n}}{4^n} \frac{H_n}{n} = 2\zeta(2). \qquad (4.221)$$

Solution (i) By Taylor series,

$$\frac{1}{\sqrt{1-x}} = \sum_{n=0}^{\infty} \frac{\binom{2n}{n}}{4^n} x^n = 1 + \sum_{n=1}^{\infty} \frac{\binom{2n}{n}}{4^n} x^n$$

or

$$\sum_{n=1}^{\infty} \frac{\binom{2n}{n}}{4^n} x^n = \frac{1}{\sqrt{1-x}} - 1. \qquad (4.222)$$

Multiply through by $-\frac{\ln(1-x)}{x}$ then integrate using $-\int_0^1 x^{n-1} \ln(1-x) dx = \frac{H_n}{n}$,

$$\sum_{n=1}^{\infty} \frac{\binom{2n}{n}}{4^n} \frac{H_n}{n} = -\underbrace{\int_0^1 \frac{\ln(1-x)}{x\sqrt{1-x}} dx}_{\sqrt{1-x}=y} + \underbrace{\int_0^1 \frac{\ln(1-x)}{x} dx}_{1-x=y}$$

$$= -4\int_0^1 \frac{\ln(y)}{1-y^2} dy + \int_0^1 \frac{\ln(y)}{1-y} dy$$

$$\left\{ \text{write } \frac{2}{1-y^2} = \frac{1}{1-y} + \frac{1}{1+y} \right\}$$

$$= -\int_0^1 \frac{\ln(y)}{1-y} dy - 2\int_0^1 \frac{\ln(y)}{1+y} dy,$$

and these two integrals are given in (3.2) and (3.8).

Solution (ii) Setting $x = 1$ in (2.39):

$$\sum_{n=1}^{\infty} \frac{\binom{2n}{n}}{4^n} \frac{H_n}{n} x^n = 2\operatorname{Li}_2\left(\frac{1-\sqrt{1-x}}{1+\sqrt{1-x}}\right),$$

we have

$$\sum_{n=1}^{\infty} \frac{\binom{2n}{n}}{4^n} \frac{H_n}{n} = 2\operatorname{Li}_2(1) = 2\zeta(2).$$

4.8.2 $\sum_{n=1}^{\infty} \frac{\binom{2n}{n}}{4^n} \frac{(-1)^n H_n}{n}$

Show that

$$\sum_{n=1}^{\infty} \frac{\binom{2n}{n}}{4^n} \frac{(-1)^n H_n}{n} = 2\operatorname{Li}_2\left(2\sqrt{2}-3\right), \qquad (4.223)$$

Proof. Set $x = -1$ in (2.39),

$$\sum_{n=1}^{\infty} \frac{\binom{2n}{n}}{4^n} \frac{(-1)^n H_n}{n} = 2\operatorname{Li}_2\left(\frac{1-\sqrt{2}}{1+\sqrt{2}}\right) = 2\operatorname{Li}_2\left(2\sqrt{2}-3\right).$$

4.8.3 $\sum_{n=1}^{\infty} \frac{\binom{2n}{n}}{4^n} \frac{H_n}{n^2}$

Show that

$$\sum_{n=1}^{\infty} \frac{\binom{2n}{n}}{4^n} \frac{H_n}{n^2} = \frac{9}{2}\zeta(3) - 4\ln(2)\zeta(2). \qquad (4.224)$$

Solution (i) Divide both sides of (4.222) by x then integrate,

$$\sum_{n=1}^{\infty} \frac{\binom{2n}{n}}{4^n} \frac{x^n}{n} = \int \frac{dx}{x\sqrt{1-x}} - \int \frac{dx}{x}.$$

To evaluate the first integral, set $\sqrt{1-x} = y$,

$$\int \frac{dx}{x\sqrt{1-x}} = -\int \frac{2}{1-y^2} dy$$

$$= \ln\left(\frac{1-y}{1+y}\right) = \ln\left(\frac{1-\sqrt{1-x}}{1+\sqrt{1-x}}\right)$$

$$\left\{\text{multiply the argument of the log by } \frac{1+\sqrt{1-x}}{1+\sqrt{1-x}}\right\}$$

$$= \ln\left(\frac{x}{(1+\sqrt{1-x})^2}\right)$$

$$= \ln(x) - 2\ln(1+\sqrt{1-x}).$$

Substitute this integral back and note that the second integral is $\ln(x)$,

$$\sum_{n=1}^{\infty} \frac{\binom{2n}{n}}{4^n} \frac{x^n}{n} = -2\ln(1+\sqrt{1-x}) + c,$$

4.8. Harmonic Series with Binomial Coefficient in the Numerator

where $c = 2\ln(2)$ if we set $x = 0$. Then, we have

$$\sum_{n=1}^{\infty} \frac{\binom{2n}{n}}{4^n} \frac{x^n}{n} = -2\ln(1+\sqrt{1-x}) + 2\ln(2). \tag{4.225}$$

Multiply through by $-\frac{\ln(1-x)}{x}$ then integrate using $-\int_0^1 x^{n-1} \ln(1-x)dx = \frac{H_n}{n}$,

$$\sum_{n=1}^{\infty} \frac{\binom{2n}{n}}{4^n} \frac{H_n}{n^2} = 2\underbrace{\int_0^1 \frac{\ln(1+\sqrt{1-x})\ln(1-x)}{x}dx}_{\sqrt{1-x}=y} - 2\ln(2)\underbrace{\int_0^1 \frac{\ln(1-x)}{x}dx}_{1-x=y}$$

$$= 8\int_0^1 \frac{y\ln(1+y)\ln(y)}{1-y^2}dy - 2\ln(2)\int_0^1 \frac{\ln(y)}{1-y}dy$$

$$\left\{ \text{write } \frac{2y}{1-y^2} = \frac{1}{1-y} - \frac{1}{1+y} \text{ in the first integral} \right\}$$

$$= 4\int_0^1 \frac{\ln(1+y)\ln(y)}{1-y}dy - 4\underbrace{\int_0^1 \frac{\ln(1+y)\ln(y)}{1+y}dy}_{\text{IBP}} - 2\ln(2)\int_0^1 \frac{\ln(y)}{1-y}dy$$

$$= 4\int_0^1 \frac{\ln(1+y)\ln(y)}{1-y}dy + 2\int_0^1 \frac{\ln^2(1+y)}{y}dy - 2\ln(2)\int_0^1 \frac{\ln(y)}{1-y}dy.$$

Putting together the results from (3.125), (3.38), and (3.2) finalizes the solution.

Solution (ii) Set $x = 1$ in (2.40),

$$\sum_{n=1}^{\infty} \frac{\binom{2n}{n}}{4^n} \frac{H_n}{n^2} = -4\ln(2)\operatorname{Li}_2(1) + 2\operatorname{Li}_3(1) - 4\int_0^1 \frac{\ln(1+t)\ln(1-t)}{t}dt.$$

The remaining integral is given in (3.115).

4.8.4 $\sum_{n=1}^{\infty} \frac{\binom{2n}{n}}{4^n} \frac{H_n^{(2)}}{n}$

Show that

$$\sum_{n=1}^{\infty} \frac{\binom{2n}{n}}{4^n} \frac{H_n^{(2)}}{n} = \frac{3}{2}\zeta(3). \tag{4.226}$$

Solution Multiply both sides of (4.55):

$$\frac{H_n}{n^2} + \frac{H_n^{(2)}}{n} - \frac{\zeta(2)}{n} = \int_0^1 x^{n-1} \ln(x)\ln(1-x)dx$$

by $\frac{\binom{2n}{n}}{4^n}$ then take the summation over $n \geq 1$,

$$\sum_{n=1}^{\infty} \frac{\binom{2n}{n}}{4^n} \frac{H_n}{n^2} + \sum_{n=1}^{\infty} \frac{\binom{2n}{n}}{4^n} \frac{H_n^{(2)}}{n} - \zeta(2) \sum_{n=1}^{\infty} \frac{\binom{2n}{n}}{4^n} \frac{1}{n}$$

$$= \int_0^1 \frac{\ln(x)\ln(1-x)}{x} \left(\sum_{n=1}^{\infty} \frac{\binom{2n}{n}}{4^n} x^n \right) dx$$

{recall the generating function in (4.222)}

$$= \int_0^1 \frac{\ln(x)\ln(1-x)}{x} \left(\frac{1}{\sqrt{1-x}} - 1 \right) dx$$

$$= \underbrace{\int_0^1 \frac{\ln(x)\ln(1-x)}{x\sqrt{1-x}} dx}_{1-x \to x} - \underbrace{\int_0^1 \frac{\ln(x)\ln(1-x)}{x} dx}_{\text{IBP}}$$

$$= \int_0^1 \frac{\ln(x)\ln(1-x)}{\sqrt{x}(1-x)} dx - \frac{1}{2} \int_0^1 \frac{\ln^2(x)}{1-x} dx.$$

{substitute the results from (3.110) and (3.3)}

$$= 6\zeta(3) - 6\ln(2)\zeta(2),$$

and the solution completes on collecting the result from (4.224) and writing

$$\sum_{n=1}^{\infty} \frac{\binom{2n}{n}}{4^n} \frac{1}{n} = 2\ln(2),$$

which follows from (4.225) on setting $x = 1$.

4.8.5 $\sum_{n=1}^{\infty} \frac{\binom{2n}{n}}{4^n} \frac{H_{2n}^{(2)}}{n}$

Show that

$$\sum_{n=1}^{\infty} \frac{\binom{2n}{n}}{4^n} \frac{H_{2n}^{(2)}}{n} = 2\pi G + \frac{31}{8} \zeta(3). \tag{4.227}$$

Solution Divide both sides of (2.67):

$$\frac{\arcsin^2(x)}{\sqrt{1-x^2}} = 2 \sum_{n=1}^{\infty} \frac{\binom{2n}{n}}{4^n} \left(H_{2n}^{(2)} - \frac{1}{4} H_n^{(2)} \right) x^{2n}.$$

4.8. Harmonic Series with Binomial Coefficient in the Numerator

by x then integrate using $2\int_0^1 x^{2n-1}\mathrm{d}x = \frac{1}{n}$,

$$\sum_{n=1}^\infty \frac{\binom{2n}{n} H_{2n}^{(2)} - \frac{1}{4}H_n^{(2)}}{4^n \, n} = \int_0^1 \frac{\arcsin^2(x)}{x\sqrt{1-x^2}}\mathrm{d}x \stackrel{x=\sin u}{=} \int_0^{\frac{\pi}{2}} u^2 \csc u \, \mathrm{d}u$$

$$\stackrel{\text{IBP}}{=} \underbrace{u^2 \ln\left(\tan\left(\frac{u}{2}\right)\right)\Big|_0^{\frac{\pi}{2}}}_{0} - 2\int_0^{\frac{\pi}{2}} u \ln\left(\tan\left(\frac{u}{2}\right)\right)\mathrm{d}u$$

{use the Fourier series of $\ln(\tan x)$ given in (2.129)}

$$= -2\int_0^{\frac{\pi}{2}} u\left(-2\sum_{n=0}^\infty \frac{\cos((2n+1)u)}{2n+1}\right)\mathrm{d}u$$

$$= 4\sum_{n=0}^\infty \frac{1}{2n+1}\int_0^{\frac{\pi}{2}} u\cos((2n+1)u)\mathrm{d}u$$

$$= 4\sum_{n=0}^\infty \frac{1}{2n+1}\left[\frac{\pi\cos(n\pi)}{2(2n+1)} - \frac{\sin(n\pi)}{(2n+1)^2} - \frac{1}{(2n+1)^2}\right]$$

{write $\cos(n\pi) = (-1)^n$ and $\sin(n\pi) = 0$, since n is an integer}

$$= 2\pi\sum_{n=0}^\infty \frac{(-1)^n}{(2n+1)^2} - 4\sum_{n=0}^\infty \frac{1}{(2n+1)^3}$$

{the first sum is the definition of the Catalan's constant (see 1.205)}
{and the second sum can be obtained from (1.85)}

$$= 2\pi G + \frac{7}{2}\zeta(3).$$

Thus,

$$\sum_{n=1}^\infty \frac{\binom{2n}{n} H_{2n}^{(2)}}{4^n \, n} = 2\pi G + \frac{7}{2}\zeta(3) + \frac{1}{4}\sum_{n=1}^\infty \frac{\binom{2n}{n} H_n^{(2)}}{4^n \, n}.$$

The latter sum is given in (4.226).

4.8.6 $\sum_{n=1}^\infty \frac{\binom{2n}{n} H_n^2}{4^n \, n}$

Show that

$$\sum_{n=1}^\infty \frac{\binom{2n}{n} H_n^2}{4^n \, n} = \frac{21}{2}\zeta(3). \qquad (4.228)$$

Solution (i) Multiply both sides of (2.71):

$$\int_0^1 x^{n-1}\ln^2(1-x)\mathrm{d}x = \frac{H_n^2 + H_n^{(2)}}{n}$$

by $\frac{1}{4^n}\binom{2n}{n}$ then take the summation,

$$\sum_{n=1}^{\infty} \frac{\binom{2n}{n} H_n^2}{4^n \; n} + \sum_{n=1}^{\infty} \frac{\binom{2n}{n} H_n^{(2)}}{4^n \; n} = \int_0^1 \frac{\ln^2(1-x)}{x} \left(\sum_{n=1}^{\infty} \frac{\binom{2n}{n}}{4^n} x^n \right) dx$$

{recall the generating function in (4.222)}

$$= \int_0^1 \frac{\ln^2(1-x)}{x} \left(\frac{1}{\sqrt{1-x}} - 1 \right) dx$$

$$= \underbrace{\int_0^1 \frac{\ln^2(1-x)}{x\sqrt{1-x}} dx}_{\sqrt{1-x}=y} - \underbrace{\int_0^1 \frac{\ln^2(1-x)}{x} dx}_{1-x=y}$$

$$= 8 \int_0^1 \frac{\ln^2(y)}{1-y^2} dy - \int_0^1 \frac{\ln^2(y)}{1-y} dy$$

$$= 4 \int_0^1 \frac{\ln^2(y)}{1+y} dy + 3 \int_0^1 \frac{\ln^2(y)}{1-y} dy.$$

Rearranging the terms,

$$\sum_{n=1}^{\infty} \frac{\binom{2n}{n} H_n^2}{4^n \; n} = 4 \int_0^1 \frac{\ln^2(y)}{1+y} dy + 3 \int_0^1 \frac{\ln^2(y)}{1-y} dy - \sum_{n=1}^{\infty} \frac{\binom{2n}{n} H_n^{(2)}}{4^n \; n}.$$

Gathering the results from (3.9), (3.3), and (4.226) completes the solution.

Solution (ii) Multiply both sides of (2.38):

$$\sum_{n=1}^{\infty} \frac{\binom{2n}{n}}{4^n} H_n x^n = \frac{2}{\sqrt{1-x}} \ln \left(\frac{1+\sqrt{1-x}}{2\sqrt{1-x}} \right), \quad |x| < 1.$$

by $-\frac{\ln(1-x)}{x}$ then integrate using $-\int_0^1 x^{n-1} \ln(1-x) dx = \frac{H_n}{n}$,

$$\sum_{n=1}^{\infty} \frac{\binom{2n}{n} H_n^2}{4^n \; n} = -2 \int_0^1 \frac{\ln(1-x)}{x\sqrt{1-x}} \ln \left(\frac{1+\sqrt{1-x}}{2\sqrt{1-x}} \right) dx$$

$$\stackrel{\sqrt{1-x}=y}{=} -8 \int_0^1 \frac{\ln(y)}{1-y^2} \ln \left(\frac{1+y}{2y} \right) dy$$

$$\stackrel{y=\frac{1-x}{1+x}}{=} 4 \underbrace{\int_0^1 \frac{\ln^2(1-x)}{x} dx}_{1-x=y} - 4 \int_0^1 \frac{\ln(1-x)\ln(1+x)}{x} dx$$

$$= 4 \int_0^1 \frac{\ln^2(y)}{1-y} dy - 4 \int_0^1 \frac{\ln(1-x)\ln(1+x)}{x} dx.$$

These two integrals are given in (3.3) and (3.115).

4.8. Harmonic Series with Binomial Coefficient in the Numerator

4.8.7 $\sum_{n=1}^{\infty} \frac{\binom{2n}{n}}{4^n} \frac{H_n^2}{n^2}$

Show that

$$\sum_{n=1}^{\infty} \frac{\binom{2n}{n}}{4^n} \frac{H_n^2}{n^2} = 32 \operatorname{Li}_4\left(\frac{1}{2}\right) - 14\zeta(4) + 7\ln(2)\zeta(3) - 8\ln^2(2)\zeta(2) + \frac{4}{3}\ln^4(2).$$

(4.229)

Solution Multiply both sides of (2.39):

$$\sum_{n=1}^{\infty} \frac{\binom{2n}{n}}{4^n} \frac{H_n}{n} x^n = 2\operatorname{Li}_2\left(\frac{1-\sqrt{1-x}}{1+\sqrt{1-x}}\right)$$

by $-\frac{\ln(1-x)}{x}$ then integrate using $-\int_0^1 x^{n-1} \ln(1-x) dx = \frac{H_n}{n}$,

$$\sum_{n=1}^{\infty} \frac{\binom{2n}{n}}{4^n} \frac{H_n^2}{n^2} = -2\int_0^1 \frac{\ln(1-x)\operatorname{Li}_2\left(\frac{1-\sqrt{1-x}}{1+\sqrt{1-x}}\right)}{x} dx$$

$$\stackrel{\sqrt{1-x}=y}{=} -8 \int_0^1 \frac{y \ln(y) \operatorname{Li}_2\left(\frac{1-y}{1+y}\right)}{1-y^2} dy$$

$$\stackrel{\frac{1-y}{1+y}=x}{=} -4 \int_0^1 \frac{(1-x)\ln\left(\frac{1-x}{1+x}\right)\operatorname{Li}_2(x)}{x(1+x)} dx$$

$$= -4 \int_0^1 \left(\frac{1}{x} - \frac{2}{1+x}\right) \ln\left(\frac{1-x}{1+x}\right) \operatorname{Li}_2(x) dx$$

$$= \underbrace{-4\int_0^1 \frac{\ln(1-x)\operatorname{Li}_2(x)}{x} dx}_{I_1} + \underbrace{4\int_0^1 \frac{\ln(1+x)\operatorname{Li}_2(x)}{x} dx}_{I_2}$$

$$\underbrace{-8\int_0^1 \frac{\ln(1+x)\operatorname{Li}_2(x)}{1+x} dx}_{I_3} + \underbrace{8\int_0^1 \frac{\ln(1-x)\operatorname{Li}_2(x)}{1+x} dx}_{I_4}.$$

For I_1,

$$I_1 = -\frac{1}{2}\operatorname{Li}_2^2(x)\Big|_0^1 = -\frac{1}{2}\zeta^2(2) = -\frac{5}{4}\zeta(4).$$

For I_2, expand $\ln(1+x)$ in series,

$$I_3 = \sum_{n=1}^{\infty} \frac{(-1)^{n-1}}{n} \int_0^1 x^{n-1} \operatorname{Li}_2(x) dx$$

{this integral is given in (3.103)}

$$= \sum_{n=1}^{\infty} \frac{(-1)^{n-1}}{n}\left(\frac{\zeta(2)}{n} - \frac{H_n}{n^2}\right) = \zeta(2)\eta(2) + \sum_{n=1}^{\infty} \frac{(-1)^n H_n}{n^3}$$

{collect the result from (4.144)}

$$= 2\operatorname{Li}_4\left(\frac{1}{2}\right) - \frac{3}{2}\zeta(4) + \frac{7}{4}\ln(2)\zeta(3) - \frac{1}{2}\ln^2(2)\zeta(2) + \frac{1}{12}\ln^4(2).$$

For I_3, perform integration by parts,

$$I_3 = \frac{1}{2}\ln^2(2)\zeta(2) + \frac{1}{2}\int_0^1 \frac{\ln^2(1+x)\ln(1-x)}{x}\,dx$$

{this integral is given in (3.117)}

$$= \frac{1}{2}\ln^2(2)\zeta(2) - \frac{3}{16}\zeta(4).$$

For I_4, make use of the dilogarithm reflection formula in (1.119),

$$I_4 = \int_0^1 \frac{\ln(1-x)[\zeta(2) - \ln(x)\ln(1-x) - \operatorname{Li}_2(1-x)]}{1+x}\,dx$$

$$= \zeta(2)\int_0^1 \frac{\ln(1-x)}{1+x}\,dx - \int_0^1 \frac{\ln(x)\ln^2(1-x)}{1+x}\,dx - \int_0^1 \frac{\ln(1-x)\operatorname{Li}_2(1-x)}{1+x}\,dx$$

{these three integrals are given in (3.27), (4.209), and (4.208)}

$$= -\frac{5}{4}\zeta(4) - 2\ln(2)\zeta(3) + \frac{1}{2}\ln^2(2)\zeta(2) + 2\sum_{n=1}^{\infty} \frac{H_n^{(3)}}{n 2^n} + \sum_{n=1}^{\infty} \frac{H_n^{(2)}}{n^2 2^n}$$

{collect the results from (4.169) and (4.167)}

$$= 3\operatorname{Li}_4\left(\frac{1}{2}\right) - \frac{29}{16}\zeta(4) - \frac{1}{4}\ln^2(2)\zeta(2) + \frac{1}{8}\ln^4(2).$$

The solution completes on grouping the four integrals.

4.9 Harmonic Series with Binomial Coefficient in the Denominator

4.9.1 $\sum_{n=1}^{\infty} \frac{4^n}{\binom{2n}{n}} \frac{H_n}{n^2}$

Show that

$$\sum_{n=1}^{\infty} \frac{4^n}{\binom{2n}{n}} \frac{H_n}{n^2} = 6\ln(2)\zeta(2) + \frac{7}{2}\zeta(3). \qquad (4.230)$$

Solution (i) Let $a = b = n$ in the beta function in (1.52):

$$\int_0^1 \frac{x^{a-1} + x^{b-1}}{(1+x)^{a+b}} dx = B(a,b),$$

we have

$$\int_0^1 \frac{2x^{n-1}}{(1+x)^{2n}} dx = \frac{\Gamma^2(n)}{\Gamma(2n)} = \frac{2}{n\binom{2n}{n}}$$

or

$$\frac{1}{n\binom{2n}{n}} = \int_0^1 \frac{x^{n-1}}{(1+x)^{2n}} dx = \int_0^1 \frac{1}{x} \left(\frac{x}{(1+x)^2}\right)^n dx. \qquad (4.231)$$

Multiply both sides by $\frac{4^n H_n}{n}$ then consider the summation over $n \geq 1$,

$$\sum_{n=1}^{\infty} \frac{4^n}{\binom{2n}{n}} \frac{H_n}{n^2} = \int_0^1 \frac{1}{x} \left(\sum_{n=1}^{\infty} \frac{H_n}{n} \left(\frac{4x}{(1+x)^2}\right)^n\right) dx$$

$$\{\text{make use of (2.7) for the sum}\}$$

$$= \int_0^1 \frac{1}{x} \left(\operatorname{Li}_2\left(\frac{4x}{(1+x)^2}\right) + \frac{1}{2}\ln^2\left(1 - \frac{4x}{(1+x)^2}\right)\right) dx$$

$$\stackrel{\text{IBP}}{=} \int_0^1 \frac{2 + 2x}{x(1-x)} \ln(x) \ln\left(\frac{1-x}{1+x}\right) dx$$

$$= \int_0^1 \left(\frac{2}{x} + \frac{4}{1-x}\right) \ln(x) \ln\left(\frac{1-x}{1+x}\right) dx$$

$$= 2\int_0^1 \frac{\ln(x)\ln(1-x)}{x} dx + 4\underbrace{\int_0^1 \frac{\ln(x)\ln(1-x)}{1-x} dx}_{1-x \to x} - 2\int_0^1 \frac{\ln(x)\ln(1+x)}{x} dx$$

$$-4\int_0^1 \frac{\ln(x)\ln(1+x)}{1-x} dx$$

$$= 6\underbrace{\int_0^1 \frac{\ln(x)\ln(1-x)}{x}dx}_{\text{IBP}} - 2\underbrace{\int_0^1 \frac{\ln(x)\ln(1+x)}{x}dx}_{\text{IBP}} - 4\int_0^1 \frac{\ln(x)\ln(1+x)}{1-x}dx$$

$$= 3\int_0^1 \frac{\ln^2(x)}{1-x}dx + \int_0^1 \frac{\ln^2(x)}{1+x}dx - 4\int_0^1 \frac{\ln(x)\ln(1+x)}{1-x}dx,$$

and the solution completes on grouping the results from (3.3), (3.9), and (3.125).

Solution (ii) Set $x = 1$ in (2.40),

$$\sum_{n=1}^{\infty} \frac{4^n}{\binom{2n}{n}} \frac{H_n}{n^2} = -4\ln(2)\operatorname{Li}_2(1) + 2\operatorname{Li}_3(1) - 4\int_0^1 \frac{\ln(1-t)\ln(1+t)}{t}dt.$$

This integral is given in (3.115).

Solution (iii) Replace z by $\sqrt{x}$ in (2.49),

$$\frac{\arcsin(\sqrt{x})}{\sqrt{1-x}} = \frac{1}{2}\sum_{n=1}^{\infty} \frac{4^n}{\binom{2n}{n}} \frac{x^{n-\frac{1}{2}}}{n}.$$

Multiply both sides by $-2\frac{\ln(1-x)}{\sqrt{x}}$ then integrate using $-\int_0^1 x^{n-1}\ln(1-x)dx = \frac{H_n}{n}$,

$$\sum_{n=1}^{\infty} \frac{4^n}{\binom{2n}{n}} \frac{H_n}{n^2} = -4\int_0^1 \frac{\arcsin(\sqrt{x})\ln(1-x)}{\sqrt{x}\sqrt{1-x}}dx$$

$$\underset{\sqrt{x}=\sin u}{=} -8\int_0^{\frac{\pi}{2}} u\ln(\cos u)du$$

{use the Fourier series of $\ln(\cos u)$ given in (2.127)}

$$= -8\int_0^{\frac{\pi}{2}} u\left[-\ln(2) - \sum_{n=1}^{\infty} \frac{(-1)^n \cos(2nu)}{n}\right] du$$

$$= 8\ln(2)\int_0^{\frac{\pi}{2}} u\,du + 8\sum_{n=1}^{\infty} \frac{(-1)^n}{n}\int_0^{\frac{\pi}{2}} u\cos(2nu)du$$

$$= 8\ln(2)\left[\frac{\pi^2}{8}\right] + 8\sum_{n=1}^{\infty} \frac{(-1)^n}{n}\left[-\frac{1}{4n^2} + \frac{\cos(n\pi)}{4n^2} + \frac{\pi\sin(n\pi)}{4n}\right]$$

{we have $\cos(n\pi) = (-1)^n$ and $\sin(n\pi) = 0$ for integer n}

$$= 6\ln(2)\zeta(2) - 2\sum_{n=1}^{\infty} \frac{(-1)^n}{n^3} + 2\sum_{n=1}^{\infty} \frac{1}{n^3}$$

$$= 6\ln(2)\zeta(2) - 2\operatorname{Li}_3(-1) + 2\zeta(3).$$

The solution completes on writing $\operatorname{Li}_3(-1) = -\frac{3}{4}\zeta(3)$ given in (1.103).

4.9.2 $\sum_{n=1}^{\infty} \frac{4^n}{\binom{2n}{n}} \frac{H_{2n}}{n^2}$

Show that

$$\sum_{n=1}^{\infty} \frac{4^n}{\binom{2n}{n}} \frac{H_{2n}}{n^2} = 3\ln(2)\zeta(2) + \frac{35}{4}\zeta(3). \qquad (4.232)$$

Solution Multiply both sides of (2.49):

$$\frac{\arcsin(x)}{\sqrt{1-x^2}} = \frac{1}{2}\sum_{n=1}^{\infty} \frac{4^n}{\binom{2n}{n}} \frac{x^{2n-1}}{n}$$

by $-4\ln(1-x)$ then integrate using $-\int_0^1 x^{2n-1}\ln(1-x)dx = \frac{H_{2n}}{2n}$,

$$\sum_{n=1}^{\infty} \frac{4^n}{\binom{2n}{n}} \frac{H_{2n}}{n^2} = -4\int_0^1 \frac{\arcsin x \ln(1-x)}{\sqrt{1-x^2}}dx$$

$$\stackrel{x=\sin u}{=} -4\int_0^{\frac{\pi}{2}} u\ln(1-\sin u)du$$

$$= -4\int_0^{\frac{\pi}{2}} u\ln\left(2\sin^2\left(\frac{\pi}{4} - \frac{u}{2}\right)\right)du$$

$$\stackrel{\frac{\pi}{4}-\frac{u}{2}=t}{=} \int_0^{\frac{\pi}{4}} (16t - 4\pi)\ln(2\sin^2 t)dt$$

$$= \ln(2)\int_0^{\frac{\pi}{4}} (16t - 4\pi)dt + 2\int_0^{\frac{\pi}{4}} (16t - 4\pi)\ln(\sin t)dt$$

{use the Fourier serier of $\ln(\sin t)$ given in (2.121)}

$$= \ln(2)\int_0^{\frac{\pi}{4}} (16t - 4\pi)dt + 2\int_0^{\frac{\pi}{4}} (16t - 4\pi)\left[-\ln(2) - \sum_{n=1}^{\infty} \frac{\cos(2nt)}{n}\right]dt$$

$$= -\ln(2)\int_0^{\frac{\pi}{4}} (16t - 4\pi)dt - 2\sum_{n=1}^{\infty} \frac{1}{n}\int_0^{\frac{\pi}{4}} (16t - 4\pi)\cos(2nt)dt$$

$$= -\ln(2)\left[-\frac{\pi^2}{2}\right] - 2\sum_{n=1}^{\infty} \frac{1}{n}\left[\frac{4\cos(2nt)}{n^2} - \frac{2\pi \sin(2nt)}{n} + \frac{8t\sin(2nt)}{n}\right]_0^{\frac{\pi}{4}}$$

$$= 3\ln(2)\zeta(2) - 2\sum_{n=1}^{\infty} \frac{1}{n}\left[\frac{4\cos\left(\frac{n\pi}{2}\right)}{n^2} - \frac{4}{n^2}\right]$$

$$= 3\ln(2)\zeta(2) - 8\sum_{n=1}^{\infty} \frac{\cos\left(\frac{n\pi}{2}\right)}{n^3} + 8\sum_{n=1}^{\infty} \frac{1}{n^3}$$

$$\left\{\text{note that } \sum_{n=1}^{\infty} a_n \cos\left(\frac{n\pi}{2}\right) = 0 - a_2 + 0 + a_4 + \cdots = \sum_{n=1}^{\infty} (-1)^n a_{2n}\right\}$$

$$= 3\ln(2)\zeta(2) - 8\sum_{n=1}^{\infty}\frac{(-1)^n}{(2n)^3} + 8\sum_{n=1}^{\infty}\frac{1}{n^3}$$

$$= 3\ln(2)\zeta(2) - \sum_{n=1}^{\infty}\frac{(-1)^n}{n^3} + 8\sum_{n=1}^{\infty}\frac{1}{n^3}$$

$$= 3\ln(2)\zeta(2) - \operatorname{Li}_3(-1) + 8\zeta(3)$$

$$= 3\ln(2)\zeta(2) + \frac{3}{4}\zeta(3) + 8\zeta(3)$$

$$= 3\ln(2)\zeta(2) + \frac{35}{4}\zeta(3).$$

4.9.3 $\sum_{n=1}^{\infty}\frac{4^n}{\binom{2n}{n}}\frac{H_n}{n^3}$

Show that

$$\sum_{n=1}^{\infty}\frac{4^n}{\binom{2n}{n}}\frac{H_n}{n^3} = -8\operatorname{Li}_4\left(\frac{1}{2}\right) + \zeta(4) + 8\ln^2(2)\zeta(2) - \frac{1}{3}\ln^4(2). \qquad (4.233)$$

Solution Set $z = \sqrt{x}$ in (2.50),

$$\arcsin^2(\sqrt{x}) = \frac{1}{2}\sum_{n=1}^{\infty}\frac{4^n}{\binom{2n}{n}}\frac{x^n}{n^2}.$$

Multiply through by $-\frac{\ln(1-x)}{x}$ then integrate using $-\int_0^1 x^{n-1}\ln(1-x)\,dx = \frac{H_n}{n}$,

$$\sum_{n=1}^{\infty}\frac{4^n}{\binom{2n}{n}}\frac{H_n}{n^3} = -2\int_0^1 \frac{\arcsin^2(\sqrt{x})\ln(1-x)}{x}\,dx$$

$$\stackrel{\sqrt{x}=\sin\theta}{=} -8\int_0^{\frac{\pi}{2}} x^2 \cot x \ln(\cos x)\,dx. \qquad (4.234)$$

To compute this integral, recall the Fourier series of $\cot x \ln(\cos x)$ given in (2.139):

$$\cot x \ln(\cos x) = \sum_{n=1}^{\infty}(-1)^n\left(\int_0^1 \frac{1-t}{1+t}t^{n-1}\,dt\right)\sin(2nx), \quad 0 < x < \pi.$$

On multiplying both sides by x^2 then integrating from $x = 0$ to $\pi/2$, we have

$$\int_0^{\frac{\pi}{2}} x^2 \cot x \ln(\cos x)\,dx$$

4.9. Harmonic Series with Binomial Coefficient in the Denominator

$$= \sum_{n=1}^{\infty}(-1)^n \left(\int_0^1 \frac{1-t}{1+t}t^{n-1}dt\right) \underbrace{\left(\int_0^{\frac{\pi}{2}} x^2 \sin(2nx)dx\right)}_{\text{IBP}}$$

$$= \sum_{n=1}^{\infty}(-1)^n \left(\int_0^1 \frac{1-t}{1+t}t^{n-1}dt\right) \left(\frac{\cos(n\pi)}{4n^3} - \frac{3\zeta(2)\cos(n\pi)}{4n}\right.$$
$$\left. - \frac{1}{4n^3} + \frac{\pi\sin(n\pi)}{4n^2}\right)$$

{note that $\cos(n\pi) = (-1)^n$ and $\sin(n\pi) = 0$ for integer n}

$$= \sum_{n=1}^{\infty}(-1)^n \left(\int_0^1 \frac{1-t}{1+t}t^{n-1}dt\right) \left(\frac{(-1)^n}{4n^3} - \frac{3\zeta(2)(-1)^n}{4n} - \frac{1}{4n^3} + 0\right)$$

{change the order of integration and summation}

$$= \frac{1}{4}\int_0^1 \frac{1-t}{t(1+t)} \left(\sum_{n=1}^{\infty} \frac{t^n}{n^3} - \frac{3\zeta(2)t^n}{n} - \frac{(-t)^n}{n^3}\right) dt$$

$$= \frac{1}{4}\int_0^1 \left(\frac{1}{t} - \frac{2}{1+t}\right)(\text{Li}_3(t) + 3\zeta(2)\ln(1-t) - \text{Li}_3(-t))\,dt$$

$$= \underbrace{\frac{1}{4}\int_0^1 \frac{\text{Li}_3(t) - \text{Li}_3(-t)}{t}dt}_{I_1} - \underbrace{\frac{1}{2}\int_0^1 \frac{\text{Li}_3(t) - \text{Li}_3(-t)}{1+t}dt}_{I_2}$$

$$+ \underbrace{\frac{3}{4}\zeta(2)\int_0^1 \frac{\ln(1-t)}{t}dt}_{I_3} - \underbrace{\frac{3}{2}\zeta(2)\int_0^1 \frac{\ln(1-t)}{1+t}dt}_{I_4}.$$

For I_1,
$$I_1 = \text{Li}_4(1) - \text{Li}_4(-1) = \zeta(4) + \frac{7}{8}\zeta(4) = \frac{15}{8}\zeta(4).$$

For I_2,
$$I_2 \stackrel{\text{IBP}}{=} \frac{7}{4}\ln(2)\zeta(3) - \int_0^1 \frac{\ln(1+t)\text{Li}_2(t)}{t}dt + \int_0^1 \frac{\ln(1+t)\text{Li}_2(-t)}{t}dt$$

$$= \frac{7}{4}\ln(2)\zeta(3) + \sum_{n=1}^{\infty}\frac{(-1)^n}{n}\int_0^1 t^{n-1}\text{Li}_2(t)dt - \frac{1}{2}\text{Li}_2^2(-t)\Big|_0^1$$

{recall the result from (3.103)}

$$= \frac{7}{4}\ln(2)\zeta(3) + \sum_{n=1}^{\infty}\frac{(-1)^n}{n}\left(\frac{\zeta(2)}{n} - \frac{H_n}{n^2}\right) - \frac{5}{16}\zeta(4)$$

$$= \frac{7}{4}\ln(2)\zeta(3) - \frac{5}{4}\zeta(4) - \sum_{n=1}^{\infty}\frac{(-1)^n H_n}{n^3} - \frac{5}{16}\zeta(4)$$

{recall the result from (4.144)}

$$= -2\operatorname{Li}_4\left(\frac{1}{2}\right) - \frac{25}{16}\zeta(4) + \frac{1}{2}\ln^2(2)\zeta(2) - \frac{1}{12}\ln^4(2).$$

For I_3,
$$I_3 = -\operatorname{Li}_2(1) = -\zeta(2).$$

For I_4,
$$I_4 = \int_0^1 \frac{\ln(1-t)}{1+t}dt \stackrel{1-x=y}{=} \int_0^1 \frac{\ln(y)}{2-y}dy = \sum_{n=1}^{\infty} \frac{1}{2^n}\int_0^1 y^{n-1}\ln(y)dy$$
$$= -\sum_{n=1}^{\infty} \frac{1}{n^2 2^n} = -\operatorname{Li}_2\left(\frac{1}{2}\right) = \frac{1}{2}\ln^2(2) - \frac{1}{2}\zeta(2).$$

Combining all four integrals reveals
$$\int_0^{\frac{\pi}{2}} x^2 \cot x \ln(\cos x)dx = \operatorname{Li}_4\left(\frac{1}{2}\right) - \frac{1}{8}\zeta(4) - \ln^2(2)\zeta(2) + \frac{1}{24}\ln^4(2).$$

Plugging this integral in (4.234) completes the solution.

4.9.4 $\sum_{n=1}^{\infty} \frac{4^n}{\binom{2n}{n}} \frac{H_n^{(2)}}{n^2}$

Show that

$$\sum_{n=1}^{\infty} \frac{4^n}{\binom{2n}{n}} \frac{H_n^{(2)}}{n^2} = 8\operatorname{Li}_4\left(\frac{1}{2}\right) - \zeta(4) + 4\ln^2(2)\zeta(2) + \frac{1}{3}\ln^4(2). \quad (4.235)$$

Solution Multiply both sides of (4.55):

$$\frac{H_n}{n^2} + \frac{H_n^{(2)}}{n} - \frac{\zeta(2)}{n} = \int_0^1 x^{n-1}\ln(x)\ln(1-x)dx$$

by $\frac{4^n}{n\binom{2n}{n}}$ then consider the summation,

$$\sum_{n=1}^{\infty} \frac{4^n}{\binom{2n}{n}} \frac{H_n}{n^3} + \sum_{n=1}^{\infty} \frac{4^n}{\binom{2n}{n}} \frac{H_n^{(2)}}{n^2} - \zeta(2)\sum_{n=1}^{\infty} \frac{4^n}{\binom{2n}{n}} \frac{1}{n^2}$$
$$= \int_0^1 \frac{\ln(x)\ln(1-x)}{x}\left(\sum_{n=1}^{\infty} \frac{4^n}{\binom{2n}{n}} \frac{x^n}{n}\right)dx$$

{replace z by $\sqrt{x}$ in (2.49) to get the sum} $\quad (4.236)$

4.9. Harmonic Series with Binomial Coefficient in the Denominator

$$= \int_0^1 \frac{\ln(x)\ln(1-x)}{x}\left(\frac{2\sqrt{x}\arcsin\sqrt{x}}{\sqrt{1-x}}\right)dx$$

$$\stackrel{\sqrt{x}=\sin\theta}{=} 16\int_0^{\frac{\pi}{2}} \theta\ln(\sin\theta)\ln(\cos\theta)d\theta.$$

Let $\theta \to \frac{\pi}{2} - \theta$ using $\cos(\frac{\pi}{2}-\theta) = \sin\theta$ and $\sin(\frac{\pi}{2}-\theta) = \cos\theta$,

$$\int_0^{\frac{\pi}{2}} \theta\ln(\sin\theta)\ln(\cos\theta)d\theta = \int_0^{\frac{\pi}{2}}\left(\frac{\pi}{2}-\theta\right)\ln(\cos\theta)\ln(\sin\theta)d\theta$$

$$= \frac{\pi}{2}\int_0^{\frac{\pi}{2}}\ln(\cos\theta)\ln(\sin\theta)d\theta - \int_0^{\frac{\pi}{2}} \theta\ln(\cos\theta)\ln(\sin\theta)d\theta.$$

$$\left\{\text{add } \int_0^{\frac{\pi}{2}} \theta\ln(\sin\theta)\ln(\cos\theta)d\theta \text{ to both sides then divide by } 2\right\}$$

$$= \frac{\pi}{4}\int_0^{\frac{\pi}{2}} \ln(\sin\theta)\ln(\cos\theta)d\theta$$

{substitute the result from (3.109)}

$$= \frac{3}{4}\ln^2(2)\zeta(2) - \frac{15}{32}\zeta(4). \tag{4.237}$$

Therefore,

$$\sum_{n=1}^{\infty} \frac{4^n}{\binom{2n}{n}}\frac{H_n}{n^3} + \sum_{n=1}^{\infty}\frac{4^n}{\binom{2n}{n}}\frac{H_n^{(2)}}{n^2} - \zeta(2)\sum_{n=1}^{\infty}\frac{4^n}{\binom{2n}{n}}\frac{1}{n^2} = 12\ln^2(2)\zeta(2) - \frac{15}{2}\zeta(4).$$

We have

$$\zeta(2)\sum_{n=1}^{\infty}\frac{4^n}{\binom{2n}{n}}\frac{1}{n^2} = \zeta(2)\left(\frac{\pi^2}{2}\right) = \frac{15}{2}\zeta(4)$$

follows from (2.50) on setting $z = 1$. On collecting this result along with (4.233), the solution is finalized. A different solution may be found in [28, p. 334]

4.9.5 $\sum_{n=1}^{\infty} \frac{4^n}{\binom{2n}{n}}\frac{H_n^2}{n^2}$

Show that

$$\sum_{n=1}^{\infty} \frac{4^n}{\binom{2n}{n}}\frac{H_n^2}{n^2} = -24\operatorname{Li}_4\left(\frac{1}{2}\right) + \frac{81}{2}\zeta(4) + 12\ln^2(2)\zeta(2) - \ln^4(2). \tag{4.238}$$

Solution Multiply both sides of (2.71):

$$\int_0^1 x^{n-1} \ln^2(1-x)\,dx = \frac{H_n^2 + H_n^{(2)}}{n}$$

by $\frac{4^n}{\binom{2n}{n}}\frac{1}{n}$ then take the summation,

$$\sum_{n=1}^\infty \frac{4^n}{\binom{2n}{n}}\frac{H_n^2}{n^2} + \sum_{n=1}^\infty \frac{4^n}{\binom{2n}{n}}\frac{H_n^{(2)}}{n^2} = \int_0^1 \frac{\ln^2(1-x)}{x}\left(\sum_{n=1}^\infty \frac{4^n}{\binom{2n}{n}}\frac{x^n}{n}\right)dx$$

{replace z by $\sqrt{x}$ in (2.49) to get the sum}

$$= \int_0^1 \frac{\ln^2(1-x)}{x}\left(2\frac{\sqrt{x}\arcsin\sqrt{x}}{\sqrt{1-x}}\right)dx$$

$$\stackrel{\sqrt{x}=\sin u}{=} 16\int_0^{\pi/2} u\ln^2(\cos u)\,du$$

$$\stackrel{u=\frac{\pi}{2}-x}{=} 16\int_0^{\pi/2}\left(\frac{\pi}{2}-x\right)\ln^2(\sin x)\,dx$$

$$= 8\pi\int_0^{\pi/2}\ln^2(\sin x)\,dx - 16\int_0^{\pi/2} x\ln^2(\sin x)\,dx,$$

where

$$\int_0^{\pi/2} x\ln^2(\sin x)\,dx \stackrel{\sin x=t}{=} \int_0^1 \frac{\ln^2(t)\arcsin t}{\sqrt{1-t^2}}\,dt$$

$$\stackrel{\text{IBP}}{=} -\int_0^1 \frac{\ln(t)\arcsin^2 t}{t}\,dt$$

{recall the series expansion of $\arcsin^2 t$ in (2.50)}

$$= -\frac{1}{2}\sum_{n=1}^\infty \frac{4^n}{\binom{2n}{n}}\frac{1}{n^2}\int_0^1 t^{2n-1}\ln(t)\,dt = \frac{1}{8}\sum_{n=1}^\infty \frac{4^n}{\binom{2n}{n}}\frac{1}{n^4}.$$

For the latter sum, set $x = 1$ in (2.59):

$$\frac{2}{3}\arcsin^4 x = \sum_{n=1}^\infty \frac{4^n\,H_{n-1}^{(2)} x^{2n}}{\binom{2n}{n}\,n^2} = \sum_{n=1}^\infty \frac{4^n\,H_n^{(2)} x^{2n}}{\binom{2n}{n}\,n^2} - \sum_{n=1}^\infty \frac{4^n\,x^{2n}}{\binom{2n}{n}\,n^4},$$

we obtain

$$\sum_{n=1}^\infty \frac{4^n}{\binom{2n}{n}}\frac{1}{n^4} = \sum_{n=1}^\infty \frac{4^n}{\binom{2n}{n}}\frac{H_n^{(2)}}{n^2} - \frac{15}{4}\zeta(4). \qquad (4.239)$$

4.9. Harmonic Series with Binomial Coefficient in the Denominator

Then, we have

$$\int_0^{\frac{\pi}{2}} x \ln^2(\sin x)\,dx = \frac{1}{8}\sum_{n=1}^{\infty} \frac{4^n}{\binom{2n}{n}} \frac{H_n^{(2)}}{n^2} - \frac{15}{32}\zeta(4).$$

Substitute this integral back then rearrange the terms,

$$\sum_{n=1}^{\infty} \frac{4^n}{\binom{2n}{n}} \frac{H_n^2}{n^2} = \frac{15}{2}\zeta(4) + 8\pi\int_0^{\frac{\pi}{2}} \ln^2(\sin x)\,dx - 3\sum_{n=1}^{\infty} \frac{4^n}{\binom{2n}{n}} \frac{H_n^{(2)}}{n^2}.$$

The solution ends on gathering the results from (3.108) and (4.235).

4.9.6 $\sum_{n=1}^{\infty} \frac{4^n}{\binom{2n}{n}} \frac{H_{2n}}{n^3}$

Show that

$$\sum_{n=1}^{\infty} \frac{4^n}{\binom{2n}{n}} \frac{H_{2n}}{n^3} = -20\operatorname{Li}_4\left(\frac{1}{2}\right) + \frac{65}{8}\zeta(4) + 8\ln^2(2)\zeta(2) - \frac{5}{6}\ln^4(2). \quad (4.240)$$

Solution Differentiate both sides of (4.231):

$$\frac{1}{n\binom{2n}{n}} = \int_0^1 \frac{1}{x}\left(\frac{x}{(1+x)^2}\right)^n dx$$

with respect to n,

$$\frac{d}{dn}\frac{1}{n\binom{2n}{n}} = \frac{d}{dn}\int_0^1 \frac{1}{x}\left(\frac{x}{(1+x)^2}\right)^n dx$$

{use differentiation under the integral sign theorem given in (2.78)}

$$= \int_0^1 \frac{1}{x}\frac{\partial}{\partial n}\left(\frac{x}{(1+x)^2}\right)^n dx$$

$$= \int_0^1 \frac{1}{x}\ln\left(\frac{x}{(1+x)^2}\right)\left(\frac{x}{(1+x)^2}\right)^n dx.$$

Let's find the derivative of $\frac{1}{n\binom{2n}{n}}$: By the definition of the binomial coefficient:

$$\binom{a}{b} = \frac{\Gamma(a+1)}{\Gamma(b+1)\Gamma(a-b+1)},$$

we have

$$\frac{1}{n\binom{2n}{n}} = \frac{1}{n}\cdot\frac{\Gamma^2(n+1)}{\Gamma(2n+1)}.$$

Use $\Gamma(n+1) = n\Gamma(n)$ given in (1.32),

$$\frac{1}{n\binom{2n}{n}} = \frac{1}{n} \cdot \frac{n^2\Gamma^2(n)}{2n\Gamma(2n)} = \frac{\Gamma^2(n)}{2\Gamma(2n)}.$$

Differentiate both sides,

$$\frac{d}{dn}\frac{1}{n\binom{2n}{n}} = \frac{d}{dn}\frac{\Gamma^2(n)}{2\Gamma(2n)}$$

$\{\text{use } \Gamma'(n) = \Gamma(n)\psi(n) \text{ given in (1.167)}\}$

$$= \frac{2\Gamma(2n)\Gamma^2(n)\psi(n) - 2\Gamma(2n)\Gamma^2(n)\psi(2n)}{2\Gamma^2(2n)}$$

$$= (\psi(n) - \psi(2n))\frac{\Gamma^2(n)}{\Gamma(2n)}$$

$\{\text{use } \psi(n+1) = H_n - \gamma \text{ given in (1.169)}\}$

$$= (H_{n-1} - \gamma - H_{2n-1} + \gamma)\frac{2}{n\binom{2n}{n}}$$

$$\left\{\text{write } H_{n-1} = H_n - \frac{1}{n}\right\}$$

$$= \left(H_n - \frac{1}{n} - H_{2n} + \frac{1}{2n}\right)\frac{2}{n\binom{2n}{n}}$$

$$= \frac{2H_n}{n\binom{2n}{n}} - \frac{2H_{2n}}{n\binom{2n}{n}} - \frac{1}{n^2\binom{2n}{n}}.$$

Therefore, we have

$$\frac{2H_n}{n\binom{2n}{n}} - \frac{2H_{2n}}{n\binom{2n}{n}} - \frac{1}{n^2\binom{2n}{n}} = \int_0^1 \frac{1}{x}\ln\left(\frac{x}{(1+x)^2}\right)\left(\frac{x}{(1+x)^2}\right)^n dx. \quad (4.241)$$

Now multiply both sides of (4.241) by $\frac{4^n}{2n^2}$ then consider the summation,

$$\sum_{n=1}^\infty \frac{4^n}{\binom{2n}{n}}\frac{H_n}{n^3} - \sum_{n=1}^\infty \frac{4^n}{\binom{2n}{n}}\frac{H_{2n}}{n^3} - \frac{1}{2}\underbrace{\sum_{n=1}^\infty \frac{4^n}{\binom{2n}{n}}\frac{1}{n^4}}_{S}$$

$$= \frac{1}{2}\int_0^1 \frac{1}{x}\ln\left(\frac{x}{(1+x)^2}\right)\left[\sum_{n=1}^\infty \frac{\left(\frac{4x}{(1+x)^2}\right)^n}{n^2}\right] dx$$

$$= \frac{1}{2}\int_0^1 \frac{1}{x}\ln\left(\frac{x}{(1+x)^2}\right)\left[\text{Li}_2\left(\frac{4x}{(1+x)^2}\right)\right] dx$$

4.9. Harmonic Series with Binomial Coefficient in the Denominator

$$\stackrel{\text{IBP}}{=} -\frac{5}{4}\zeta(4) - \frac{1}{2}\int_0^1 \left(\frac{1}{2}\ln^2(x) + 2\operatorname{Li}_2(-x)\right)\left[\frac{2(x-1)}{x(1+x)}\ln\left(\frac{1-x}{1+x}\right)\right]dx$$

$$= -\frac{5}{4}\zeta(4) + \frac{1}{2}\underbrace{\int_0^1 \frac{\ln^2(x)\ln(1-x)}{x}dx}_{I_1} - \frac{1}{2}\underbrace{\int_0^1 \frac{\ln^2(x)\ln(1+x)}{x}dx}_{I_2}$$

$$+2\underbrace{\int_0^1 \frac{\ln(1-x)\operatorname{Li}_2(-x)}{x}dx}_{I_3} - 2\underbrace{\int_0^1 \frac{\ln(1+x)\operatorname{Li}_2(-x)}{x}dx}_{I_4}$$

$$-\underbrace{\int_0^1 \frac{\ln^2(x)\ln(1-x)}{1+x}dx}_{I_5} + \underbrace{\int_0^1 \frac{\ln^2(x)\ln(1+x)}{1+x}dx}_{I_6}$$

$$-4\underbrace{\int_0^1 \frac{\ln(1-x)\operatorname{Li}_2(-x)}{1+x}dx}_{I_7} + 4\underbrace{\int_0^1 \frac{\ln(1+x)\operatorname{Li}_2(-x)}{1+x}dx}_{I_8}.$$

For I_1, expand $\ln(1-x)$ in series,

$$I_1 = -\sum_{n=1}^\infty \frac{1}{n}\int_0^1 x^{n-1}\ln^2(x)dx = -2\sum_{n=1}^\infty \frac{1}{n^4} = -2\zeta(4).$$

For I_2, expand $\ln(1+x)$ in series,

$$I_2 = -\sum_{n=1}^\infty \frac{(-1)^n}{n}\int_0^1 x^{n-1}\ln^2(x)dx = -2\sum_{n=1}^\infty \frac{(-1)^n}{n^4} = \frac{7}{4}\zeta(4).$$

For I_3, expand $\operatorname{Li}_2(-x)$ in series,

$$I_3 = \sum_{n=1}^\infty \frac{(-1)^n}{n^2}\int_0^1 x^{n-1}\ln(1-x)dx = -\sum_{n=1}^\infty \frac{(-1)^n H_n}{n^3}.$$

For I_4,

$$I_4 = -\frac{1}{2}\operatorname{Li}_2^2(-1) = -\frac{5}{16}\zeta(4).$$

I_5 is given in (3.131).

For I_6, set $a=2$ in (3.89),

$$I_6 = \frac{7}{4}\zeta(4) + 2\sum_{n=1}^\infty \frac{(-1)^n H_n}{n^3}.$$

For I_7, expand $\frac{\text{Li}_2(-x)}{1+x}$ in series given in (2.3),

$$I_7 = -\sum_{n=1}^{\infty}(-1)^n H_{n-1}^{(2)} \int_0^1 x^{n-1}\ln(1-x)\,dx$$

$$= \sum_{n=1}^{\infty}\frac{(-1)^n H_{n-1}^{(2)} H_n}{n}$$

$$= \sum_{n=1}^{\infty}\frac{(-1)^n H_n^{(2)} H_n}{n} - \sum_{n=1}^{\infty}\frac{(-1)^n H_n}{n^3}.$$

For I_8, apply integration by parts,

$$I_8 = -\frac{1}{4}\ln^2(2)\zeta(2) + \frac{1}{2}\int_0^1 \frac{\ln^3(1+x)}{x}\,dx$$

{substitute the result from (3.39)}

$$= 3\zeta(4) - \frac{21}{8}\ln(2)\zeta(3) + \frac{1}{2}\ln^2(2)\zeta(2) - \frac{1}{8}\ln^4(2) - 3\,\text{Li}_4\!\left(\frac{1}{2}\right).$$

For S, multiply both sides of (4.55):

$$\frac{H_n}{n^2} + \frac{H_n^{(2)}}{n} - \frac{\zeta(2)}{n} = \int_0^1 x^{n-1}\ln(x)\ln(1-x)\,dx$$

by $\frac{4^n}{n\binom{2n}{n}}$ then take the summation,

$$\sum_{n=1}^{\infty}\frac{4^n}{\binom{2n}{n}}\frac{H_n}{n^3} + \sum_{n=1}^{\infty}\frac{4^n}{\binom{2n}{n}}\frac{H_n^{(2)}}{n^2} - \zeta(2)\sum_{n=1}^{\infty}\frac{4^n}{\binom{2n}{n}}\frac{1}{n^2}$$

$$= \int_0^1 \frac{\ln(x)\ln(1-x)}{x}\left(\sum_{n=1}^{\infty}\frac{4^n}{\binom{2n}{n}}\frac{x^n}{n}\right)dx$$

{make use of (2.49) for the sum}

$$= \int_0^1 \frac{\ln(x)\ln(1-x)}{x}\left(\frac{2\sqrt{x}\arcsin\sqrt{x}}{\sqrt{1-x}}\right)dx$$

$$\stackrel{\sqrt{x}=\sin\theta}{=} 16\int_0^{\frac{\pi}{2}}\theta\ln(\sin\theta)\ln(\cos\theta)\,d\theta$$

{recall the result from (4.237)}

$$= 12\ln^2(2)\zeta(2) - \frac{15}{2}\zeta(4). \qquad (4.242)$$

4.9. Harmonic Series with Binomial Coefficient in the Denominator

By setting $z = 1$ in (2.50), we find

$$\sum_{n=1}^{\infty} \frac{4^n}{\binom{2n}{n}} \frac{1}{n^2} = \frac{\pi^2}{2} = 3\zeta(2).$$

Substitute this result in (4.242),

$$\sum_{n=1}^{\infty} \frac{4^n}{\binom{2n}{n}} \frac{H_n}{n^3} = -\sum_{n=1}^{\infty} \frac{4^n}{\binom{2n}{n}} \frac{H_n^{(2)}}{n^2} + 12\ln^2(2)\zeta(2). \qquad (4.243)$$

Adding (4.243) and (4.239) yields

$$S := \sum_{n=1}^{\infty} \frac{4^n}{\binom{2n}{n}} \frac{1}{n^4} = 12\ln^2(2)\zeta(2) - \frac{15}{4}\zeta(4) - \sum_{n=1}^{\infty} \frac{4^n}{\binom{2n}{n}} \frac{H_n}{n^3}.$$

Collecting all integrals (I_1 to I_8) along with S yields

$$\sum_{n=1}^{\infty} \frac{4^n}{\binom{2n}{n}} \frac{H_{2n}}{n^3} = 8\operatorname{Li}_4\left(\frac{1}{2}\right) - \frac{67}{8}\zeta(4) + \frac{21}{2}\ln(2)\zeta(3) - 7\ln^2(2)\zeta(2)$$
$$+ \frac{1}{3}\ln^4(2) + 4\sum_{n=1}^{\infty} \frac{(-1)^n H_n^{(2)} H_n}{n} - 4\sum_{n=1}^{\infty} \frac{(-1)^n H_n}{n^3} + \frac{3}{2}\sum_{n=1}^{\infty} \frac{4^n}{\binom{2n}{n}} \frac{H_n}{n^3}.$$

Substituting the results from (4.147), (4.144), and (4.233) completes the solution.

Remark: Usually the two *Mathematica* commands for approximating $\sum_{n=1}^{\infty} f(n)$:
NSum[f(n),{n,1,Infinity}]
NSum[f(n),{n,1,Infinity},WorkingPrecision->10]
don't give the right approximation for series involving the binomial coefficient due to the slow convergence. The following replacement works fine and with high accuracy:
major=Normal@Series[f(n),{n,Infinity,12}];
majorsum=Sum[major,{n,Infinity}];
majorsum+NSum[f(n)-major,{n,1,Infinity},NSumTerms->20,
WorkingPrecision->20,Method->"WynnEpsilon"]

On reaching the end of the book, I would like to say that there are still a wide range of results about the harmonic series left to be discovered by the reader by employing and manipulating the identities provided in the second chapter. Even though the book has presented different solutions for several problems, there are still more paths to take to reach the same results, since the realm of harmonic series is full of hidden secrets and magic.

Table of Mathematica Commands

$\Re\{\text{expression}\}$	`ComplexExpand[Re[expression]]`
$\Im\{\text{expression}\}$	`ComplexExpand[Im[expression]]`
$\sin(x)$	`Sin[x]`
$\sin(x)$	`Cos[x]`
$\tan(x)$	`Tan[x]`
$\sec(x)$	`Sec[x]`
$\csc(x)$	`Csc[x]`
$\cot(x)$	`Cot[x]`
$\arcsin(x)$	`ArcSin[x]`
$\arccos(x)$	`ArcCos[x]`
$\arctan(x)$	`ArcTan[x]`
$\binom{a}{b}$	`Binomial[a,b]`
$\Gamma(x)$	`Gamma[x]`
$\zeta(x)$	`Zeta[x]`
$\beta(x)$	`DirichletBeta[x]`
$\eta(x)$	`DirichletEta[x]`
$\ln(x)$	`Log[x]`
$\text{Li}_a(x)$	`PolyLog[a,x]`
H_x	`HarmonicNumber[x]`
$H_x^{(a)}$	`HarmonicNumber[x,a]`
$\overline{H}_x$	`Log[2]-(-1)^x LerchPhi[-1,1,x+1]`
$\psi(x)$	`PolyGamma[0,x]`
$\psi^{(a)}(x)$	`PolyGamma[a,x]`
$\lim_{x \to a} f(x)$	`Limit[f(x),{x->a}]`
$\lim_{\substack{x \to a \\ y \to b}} f(x,y)$	`Limit[f(x,y),{x,y}->{a,b}]`
$\frac{\mathrm{d}^a}{\mathrm{d}x^a} f(x)$	`D[f(x),{x,a}]`
$\frac{\partial^5}{\partial x^2 \partial y^3} f(x,y)$	`D[f(x,y),{x,2},{y,3}]`
$\lim_{\substack{x \to a \\ y \to b}} \frac{\partial^5}{\partial x^2 \partial y^3} f(x,y)$	`Normal[Series[D[f(x,y),{x,2},{y,3}],{x,a,0},{y,b,0}]]//FullSimplify//Expand`

$\int_a^b f(x)\mathrm{d}x$	Integrate[f(x),{x,a,b}]
$\int_a^b f(x) \approx$	NIntegrate[f(x),{x,a,b}] (or) NIntegrate[f(x),{x,a,b},WorkingPrecision->12]
$\sum_{n=1}^\infty f(n)$	Sum[f(n),{n,1,Infinity}]

$\sum_{n=1}^\infty f(n) \approx$	NSum[f(n),{n,1,Infinity}] (or)
	NSum[f(n),{n,1,Infinity},WorkingPrecision->12] (or)
	major=Normal@Series[f(n),{n,Infinity,12}];
	majorsum=Sum[major,{n,Infinity}];
	majorsum+NSum[f(n)-major,{n,1,Infinity},NSumTerms->20,WorkingPrecision->20,Method->"WynnEpsilon"]

γ	EulerGamma
G	Catalan
e	E
π	Pi
$\sqrt{-1}$	I

References

1. Amrik, S.N.: Sum of series involving central binomial coefficient and harmonic number (2019). https://arxiv.org/pdf/1806.03998
2. Au, K.C.: Linear relations between logarithmic integrals of high weight and some closed-form evaluations (2019). https://arxiv.org/pdf/1910.12113.pdf
3. Balendran, S.: Mathematics Stack Exchange (2020). https://math.stackexchange.com/q/3959007
4. Bastien, G.: Elementary methods for evaluating Jordan's sums (2013). https://arxiv.org/pdf/1301.7662.pdf
5. Betal, K.C.: Mathematics Stack Exchange (2019). https://math.stackexchange.com/q/3260868
6. Bonar, D.D., Khoury, M.J.: Real Infinite Series, Classroom Resource Materials. The Mathematical Association of America, Washington, DC (2006)
7. Krantz, S.G.: Real Analysis And Foundations. Chapman & Hall/CRC Press, Washington, DC (2005)
8. Boyadzhi, K.N.: Power series with skew-harmonic numbers, dilogarithms, and double integrals (2017). https://arxiv.org/ftp/arxiv/papers/1701/1701.04484.pdf
9. D'Aurizio, J: Mathematics Stack Exchange (2016). https://math.stackexchange.com/q/1786846
10. Dutta, R.: Evaluation of a cubic Euler sum (2016). https://www.researchgate.net/publication/311703645
11. Flajolet, P., Salvy, B.: Euler Sums and Contour Integral Representations. Exp. Math. 7, 15–35 (1998)
12. Hintze, W.: Mathematics Stack Exchange (2020). https://math.stackexchange.com/q/3581958
13. Ian: Mathematics Stack Exchange (2015). https://math.stackexchange.com/q/1335512
14. Johnson, R.: Mathematics Stack Exchange (2012).https://math.stackexchange.com/q/116212
15. Johnson, R.: Mathematics Stack Exchange (2013).https://math.stackexchange.com/q/469785
16. Lewin, L.: Polylogarithms and Associated Functions. North-Holland, New York (1981)
17. Mathematics Stack Exchange (2020). https://math.stackexchange.com/q/3538399
18. Stewart, S.: Mathematics Stack Exchange (2020). https://math.stackexchange.com/q/3522967
19. Rao, S.: A formula of S. Ramanujan. Journal of Number Theory. 25, 1–19 (1987)
20. Song, M.: Mathematics Stack Exchange (2019). https://math.stackexchange.com/q/3325928
21. Song, M.: Mathematics Stack Exchange (2019). https://math.stackexchange.com/q/3337600
22. Vălean, C.I.: A master theorem of series and an evaluation of a cubic harmonic series, (2017). https://www.researchgate.net/publication/317143428
23. Vălean, C.I.: A new powerful strategy of calculating a class of alternating Euler sums (2019). https://www.researchgate.net/publication/333999069
24. Vălean, C.I.: A new proof for a classical quadratic harmonic series (2016). https://www.researchgate.net/publication/305699445

25. Vălean, C.I.: A note on two elementary logarithmic integrals, (2020). https://www.researchgate.net/publication/342703290
26. Vălean, C.I.: A simple strategy of calculating two alternating harmonic series generalizations (2019). https://www.researchgate.net/publication/333339284
27. Vălean, C.I.: A new perspective on the evaluation of a logarithmic integral, (2020). https://www.researchgate.net/publication/339024876
28. Vălean, C.I.: Almost (Impossible) Integrals, Sums, and Series. Springer, New York (2019)
29. Vălean, C.I.: An easy approach to two classical Euler sums, (2020). https://www.researchgate.net/publication/339290253
30. Vălean, C.I.: Mathematics Stack Exchange (2021). https://math.stackexchange.com/q/3997602
31. Vălean, C.I.: Mathematics Stack Exchange (2019). https://math.stackexchange.com/q/3259984
32. Vălean, C.I.: Mathematics Stack Exchange (2019). https://math.stackexchange.com/q/3261717
33. Vălean, C.I.: Mathematics Stack Exchange (2018). https://math.stackexchange.com/q/3293328
34. Vălean, C.I.: Mathematics Stack Exchange (2018). https://math.stackexchange.com/q/3305999
35. Weisstein, E.W.: Analytic Continuation. https://mathworld.wolfram.com/AnalyticContinuation.html
36. Weisstein, E.W.: Catalan's Constant. http://mathworld.wolfram.com/CatalansConstant.html
37. Weisstein, E.W.: Euler–Mascheroni Constant. https://mathworld.wolfram.com/Euler-MascheroniConstant.html
38. Weisstein, E.W.: Gamma Function. https://mathworld.wolfram.com/GammaFunction.html
39. Weisstein, E.W.: Gaussian Integral. https://mathworld.wolfram.com/GaussianIntegral.html
40. Weisstein, E.W.: Legendre Duplication Formula. https://mathworld.wolfram.com/LegendreDuplicationFormula.html
41. WikiBooks: Series developments. https://de.wikibooks.org/wiki/Formelsammlung_Mathematik:_Reihenentwicklungen#Arkusfunktionen
42. Wikipedia: Beta function. https://en.wikipedia.org/wiki/Beta_function
43. Wikipedia: Differentiation under the integral sign. https://en.wikipedia.org/wiki/Leibniz_integral_rule

Index

A
Abel's summation, 106, 111, 206, 277
Analytic continuation, 166

C
Cauchy product, 23, 59, 74, 100, 101, 104, 105
Central binomial coefficient, 17, 84, 301, 304, 307, 309
Constant
    Catalan's, 54, 178, 179, 240, 242, 268, 269, 274
    Euler–Mascheroni, 49, 55

E
Euler's definition of gamma, 13

F
Finite product, 6
Formula
    Digamma reflection, 47
    Dilogarithm inversion, 36
    Dilogarithm reflection, 34, 62, 67, 153
    Euler's, 8, 120, 159
    Euler's product, 124
    Euler's reflection, 14, 47, 139, 147, 167
    Geometric series, 20, 23, 26, 91, 159, 256
    Geometric sries, 7
    Legendre duplication, 16
    Polylogarithm inversion, 39, 145
    Polylogarithm symmetry, 33
    Geometric series, 265
Function
    Beta, 17, 96, 162, 167, 301
    Digamma, 47, 161
    Dirichlet beta, 26
    Dirichlet eta, 25
    Gamma, 10
    Generating, 58, 60, 62, 64, 69, 71, 73, 76, 79, 81, 83, 87, 89, 282
    Polygamma, 50
    Polylogarithm, 30
    Riemann zeta, 19, 22
Functional equation, 10

I
Identity
    Algebraic, 168, 171, 183
    Beta symmetry, 18
    Beta–Gamma, 17
    Digamma–Harmonic Number, 48, 156, 310
    Landen's dilogarithm, 35, 38, 67
    Landen's trilogarithm, 37, 64
    Trigonometric, 118, 119, 307
Infinite product, 13, 125
Integral
    Caussian, 12
    Divergent, 32
    Double, 21, 226
    Generalized improper logarithmic, 146
    Generalized improper polylogarithmic, 140
    Generalized inverse hyperbolic tangent, 157
    Generalized inverse tangent, 145
    Generalized logarithmic, 142
    Generalized polylogarithmic, 141
Integration by parts, 10, 20, 70, 154, 155, 176, 188, 305, 311

L
L'Hôpital's rule, 12, 34, 127, 165

N
Number
    Complex, 8
    Harmonic, 40, 155, 157
    Rational harmonic, 79, 204, 287
    Skew harmonic, 44, 74, 196, 203, 279

P
Partial fraction decomposition, 101, 102, 143, 146, 175, 184

S
Series
    Divergent, 44
    Fourier, 113, 304
    Generalized alternating harmonic, 200
    Generalized alternating rational harmonic, 204
    Generalized alternating skew harmonic, 203
    Generalized rational harmonic, 204
    Generalized skew harmonic, 196

Taylor, 8, 23, 75, 90, 293
Telescoping, 49
Stirling's approximation, 11, 13
Sum
    Double, 7, 194, 198, 226
    Generalized Euler, 206
    Triple, 192, 197

T
Theorem
    Binomial, 134
    Differentiation under the integral sign, 51, 98, 139, 147, 207, 309
    Lebesgue's dominated convergence, 15